高职高专“十二五”电力技术类专业规划教材

电厂金属材料与实训

主　编　洪景娥　冯　刚
副主编　尹辉燕　张　丽
参　编　赵汝祥　隋庆华
主　审　宋云京

机械工业出版社

本书共七章，主要包括金属材料的性能、合金及合金相图、钢的热处理、火电厂常用金属材料、金属高温运行、电厂典型金属部件用钢及事故分析、综合实训等内容。为了提高学生对电站材料相关检验标准的理解与运用能力，增加了与电厂金属监督工作密切相关的综合实训内容，并在每章后附有复习思考题。为了突出实践性、应用性和创新性，使基础理论更加贴近岗位实际，本书吸收了近年来大容量、高参数的超(超)临界锅炉材料的最新成果和金属监督工作的实践经验。书中所列材料的牌号采用最新国家标准，电站部件失效分析所选案例源于电厂生产实际，并根据具体情况提出相应的预防措施，对电厂金属监督工作具有一定的指导意义。

本书可作为高等职业院校或应用型本科院校的电力技术类热能动力装置、火电厂集控运行及电厂金属材料专业的教材，也可作为电力行业理化检验人员、焊工职业资格和岗位技能的培训教材以及成人教育教材，还可作为与电力行业相关的设计、制造、安装、检修、焊接及金属监督等部门的工程技术人员的自学参考书。

为了方便教学，本书配有免费电子课件及模拟试卷等，凡选用本书作为教材的学校，均可来电索取。咨询电话：010-88379375；E-mail：cmpgaozhi@ sina. com。

图书在版编目(CIP)数据

电厂金属材料与实训/洪景娥，冯刚主编. —北京：机械工业出版社，2012.1（2025.2 重印）
高职高专“十二五”电力技术类专业规划教材
ISBN 978-7-111-36229-6

Ⅰ.①电…　Ⅱ.①洪…②冯…　Ⅲ.①发电厂-金属材料-高等职业教育-教材　Ⅳ.①TG14

中国版本图书馆 CIP 数据核字(2011)第 215783 号

机械工业出版社(北京市百万庄大街 22 号　邮政编码 100037)
策划编辑：王宗锋　于　宁
责任编辑：刘良超　沈　荣　罗子超
版式设计：霍永明　责任校对：陈延翔
封面设计：路恩中　责任印制：常天培
北京机工印刷厂有限公司印刷
2025 年 2 月第 1 版第 2 次印刷
184mm×260mm · 14.5 印张 · 357 千字
标准书号：ISBN 978-7-111-36229-6
定价：45.00 元

电话服务　　　　网络服务
客服电话：010-88361066　　机　工　官　网：www. cmpbook. com
010-88379833　　机　工　官　博：weibo. com/cmp1952
010-68326294　　金　　书　　网：www. golden-book. com
封底无防伪标均为盗版　　机工教育服务网：www. cmpedu. com

前　言

为了深入贯彻高职高专新的办学理念，本书在编写过程中坚持以提高学生的职业能力为核心，以岗位职业技能标准为依据。书中所选内容及其难度水平是为完成电厂运行、检修及管理人员的岗位工作任务而设置的。为了突出实践性和应用性，使基础理论更加贴近岗位实际，本书吸收了近年来大容量、高参数的超(超)临界锅炉材料的最新成果和金属监督工作的实践经验，增加了以电力行业真实的金属监督工作任务为背景的综合实训内容。本书所选的事故分析案例均来源于多年金属监督服务工作的积累，并根据失效部件的实际情况给出相应的预防失效的具体措施。本书的背景资料与电厂实际岗位真实工作任务密切相关，源于工作岗位任务而高于岗位任务，这大大增强了本书的实用性，突出了基础理论对实践的指导作用。

本书由山东电力高等专科学校洪景娥和冯刚担任主编，国网技术学院尹辉燕和张丽担任副主编，参加编写的还有赵汝祥和隋庆华。第一章和第七章的第一节由张丽编写；第二、三、四章和第七章的第二、三节由冯刚、赵汝祥编写；第五章和第七章的第四节由洪景娥、隋庆华编写；第六章由洪景娥和尹辉燕编写，全书由洪景娥统稿。

国网技术学院宋云京教授担任本书主审，在审稿过程中对本书提出了很多宝贵的意见和建议，使编者受益匪浅，在此表示诚挚的谢意。

本书在编写过程中，借鉴和参考了有关电站材料和金属监督方面的书籍和文献资料的内容，并汲取了许多精粹，在此谨向原作者表示衷心的感谢。同时得到山东电力研究院赵永宁教授和胡新芳高级工程师的大力支持，在此深表感谢。

由于编者水平所限，书中难免存在缺点和错漏之处，敬请各位专家、读者指正。

编　者

目　录

第一章　金属材料的性能

金属材料的性能是指金属材料对产品设计、制造、使用等要求的满足程度，也就是金属材料本身所具有的性质和能力，它是选择和使用材料的依据。金属的性能包括使用性能和工艺性能两个方面，使用性能是指材料的物理性能、化学性能和力学性能；工艺性能是指金属的铸造性能、锻造性能、焊接性能、热处理性能和切削加工性能。本章主要介绍金属材料的工艺性能和力学性能。

第一节　金属材料的工艺性能

用金属材料制造各种零件和构件时，第一步就是要对其进行各种加工。金属材料的工艺性能是一项反应材料对工艺过程的适应能力的指标。所谓金属材料的工艺性能，是指金属材料是否易于加工成形的性能。根据不同的工艺方法，工艺性能一般包括铸造性能、焊接性能、锻造性能、切削加工性能、弯曲性能和热处理性能等。在设计和制造零件时都必须考虑到材料的工艺性能，因为它直接关系到零件的质量、加工难易程度、生产效率及成本的高低等问题。

一、铸造性能

铸造性能是指液体金属材料对铸型的填充能力，是决定金属材料是否易于铸成优质铸件的性能。铸造性能的好坏主要取决于液体金属的流动性、体积收缩率及成分偏析倾向等。

（一）流动性

流动性是指熔融金属的流动能力。流动性好的金属容易充满铸型型腔，从而获得外形完整、尺寸精确、轮廓清晰的铸件。流动性的好坏主要与金属材料的化学成分、浇注温度和熔点高低有关。例如，铸铁的流动性比钢好，易于铸造出形状复杂的铸件；同一种金属，浇注温度越高，其流动性就越好。

（二）收缩率

收缩率是指铸件在凝固和冷却过程中，其体积和尺寸的减少率，也称为体积收缩率。收缩率比较大的金属，在铸件比较厚的地方容易形成缩孔、疏松等缺陷，在冷却过程中容易产生变形，甚至开裂。因此，用于制造铸件的金属材料，应尽量选择收缩率比较小的类型。另外，收缩率的高低对焊接质量也有影响，收缩率小的金属焊接性好。材料收缩率的大小主要取决于材料的化学成分，例如，铸钢的收缩率就比铸铁的大。

（三）成分偏析

铸件冷凝时，由于种种原因会造成化学成分的不均匀现象，称为成分偏析。铸件(特别是厚壁铸件)凝固后，截面上的不同部位及晶粒内部的不同区域会存在化学成分不均匀的现象，因而使铸件各部分的组织和性能不一致，引起强度、塑性和耐蚀性等的下降。

缩孔、严重的疏松和偏析等铸造缺陷会导致铸件的韧性大幅度降低，是铸件中不允许存在的缺陷，在生产过程中应予以消除。

二、锻造性能

金属材料承受锻压成形的能力，称为锻造性能，也叫做可锻性，一般用金属的塑性和变形抗力(强度)的高低来衡量。金属承受锻压时变形程度大而不产生裂纹，其锻造性能就好。换句话说，金属承受锻压时变形抗力(变形时抵抗外力的大小)越小，即锻压时消耗的能量越小，其锻造性能就越好。

金属的锻造性能取决于它的成分、组织状态和锻造工艺，如锻造温度(始锻、终锻温度)、变形速度、应力状态等。纯铜在室温下就具有良好的锻造性能；钢在加热状态下锻造性能较好，低碳钢的可锻性最好；铸铁则不能承受锻造加工。随着碳的质量分数的增加，钢的可锻性降低。合金钢的可锻性略低于碳钢。一般情况下，合金钢中合金元素质量分数越高，其可锻性越差；含硫、磷量较高的钢锻造性能差。加热温度越高，加工变形抗力越小，锻造性能越好。

三、焊接性能

焊接性能是指金属材料对焊接加工的适应性，主要是指在一定的焊接工艺条件下，获得优质焊接接头的难易程度；或材料在限定的施工条件下，焊接成按规定设计要求的构件，并满足预先服役要求的能力。焊接性能受材料的化学成分、焊接方法、构件类型及使用要求四个因素的影响。通常，把材料在焊接时形成裂纹的倾向及焊接接头处性能变坏的倾向，作为评价材料焊接性能的主要指标。焊接性能的好坏主要与材料的化学成分及采用的焊接工艺有关。在常用钢材的焊接中，对焊接性影响最大的是碳的质量分数。随着碳的质量分数的增加，焊后产生裂纹的倾向增大。钢中其他合金元素的影响相应小些，因此，将合金元素对焊接性能的影响都折合成碳对焊接性能的影响，用碳当量 CE 来表示。其计算公式为

$$CE = w_C + \frac{w_{Mn}}{6} + \frac{w_{Cr} + w_{Mo} + w_V}{5} + \frac{w_{Ni} + w_{Cu}}{15} \qquad (1\text{-}1)$$

式中，w_C、w_{Mn}、w_{Cr}、w_{Mo}、w_V、w_{Ni}、w_{Cu}为钢中该元素的质量分数。

当 $CE < 0.4\%$ 时，焊接性优良，焊接时可不预热；$CE = 0.4\% \sim 0.6\%$ 时，焊接性较差，焊接时需采用适当预热等工艺措施；$CE > 0.6\%$ 时，焊接性很差，焊接时需采用较高的预热温度和较严格的工艺措施。

四、切削加工性能

金属切削的难易程度称为切削加工性，一般用切削速度、加工表面粗糙度和刀具使用寿命来衡量。切削性能好的金属材料，其切削速率高、刀具磨损小、加工表面粗糙度值小。

切削加工性能的好坏与金属材料的化学成分、内部组织、硬度、塑性、导热性和形变硬化程度等有关。一般认为，材料具有适当的硬度(170～250HBW)和足够的脆性时较易切削。所以，灰铸铁比钢的切削加工性能好，非合金钢比高合金钢的切削加工性能好，铜合金、铝合金均有较好的切削加工性能。改变钢的化学成分和进行适当的热处理，可改善钢的切削加工性能。

五、弯曲性能

材料承受弯曲变形而不出现裂纹的能力，称为弯曲性能。一般用弯曲角度或弯心直径与材料厚度的比值来衡量弯曲性能。金属的冷、热弯曲性能主要取决于材料的塑性和强度。

电厂锅炉蒸汽管道弯头和水冷壁管道弯头等都是经过冷、热弯曲成形的。

六、热处理性能

金属经热处理可使性能改善的性质，称为热处理工艺性能。对于钢而言，热处理工艺性能主要包括淬透性、淬硬性、氧化和脱碳、变形及开裂等，它与材料的化学成分紧密相关。常见的热处理方法有退火、正火、淬火、回火及表面热处理等。热处理性能这部分内容将在后序的章节中加以详细介绍。

第二节　金属材料的力学性能

在外力的作用下，金属材料表现出来的抵抗变形和破断的能力以及接受变形的能力，称为力学性能，它是最常用、最重要的性能，是设计选材的依据。力学性能常用强度、塑性、硬度、韧性、疲劳强度等指标来表示，一般通过拉伸试验、硬度试验、冲击试验和疲劳试验等各种试验方法进行测定。

一、强度和塑性

强度是指材料在外力作用下抵抗变形和断裂的能力，抵抗能力越强，材料强度越高。根据载荷性质的不同，强度可分为抗拉、抗压、抗剪、抗扭和抗弯强度等。在机械制造中，常用抗拉强度作为材料力学性能的主要指标。通过拉伸试验可测定金属材料的屈服强度 R_e 和抗拉强度 R_m。

（一）拉伸试验

依照 GB/T 228—2002《金属材料　室温拉伸试验方法》国家标准，将材料制成图 1-1 所示的拉伸试样，在拉伸试验机上施加一个沿试样轴向缓慢增加的拉力 F，试样便随着拉力的增加而变形，最后在“缩颈”处断裂。图中 d_0 为试样直径，L_0 为试样测量长度，称为标距。试样的详细尺寸和表面粗糙度均依上述国家标准制备。

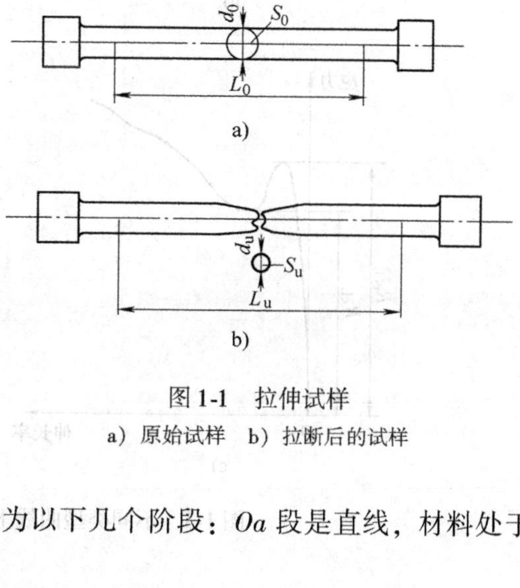

图 1-1　拉伸试样

a）原始试样　b）拉断后的试样

将制成的标准试样在拉伸试验机上加力，试样所受外力与伸长的关系可用应力-伸长率关系曲线表示出来，如图 1-2 所示。应力 $\sigma = F/S_0$，S_0 为试样受力前的横截面积，$S_0 = \pi d_0^2/4$；伸长率用相对伸长量表示。

（二）强度

如图 1-2 所示，低碳钢试样的拉伸过程可分为以下几个阶段：Oa 段是直线，材料处于弹性变形阶段，这时如果去掉外力，试样仍可恢复到未变形前的状态；a 点所对应的应力称为比例强度或比例极限；b 点所对应的应力称为弹性强度或弹性极限，去掉外力后试样会保留微小的塑性变形量；c 点所对应的应力称为屈服强度或屈服极限，是指当金属材料呈现屈服现象时，塑性变形量继续增加而外力并不增加的应力点。

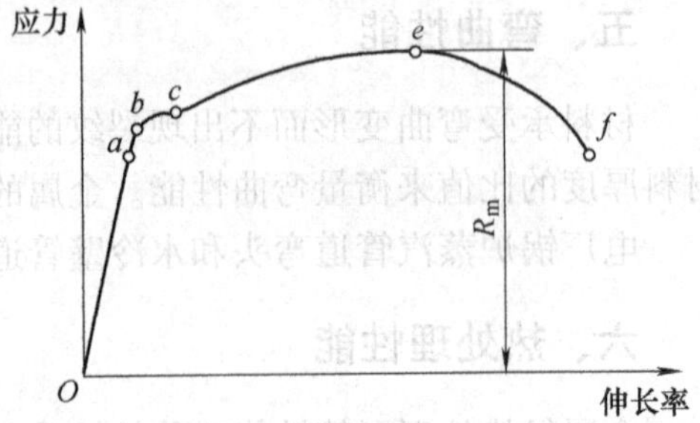

图 1-2 低碳钢的应力-伸长率曲线

一般工程结构件都不允许在使用中产生塑性变形，因为过量的塑性变形会影响构件正常功能的发挥，严重的塑性变形会导致构件失效而发生事故。所以，屈服强度是机械设计和工程设计中的重要依据。

屈服强度可分为上屈服强度和下屈服强度，上屈服强度是指试样发生屈服而外力首次下降前的最高应力，用符号 R_{eU} 表示；下屈服强度是指在屈服期间，不计初始瞬时的最低应力，用符号 R_{eL} 表示。R_{eU} 及 R_{eL} 在不同类型曲线上的位置，如图 1-3 所示。

图 1-2 曲线中的 ce 段表示当对试样继续增加拉力时，金属材料就发生了明显的塑性变形，在明显塑性变形的同时，应力值也有所增加。e 点所对应的应力值称为抗拉强度，用 R_m 表示(旧标准中用 σ_b 表示)。当材料所承受的应力值超过抗拉强度时，塑性变形继续增加，

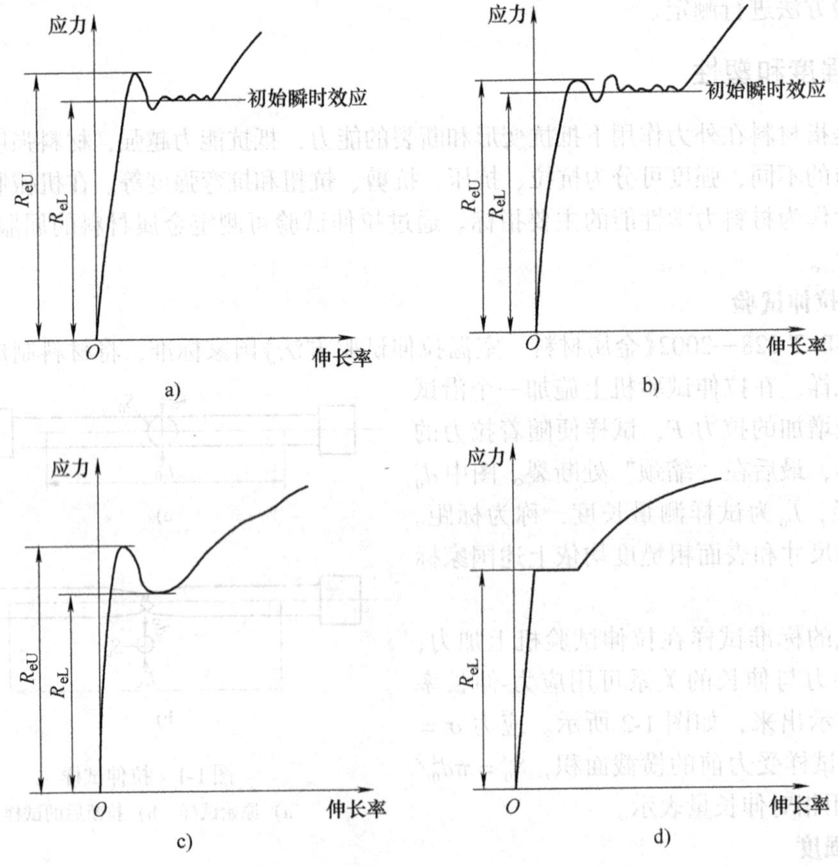

图 1-3 不同类型曲线上的上屈服强度和下屈服强度

但应力反而降低了，这时试样出现缩颈，最后导致断裂。

抗拉强度的物理意义在于它反映了材料最大均匀变形的抗力，表明了材料在拉伸条件下，单位横截面积上所能承受的最大应力。显然，机器零件在工作时，所承受的拉应力不允许超过 R_m，否则就会产生断裂，造成严重事故。所以，抗拉强度是机械设计计算和选材的重要指标之一，也是机械设计和工程设计的重要依据。

材料不同，其应力-伸长率关系曲线的形状亦不同。塑性材料(如低碳钢)在被拉断前有明显的屈服和缩颈，而弹性材料(如弹簧钢)和脆性材料(如工具钢和铸铁)却没有这种明显的变化。图1-3所示为不同材料的拉伸曲线，从曲线上可以看出，在开始加力的阶段，曲线都有一直线部分，这时应力-伸长率呈线性关系，遵从胡克定律。这说明，任何材料在开始受力时，都先发生弹性变形；随着应力的逐渐加大，材料由最初的弹性变形渐渐转为塑性变形，以至于最终发生断裂。

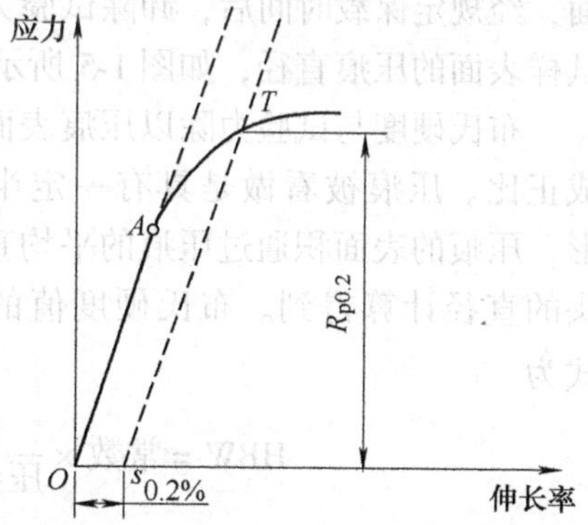

图1-4　规定非比例延伸强度(R_p)

对于在拉伸时没有明显屈服现象的材料(如高碳钢、弹簧钢等)，工程上一般用作图的方法来求得其屈服时的强度值。根据国家标准，材料在受拉时，发生微小塑性变形($\varepsilon_p = 0.002 = 0.2\%$)时的应力值称为材料的规定非比例延伸强度，也称为条件屈服，用 $R_{p0.2}$ 表示，其作图方法如图1-4所示。

(三)　塑性

塑性是指金属材料在外力作用下，能产生塑性变形而不破坏的能力。常用的塑性指标有伸长率 A(旧标准中用 δ 表示)和断面收缩率 Z(旧标准中用 ψ 表示)。

拉伸试验的试样被拉断后，其标距部分所增加的长度与试验前标距长度比值的百分数称为断后伸长率，即

$$A = \frac{L_u - L_0}{L_0} \times 100\%$$

式中，L_u 为试样拉断后标距的长度(mm)；L_0为试样原始标距的长度(mm)。

拉伸试样被拉断后，其横截面积的缩减量与试验前试样的原始横截面积之比值的百分数，称为断面收缩率，即

$$Z = \frac{S_0 - S_u}{S_0} \times 100\%$$

式中，S_u 为试样缩径处的横截面积(mm^2)；S_0为试样的原始横截面积(mm^2)。

A 和 Z 的数值越大，表示金属材料的塑性越好。一般把 $A > 5\%$ 的材料称为塑性材料(如低碳钢)；而把 $A < 5\%$ 的材料称为脆性材料(如灰铸铁)。塑性好的材料可顺利地进行某些成形工艺，如锻压、冷冲和冷拔等。此外，良好的塑性还可使零件在使用中一旦发生超载时，也能由于塑性变形使金属材料的强度升高而避免突然断裂事故发生。

二、硬度

硬度是金属表面局部体积内抵抗外物压入的能力，即材料抵抗局部塑性变形的能力。它

可以作为衡量材料软硬程度的指标。由于硬度测定具有简单、迅速、不破坏工件等优点，对工件的试验条件要求不高，塑性材料的硬度值还可以近似地换算成强度指标，所以在工业生产中得到广泛应用。由于测试方法不同，硬度有不同的表示方法，常用的硬度主要有布氏硬度、洛氏硬度、维氏硬度和里氏硬度等。

（一） 布氏硬度

布氏硬度的测试原理是：对一定直径的硬质合金球施加试验力，将其压入试样表面，经规定保载时间后，卸除试验力，测量试样表面的压痕直径，如图 1-5 所示。

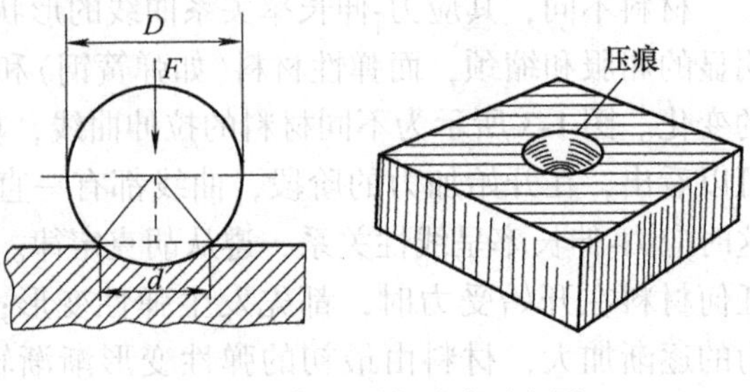

图 1-5 布氏硬度试验示意图

布氏硬度与试验力除以压痕表面积的商成正比。压痕被看做是具有一定半径的球形，压痕的表面积通过压痕的平均直径和压头的直径计算得到。布氏硬度值的计算公式为

$$\mathrm{HBW}=\text{常数}\times\frac{\text{试验力}}{\text{压痕表面积}}=0.102\times\frac{2F}{\pi D(D-\sqrt{D^2-d^2})}$$

式中，HBW 为布氏硬度（MPa）；F 为加在硬质合金球上的试验力（N）；d 为压痕平均直径（mm）；D 为硬质合金球直径（mm）；常数 $=\frac{1}{g_n}=\frac{1}{9.80665}\approx 0.102$（$g_n$为标准重力加速度）。

布氏硬度的单位为 MPa，其单位一般不标出。通常布氏硬度值可按所测得的压痕平均直径 d 查表求出 HBW 的具体数据。布氏硬度值的书写表示方法应包含下列几个部分：①硬度数据；②布氏硬度符号；③球体直径；④试验力；⑤试验力保持时间。具体表示方法如下

600 HBW 1/ 30 /20

- /20 —— 试验力保持时间（20s），如果不在规定时间范围（10 ~ 15s）
- 30 —— 施加的试验力对应的 kgf 值，这里 30kgf = 294.2N
- 1/ —— 硬质合金球直径（mm）
- HBW —— 布氏硬度符号
- 600 —— 布氏硬度值

由于布氏硬度试验的压痕面积较大，因此布氏硬度能反映较大范围内的平均硬度，有很高的测量精度和测量数据稳定性。但试验操作比较费时，不宜用于大批逐件检验以及某些不允许表面有较大伤痕的零件。

（二） 洛氏硬度

洛氏硬度试验和布氏硬度试验一样，也属于压痕试验法，但洛氏硬度试验不是测量压痕的直径大小，而是以压痕的塑性变形深度来衡量材料硬度的。洛氏硬度值可以从硬度计上直接读出来，而不必像布氏硬度那样查表和计算。

图 1-6 所示为洛氏硬度 HRC 试验过程示意图，试验时，为了使压头与试样表面接触良好，先加初载 100N，此时的压入深度为 h_0，压头位于 1—1 位置；调整试验机上刻度盘的指针，使其对准零点，然后再加主载 1400N（与初载共计为 1500N），此时的压入深度为 h_1，压头位于 2—2 位置；停留数秒钟后卸除主载荷，由于金属的弹性变形，压头回跳 h_2高度，位

于3—3位置。这样，在主载荷作用下经弹性回复后的实际压入深度为$h(h=h_1-h_2-h_0)$。此压痕深度h即反映其洛氏硬度HRC，硬度值可以直接从表盘上读出。

洛氏硬度无单位，只用符号HR加数字表示。如果用120°圆锥金刚石压头和1.471kN外力，就以HRC表示。HRC硬度值为两位数，适用范围在20～70HRC之间，如55HRC。HRC适合于硬度较高的材料。

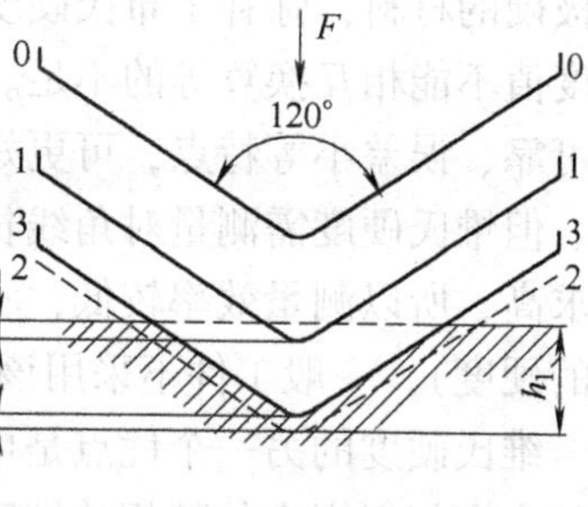

图1-6 洛氏硬度HRC试验过程示意图

若用洛氏硬度计测量退火钢、有色金属等较软的材料(＜20HRC)，则需用压头直径为1/16in的淬火钢球及980N的外力，以HRB表示；对于比较薄的工件，则需用120°的圆锥金刚石压头和588N的外力，以HRA表示。

洛氏硬度的优点是测量时操作迅速、简单，可直接读数，在工件上留下的压痕较小，对工件的表面破坏程度小。但当被测材料的组织不均匀时，测量的结果不够精确，最好多测几个点，取其平均值。

(三) 维氏硬度

工程上常用的布氏和洛氏硬度(HBW和HRC)分别适宜测量较软和较硬的材料，而维氏硬度却可测量从极软到极硬的材料，维氏硬度用HV表示。

维氏硬度值由维氏硬度试验测定。维氏硬度试验是将相对面夹角为136°的正四棱锥体金刚石压头，以选定的试验力(49.03～980.70N)压入被测材料或零件表面，经规定保持时间后卸除试验力，用测量的压痕对角线长度来计算硬度的一种压痕硬度试验。其试验原理示意图如图1-7所示。计算公式为

$$HV=\frac{F}{S}=\frac{2F\sin\left(\frac{136^\circ}{2}\right)}{d^2}=1.8544\frac{F}{d^2}$$

式中，F为试验力(N)；d为压痕对角线的平均值(mm)。

维氏硬度试验所用的载荷可根据试件的大小、厚薄等条件进行选择。常用的载荷有49.03N(5kgf)、98.07N(10kgf)、196.1N(20kgf)、294.2N(30kgf)、490.3N(50kgf)、980.7N(100kgf)等几种。

压痕对角线长度是用附在试验仪器上的测微器来测量的。测量时应测出压痕两条对角线的长度d_1与d_2，求出算术平均值作为压痕对角线长度d，然后即可计算得出维氏硬度值。但实际应用中一般不作计算，而是直接查表得出。

维氏硬度的测量范围是5～1000HV，标注方法与布氏硬度相同。硬度数值写在符号的前面，试验条件写在符号的后面。对于钢及铸铁，试验力保持时间为10～15s时，可以不标出。例如：640HV30表示用294.2N(30kgf)试验力保持10～15s测定的维氏硬度值为640。

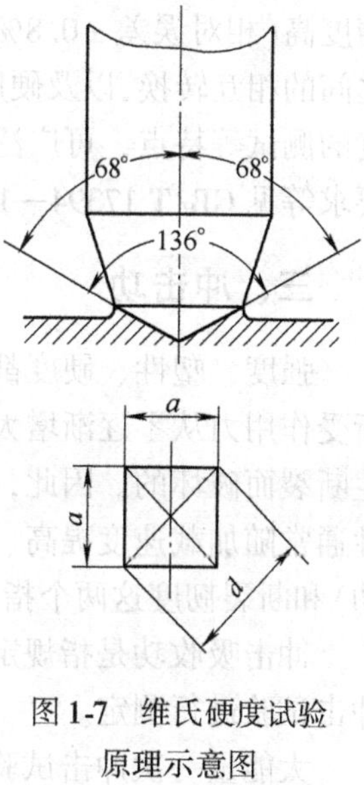

图1-7 维氏硬度试验原理示意图

维氏硬度的适用范围宽，具有连续性，所以能够测量从极软

到极硬的材料，弥补了布氏硬度因压头变形而不能测量高硬度材料、洛氏硬度不同标尺之间硬度值不能相互换算等的不足。维氏硬度具有试验载荷小、压入深度浅、压痕轮廓清晰、精确可靠、误差小等特点，可更好地用来测量极薄零件的硬度，尤其是化学热处理的渗层硬度等。但维氏硬度需测量对角线长度，然后计算或查表才可获得硬度值，而且对试样表面质量要求高，所以测量效率较低，不适宜于大批量生产，也不适合测量组织不均匀的材料(如铸铁的硬度)，一般工件不采用该硬度测量法。

维氏硬度的另一个优点是可以配合显微镜在小于9.8N的外力下测量材料的硬度，如测量某个金相组织中的某相的硬度等，称为显微硬度法，以Hm表示

$$\mathrm{Hm} = 1854.4\,\frac{F}{d^2}\,(\mathrm{kgf/mm^2})$$

式中，F为试验力(N)；d为压痕对角线长度的平均值(mm)。

(四) 里氏硬度

里氏硬度是用规定质量的冲击体(冲击测头)，在弹力作用下，以一定速度冲击被测材料或零件表面，然后测量冲击测头距试样表面1mm处的冲击速度与回跳速度。里氏硬度值是以冲击测头在距材料表面1mm处的回跳速度与冲击速度之比来表示的，即

$$\mathrm{HL} = 1000\,\frac{v_b}{v_a}$$

式中，HL为里氏硬度值；v_a为冲击测头的冲击速度；v_b为冲击测头的回跳速度。

里氏硬度用HL表示，当使用不同冲击装置时，应在HL之后附以相应型号，如HLD表示用D型装置测定的里氏硬度。里氏硬度的表示方法为在符号前标出硬度数值，符号后标出冲击装置类型，例如：700HLD表示用D型冲击装置测定的里氏硬度值为700。里氏硬度计测试精度高、体积小、易于携带和现场操作，可以从任何方向测试工件，可测试复杂的大型工件；但对于那些小、轻、薄或形状特殊复杂的工件，其测试有一定的困难或测试误差较大。该法适用于大型金属零件及部件的硬度测定。

常用的HLN—11系列里氏硬度计是一种手持式便携硬度测试仪器，具有易携带、测试精度高(相对误差±0.8%)、测量范围宽(可实现六种硬度HL、HRC、HRB、HBW、HV、HLD之间的相互转换,以及硬度与强度R_m间的相互转换)、操作方便，并适用于所有常用金属硬度的测试等特点，可广泛用于电力、石油、化工、机械、电子等各种行业。具体测试方法及要求等见GB/T 17394—1998《金属里氏硬度试验方法》。

三、冲击功

强度、塑性、硬度都是反应材料在静载荷作用下的力学性能指标。通常静载荷是指材料所受作用力从零逐渐增大到最大值，而实际生产中许多零件是在复杂变化的动载荷作用下产生断裂而破坏的。因此，还必须考虑材料在断裂前吸收变形能量的能力，即韧性。材料的韧性通常随加载速度提高、温度降低及应力集中程度加剧而减小，常用冲击吸收功(简称冲击功)和断裂韧度这两个指标来表示材料的韧性高低。

冲击吸收功是指规定形状和尺寸的试样，在冲击试验力作用下折断时所吸收的功，通过冲击试验进行测定。

大能量一次冲击试验(金属夏比缺口冲击试验)是用规定高度的摆锤，对处于简支梁状

态的缺口(V 型和 U 型缺口)试样进行一次性打击，测量试样折断时的冲击吸收功，如图 1-8 所示。

将质量为 m 的摆锤升高到 h_1 高度时，其具有位能为 mgh_1；摆锤落下冲断试样后升至 h_2 高度，此刻具有的位能为 mgh_2。摆锤一次冲断试样所失去的位能称为冲击吸收功，单位为 J，用符号 A_{KV} 或 A_{KU} 表示，即

$$A_{KV}(A_{KU}) = mgh_1 - mgh_2$$

$A_{KV}(A_{KU})$ 的数值可以从试验机的刻度盘上直接读出(在旧标准中把冲击试样缺口单位横截面积的冲击吸收功称为冲击韧度,用 a_{KV} 或 a_{KU} 表示)。

冲击吸收功表示材料抵抗冲击载荷而不破坏的能力，是评定材料韧性高低的重要指标之一。冲击吸收功对组织非常敏感，可灵敏地反映材料质量、宏观缺口和显微组织的差异，能有效地检验材料在冶炼、加工及热处理工艺等方面的质量。此外，冲击吸收功对温度非常敏感，通过一系列温度下的冲击试验，可测出材料的脆化趋势和韧脆转变温度。

冲击吸收功与冲击试验温度有关，有些材料在室温时并不显示脆性，而在较低温度下则可能发生脆断。进行一系列不同温度的冲击试验，可测得冲击吸收功-温度曲线，如图 1-9 所示。图 1-9 表明，冲击吸收功总的变化趋势是随温度降低而降低。当温度降至某一数值时，冲击吸收功急剧下降，材料由韧性断裂变为脆性断裂，这种现象称为冷脆转变。材料由韧性状态向脆性状态转变的温度称为韧脆转变温度。韧脆转变温度是衡量材料冷脆倾向的指标。材料的韧脆转变温度越低，说明材料在低温下抗冲击性能越好。当材料的实际服役温度接近或低于韧脆转变温度时，材料容易发生脆断现象。因此，在设计选择材料时，应考虑材料的最低工作温度必须高于材料的韧脆转变温度。

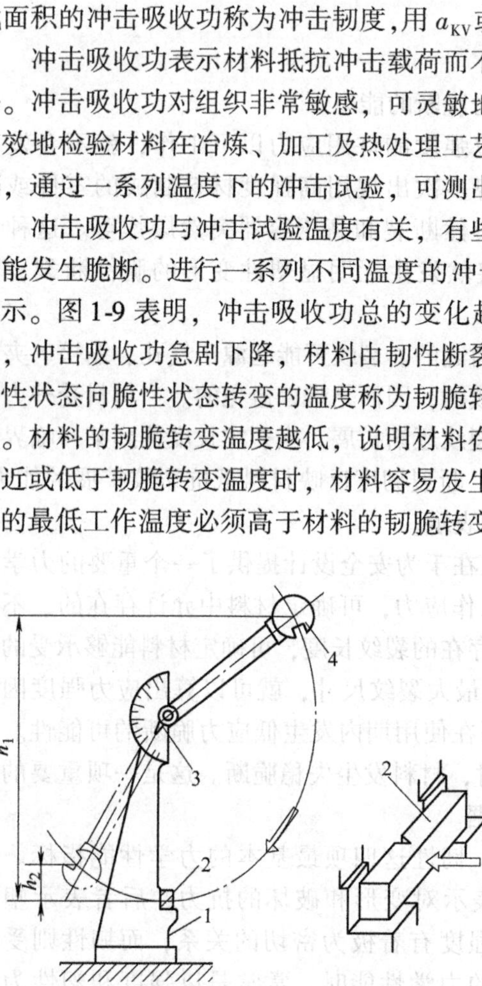

图 1-8 大能量一次冲击试验示意图

1—支座 2—试样 3—指针 4—摆锤

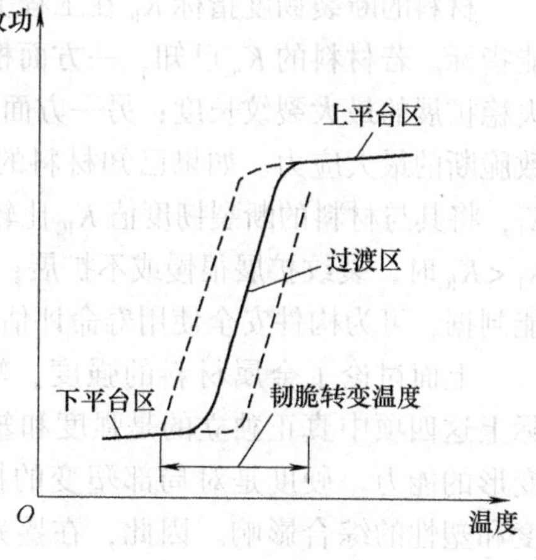

图 1-9 冲击吸收功-温度曲线

在实际生产中，零件经过一次冲击即发生断裂的情况很少。多数零件是在很多次($>10^3$)冲击之后才会断裂，且所承受的冲击能量也远小于一次冲断的能量。这种冲击称做小能量多次冲击，简称多次冲击。

材料在多次冲击下的破坏也是裂纹产生和扩张的过程，但完全不同于一次冲断的破坏过程，它是每次冲击损伤不断积累和发展的结果，此时若用冲击吸收功来衡量材料的抗冲击能力是不够准确的，而应进行多次冲击试验，以测定其多次抗冲击的能力。

多次冲击试验是在连续冲击试验机上进行的，试验时将多次冲击缺口试样放在试验机支座上，使之受到试验机锤头的小能量多次冲击。测定材料在一定冲击能量下，开始出现裂纹和最后破断的冲击次数，作为多次冲击抗力指标，用N表示，称为多冲抗力。

材料的冲击抗力取决于材料强度和塑性的综合性能指标，随着条件的不同，强度和塑性的作用是不同的。大能量一次冲击时，其冲击抗力主要取决于塑性；而小能量多次冲击时，其多冲抗力则主要取决于强度，但需具有一定的塑性。随着冲击能量的提高，塑性也需相应提高。

四、断裂韧度

断裂韧度是指材料抵抗裂纹扩展即抵抗低应力脆断的能力。

通常认为，零件在低于材料屈服强度或抗拉强度的许用应力以下工作，就不会发生塑性变形，更不会发生断裂。然而，在工程中曾多次出现用高强度材料制成的零件或构件突然脆断的事故，如大型钢结构桥梁、轮船突然断裂和高压容器突然爆炸等。这种材料在所承受的应力远低于许用应力的情况下，突然发生无明显塑性变形的脆性断裂，称为低应力脆断。

低应力脆断一般是由材料中微观裂纹的扩展引起的。裂纹可能起源于气孔、缩松、夹杂物等冶金缺陷，也可能是在加工和使用过程中形成的，因而是难以避免的。当材料受外力作用时这些裂纹的尖端附近便出现应力集中，导致裂纹逐渐扩展。当裂纹长度达到某一临界尺寸时，会发生突然的失稳扩展，使零件发生脆断。断裂韧度反映材料抵抗裂纹扩展的能力，是度量材料韧性好坏的一个定量指标，通常用K_{IC}表示。

材料的断裂韧度指标K_{IC}在工程上的实际意义在于为安全设计提供了一个重要的力学性能指标。若材料的K_{IC}已知，一方面根据材料的工作应力，可确定材料中允许存在的、不会失稳扩展的最大裂纹长度；另一方面根据材料已存在的裂纹长度，可确定材料能够承受的不致脆断的最大应力。如果已知材料的工作应力和最大裂纹尺寸，就可以算出应力强度因子K_I，将其与材料的断裂韧度值K_{IC}比较，便可判断在使用期内发生低应力脆断的可能性。当$K_I < K_{IC}$时，裂纹扩展很慢或不扩展；当$K_I \geqslant K_{IC}$时，材料发生失稳脆断。这是一项重要的性能判据，可为构件安全使用寿命评估提供重要依据。

上面讨论了金属材料的强度、塑性、硬度、韧性这四项最基本的力学性能指标。实际上这四项中真正独立的是强度和塑性，前者表示对变形和破坏的抗力；后者表示塑性变形的能力。硬度是对局部塑变的抗力，它与强度有着极为密切的关系，而韧性则受强度和塑性的综合影响。因此，在鉴别金属材料的力学性能时，常常是以强度和塑性为主要指标。

五、疲劳强度

在实际生产中，许多设备的零部件所承受的外力大小和方向都是在不断变化的，即是在交变应力作用下工作的。金属材料在交变应力作用下发生断裂的现象，称为“金属的疲劳失效”。汽轮机的轴及叶片等零部件的损坏，多数是因“疲劳失效”引起的，其特点是：①引起疲劳断裂的应力低于静载荷下的R_e；②疲劳断裂时无明显的宏观塑性变形，而是突然破坏，具有很大的危险性；③疲劳断面上显示出裂纹源（疲劳源）、裂纹扩展区（光亮区)和最后断裂区(粗糙区)这三个组成部分，如图1-10所示。图中的光亮区就是指裂纹不断扩展时，裂纹经过多次张开、闭合，并由于裂纹表面的相互摩擦，形成了一条条光亮的弧线；粗糙区则是最后断裂区。

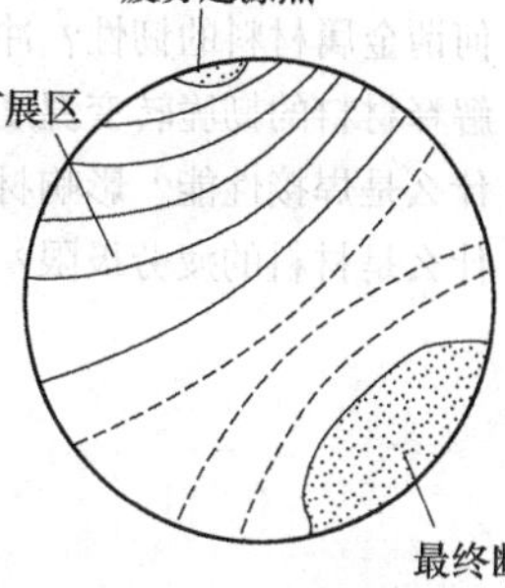

图1-10 疲劳断口特征

从疲劳断口的特征可以看出，疲劳裂纹的产生和发展与金属材料内部组织结构的变化有关。一般认为，在交变应力作用下，金属表面或断面内部的某一缺陷处由于应力集中开始产生微裂纹，这种微裂纹又在交变应力的继续作用下逐渐扩大，当剩余的断面已不能承受所加的外力时，即发生了脆性断裂。疲劳断口中各区域的大小，与材质、交变应力的大小和有无应力集中现象密切相关。

金属材料在循环应力作用下，经受无数次循环而不发生断裂的最大应力值，称为材料的疲劳极限。材料疲劳极限的测量，通常是在旋转对称弯曲疲劳试验机上进行的。把材料承受的循环应力 σ 与断裂循环次数 N 之间的关系，用 σ-N 曲线来描述，如图1-11所示。从曲线上可以看出，应力值 σ 越低，则断裂前的循环次数越多。当应力降低到某一定值后，σ-N 曲线与横坐标轴平行，这表示当应力低于此值时，材料可经受无数次应力循环而不断裂，此时的应力值即为疲劳极限。当循环应力对称时，疲劳极限用符号 σ_{-1} 表示。实际上，各种材料不可能进行无数次重复试验，所以根据不同的材料，对循环次数 N 作出了相应规定：钢铁为 10^7 次，而有色金属常取 10^8 为基数。

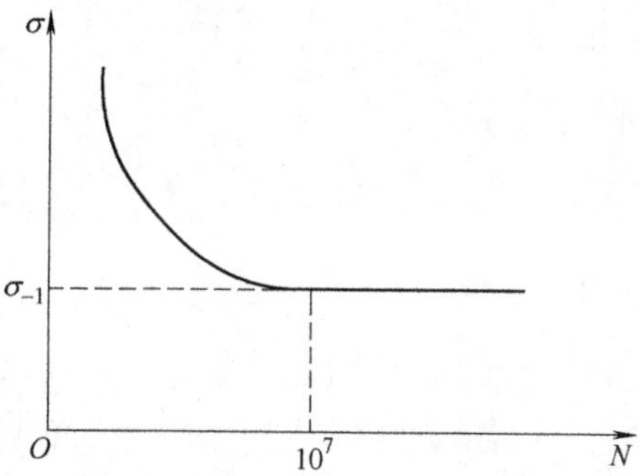

图1-11 σ-N 曲线

影响疲劳强度的因素有很多，内在的因素有金属材料本身的强度、塑性、组织结构和材质等；外界的因素有制成零部件的几何形状、表面粗糙度和工作环境等。

金属材料本身的强度和塑性越好，抗疲劳失效的能力也就越高。大量实践证明，经过淬火及回火后所得到的组织结构，其疲劳强度可以进一步提高。但是，假如金属材料存在夹杂物等缺陷时，容易成为疲劳源而降低疲劳强度。若表面粗糙度高，结构上有应力集中的现象，也会使疲劳强度下降。金属材料的零部件若在腐蚀介质中工作，腐蚀性介质侵入微裂纹后，会促使零部件产生疲劳失效。

由于疲劳失效的微裂纹绝大多数是先从表面产生和发展的，因而采用表面强化的处理，可以提高疲劳强度。

复习思考题

1. 何谓力学性能？金属材料的力学性能主要包括哪些指标？

2. 某金属材料的拉伸试样，其 $L_0=100\text{mm}$，$d_0=10\text{mm}$，拉伸时产生0.2%残余变形的外力为65000N，$F_m=85000\text{N}$，拉断后对接起来测得 $L_u=120\text{mm}$，$d_u=6.4\text{mm}$，试求该金属材料的 $R_{p0.2}$、R_m、A、Z。

3. HBW、HRC、HV、HM、HL 各代表用什么方法测得的硬度符号？
4. 何谓金属材料的韧性？冲击功 A_k 是如何测定的？
5. 解释材料的韧脆转变温度的含义。
6. 什么是焊接性能？影响材料焊接性能的主要因素有哪些？
7. 什么是材料的疲劳极限？影响材料疲劳极限的主要因素有哪些？

第二章　合金及合金相图

金属材料是目前应用最广泛的材料之一，它之所以在工业、农业、国防及科技等领域得到广泛应用，主要是由于金属材料具有很多特殊的性能，而这些性能又与其内部结构有关。因此，研究金属的晶体结构与结晶过程，掌握其规律，对于进一步了解材料的性能，以及生产和使用金属材料、研究和开发新材料等都具有非常重要的意义。

第一节　晶体的结构与结晶

物质是由原子构成的。根据原子在物质内部的排列方式不同，可将固态物质分为晶体和非晶体两大类。凡内部原子在三维空间作有规则的周期性排列的物质称为晶体，如所有固态金属都是晶体；凡内部原子作无规则排列的物质称为非晶体，如松香、玻璃等都是非晶体。晶体与非晶体不同，晶体具有固定的熔点、规则的几何外形及各向异性。

在化学元素周期表中，已发现的化学元素有 112 种，其中 90 种是金属元素。对于金属，传统的定义是：金属是具有良好的导电性、导热性、延展性(塑性)和金属光泽的物质。但有些金属，例如锑，并不具有良好的延展性，铈的导电性还不如非金属元素石墨。显然，这一定义并没有揭示出金属与非金属的本质差别。比较严格的定义是：金属是具有正的电阻温度系数的物质，其电阻随温度的升高而增加；而非金属的电阻温度系数为负值。

除了汞外，金属在常温下均为固体状态。在固态下，金属一般具有良好的导电性、导热性、延展性(塑性)和金属光泽，这些特性是与金属的原子结构和结合方式密切相关的。

一、金属键与晶体结构

(一) 金属键

金属原子的结合特点是，其最外层的电子数即价电子数较少，一般为 1 ~ 2 个，最多不超过 3 个。由于这些外层电子与原子核的结合力弱，所以很容易摆脱原子核的束缚而变成自由电子，此时的原子即变成正离子。在处于聚集状态的金属原子中，绝大多数原子都将失去其最外层的电子而变成正离子，脱离原子核束缚的自由电子在各正离子之间高速自由运动，并为整个原子集体所公有，形成所谓的电子云，如图 2-1 所示。金属原子间这种正离子与自由电子的电性引力结合，称为金属键，它没有方向性和饱和性。

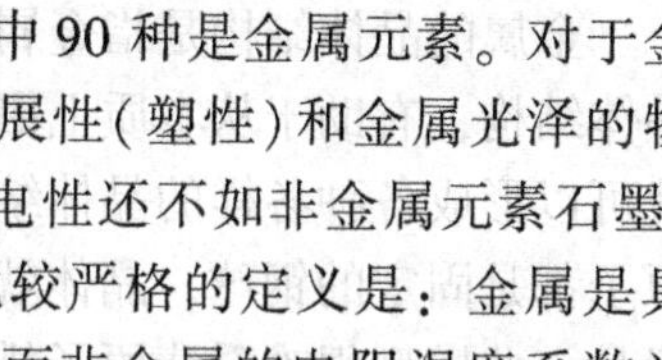

图 2-1　金属原子结合模型

根据金属键的本质可以解释固态金属的以下特性：

(1) 良好的导电性　由于金属中存在大量的自由电子，在外加电场作用下，自由电子作定向运动，形成电流，从而显示出良好的导电性。

（2）正的电阻温度系数　随着温度的升高，正离子或原子本身振动的振幅和频率加大，自由电子定向运动的阻力增加，所以电阻率增加，因而金属具有正的电阻温度系数。

（3）良好的导热性　正离子的振动和自由电子的定向运动都能够传递热量，所以金属具有良好的导热性。

（4）良好的延展性　在金属键结合的晶体中，正离子周围都充满着自由电子，在各个方向上结合力相同，即金属键没有方向性；而且金属键相互结合时，又不受价电子数目的限制，所以金属键没有饱和性。因此金属在一定的外力作用下，两层相邻的正离子之间发生相对位移，位移后的两层正离子之间仍能依靠与自由电子的相互作用力而结合在一起，即始终保持着金属间的结合方式，宏观上表现出良好的延展性。

（5）不透明，具有金属光泽　金属中的自由电子容易吸收可见光的能量，所以即使是很薄的金属片也是不透明的。因吸收可见光的能量而激发到较高能级上的电子处于不稳定状态，当它们重新回到低能级时，又把吸收的可见光能量以电磁波的形式辐射出来，使金属具有金属光泽。

总之，金属的主要特性及其晶体的结构特点，都是和金属键这种结合方式密切相关的。

（二）晶体结构

1. 晶格与晶胞

金属的晶体结构是指金属原子在三维空间有规律的周期性的重复排列方式。研究金属的晶体结构，有助于从本质上揭示金属的性能。组成晶体的原子种类不同或者排列规则不同，就可以形成各种各样的晶体结构。由于金属键没有方向性和饱和性，可以假设金属晶体中的原子都是固定的钢球，晶体就是由这些钢球堆垛而成的，图 2-2a 所示即为原子的堆垛模型。但是，此模型很难看清原子排列的规律和特点，不便于研究。为了方便起见，人为地将金属原子在空间排列的规律抽象成纯几何的空间格架，即三维空间点阵，称为“晶格”。组成晶格的而且能够完全反应晶格中原子排列特征的最小的几何单元，称为“晶胞”。显然，金属的结构是由大量晶胞在空间堆垛而成的，图 2-2b 和图 2-2c 所示分别为简单立方晶格和晶胞。

晶胞的大小和形状以晶胞的棱边长度 a、b、c（晶格常数）及棱边夹角 α、β、γ 表示。简单立方晶格的晶格常数为 $a(a=b=c)$，各边夹角 $\alpha=\beta=\gamma=90°$。晶格常数的单位通常用 Å（埃）表示，法定计量单位为 nm（纳米），1Å = 0.1nm。金属的晶格常数很小，通常为纳米数

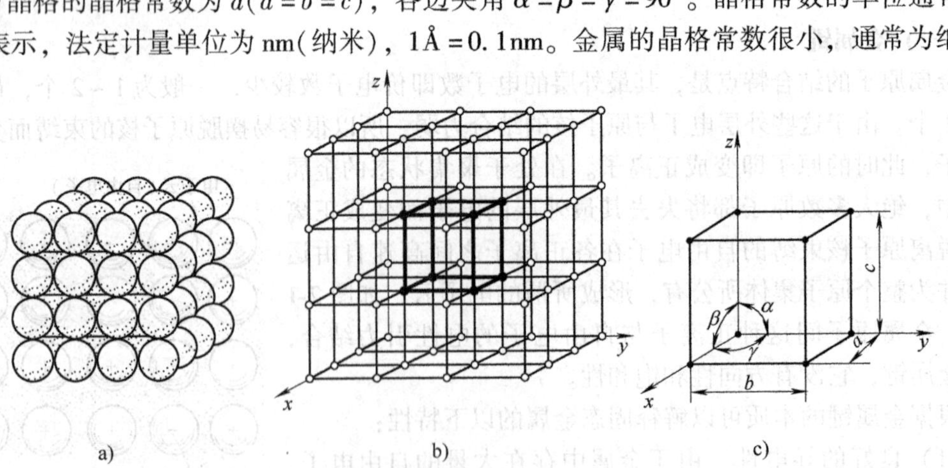

图 2-2　晶体结构示意图
a）原子堆垛模型　b）简单立方晶格　c）晶胞

量级。

2. 三种常见的晶格类型

自然界中的晶体有成千上万种，它们的晶体结构各不相同。在工业上使用的金属元素中，除了少数具有复杂的晶体结构外，绝大多数都具有比较简单的晶体结构。常见的简单晶体结构有三种，即体心立方结构(见图2-3)、面心立方结构(见图2-4)和密排六方结构(见图2-5)。

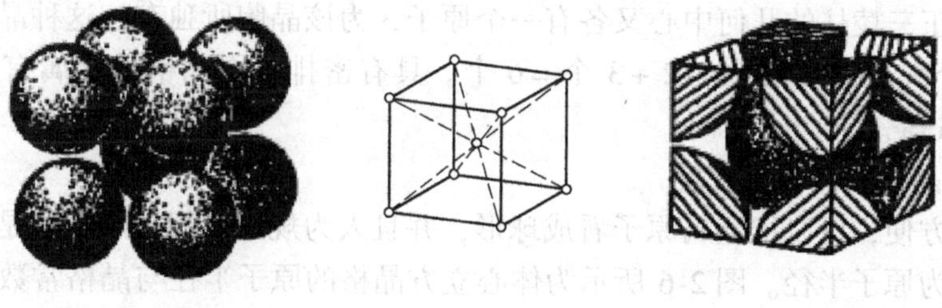

a)　　b)　　c)

图2-3　体心立方结构示意图

a）刚性小球模型　b）质点模型　c）晶胞原子数

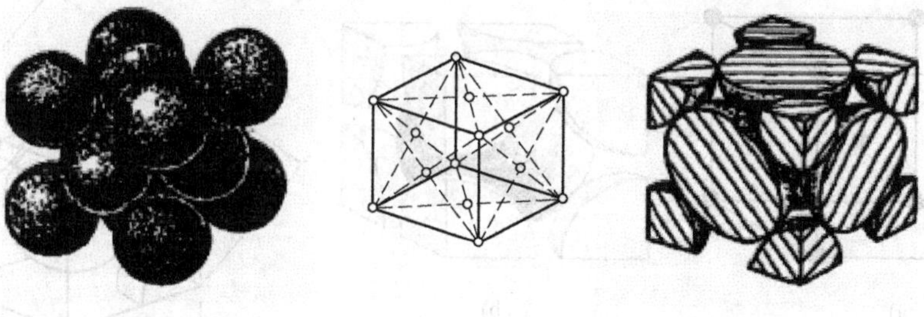

a)　　b)　　c)

图2-4　面心立方结构示意图

a）刚性小球模型　b）质点模型　c）晶胞原子数

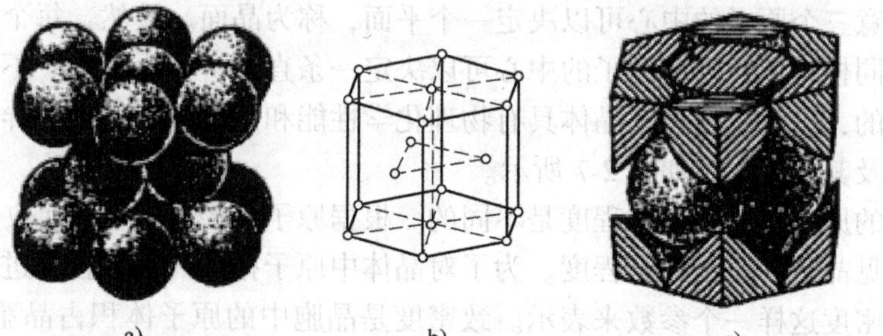

a)　　b)　　c)

图2-5　密排六方结构示意图

a）刚性小球模型　b）质点模型　c）晶胞原子数

体心立方晶格的晶胞是一个立方体，晶格常数用a表示。在体心立方晶格中，立方体的每个顶角上各有一个原子，为相邻的八个晶胞所共有，每个晶胞只占这个原子的1/8。立方体的几何中心有一个原子，为该晶胞所独有，所以每个晶胞平均占有的原子数为8个×1/8+1个=2个。具有体心立方晶格的金属有α-Fe、Cr、Mo、W、V等。

面心立方晶格与体心立方晶格相似，其晶胞也是一个立方体，每个顶角上有一个原子。所不同的是，立方体六个面的中心各有一个原子，为相邻两个晶胞共有，每个晶胞占1/2，体心没有原子。这种晶胞平均占有的原子数为8个×1/8+6个×1/2=4个。具有面心立方晶格的金属有γ-Fe、Cu、Al、Au、Ag、Ni等。

密排六方晶格的晶胞是一个正六棱柱体，其12个顶角处和上下两个正六边形的中心各有一个原子，每个晶胞分别占有原子的1/6和1/2。一个正六棱柱可以分为六个正三棱柱，在相间的三个正三棱柱的几何中心又各有一个原子，为该晶胞所独有。这种晶胞平均占有的原子数为12个×1/6+2个×1/2+3个=6个。具有密排六方晶格的金属有Mg、Zn、Be、Cd及室温的Ti等。

3. 晶面、晶向和晶格致密度

为了研究方便，可以把金属原子看成球形，并且人为规定与邻近的原子是相切的，并将球的半径规定为原子半径。图2-6所示为体心立方晶格的原子半径与晶格常数的关系图。可以容易地计算出体心立方晶格的原子半径 r 与晶格常数 a 的关系为 $r=\sqrt{3}a/4$；面心立方晶格的原子半径 r 与晶格常数 a 的关系为 $r=\sqrt{2}a/4$。

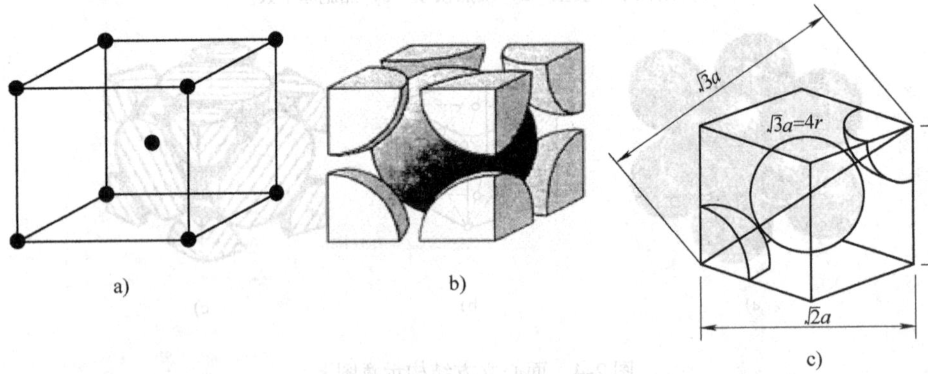

图2-6 体心立方晶格的原子半径与晶格常数的关系图

晶体中任意三个原子的中心可以决定一个平面，称为晶面。显然，每个晶面上的原子排列是不同的。同样，任意两个原子的中心可以决定一条直线，称为晶向。不同晶向上的原子排列也是不同的，这就决定了单晶体具有物理化学性能和力学性能的各向异性。立方系晶体的晶面和晶向及其表示方法如图2-7所示。

不同晶格的原子排列的疏密程度是不同的。根据原子半径 r 与晶格常数 a 的关系，可以计算出三种常见晶格的原子致密程度。为了对晶体中原子排列的紧密程度进行定量比较，通常采用晶格致密度这样一个参数来表示。致密度是晶胞中的原子体积占晶胞体积的百分数，因此，体心立方晶格的致密度为

$$\frac{2\times\frac{4\pi r^3}{3}}{a^3}=\frac{2\times\frac{4}{3}\pi\left(\frac{\sqrt{3}}{4}a\right)^3}{a^3}=0.68$$

上式表明，体心立方晶格中有68%的体积被原子所占有，其余则是空隙。用同样的方法计算出面心立方晶格和密排六方晶格的致密度均为0.74，可以看出，面心立方晶格和密排六方晶格都是较为密排的结构，它们的原子致密度都比体心立方晶格高。晶格的致密度越

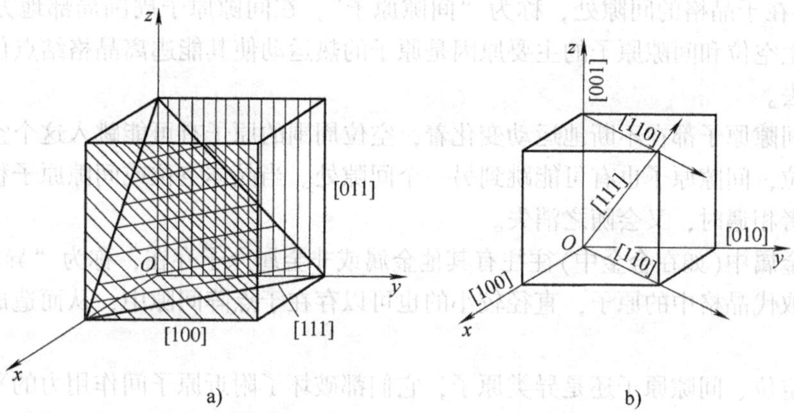

图 2-7　立方晶系的晶面和晶向

a）立方晶格中的三种重要晶面　b）立方晶格中的几个重要晶向

高，则晶格中原子排列得越紧密。

二、晶体的缺陷

若晶体内所有晶格均以同一位向排列，这种理想状态的晶体称为单晶体。自然界中常可以看到食盐、方解石的单晶体。金属的单晶体很小，为 $10^{-1} \sim 10^{-3}$mm 数量级。实际使用的金属材料几乎都是以多晶体的形式存在的。所谓多晶体，就是指晶体由许多小颗粒构成，在每一个小颗粒内原子排列的位向基本相同，而各个颗粒间原子排列的位向却不相同，如图 2-8 所示。这些小颗粒称为晶粒，晶粒之间的交界面称为晶界。研究发现，由于受工业生产中凝固和加工条件等因素的影响，通常在晶粒内部和晶界上都存在着大量缺陷，这些缺陷对金属的物理和化学性能，特别是力学性能均有很大的影响。金属晶体的缺陷依照其几何形状，可分为点缺陷、线缺陷和面缺陷。

（一）点缺陷

点缺陷主要是指晶格中三维尺寸都很小的点状缺陷。最常见的点状缺陷主要有空位、间隙原子和异类原子等。

如图 2-9 所示，由于结晶、加工及原子热运动等原因，晶格中某些结点的位置没有原子，出现空缺，致使该结点周围产生小的拉应力场，这种缺陷称为“晶格空位”，简称“空

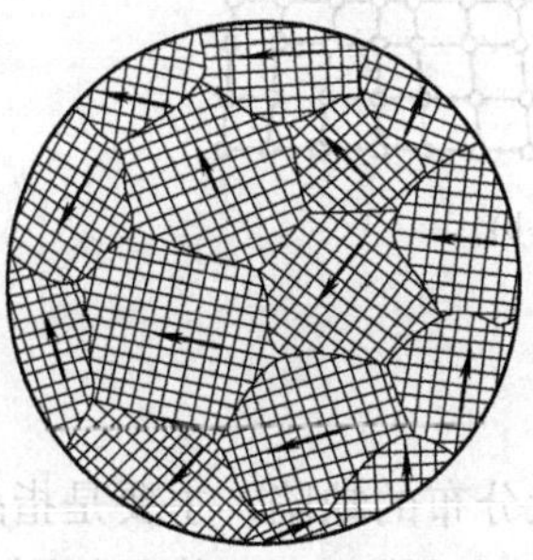

图 2-8　多晶体位向示意图

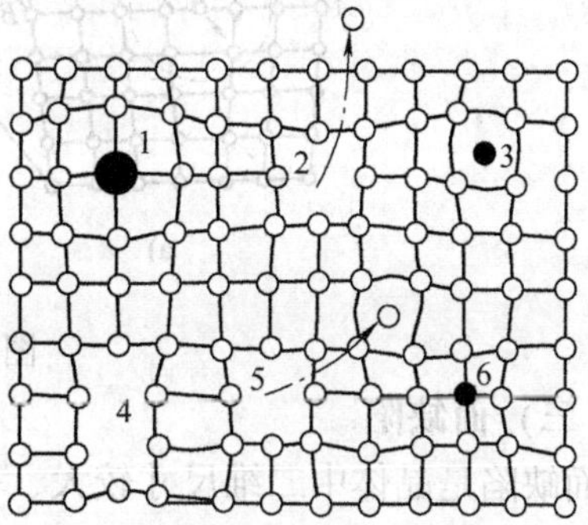

图 2-9　晶体中的点缺陷

1、6—置换原子　2、4、5—空位　3—间隙原子

位”；原子存在于晶格的间隙处，称为“间隙原子”，在间隙原子周围局部地方产生小的压应力场。产生空位和间隙原子的主要原因是原子的热运动使其能逃离晶格结点位置或转移到晶格间隙中去。

空位和间隙原子都在不断地运动变化着，空位周围的原子有可能跳入这个空位从而形成一个新的空位，间隙原子也有可能跳到另一个间隙处。当晶体空位或间隙原子移至晶体表面和晶界或二者相遇时，又会随之消失。

在实际金属中(如在合金中)往往有其他金属或非金属原子存在，称为“异类原子”。异类原子可以取代晶格中的原子，直径较小的也可以存在于点阵间隙中，从而造成点阵的扭曲变形。

不管是空位、间隙原子还是异类原子，它们都破坏了附近原子间作用力的平衡，使周围原子离开其平衡位置，因而使正常的晶格发生了歪扭，即产生晶格畸变。晶格畸变导致能量升高，使金属的强度、硬度和电阻增加。

（二）线缺陷

线缺陷是指在晶体中一维尺寸较大、二维尺寸较小的缺陷，它们在晶体中呈线状分布，成为线缺陷，具体形式就是位错。位错是指晶体中的某处有一列或若干列原子发生了有规律的错排现象。位错的基本类型有刃型位错和螺型位错。图 2-10 所示为刃型位错示意图，由图 2-10a 可见，在一个完整晶体的晶面 *ABC* 上，于 *E* 处沿 *EF* 被垂直插入一个“多余”的半原子面，如同刀刃一样的插入使 *ABC* 晶面的上下两部分晶体间产生了错排现象，因而称为刃型位错。多余的半原子面的边缘 *EF* 称为位错线。

刃型位错有正、负之分，如图 2-10b 所示。多余半原子面位于位错线上方时，称为正刃型位错，用符号“⊥”表示；反之，则称为负刃型位错，用符号“⊤”表示。

实际金属中往往存在大量的位错，位错的运动和位错密度的变化对金属的性能、结构和组织的变化起着重要作用。实验证明，用特殊方法制得的不含位错的铁晶须，其抗拉强度可达 13500MPa，比一般钢材高出数百倍。

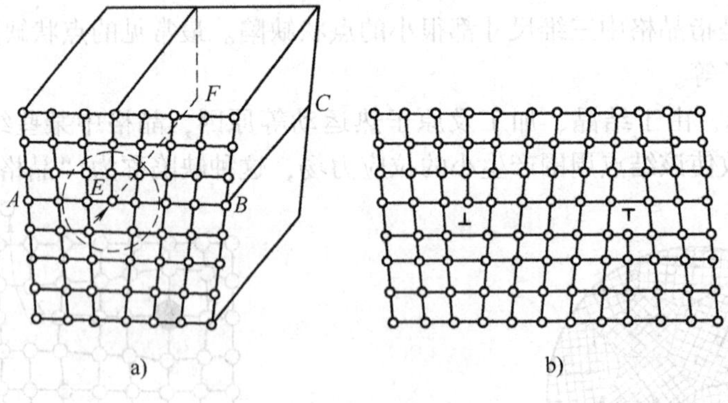

图 2-10 刃型位错示意图

（三）面缺陷

面缺陷是晶体中二维尺寸较大、一维尺寸较小的呈面状分布的缺陷，主要是指晶界和亚晶界。由于在多晶体中相邻晶粒的位向不同，在交界的地方原子排列不可能很规则，于是产生一层“过渡层”。在过渡层中的原子排列不整齐，和液态金属的结构相似，晶粒边界这层过渡层的厚度为几个原子到十几个原子。如图2-11所示，相邻晶粒的位向差 θ 如果小于15°称为“小角度晶界”，它可以看做是由许多纵向排列的同号刃型位错组成；当位向差 θ 大于15°则称做“大角度晶界”，随着位向差的增加，晶界的厚度也增加。实际金属中多数晶界是大角度晶界。

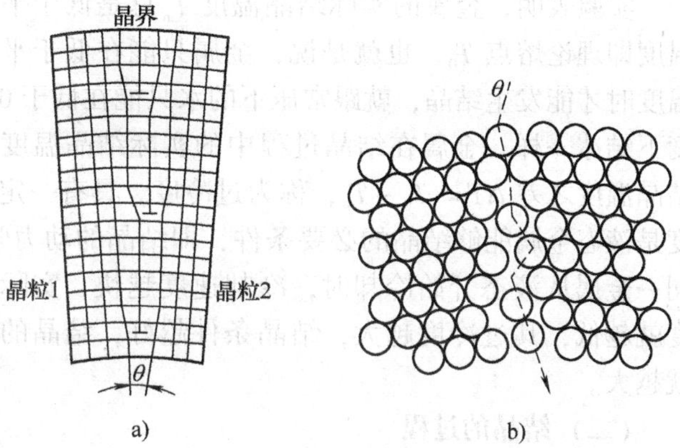

图2-11　晶界示意图

a) 小角度晶界　b) 大角度晶界

由于晶界处原子排列的规则性很差，因此晶格畸变较大，其原子能量也较高，所以晶界对金属性能的影响远比晶内大。例如，晶界的熔点比晶内低；晶界是发生相变时优先形核的地方；晶界的原子扩散速度比晶内快；晶界更容易被腐蚀；常温下晶界强度高于晶内强度，高温下晶界强度低于晶内强度等。

在实际金属中，晶粒内除了点缺陷和线缺陷外，还存在许多位向差很小的小晶块，称为亚晶粒(也称为嵌镶块或亚结构)。亚晶粒之间的位向差仅在1°和2°之间，故可以看做是由位错排列所致，一般在电子显微镜下才能观察到它们与晶界类似，所以又称为亚晶界。亚结构的存在及其尺寸的大小对金属的性能同样有很大影响。在晶粒度一定时，亚结构越细，相邻亚结构之间的位向差越大，则金属的屈服强度越高。

三、纯金属的结晶

金属材料在生产过程中除了少数粉末冶金材料以外，一般都要经过熔炼、浇注以及轧制、锻造或者冷、热加工等过程。因此，金属的凝固过程及铸态组织对金属材料的质量有着重要的影响。

（一）结晶的条件

金属材料从液态凝固到固态晶体的过程称为结晶。纯金属的结晶是在一个恒定温度下进行的，这个恒定的转变温度称为熔点(或称为平衡结晶温度)，用符号 T_0 表示。常压下，金属的温度高于熔点时，金属应以液态状态存在；低于熔点时，金属则以固态状态存在；在平衡结晶温度时，液体和固体同时存在，这时液体的结晶速度和固体的熔化速度相同，是动态平衡状态，就像0℃的水和冰固液共存一样。

金属的实际结晶温度可用热分析法来测定，具体测定步骤是：将实验用纯金属放入坩埚中加热，使之熔化，在液态金属中插入热电偶测定温度，然后以缓慢的速度冷却。在冷却过程中每隔一定时间记录温度，直至冷却至室温。将记录下来的数据绘制在温度-时间坐标系中，得到如图2-12所示的冷却曲线。

由于金属在结晶时要释放结晶潜热，补偿冷却过程中向外界散失的热量，因此在冷却曲线上出现了一个平台，平台所对应的温度就是金属的结晶温度。金属的结晶过程处于恒温状态，当结晶过程结束时，即液态金属全部转化为晶体后，金属的温度又随着散热而降低，直至室温，平台的长度代表实际结晶过程的时间。

实验表明，金属的实际结晶温度 T_n 总是低于平衡结晶温度即理论熔点 T_0，也就是说，金属只能在低于平衡结晶温度时才能发生结晶，就跟常压下的水只能在低于0℃的温度下结冰一样。金属在结晶过程中的实际结晶温度与理论结晶温度之差 $\Delta T = T_0 - T_n$，称为过冷度。具有一定的过冷度是液态金属能够结晶的必要条件，即结晶的动力学条件。同一金属从液态开始冷却时，冷却速度越快，实际结晶温度就越低，其过冷度越大，结晶条件越好，结晶的倾向也就越大。

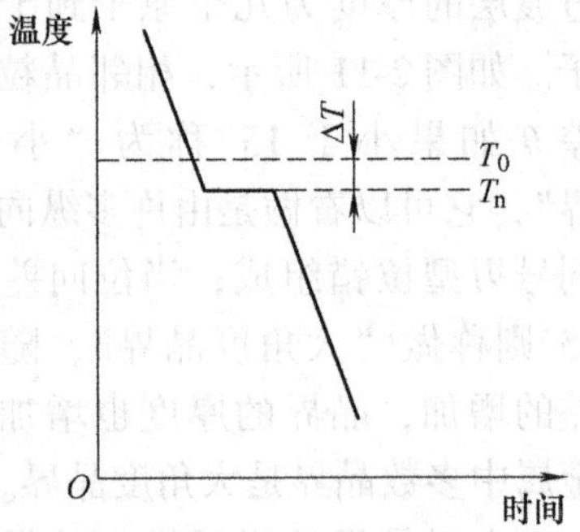

图2-12 纯金属结晶时的冷却曲线

（二）结晶的过程

金属的结晶过程是一个晶核形成及晶核长大成为晶体的过程，即形核-长大的过程。金属在液态时，原子排列呈现无规则状态。随着结晶过程的温度降低，当温度接近熔点时，液态金属中不断出现类似晶体结构的原子小集团，表现为“短程有序”的特点。温度越低，这种有序排列的范围越大。当其尺寸大到一个临界值时，就会成为独立的小晶体，成为晶核。随后，其他原子依附在晶核上使其不断长大，最后成长为一个单晶体，即一个晶粒。

晶核的形成，有的是由于液态金属在一定的过冷度下，依靠自身原子按规则排列而形成的，称为“均匀形核”；有的则是依附于液态金属中分布的高熔点固体颗粒表面上形核，或附着在铸模的模壁上形核，称为“非均匀形核”。通过热力学分析得知，非均匀形核所需的能量是均匀形核的1/3左右，可见，非均匀形核比均匀形核容易得多，在较小的过冷度下即可形核。

无论是均匀形核还是非均匀形核，都是在一定过冷度条件下发生的。晶核形成以后便会不断长大，同时放出结晶潜热，以补偿液态金属向周围散失的热量。晶核长大可以看做是液体原子不断地附着在晶核的表面，使晶核的体积不断增加，直至碰到其他小晶体位置。晶粒与晶粒交界的地方形成晶界，结晶过程结束。金属结晶过程示意图如图2-13所示。

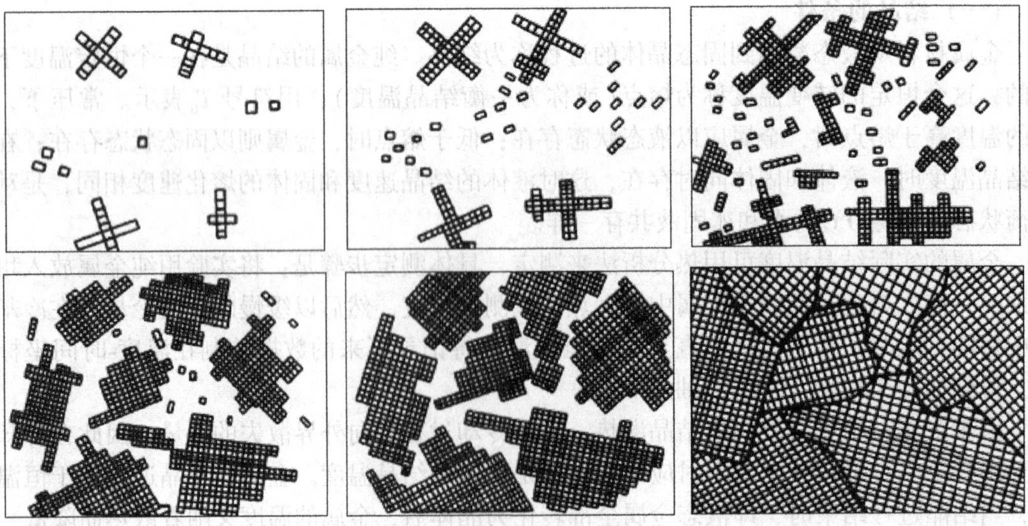
图2-13 金属结晶过程示意图

需要指出的是，在晶核刚刚形成的时候，其外形是规则的多面体形状。但由于在长大过程中结晶潜热的散失在各个方向不均匀，根据尖端放热的原理，小晶体棱角处的散热条件优于其他部位，这里的过冷度稍大，液体金属优先附于棱角处，棱角处优先长大，如图 2-14 所示。由此可见，晶体的生长方式像树枝分叉一样，先长出干枝，称为一次晶轴，然后长出分枝，称为二次晶轴，还可以在二次晶轴上生长出三次晶轴等，如此不断成长、分枝，直至把晶间填满，液体消失。这种具有树枝状的晶体称为树枝晶，简称枝晶。

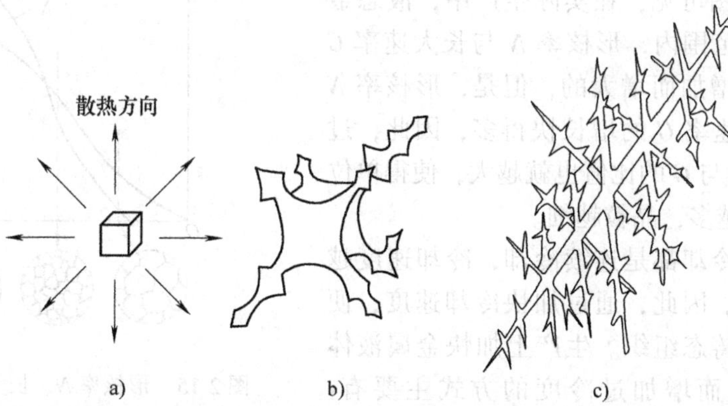

图 2-14 晶体长大示意图

a）晶核初期 b）晶核棱角优先长大 c）枝晶形成

金属晶体枝晶生长的结晶过程，决定了晶体会产生点、线、面缺陷。在枝晶间填充原子时，在原子的平衡位置上难免会有多余原子或缺少原子，于是形成间隙原子或空位。枝晶向液体深处伸展时发生弯曲，则会产生位错和亚晶界。晶界是最后形成的，由于相邻两晶粒间位向的差别，晶界上的原子排列是无规律的，形成一层无规则的过渡层。

（三）影响晶粒大小的因素和晶粒大小的控制

研究纯金属结晶过程的主要目的，在于运用金属结晶的基本知识和基本规律，实现对金属铸件晶粒大小的控制，以获得优良的力学性能。

1. 晶粒大小对性能的影响

除非单独制作，实际应用的金属材料一般都是多晶体材料，其晶粒大小可以单位面积的晶粒数目或晶粒的平均直径来表示。金属晶粒的直径一般在 $10^{-1} \sim 10^{-3}$ mm 范围之内。

金属晶粒的大小对金属的力学性能有很大的影响，在常温下工作的金属零件，往往晶粒越细小，其强度、硬度越高，塑性、韧性越好；对于在高温下工作的金属零件，大小适中的晶粒才具有较高的蠕变强度；用于制造电动机和变压器的硅钢片，却要求晶粒越粗大越好，因为晶粒越粗大，磁滞损耗越小，效率越高。因此，晶粒的大小应根据使用性能的要求而定。

2. 影响晶粒大小的因素

由上述可知，结晶是由形核与长大两个基本过程完成的，那么晶粒的大小也就必然与形核率以及长大速率密切相关。

研究与实践表明，凡是能促进形核率、抑制长大速率的因素，都能细化晶粒；反之，凡是抑制形核率、促进长大速率的因素，都将使晶粒粗化。如果晶核的形核率提高，而长大速率却很小，也就是说在单位时间内产生大量晶核而又长大得很慢的话，所得到的晶粒当然就会很细小。因此，控制晶粒的大小最重要的是控制晶核的形核率和长大速率。

3. 控制晶粒大小的方法

在工业生产中，为了细化铸件的晶粒，以改善其性能，常采用以下方法：

（1）增加过冷度　金属的形核率和长大速率都是随着过冷度的变化而变化的，其关系如图2-15所示。由图可见，在实际生产中，液态金属能达到的过冷范围内，形核率 N 与长大速率 G 都是随过冷度的增加而增大的，但是，形核率 N 的增长要比长大速率 G 的增长快得多，因此，过冷度 ΔT 越大，N 与 G 的比值也就越大，使得单位体积内晶粒数目越多，晶粒越细。

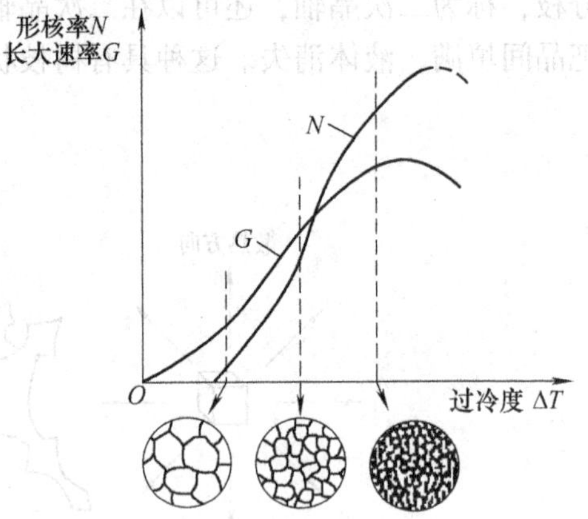

图2-15　形核率 N、长大速率 G 与过冷度 ΔT 的关系

实际铸件的冷却都是连续冷却，冷却速度越快，过冷度越大。因此，通过加快冷却速度，便能获得细晶粒的铸态组织。生产上加快金属液体的冷却速度，从而增加过冷度的方式主要有：①降低浇注温度，从而降低铸型的温度；②采用蓄热大和散热快的金属铸型；③局部加冷铁以及采用水冷铸型等。采用上述这些方法，一般都能增加金属结晶时的冷却速度和过冷度，从而细化晶粒，改善力学性能。但是，对于大型铸件，通过快冷来获得较大的过冷度是不容易实现的；对于形状复杂的铸件，降低浇注温度又往往得不到完整的铸件（浇不满铸型），而提高冷却速度又容易使铸件产生变形和开裂等缺陷，这就需要我们去寻求其他细化晶粒的途径。

（2）变质处理　所谓变质处理，就是在浇注之前向金属液体中加入变质剂，促进非自发形核或抑制晶核的长大速率，从而细化晶粒的方法。在变质处理过程中，有的向液态金属中加入同类金属的细粒或结构完全对应的高熔点物质的细粒，以在液体中直接起到人工晶核的作用而增加晶核数目。例如，在灰铸铁中加入石墨粉；高锰钢中加入锰铁粉；高铬钢中加入铬铁粉等。有的向液态金属中加入少量的某种元素或化合物，以成为形核的基体，提高形核率，促进非自发形核，从而细化晶粒。例如，向铝液中加入TiC、VC、ZrC、WC、MoC等，向钢液中加入Ti、Zr、B、Al等。也有的加入目的是减慢结晶物质的长大速率，从而细化晶粒。例如，在Al-Si系铸造铝合金中加入钠盐进行变质处理，就是为了减慢硅晶体的长大速度，使硅晶体细化。

（3）附加振动　液态金属结晶时，如果对其附加机械振动、超声波振动、电磁振动等措施，即可使液态金属在铸模中运动，这样不仅造成枝晶破碎，而且破碎的枝晶尖端又可起到晶核作用，从而增加了形核率，细化了晶粒。

第二节　金属的塑性变形和再结晶

所谓金属的力学性能，实质上是指金属在外力作用下的行为或表现，其行为或表现主要分为变形能力和变形抗力，即塑性和强度。金属材料在外力作用下，总会引起程度不同的变形。变形可以是弹性变形，也可以是塑性变形。所谓弹性变形，即载荷卸除后能够完全恢复的变形。塑性变形则为载荷卸除后仍残留的变形。在外力作用下，能够产生塑性变形的性能叫做塑性，它是金属的一项重要特性。为了使金属材料形成所要求的各种形状和尺寸，在工业生产中广泛地采用锻、轧、拉拔、挤压等压力加工方法。金属材料经压力加工产生塑性变形，不仅可以得到特定的形状和尺寸，还可以提高材料的强度、硬度，即提高零件的负载能力。例如，材料为 Q345 钢的自行车链条的链板，经过五次拉轧，总变形度为65%，其硬度从 150HBW 提高到 275HBW，抗拉强度从 510MPa 提高到 980MPa，这就使链条的负载能力提高了将近 1 倍。而经冷拉制成的高碳钢弹簧钢丝，其抗拉强度可达 2000～3000MPa，比一般钢材的强度提高了 4～6 倍。

经受变形后的金属材料，在组织、结构和性能等方面均发生了相当复杂的变化。从热力学角度看这种变化，表现为能量升高，即材料处于不稳定的高能状态，它具有向低能状态转化的自发倾向。当温度升高、原子具有相当的扩散能力时，变形后的金属材料就会自发地向着能量降低的方向转变，这种转变过程称为回复和再结晶。回复和再结晶是一个与金属材料的高温强度有着密切关系的重要问题。

本节主要讨论金属在塑性变形中的内部组织结构和性能的变化，以及冷变形金属在随后的加热过程中组织和性能产生变化的规律。学习本节的目的是掌握金属材料在塑性变形和随后的加热过程中组织及性能的变化规律，以便在生产实践中充分发挥金属材料的强度潜力、正确掌握压力加工工艺，从而控制加工工件的质量。

一、单晶体的塑性变形

晶体塑性变形的主要形式是滑移和孪生，其中，滑移是最主要的塑性变形方式。

（一）滑移

晶体塑性变形时，出现的切应力使晶体内部上下两部分的原子沿着某特定的晶面相对移动，这种现象称为滑移。晶体发生相对滑动后仍然是完整的晶体，且晶格位向不变，滑动的距离是晶格常数的整数倍。

单晶体试样拉伸时，外力可以在晶内某一晶面上分解为垂直于该晶面的正应力 σ_N 和平行于该晶面的切应力 τ，如图 2-16 所示。正应力只能使晶格弹性伸长或使晶体断裂（见图 2-17）；切应力则会使晶格产生弹性剪切变形，进而引起晶体内的相对滑移（见图 2-18）。因此，滑移只能由切应力引起，而与正应力无关。

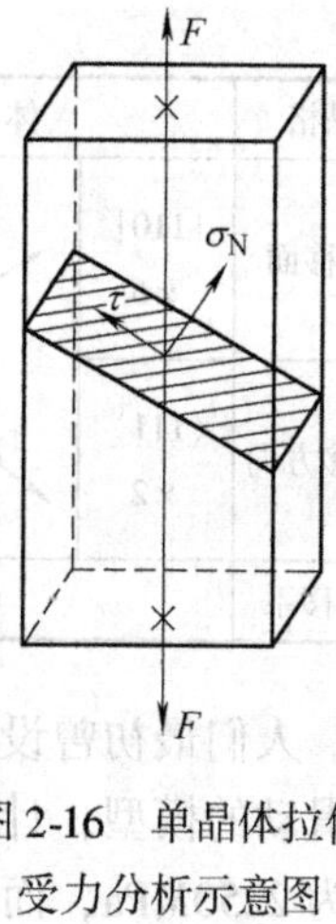

图 2-16　单晶体拉伸受力分析示意图

晶体沿某一晶面滑移时，该晶面称为滑移面；晶体在滑移面上的滑动方向称为滑移方向。一个滑移面和此面上的一个滑移方向结合起来，组成一个滑移系。每一个滑移系表示金属晶体在滑移时可能产生的空间位向。在其他条件相同时，金属晶体中的滑移系越多，则提供给滑移的空间位向越多，故该金属的塑性也就越好。

滑移并非发生在任意晶面和晶向上，它总是沿着一定的晶面和一定的晶向进行的。一般来说，滑移面总是原子密度最紧密的晶面，而滑移方向也总是原子密度最紧密的晶向。这是因为在晶体中原子密度最大的晶面上，原子的结合力最强，而这样的晶面与相邻的同位向的晶面之间的距离却最大，所以它们之间的结合力最弱，故最容易在它

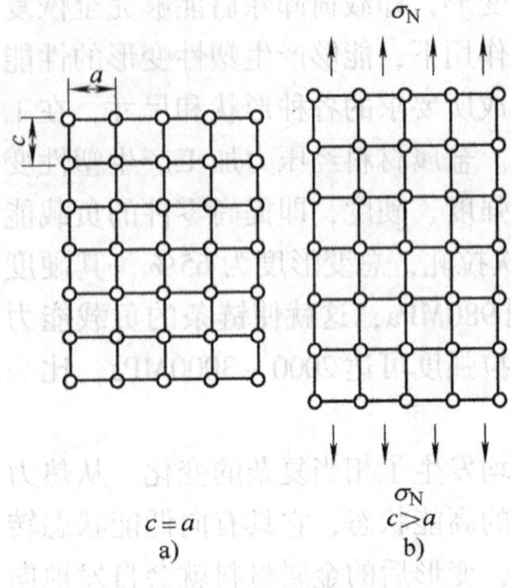

图 2-17　正应力引起的弹性变形或拉断

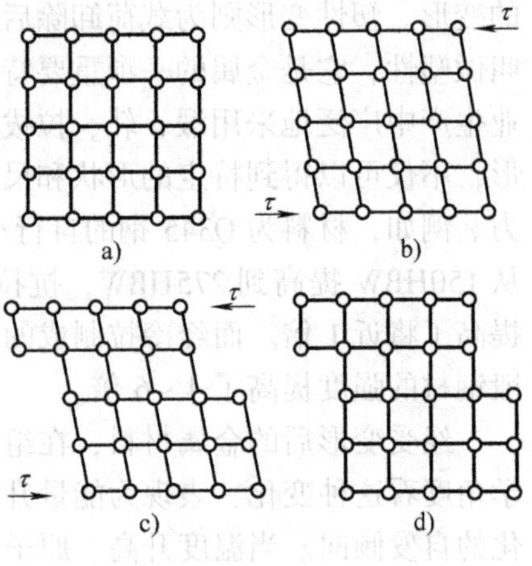

图 2-18　切应力引起的剪切变形

们之间滑动。同理，沿原子密度最大的晶向滑动时，阻力也最小，最易滑动。如图 2-19 所示，密排面Ⅰ—Ⅰ与非密排面Ⅱ—Ⅱ比较，沿密排面滑动的阻力小，滑动比较容易。但并非其他晶面就一定不能滑移，只是密排面更容易滑动罢了。根据同样的道理，当晶体沿着密排面滑移时，滑移的方向一定是沿着面内最密排的方向。这是因为密排方向上原子之间的距离最小，滑动一个原子间距所需的能量小的缘故。在某些条件下即使改变了滑移面，滑移方向仍保持不变。

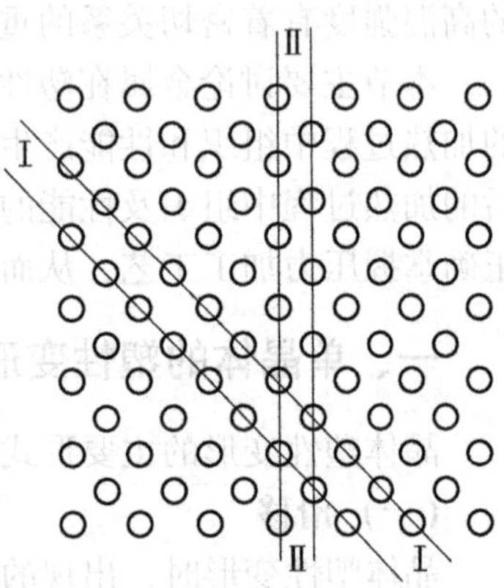

图 2-19　滑移面示意图

表 2-1 列出了三种常见晶体结构的滑移特征，可见，面心立方晶格和体心立方晶格金属的滑移系比密排六方晶格的滑移系多，因此，密排六方晶格的金属镁、锌等的塑性较差。另外，面心立方晶格和体心立方晶格的滑移系虽然相同，但滑移方向对塑性的贡献更大些，因此，具有面心立方晶格的金属铜、铝、镍和 γ-Fe 等比具有体心立方晶格的金属铬、钼、钨、钒和 α-Fe 等的塑性好。

表 2-1　三种常见晶体结构的滑移特征

晶格	体心立方晶格		面心立方晶格		密排六方晶格	
滑移面	{110} ×6	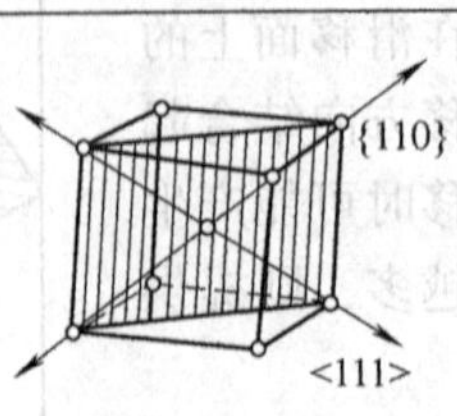	{111} ×4	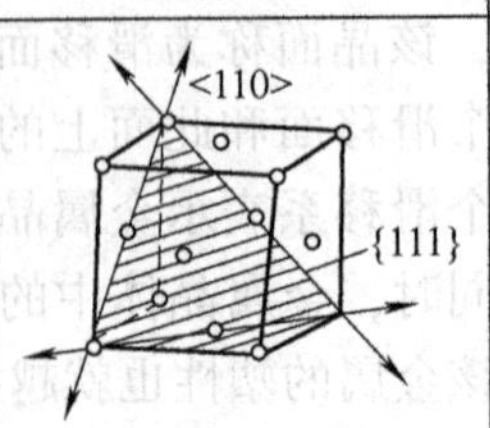	六方底面 ×1	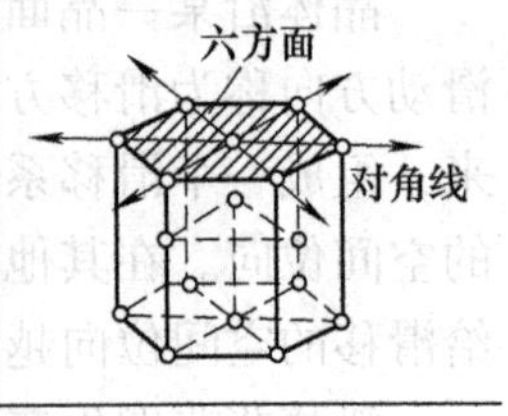
滑移方向	⟨111⟩ ×2		⟨110⟩ ×3		底面对角线 ×3	
滑移系	6 × 2 = 12		4 × 3 = 12		1 × 3 = 3	

人们最初曾设想滑移过程是晶体的一部分相对另一部分作整体的刚性移动。根据这一刚性滑动的模型，计算出的滑移所需临界切应力τ比实测值大得多。例如，铁的理论计算值τ约为 2250MPa，而实际测出的τ为 28. 4MPa；铜的计算值τ为 1540MPa，实测值τ为 1. 0MPa。

可见，实际金属晶体滑移所需要的应力仅是理论值的几百分之一或几千分之一，这个事实迫使人们不得不放弃晶体整体刚性滑移的假设。

晶体内部存在位错，滑移实际上是位错在切应力作用下运动的结果。图 2-20 所示为位错移动造成滑移的这一过程。当一个位错移动到晶体表面时，便造成一个原子间距的滑移量，同一滑移面若有大量位错移出，就在表面上形成一条滑移线，许多平行的滑移线便组成滑移带。当晶体通过位错的移动而产生滑移时，实际上并不需要整个滑移面上的全部原子一起移动，而只是在位错中心附近的少数原子发生移动，它们的移动距离又远小于一个原子间距。

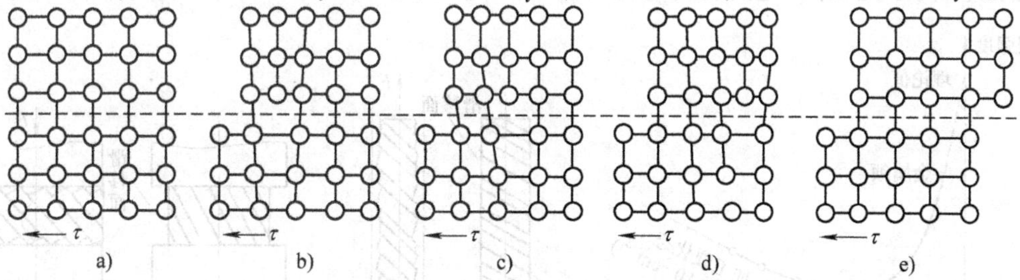

图 2-20　滑移的位错移动机理

如图 2-21a 所示，滑移面上半部分的多余原子面 PQ 在切应力的作用下，由实线位置移动到虚线位置，向左移动了一个很小的距离，而滑移面下半部分的原子受向右的切应力的作用，迫使其由实线位置移动到虚线位置，向右移动了一个很小的距离，与晶体滑移面上半部分的多余原子面重合，变成整排原子面。同时，原来整排原子面 $P'Q'$ 上的原子，受向左的挤压应力而离开自己的整排位置，向左移动很小的距离，移到虚线位置进入空格，变成新的多余半排原子面，其最终结果是位错在滑移面上向左移动了一个原子间距。同理，图 2-21b 表示的是负刃型位错移动的特点。通过位错的移动而产生的逐步滑移，比整体一起移动所需要的临界切应力要小得多。位错容易移动的特点称为位错的易动性。

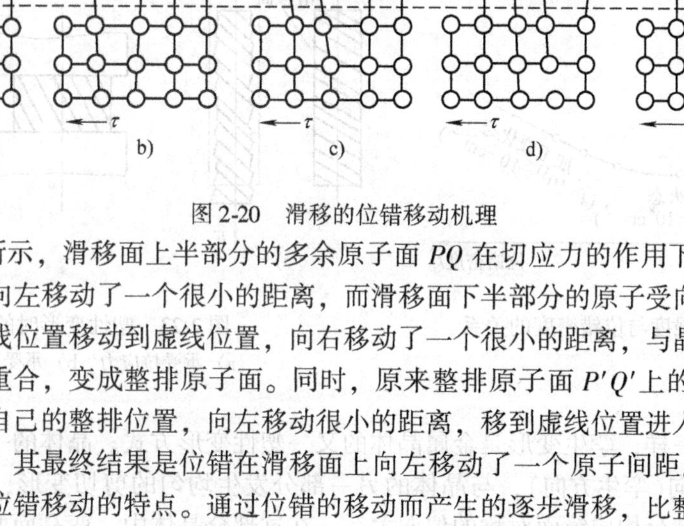

图 2-21　位错移动示意图

a）正刃型位错　b）负刃型位错

由上述分析可知，金属的键合力是很高的，即其本质强度很高，但在外力作用下，金属中存在的大量位错在切应力很小时即可运动，导致滑移变形。金属经一定量的塑性变形后，内部缺陷增加，从而导致金属断裂。金属中位错的数量、分布对金属的性能影响很大，假设金属中没有位错，金属的塑性只能依靠刚性滑移来进行，金属的强度就很高；随着位错数量的增加，金属的强度下降；但随着金属变形量的增加，大量位错在金属内部衍生出来，位错线之间会发生交互作用，反而会阻碍位错的运动，金属强度又有上升的趋势。金属的这种经冷塑性变形后，由于位错密度增加，使晶格发生畸变，且由于大量位错交互影响，而导致硬度和强度上升的现象，称为加工硬化，工程上又称为冷作硬化。金属强度与位错密度的关系如图 2-22 所示。

在单晶体拉伸试验中，金属晶体除了发生滑移外，还会有转动；同样，在晶体受到压力状态下，金属晶体在发生滑移的同时也会有转动。因为单晶体沿滑移面滑移时，使试样两端的拉力或压力不处在同一直线上，所以将产生一个力偶使滑移面转动，如图 2-23 所示。

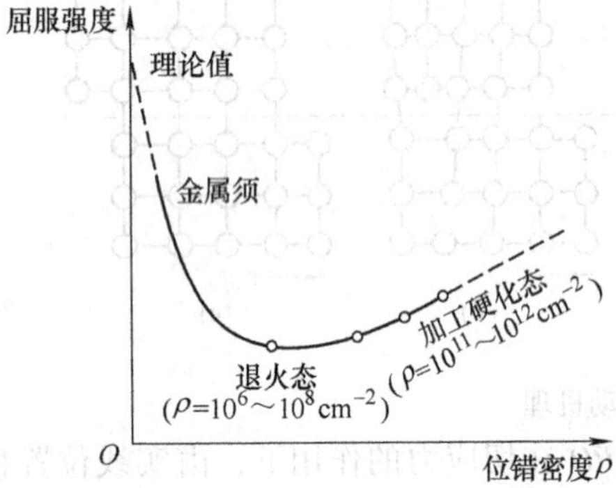

图 2-22　金属强度与位错密度的关系

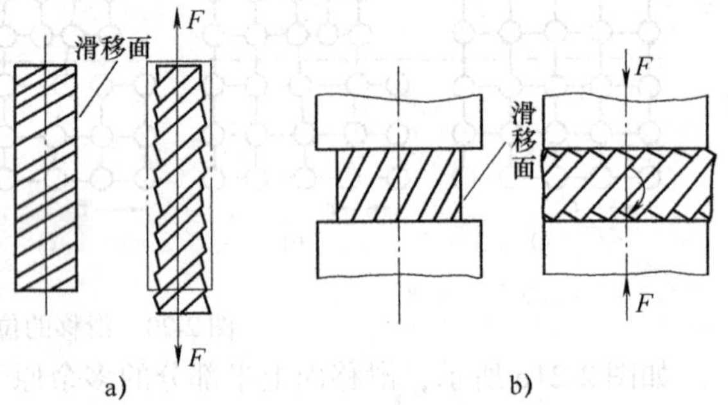

图 2-23　塑性变形时的转动

a）承受拉应力　b）承受压应力

（二）孪生

与滑移变形一样，孪生变形是金属晶体的又一塑性变形方式。晶体的一部分沿一定的晶面(孪生面)及晶向(孪生方向)，与晶体的另一部分发生均匀的剪切变形，结果使晶体的变形部分与未变形部分构成镜面对称的位向关系。在这部分晶体中，孪晶面两侧的晶体位向发生变化，我们把发生变形的那部分晶体称为孪晶或双晶，而把孪晶面两侧呈镜面对称的两部分晶体称为孪晶带或双晶带。发生孪生变形时，每层原子面的位移量与该原子面到孪晶面的距离成正比。其相邻原子面的相对位移量相等，且小于一个原子间距，只是原子间距的几分之一。所以，孪生的切应变是均匀分布的，但许多层晶面积累起来的位移量便可形成比原子间距大许多倍(不一定是整数)的切应变，如图 2-24 所示。

对于一定的晶体而言，单晶体的塑性变形究竟以何种方式进行，主要取决于晶体结构和外部条件。由于密排六方结构的金属滑移系少，故常以孪生方式变形；体心立方晶格的金属如 α-Fe 等滑移系较多，一般都以滑移方式进行，只有在低温或受到冲击时才发生孪生变形；面心立方晶格的金属一般不发生孪生变形。孪生变形所需要的切应力要比滑移变形所需要的切应力大得多，可见，要使滑移系多的晶体不发生滑移而进行孪生是相当困难的。

二、多晶体的塑性变形

人们实际使用的金属和合金材料几乎都是多晶体，多晶体是由许多位向不同、形状不同，甚至化学成分和性能也不完全相同的单晶体集合而成的。构成多晶体的这些单晶体就是

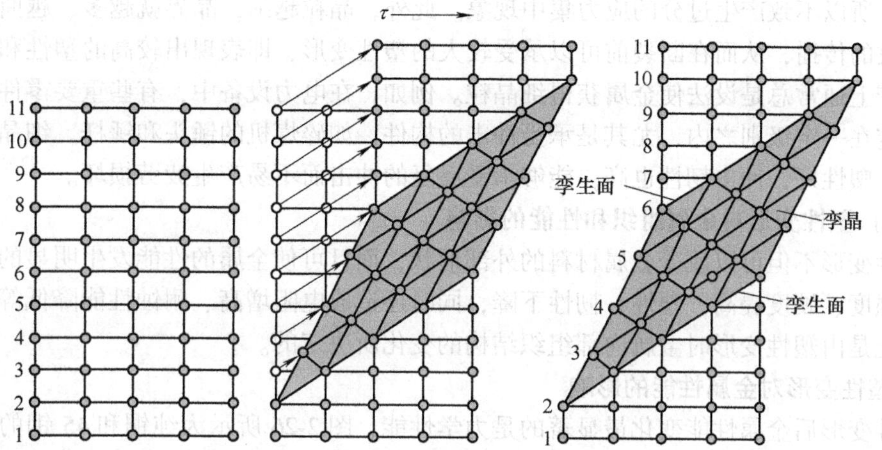

图 2-24 孪生变形示意图

晶粒。在多晶体进行塑性变形时，每个晶粒的基本变形方式与单晶体的塑性变形基本相同，也是以滑移或孪生的方式进行的。多晶体的塑性变形可视为许多晶粒变形过程的综合结果。在多晶体中，由于各个晶粒的晶格位向不同，而且有大量晶界存在，且由于晶界处原子排列不规则等原因，使得各个晶粒的塑性变形受到与其相邻晶粒的阻碍与制约。因此，就多晶体的塑性变形来说，每一个晶粒都不是自由状态，都需要其周围晶粒同时发生变形来与之相适应，以保持晶粒之间的结合和整个晶体的完整性。下面从晶界和位向差两个方面讨论多晶体塑性变形的特点。

（一）晶界的影响

如果把只有两个晶粒的试样进行拉伸试验，变形后的试样出现了如图 2-25 所示的情况。

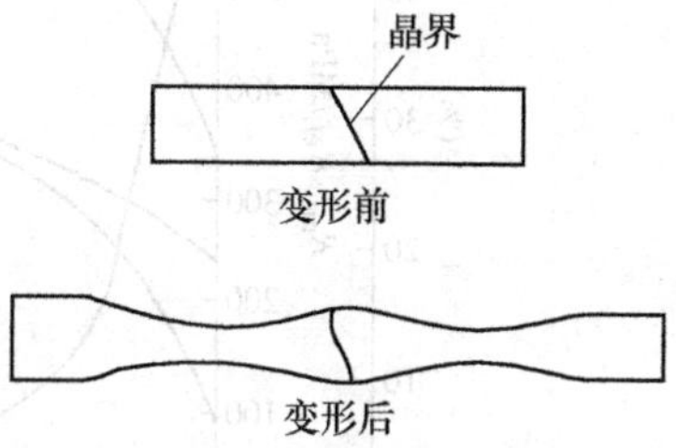

图 2-25 两个晶粒的试样拉伸时的变形

试样的两端为试验夹持部位，变形量很小；在夹头和晶界的中间处出现了明显的变形；在靠近晶界的部位，截面几乎保持不变，即所谓的“竹节现象”。可见，晶界抵抗塑性变形的能力较晶粒本身要大。这是由于晶界附近的晶格畸变程度大，加之常常聚集有杂质原子，处于高能量状态，因此对滑移变形时位错的移动起到了阻碍作用。晶界排列越紊乱，滑移抗力就越大。

（二）位向差的影响

根据材料力学的知识，拉伸试样受拉时，外力的切应力分量在滑移面与外力呈 45°夹角时(称为软取向)最大，即晶体中与外力方向接近 45°夹角的滑移面最容易发生滑移；相反，接近 0°或者 90°(称为硬取向)时，切应力分量最小，晶体不易发生滑移。由于多晶体金属中相邻晶粒之间晶体位向不同，当一个晶粒的位向趋于软取向发生滑移时，必然受到相邻晶粒的牵制。相邻晶粒间位向差越大，牵制作用就越大，从而增加了塑性变形抗力，使强度提高。

细晶粒金属不仅强度高，而且塑性、韧性也好。因为晶粒越细，在一定体积内的晶粒数目越多，故在同样变形量下，同时参与变形的晶粒数目也就越多，而每个晶粒内部的变形也较均匀，所以不致产生过分的应力集中现象。此外，晶粒越细，晶界就越多、越曲折，越不利于裂纹的传播，从而在断裂前可以承受较大的塑性变形，即表现出较高的塑性和韧性。因此，生产上通常总是设法使金属获得细晶粒。例如，在电力设备中，有些重要零件的晶粒度常被限定在一定级别之内，尤其是承受冲击的构件，如碎煤机的锤头和锤杆。细晶粒金属的强度高、塑性好，冲击韧性也高，能够承受反复的冲击而不易产生疲劳损坏。

(三) 塑性变形对金属组织和性能的影响

塑性变形不但可以改变金属材料的外部形状，而且可使金属的性能发生明显的变化，主要是使强度、硬度提高，塑性、韧性下降，同时还造成电阻增高、耐蚀性能降低等。这种性能的变化是由塑性变形时金属内部组织结构的变化所决定的。

1. 塑性变形对金属性能的影响

塑性变形后金属性能变化最显著的是力学性能，图 2-26 所示为纯铜和 45 钢的变形度与强度、硬度及塑性之间的关系。从图中可以看到，金属材料经冷加工变形后，强度、硬度显著提高，而塑性则很快下降，即产生了加工硬化现象。这是金属材料的一项重要特性，是强化金属材料的途径之一。对一些不能经过热处理强化的材料，通过冷加工则是强化它的主要手段。金属的冷冲压成形正是利用了材料的加工硬化特性，使塑性变形均匀地分布于整个工件，而不致集中在某些局部地区而导致最终破裂。

除了力学性能之外，某些物理性能、化学性能也在塑性变形后发生了变化，如磁性等下降、化学活性增加、电极电位提高、腐蚀速度加快等。

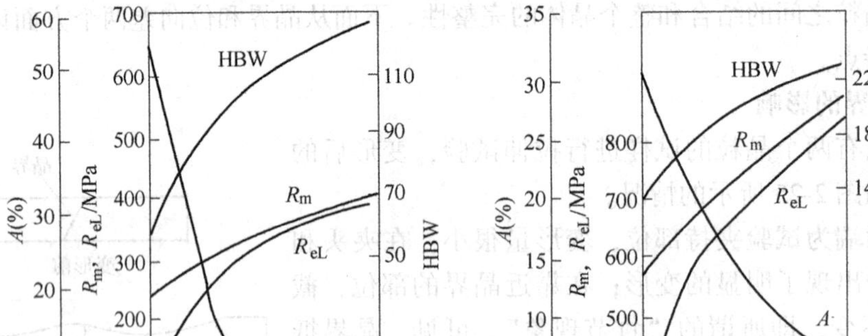

图 2-26 力学性能与变形度的关系

a) 纯铜 b) 45 钢

2. 塑性变形对组织结构的影响

塑性变形对组织结构的影响如下：

(1) 晶粒被拉长 金属和合金在冷塑性变形时，随着变形量的增加，金属的晶粒将沿着变形方向被拉长，变形量越大，晶粒伸长的程度也就越大。晶粒逐渐由等轴的多边形变成为长方形、扁平形及条形等，如图 2-27 所示。

(2) 形成亚结构 经强烈冷变形的金属，在其破碎和拉长了的晶粒内部，将出现许多鱼鳞状的小晶块，这就是亚结构，如图 2-28 所示。亚结构的增多阻止了滑移面的进一步滑移，因而提高了金属的强度、硬度，是导致加工硬化的重要原因之一。有时亚结构对金属晶体的强化作用甚至比固溶强化还要大。

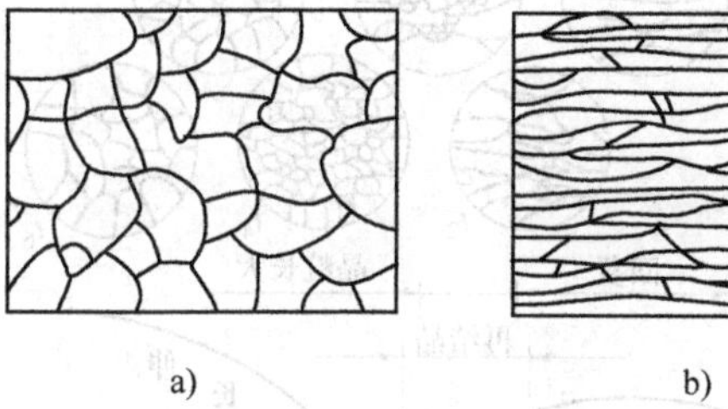

图 2-27　冷轧前后的晶粒形状变化

a）冷轧前的退火状态组织　b）冷轧后的纤维组织

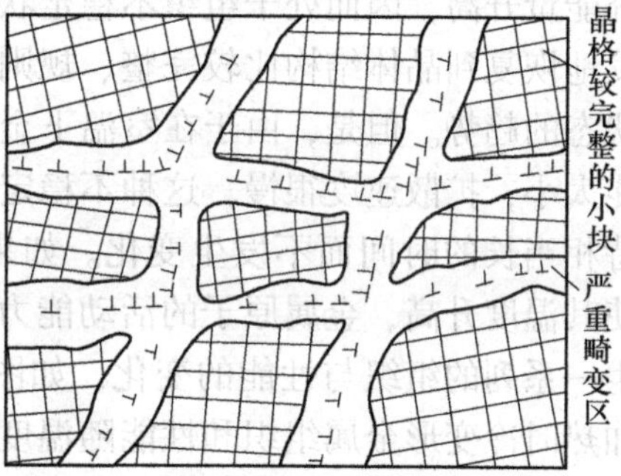

图 2-28　亚结构

（3）形成变形织构　在塑性变形过程中，随着变形程度的增加，由于晶粒的转动，各晶粒的取向将大致趋于一致，这种由变形的结果而使晶粒具有择优取向的组织叫做变形织构。例如，具有面心立方结构的铝或铜的多晶体试样在拉丝时，大多数晶粒的取向是沿着拉丝轴的方向排列，作单纯压缩时，晶向朝着垂直于压缩面的方向转动(见图 2-29)。

在大多数情况下，织构对金属材料是有害的。在冷变形时，它使变形分布不均匀，因而造成冲压件的厚度不均、制耳(见图 2-30)及性能不一致等缺陷。但是，在一定条件下，又可利用由于织构而形成的各向异性。例如，变压器铁心用的硅钢片，沿(100)晶向最易磁化。所以，为了提高导磁性，要求硅钢片沿(100)方向形成织构，并使织构轴与磁场平行。当采用具有这种织构的硅钢片制作电动机和变压器时，可以减轻质量，节约钢材。

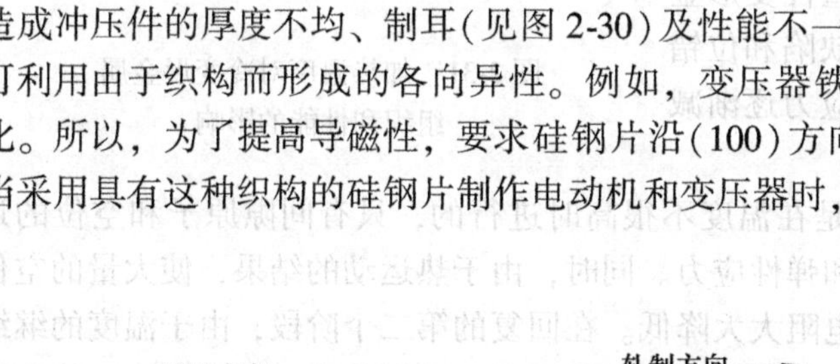

图 2-29　变形织构

a）丝织构　b）板织构

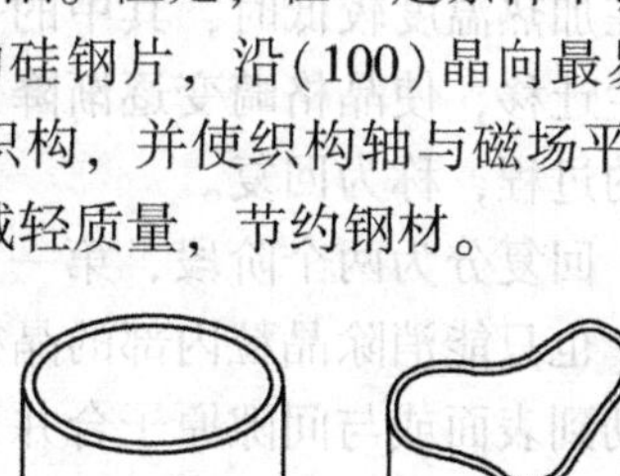

图 2-30　因变形织构引起的制耳

a）无制耳　b）有制耳

3. 形变内应力

金属经冷塑性变形后，由于多晶体的变形不均匀性，有的晶粒需要以弹性变形来协调整体变形。金属在塑性变形过程中产生大量缺陷，引起晶格畸变，外力所作的功一部分以弹性能的形式残存在晶体中，在晶体内部形成很高的应力，称为形变内应力。金属经塑性变形后的形变内应力会使金属零件在使用中形成应力集中，引起裂纹，也会因使用中的应力松弛而导致工件变形，还会使材料的耐腐蚀性能下降，这都是应该避免的。因此，金属在经过大量塑性变形加工后，一般都需要作去应力退火处理，以消除内应力。

三、回复和再结晶

金属材料经过塑性变形之后，由于晶格扭曲、晶粒破碎、结构缺陷增多等原因，致使系统能量升高，因而处于组织不稳定状态，它有自发地恢复到晶体结构比较完整、规则和能量较低状态的趋势。但是，由于在室温下金属原子的动能太小，扩散速度很慢，这种不稳定状态可能维持相当长的时间而不发生变化。如果加热金属，使其温度升高，金属原子的活动能力增强，将发生一系列的组织与性能的变化，如图 2-31 所示。加热时冷变形金属组织和性能随温度的升高可分为三个阶段，即回复——再结晶——晶粒长大(也称为聚集再结晶)。

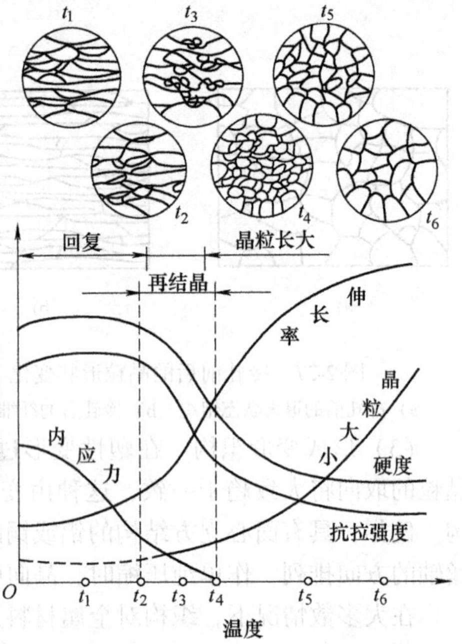

图 2-31 加热温度对冷变形金属组织和性能的影响

(一) 回复

当加热温度较低时，冷变形金属中的内应力明显降低，金属的强度、硬度略有下降，塑性、韧性稍有上升，金属纤维状的晶粒外形尚无明显变化，然而某些物理和化学性能，如电阻和抵抗应力腐蚀的能力则显著降低。这种冷塑性变形金属在加热温度较低时，其中的一些点缺陷和位错发生迁移，使晶格畸变逐渐降低、内应力逐渐减小的过程，称为回复。

回复分为两个阶段，第一个阶段是在温度不很高时进行的，只有间隙原子和空位的运动，也只能消除晶粒内部的晶格歪扭和弹性应力。同时，由于热运动的结果，使大量的空位移动到表面或与间隙原子合并，故使电阻大大降低。在回复的第二个阶段，由于温度的继续升高，不仅原子有了很大的活动能力，而且位错也开始运动，进行位错之间的反应，使位错在同一滑移面上消失，位错数量减少。

在工业生产中，利用冷变形金属的回复现象，可将已加工硬化的金属材料在较低的温度下加热，使其内应力大量消除，而同时提高了某些物理性能(如电磁性能)和工艺性能，这种处理称为消除内应力退火。例如，用冷拉钢丝绕制弹簧，卷成之后要在 280 ~ 300℃ 进行消除应力退火使其定型。

(二) 再结晶

塑性变形后的金属在较低温度下加热，经回复使内应力大部分消除。但由于在回复阶段，原子活动或扩散能力较低，金属的显微组织没有发生明显的改变，形变储存能未能完全释放，金属组织仍处于不稳定状态。对回复后的金属继续加热升温时，由于原子扩散能力的增加，在晶格畸变较严重处形成一些内部缺陷减少的等轴小晶粒，这些小晶粒不断向外扩展长大，使因变形而破碎的晶粒变成完整的晶粒，被拉长或压扁的晶粒变为均匀整齐的等轴晶粒。这种变化实质上就是一个金属重新形核与长大的过程，称为再结晶。

伴随着再结晶过程中组织结构的变化，加工硬化现象完全消失，位错密度也降至变形前的状态，金属的强度、硬度显著下降，塑性明显提高，所有力学性能及物理性能都恢复到冷变形以前的数值。图 2-32 所示为纯铁在塑性变形后的回复（$0 \sim T_1$）和再结晶过程（$T_1 \sim T_2$）。工业上把这种将冷变形金属加热到再结晶温度以上，使其发生再结晶的过程称为再结晶退火。生产上利用再结晶退火来消除冷变形金属产生的加工硬化，以提高塑韧性。

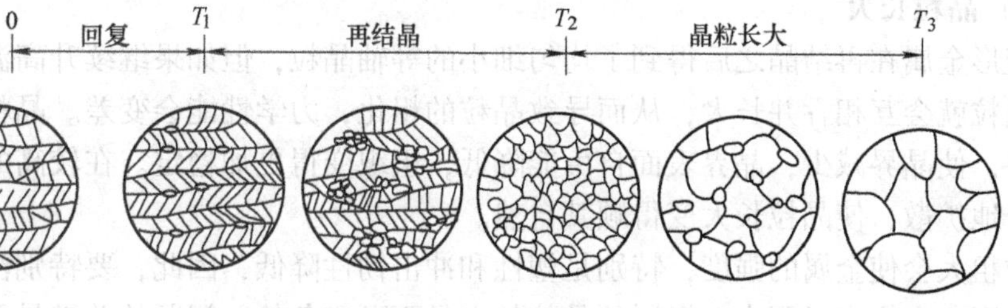

图 2-32　纯铁在塑性变形后加热过程中的组织变化

需要指出的是，再结晶虽然是冷变形金属重新形核和长大的过程，但与液态金属结晶不同。再结晶是在变形最严重、储存能量最高的地方最先形核，其长大过程也不是呈树枝状长大，而是亚晶粒合并长大形成新的晶粒的过程（见图 2-33）。再结晶与固态金属的同素异构转变也不相同，它没有发生原子排列结构的变化，即无晶格类型的转变，因此不属于固态相变过程。

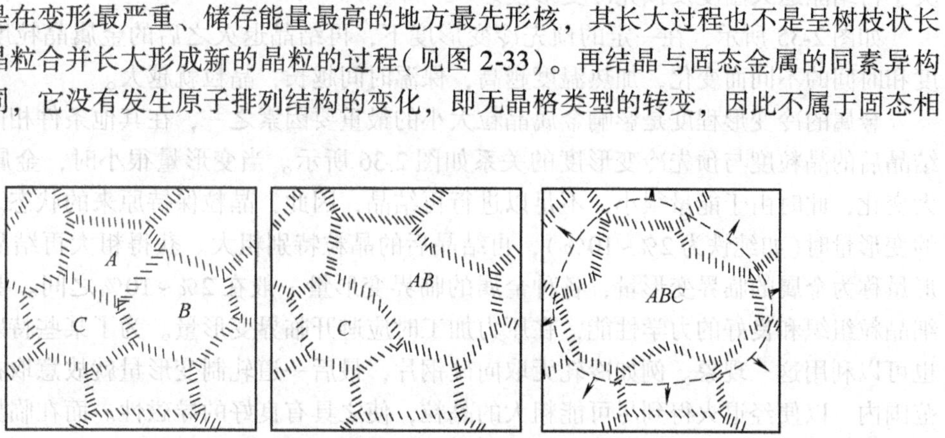

图 2-33　结晶过程中亚晶粒合并形核示意图

再结晶过程没有恒定的转变温度，能够进行再结晶的最低温度，称为金属的再结晶温度，用 $T_{再}$ 表示。它不是一个固定的温度，而是在一定范围内变化，受变形量大小、金属纯度、加热的温度和时间等因素影响。

再结晶温度主要取决于金属的预先变形度，没有产生塑性变形的金属加热时不会出现再结晶现象。金属的预先变形度越大，其形变储存能就越多，加热时再结晶倾向越大，所需的再结晶温度越低。当变形量达到一定程度后，再结晶温度趋于某一固定值，如图 2-34 所示。金属的再结晶温度与其熔点有关，高熔点金属的 $T_{再}$ 较高。$T_{再}$ 与金属熔点 $T_{熔}$ 的关系约为

$$T_{再} \approx 0.4T_{熔}$$

金属的纯度即金属的成分和组织影响再结晶温度的高低。金属中含有高熔点的杂质或合金元素，会显著提高金

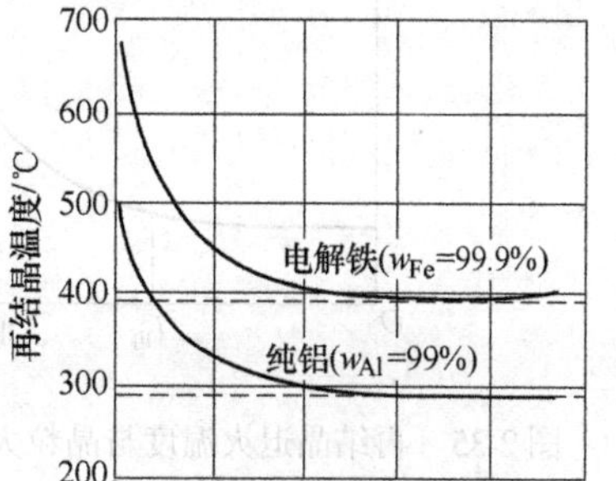

图 2-34　金属的再结晶温度与变形量的关系

属的熔点，使再结晶温度增高；金属中的大多数杂质和合金元素或第二相颗粒能阻碍原子的扩散或晶界的迁移，减缓再结晶过程，所需的再结晶温度就会高一些。

再结晶过程是通过原子的扩散来实现的，需要一定的时间，因此，加热速度越快、保温时间越短，所需的再结晶温度越高，反之则越低。

（三）晶粒长大

冷变形金属在再结晶之后得到了均匀细小的等轴晶粒，但如果继续升高温度或延长保温时间，晶粒就会互相吞并长大，从而导致晶粒的粗化，力学性能会变差。晶粒长大是一种自发的趋势，使晶界减少，晶界表面自由能降低，组织变得更加稳定。在较高的温度下，原子得以充分地扩散，使晶粒长大变得顺其自然。

晶粒粗大会使金属的强度，特别是塑性和冲击韧性降低，因此，要特别注意控制再结晶后的晶粒度。在生产过程中，金属的晶粒长大是不可避免的，问题的关键是要将它控制在一定的范围内，尽量获得较为细小均匀的晶粒。影响再结晶后晶粒大小的因素，除了加热温度与保温时间外，还有金属晶粒的均匀程度、杂质的分布情况及冷变形程度等因素，但主要取决于再结晶退火温度及预先冷变形度。

如图 2-35 所示，在一定的预先冷变形度下，再结晶退火之后的金属晶粒度随着加热温度和时间的不同而变化，加热温度越高，保温时间越长，晶粒就越大。

金属的冷变形程度是影响金属晶粒大小的最重要因素之一，在其他条件相同时，金属再结晶后的晶粒度与预先冷变形度的关系如图 2-36 所示。当变形量很小时，金属晶粒没有多大变化，此时由于能量很小，不足以进行再结晶，因此，晶粒保持原来的状态。当达到一定的变形量时(如纯铁为 2%~10%)，再结晶后的晶粒特别粗大。获得粗大再结晶晶粒的冷变形量称为金属的临界变形量，各种金属的临界变形量一般在 2%~10% 之间。要使金属获得细晶粒组织和良好的力学性能，在压力加工时应避开临界变形量。为了某些特殊要求，有时也可以利用这一现象。例如冷轧无取向硅钢片，最后一道轧制变形量就故意取在临界变形量范围内，以便经退火得到尽可能粗大的晶粒，使之具有良好的导磁性。而在临界变形量下造成粗晶的原因，是由于变形量较小时，形成再结晶的核心少，故使晶粒粗大。变形量大于临界变形量之后，随着变形量的增加，再结晶核心数目增多，再结晶后的晶粒反而变细。

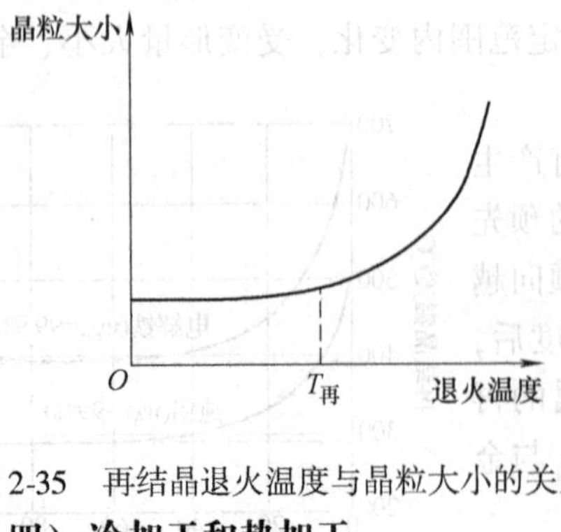

图 2-35 再结晶退火温度与晶粒大小的关系

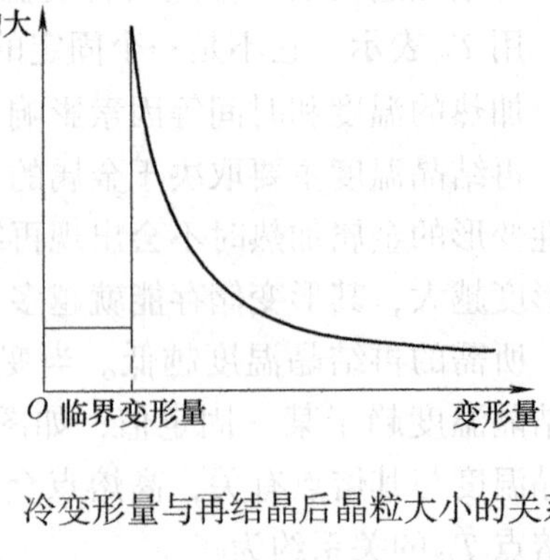

图 2-36 冷变形量与再结晶后晶粒大小的关系

（四）冷加工和热加工

前面讨论的金属塑性变形是在常温下进行的，通常称做冷加工变形。根据金属学的观点，金属在其再结晶温度以下进行的加工变形称为冷加工，通常有加工硬化现象产生；而金属在再结晶温度以上进行的加工变形称为热加工。

金属热加工的塑性变形量大，不会表现出加工硬化现象，可以很快加工成形。在热加工中，金属的某些缺陷，如气孔、裂纹等，可以在高温下焊合，因而热加工后的金属组织细密，质量较好。故很多重要零件在机加工前往往安排一道锻造工序，以获得优良的组织和力学性能，如汽轮机的主轴、叶轮、叶片，发电机、风机、水泵的主轴、齿轮等。

第三节 合金的相结构及二元合金相图

纯金属具有较高的导电性、导热性、塑性及金属光泽，在人类生产和生活中得到了广泛应用。但是，纯金属的强度、硬度一般都比较低，对力学性能要求较高的各种机械零件、工具和模具等都无法满足使用要求，且价格昂贵，所以在工业中大量使用的不是纯金属而是合金。

一、合金及其相结构

（一）合金及相的相关概念

合金是由两种或两种以上的金属元素或金属元素与非金属元素经熔合、烧结而成的具有金属特性的物质。例如，黄铜是由铜和锌两种金属元素组成的合金；碳钢是由铁和碳组成的合金。合金不仅具有较高的强度、硬度以及某些优异的物理、化学和工艺性能，而且价格比纯金属低廉，所以它比纯金属得到更广泛的应用。

组成合金最基本的、独立的物质叫做组元，简称元。一般来说，组元既可以是组成合金的元素，也可以是稳定的化合物。例如，黄铜的组元分别是铜和锌；碳钢的组元分别是铁和碳。根据合金中组元数目的多少，可以把合金分为二元合金、三元合金、多元合金。换句话说，由三个组元组成的合金，则称为三元合金，依此类推。

金属中具有相同的化学成分、相同结构和相同物理性能的组分称为相，包括固溶体、化合物及纯物质(石墨)。合金中相和相之间有明显的分界面。

组织是指用金相观察方法看到的由形态、尺寸和分布方式不同的一种或多种相构成的总体，以及各种材料的缺陷和损伤。合金可以由一个相组成，其组织称为单相组织，也可以由几个相复合而成，其组织称为多相组织。合金的性质取决于它的组织，而合金组织的性质又首先取决于合金中相的性质。所以，为了掌握合金的组织和性质，就必须了解合金的相结构及其性质。

（二）合金的相结构

合金的相结构是指合金中相的晶体结构。固态合金的相结构分为两大类，即固溶体和化合物。

1. 固溶体

合金元素在液态时互相溶解，当结晶成固态时各组元间仍然能够互相溶解，且其原子结构与合金中某组元的结构相同，这种均匀的固态金属相称为固溶体。合金中与固溶体晶格相同的组元称为溶剂，在合金中含量较多；其他组元称为溶质，含量较少。根据溶质溶解度的不同，固溶体可分为无限固溶体和有限固溶体；按溶质原子在溶剂晶格中所处的位置不同，固溶体可分为置换固溶体和间隙固溶体。

当溶质原子代替一部分溶剂原子占据溶剂晶格中的一些结点位置时，所形成的固溶体称为置换固溶体，如图2-37a所示。在置换固溶体中，溶质在溶剂中的溶解度主要取决于两者原子半径的差别，以及它们在元素周期表中的相互位置和各自的晶格类型。一般来说，溶质原子和溶剂原子的半径差别越小，溶解度越大；两者在元素周期表中的位置越近，溶解度越大。在上述条件满足的基础上，如果溶质和溶剂的晶体结构相同，往往能形成无限固溶体。铁和铬、铜和镍便能形成无限固溶体。反之，铜和锌、铜和锡等，由于溶质在溶剂中的溶解度有限，只能形成有限固溶体。有限固溶体的溶解度还与温度有关，一般温度越高，溶解度越大。

当溶质原子在溶剂晶格中不占据结点位置，而是嵌入各结点之间的空隙时，所形成的固溶体称为间隙固溶体，如图2-37b所示。该固溶体中的溶质原子大多是原子直径较小的非金属元素，如碳、硼、氮等。

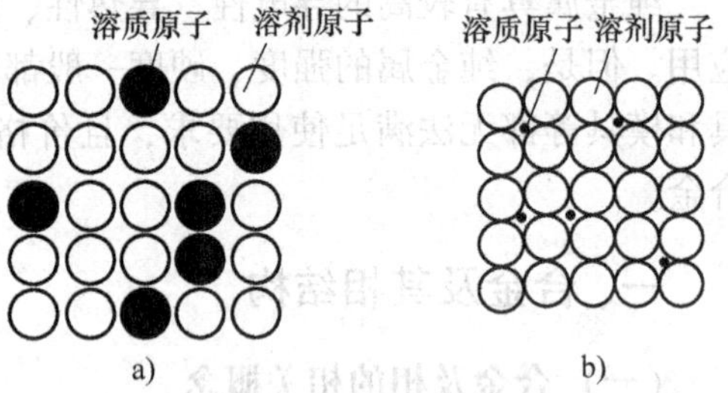

图2-37 固溶体示意图
a）置换固溶体 b）间隙固溶体

不管是置换固溶体还是间隙固溶体，随着溶质原子的溶入，必然使溶剂晶格发生畸变，如图2-38所示。晶格畸变增大位错运动的阻力，增加塑性变形的抵抗力，从而提高金属的强度和硬度。这种通过溶质原子的溶入，使金属强度和硬度升高的现象叫做固溶强化。固溶强化是金属强化的一种重要机制，当溶质含量适当时，可显著提高材料的强度和硬度，而塑性和韧性没有明显降低。

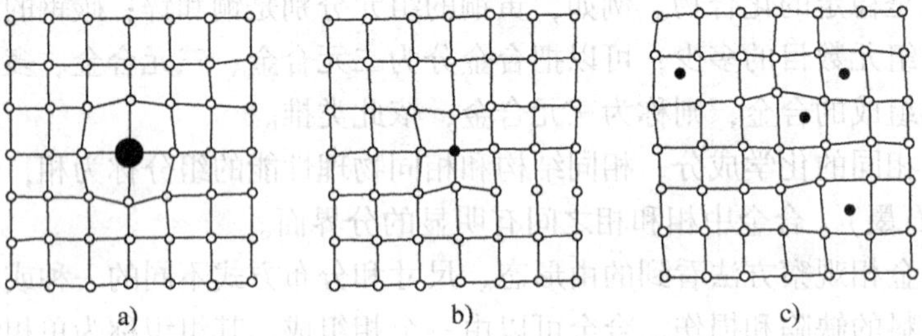

图2-38 形成固溶体时的晶格畸变
a）、b）置换固溶体 c）间隙固溶体

2. 金属化合物

金属化合物是指合金中各组元原子按一定比例结合而成的晶体相。从化学中可知，元素在周期表中的位置相距越远，其亲和力越强，越容易形成稳定的化合物。金属化合物的晶体结构不同于任一组元，一般具有复杂的晶体结构，有较高的熔点，硬而脆。当金属化合物在合金中出现时，可以提高金属的强度、硬度和耐磨性，但使塑性、韧性下降。金属化合物是合金钢（特别是工具钢）及有色金属中主要的强化和硬化相。在合金中设法获得细小而且分散的金属化合物，提高其强度和硬度，这种方法叫做弥散强化。

二、二元合金相图

相图是表示金属的相结构或状态随温度、压力及成分的改变而发生变化的情况，由于它只表示金属在平衡状态（极缓慢加热或冷却条件）下的相结构，所以又称为平衡图。通过相图可以了解各种成分的合金在不同温度下的组织状态、在什么温度发生结晶和相变、存在几种相、每种相的成分如何等。平衡是指热力学平衡，即一定成分的合金在一定温度下各相的量不再发生变化，处于动态平衡状态。处在平衡状态下的相，称为平衡相。

（一）二元合金相图的建立

为了便于理解，以纯铜和铜镍合金的结晶情况为例开始讨论。将纯铜在小坩埚中加热熔化，并使液态纯铜在平衡状态下缓慢冷却，当温度降低到1084℃时，液态纯铜开始结晶。在结晶潜热的作用下，随着时间的延长，此结晶过程在恒温下完成，如图2-39所示。纯金属的结晶状况如此，而固溶体却显著不同。以图2-40所示的Cu-Ni合金（$w_{Cu}=50\%$，$w_{Ni}=50\%$）为例，其结晶过程并不是在恒温下进行的，而是在一定温度范围内结晶，并伴随着液体和固体金属成分的变化。当液态合金冷却到1348℃时，液相成分仍然是$w_{Cu}=50\%$、$w_{Ni}=50\%$，但开始形成固相晶核时，成分为$w_{Cu}=33\%$、$w_{Ni}=67\%$。随着温度下降，结晶继续进行，而且常为枝晶长大。当冷却到大约1/2结晶温度范围时，固相成分为$w_{Cu}=40\%$、$w_{Ni}=60\%$，而液相成分为$w_{Cu}=57\%$、$w_{Ni}=43\%$。完全结晶至1315℃后液相消失，此时结晶组织的成分是不均匀的。在随后的冷却过程中，高温Cu、Ni原子会均匀地扩散，最终达到均匀的浓度状态，恢复到原来的$w_{Cu}=50\%$、$w_{Ni}=50\%$的成分。

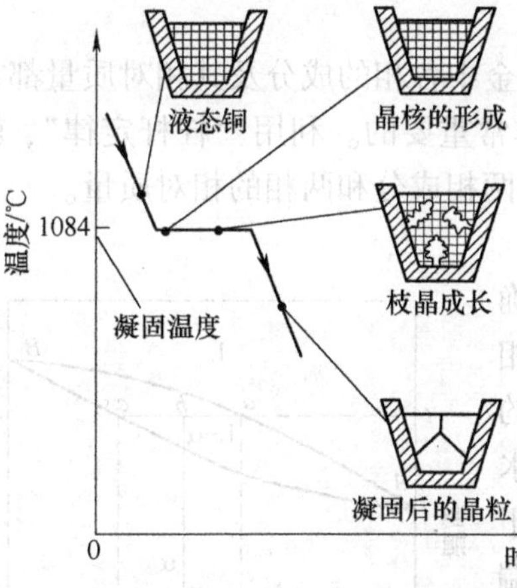

图2-39 纯铜的冷却结晶曲线

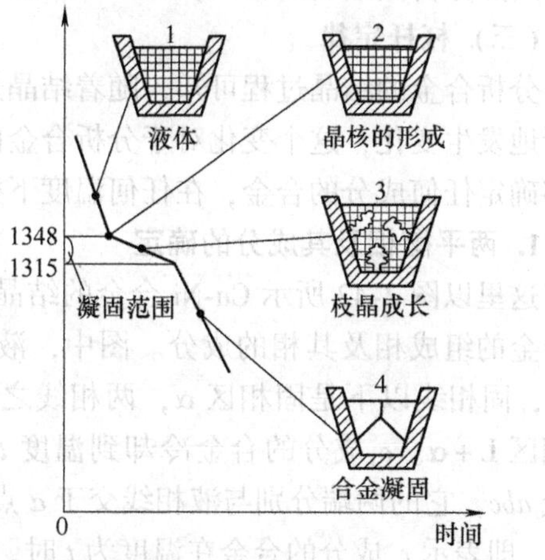

图2-40 Cu-Ni合金的冷却结晶曲线

1—液相成分$w_{Cu}=50\%$，$w_{Ni}=50\%$ 2—固相成分$w_{Cu}=33\%$，$w_{Ni}=67\%$ 3—固相成分$w_{Cu}=40\%$，$w_{Ni}=60\%$ 4—固相成分$w_{Cu}=50\%$，$w_{Ni}=50\%$

（二）相图的测定

二元合金相图可以用多种方法测定，其中最简单、最常用的方法是采用热分析法。现以Cu-Ni合金为例，介绍用热分析法测定相图的步骤，如图2-41所示。

1）配置不同成分的合金，测出结晶开始温度及结晶终了温度。

2）用热分析法分别作出每种成分合金的冷却曲线（见图2-41a）。

3）冷却曲线上的转折点或平台温度称为合金的临界点。以横坐标表示合金成分、纵坐标表示温度，将测量的合金临界点分别标在坐标图上对应的合金成分线上。

4）将各点连成光滑曲线，填上相区，即得到完整的二元合金相图（见图2-41b）。

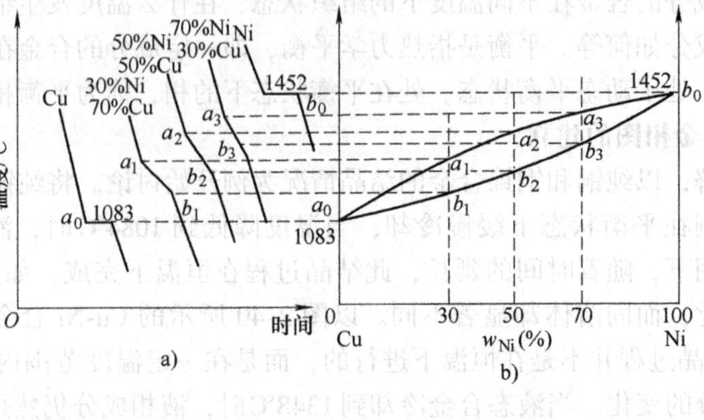

图 2-41　Cu-Ni 合金二元相图的建立

a) 不同成分(质量分数)合金的冷却曲线　b) Cu-Ni 合金相图

图 2-41b 中的曲线 $a_0a_1a_2a_3b_0$ 称为液相线，表示结晶开始；曲线 $a_0b_1b_2b_3b_0$ 称为固相线，表示结晶终了。液相线对应的温度即开始结晶温度，又称为上临界点；固相线对应的温度即结晶终了温度，又称为下临界点。合金形成固溶体的结晶过程都是在一个温度范围内进行的。用热分析法绘制的相图，如果配置的合金成分越多，测得的相图就越精确。

(三) 杠杆定律

分析合金的结晶过程可知，随着结晶过程的进行，合金中各相的成分及其相对质量都在不断地发生变化，这个变化对于分析合金的结晶过程是非常重要的。利用“杠杆定律”，就能够确定任何成分的合金，在任何温度下处于平衡状态的两相成分和两相的相对质量。

1. 两平衡相及其成分的确定

这里以图 2-42 所示 Cu-Ni 合金的结晶分析为例，来确定合金的组成相及其相的成分。图中，液相线以上是液相区 L，固相线以下是固相区 α，两相线之间是平衡共存的两相区 L + α。c_x成分的合金冷却到温度 t 时，通过 t 作水平线 abc，它的两端分别与液相线交于 a 点、与固相线交于 c 点，即表示 c_x成分的合金在温度为 t 时，是由水平线左端点的液相和右端点的固相(α 相)组成的。而液相和固相的成分分别是 a 点和 c 点在成分轴上的投影，即液相的成分为 c_1，固相的成分为 c_2。

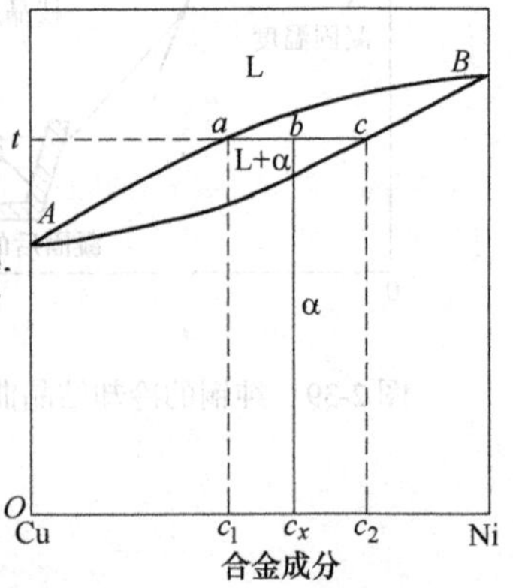

图 2-42　杠杆定律

合金在结晶过程中，固、液两相的成分都不是合金的成分 c_x，而是随着温度的降低在不断地变化。但当液态金属的温度刚刚降至液相线之下时，开始结晶出的 α 固溶体含高熔点组元(Ni)较多。随着温度的降低，不断结晶出 α 固溶体，其成分中的 Ni 组元逐渐减少，直至全部液体都结晶成 α 固溶体时，合金的成分为 c_x。与此同时，液相成分也在变化，刚刚开始结晶时，液相的成分为 c_x，随着结晶过程的进行，液相逐渐减少，其含 Ni 量也逐渐减少，直至液相完全消失。因此可以得出结论，合金在两相区的结晶过程中，液相的成分沿液相线变化，固相的成分沿固相线变化。

2. 两平衡相相对质量的确定

为了了解某一具体合金中相的成分及其相对含量，需要应用杠杆定律。设合金的总质量为1，液相的含量为w_L，固相的含量为w_α，则有

$$w_L + w_\alpha = 1$$

在c_x成分的合金中，液相中Ni的含量为c_1，固相中Ni的含量为c_2，则

$$w_L c_1 + w_\alpha c_2 = 1 \cdot c_x$$

根据图2-42可以得出

$$\frac{w_L}{w_\alpha} = \frac{bc}{ab}$$

如果将合金成分c_x对应的b点看做支点，将w_L和w_α看做作用于a点和c点的力，则根据杠杆定律（见图2-43）有

$$w_L = \frac{bc}{ac} \times 100\%$$

$$w_\alpha = \frac{ab}{ac} \times 100\%$$

由此可以求出两相的相对含量。

需要指出的是，在二元相图中，杠杆定律只适用于两相区。

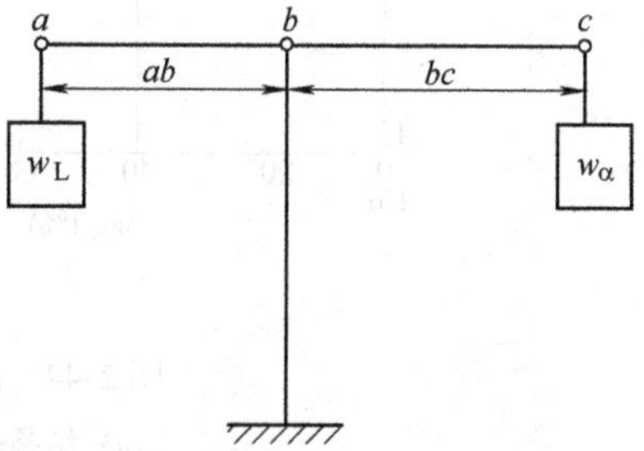

图2-43　杠杆定律力学模型

（四）基本相图类型

实际金属的相图往往比较复杂，但都是由几种简单相图组成的。最简单的相图有匀晶相图、共晶相图等。

1. 匀晶相图

前面讨论的Cu-Ni相图就是一种匀晶相图。形成匀晶相图的两组元在液态和固态均能无限互溶，在固态时能够形成无限固溶体。匀晶相图是最简单的二元合金相图，它只有两个单相区L及α，和一个两相区L+α。

这里以成分$w_{Ni}=40\%$的合金为例，其结晶过程如图2-44所示。当合金从高温缓慢冷却到与液相线相交的t_1温度时，开始从液相中结晶出成分为α_1的固溶体。温度继续降低至t_2时，不论是新结晶出来的固相，还是以先前结晶的α_1固溶体为核心长大的固相，此时都是成分为α_2的固溶体，这是由于在结晶过程中缓慢冷却的原子充分扩散的结果。在$t_2 \sim t_3$温度范围内，液相成分进一步降低，固相成分进一步升高，得到成分为α_3的固溶体。随着温度的降低，结晶不断进行，液相的成分沿着液相线变化，固相的成分沿着固相线变化。在温度t_4结晶终了，得到与原合金成分一致的α_4固溶体。继续冷却到室温时，组织与成分不再发生变化。

2. 共晶相图

凡两组元在液态时完全互溶，在固态时有限互溶，并发生共晶转变形成两种不同的固相的合金，其相图称为共晶相图。例如，Pb-Sn、Pb-Sb、Al-Si等合金的相图，均属于这类相图。现以Pb-Sn合金系为例，讨论共晶相图的图形特征、结晶过程及其组织。

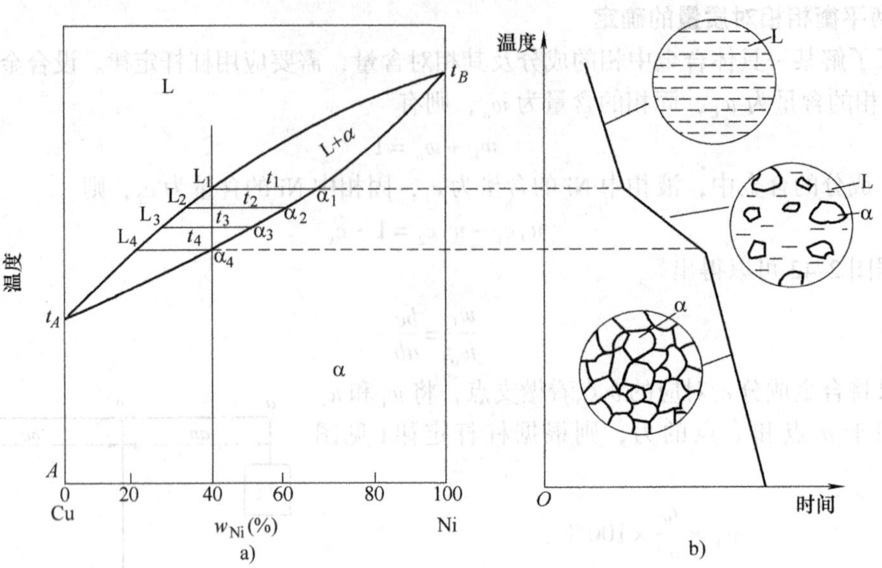

图 2-44 $w_{Ni}=40\%$ 合金的冷却曲线及结晶过程

a）结晶过程中的成分变化 b）组织转变示意图

（1）相图分析 图 2-45 所示为 Pb-Sn 共晶相图，图中 *AEB* 为液相线，*AMENB* 为固相线，*MF* 线和 *NG* 线分别表示 Sn 溶于 Pb 和 Pb 溶于 Sn 的溶解度曲线，也称为固溶线。

相图中有三个单相区，分别由 L、α、β 三个基本相组成；α 相是 Sn 溶于 Pb 中的固溶体，β 相是 Pb 溶于 Sn 中的固溶体。

相图中有三个两相区，即 L + α、L + β 和 α + β。

相图中有一个三相区，即 L、α、β 共存的水平线，也即 *MEN* 线。

共晶转变就发生在 *MEN* 水平线上，可用反应式 L→α + β 表示。成分为 *E* 点的液相，在 *MEN* 水平线对应的恒定温度下，同时结晶出成分为 *M* 点的 α 固溶体和成分为 *N* 点的 β 固溶体混合物的转变，称为共晶转变或共晶反应。

相图中的 *E* 点为共晶点，*E* 点成分的合金称为共晶合金，*E* 点的温度称为共晶温度。*MEN* 水平线称为共晶线。成分位于共晶点 *E* 以左 *M* 点以右的合金，称为亚共晶合金；成分位于共晶点 *E* 以右 *N* 点以左的合金，称为过共晶合金。

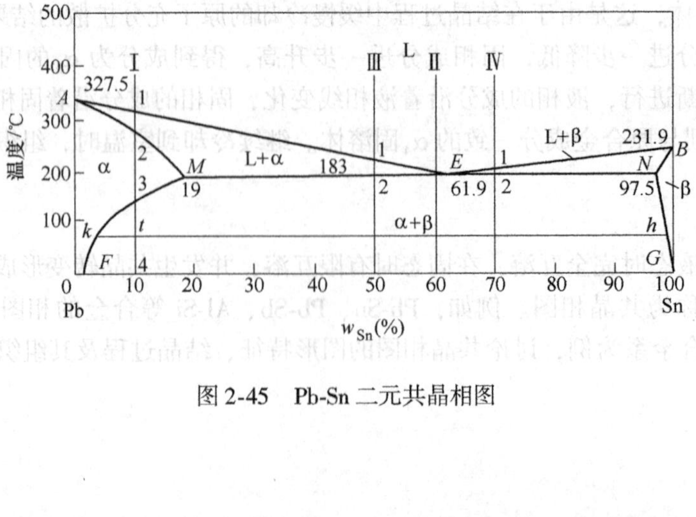

图 2-45 Pb-Sn 二元共晶相图

(2) 典型合金的平衡结晶及其组织

1) 合金Ⅰ($F\sim M$点之间成分的合金)。由图2-45可以看出，当Sn的质量分数为10%的合金从液态缓慢冷却到1点时，与液相线相交，开始从液体中结晶出α固溶体。随着温度降低，α固溶体的数量不断增多，液相的数量不断减少，α固溶体的成分沿AM线变化，液相的成分沿AE线变化。当合金冷却到与固相线相交的2点时，液体全部凝固成α固溶体，其成分为合金Ⅰ的成分。继续冷却时，在2点到3点的温度范围内，α固溶体的成分不发生变化。3点为冷却线与α固溶体的溶解度曲线MF的交点，即Sn在Pb中的溶解度已达到饱和状态。温度下降到3点以下时，由于Sn在Pb中的溶解度已成为过饱和状态，过剩的Sn以β固溶体的形式从α固溶体中析出。这种由α固溶体中析出的β固溶体称为次生β固溶体，并以β_{II}表示，以区别于从液相直接结晶出来的初生β固溶体。随着温度不断降低，α固溶体不断析出β_{II}固溶体，固溶体的成分沿MF线变化，而析出的β_{II}固溶体的成分沿NG线变化。合金Ⅰ的室温组织为$\alpha+\beta_{II}$。由于固态下原子扩散能力小，析出的次生相不易长大，一般都比较细小，分布于晶界或固溶体之中。上述每一步结晶示意图如图2-46所示。

所有成分位于图2-45中M点和F点之间的合金，其平衡结晶过程都和上述合金相似，它们的显微组织都是由$\alpha+\beta_{II}$所组成，只是α和β两相的相对量不同。

次生相的性质和分布对合金的性能影响很大，若次生相的质点为弥散分布，则会使合金的强度、硬度得到很大的提高；若次生相为脆性相，而且沿晶粒边界呈网状分布，则会使合金的塑性下降。

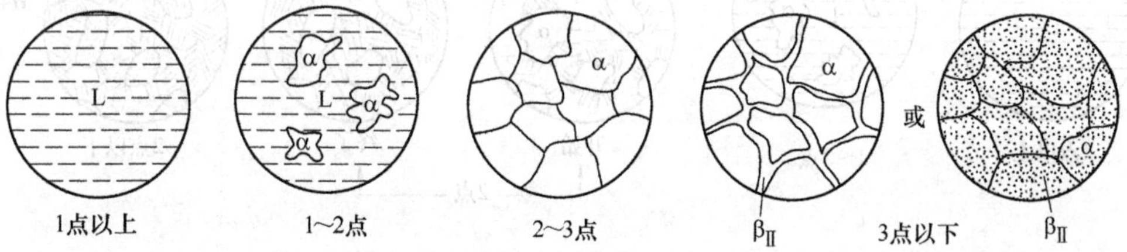

图2-46　Sn的质量分数为10%的Pb-Sn合金的平衡结晶示意图

2) 合金Ⅱ(E点成分,共晶合金)。Sn的质量分数为61.9%的合金是共晶合金，该合金由液态缓慢冷却到温度t_E时，发生共晶转变，即从成分为E点的液体中同时结晶出α+β两种固溶体，发生共晶转变L→α+β，这一转变在t_E温度一直进行到液相完全消失为止。这时得到组织为α+β固溶体的混合物，称为共晶组织或共晶体。所以，共晶合金的室温组织为α+β，如图2-47所示。

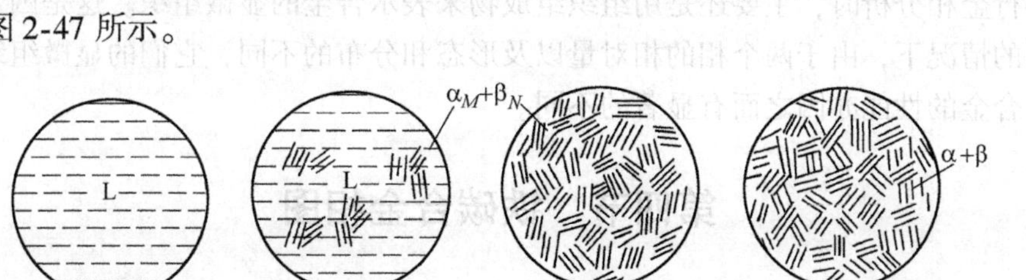

图2-47　Pb-Sn共晶合金平衡结晶过程示意图

3）合金Ⅲ（亚共晶合金）。合金成分位于图2-45中M点和E点范围之内的合金，都称为亚共晶合金。现以Sn的质量分数为50%的合金为例，对亚共晶合金的平衡结晶过程进行分析。当合金Ⅲ缓慢冷却至1点温度时，开始从液相中结晶出初生α固溶体。随着温度不断下降，α固溶体的数量不断增加，其成分沿AM向M点变化；液相的数量则相应地减少，其成分沿液相线AE向E变化。当温度下降到2点温度时，剩余液相便发生共晶转变L→α+β，这种转变一直进行到剩余液体全部转变成共晶体为止。由于在共晶转变之前，已从液相中结晶出初生α固溶体，为了和共晶组织中的α固溶体区别，把先于共晶结晶的初生相称为先共晶相或初晶。所以，共晶转变结束之后，亚共晶合金的组织由初晶α固溶体和共晶体(α+β)所组成。初晶α固溶体和共晶体中的α固溶体虽然是相同的相，但由于结晶条件不同，因而在显微组织中的形态也不相同。

合金从t_E继续冷却时，由于固溶体的溶解度随着温度的降低而减小，将从初晶α固溶体中析出β_{II}，所以合金Ⅲ在室温下的组织为$\alpha+(\alpha+\beta)+\beta_{II}$，其平衡结晶过程如图2-48所示。

成分位于图2-45中M点和E点之间的合金，其平衡结晶过程都和合金Ⅲ相似，其显微组织都由初晶$\alpha+(\alpha+\beta)+\beta_{II}$所组成。只是合金成分不同时，初晶α固溶体和共晶(α+β)的相对量就有所不同。成分越接近E点，组织中的共晶体(α+β)所占的数量越多。

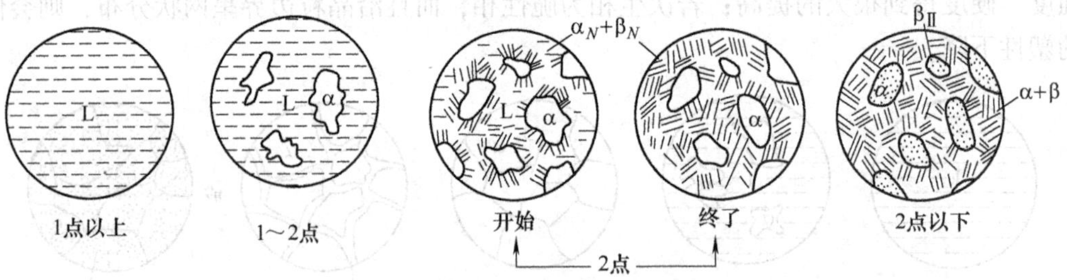

图2-48 Pb-Sn亚共晶合金平衡结晶过程示意图

4）合金Ⅳ（过共晶合金）。凡合金成分位于图2-45中E点和N点范围之内的合金，都称为过共晶合金。这类合金的结晶过程和亚共晶合金相似，不同的只是初生相为β固溶体。随着温度下降，从过饱和的β固溶体中析出的次生相为α固溶体，以α_{II}表示。所以，过共晶合金在室温下的组织为$\beta+(\alpha+\beta)+\alpha_{II}$。

在进行金相分析时，主要还是用组织组成物来表示合金的显微组织。这是因为，在相组成物相同的情况下，由于两个相的相对量以及形态和分布的不同，它们的显微组织会有很大的差别，合金的性能亦因之而有显著的不同。

第四节 铁碳合金相图

钢铁是工程上应用最广泛的金属材料，其基本组元是铁和碳两种元素，统称为铁碳合金。不同成分的铁碳合金，它们的组织结构是不相同的，表现出来的性能也不同。为了熟悉钢铁材料的组织与性能，以便在生产中合理地使用，首先必须研究铁碳合金相图。

铁与碳可以形成Fe_3C、Fe_2C、FeC等一系列化合物，而稳定的化合物可以作为一个独立的组元，因此，整个 Fe-C 相图可视为由 $Fe-Fe_3C$、Fe_3C-Fe_2C、Fe_2C-FeC 等一系列二元相图组成。但在实际工业生产中，只有 $w_C<5\%$ 的铁碳合金才有实用价值；$w_C>5\%$ 时，合金硬而脆，无实用价值。因此，我们只需研究铁碳合金相图中的一部分，即 $w_C<6.69\%$ 的 $Fe-Fe_3C$ 部分。

一、铁碳合金的相结构

（一）纯铁

有一些金属，如 Fe、Co、Ti、Mn、Sn 等，在固态随着温度或压力的改变，可能会发生晶体结构的变化，即从一种晶格转变成为另外一种晶格，这种变化称为同素异构(晶)转变。由同素异构转变得到的不同晶格的晶体称为同素异构体。

纯铁的熔点为 1538℃，其冷却曲线如图 2-49 所示。由图可见，纯铁的冷却曲线上有三种同素异构体，分别为液态纯铁在 1538℃开始结晶出的体心立方晶格的 δ-Fe；继续冷却到 1394℃时转变成的面心立方晶格的 γ-Fe；冷却到 912℃时转变成的体心立方晶格的 α-Fe，并一直冷却到室温不发生变化。整个转变过程可以表示为

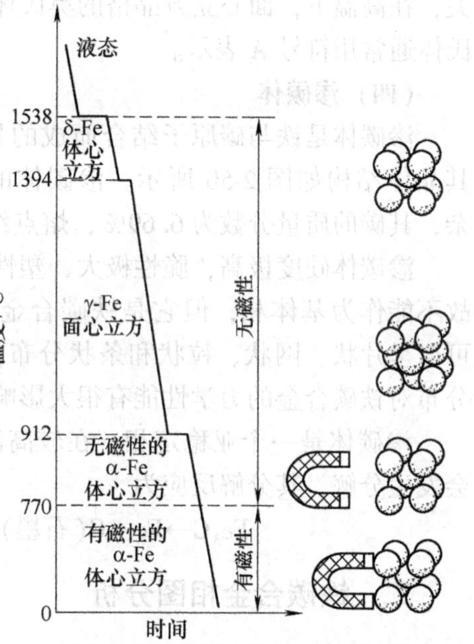

图 2-49 纯铁的冷却曲线

$$L_{Fe} \xleftrightarrow{1538℃} \delta\text{-}Fe \xleftrightarrow{1394℃} \gamma\text{-}Fe \xleftrightarrow{912℃} \alpha\text{-}Fe$$

液相　　　体心立方　　　面心立方　　　体心立方

纯铁的同素异构转变是一个重结晶的过程，与液态金属的结晶过程相似，遵循结晶的基本规律，即存在形核和晶核长大的过程。在图 2-49 所示的纯铁冷却曲线上，770℃为纯铁的磁性转变点(居里点)，在 770℃以下纯铁具有铁磁性，在 770℃以上则失去铁磁性。磁性转变时不发生晶格转变，因此也就没有形核和晶核长大的过程。

（二）铁素体

碳原子溶入 α-Fe 中形成的间隙固溶体，称为铁素体。由于体心立方晶格 α-Fe 的晶格间隙半径只有 0.036nm，而碳原子半径为 0.077nm，所以铁素体对碳的溶解度很小，在 727℃时最大固溶度为 0.02%，而在室温下固溶度几乎为零。铁素体的力学性能与纯铁相近，其数值如下：抗拉强度 R_m 为 180～280MPa；屈服强度 R_{eL} 为 100～170MPa；断后伸长率 A 为 30%～50%；断面收缩率 Z 为 70%～80%；冲击韧度 a_k 为 60～200J/cm²。

可见，铁素体具有优良的塑性和韧性，但强度较低，在铁碳合金中是软韧相。铁素体在 912℃以下的平衡相，也称为低温相，在铁碳相图中用符号 F 表示。

（三）奥氏体

碳原子溶入 γ-Fe 中形成的间隙固溶体，称为奥氏体。具有面心立方晶格的 γ-Fe 的间隙半径为 0.052nm，比 α-Fe 的间隙稍大，在 1148℃时碳原子在其中的最大固溶度为 2.11%。随着温度的降低，碳在 γ-Fe 中的固溶度下降，在 727℃时是 0.77%。

奥氏体是 727℃以上的平衡相，也称为高温相。奥氏体的性能与其溶碳量和晶粒大小有

关，在高温下，面心立方晶格的奥氏体具有极好的塑性，易于锻压成形。在铁碳相图中，奥氏体通常用符号 A 表示。

（四）渗碳体

渗碳体是铁与碳原子结合而成的具有金属性质的复杂的间隙化合物，分子式为 Fe_3C，其晶体结构如图 2-50 所示。渗碳体的晶体结构比较复杂，其碳的质量分数为 6.69%，熔点约为 1227℃。

渗碳体硬度极高，脆性极大，塑性和韧性几乎为零，故不能作为基体相，但它是铁碳合金中的重要强化相，可以呈片状、网状、粒状和条状分布，其形态、大小和分布对铁碳合金的力学性能有很大影响。

渗碳体是一个亚稳定相，在较高温度下长期保温后会发生分解，其分解反应为

$$Fe_3C \rightarrow Fe + C(石墨)$$

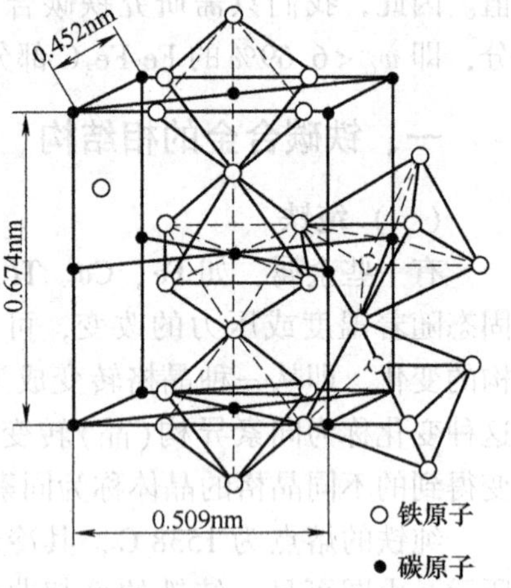

图 2-50 渗碳体的晶体结构示意图

二、铁碳合金相图分析

铁碳合金相图是研究钢、铸铁及合金钢的基础和重要工具。在铁碳合金系中，碳的质量分数高于 6.69% 的铁碳合金性能极脆。通常铁碳合金相图即为 $Fe-Fe_3C$ 相图，如图 2-51 所示。

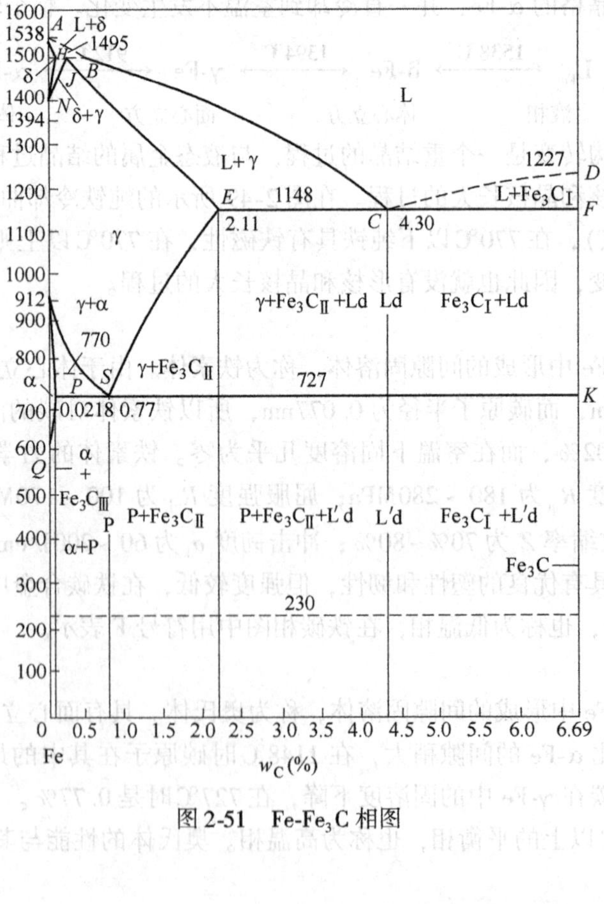

图 2-51 $Fe-Fe_3C$ 相图

（一）$Fe-Fe_3C$ 相图中的特性点

$Fe-Fe_3C$ 相图中的各点温度、成分及其含义见表 2-2。

表 2-2 $Fe-Fe_3C$ 相图中的特性点

符号	温度/℃	w_C(%)	说明	符号	温度/℃	w_C(%)	说明
A	1538	0	纯铁的熔点	*J*	1495	0.17	包晶点
B	1495	0.53	包晶转变时液态合金的成分	*K*	727	6.69	渗碳体的成分
C	1148	4.30	共晶点	*M*	770	0	纯铁的磁性转变点
D	1227	6.69	渗碳体的熔点	*N*	1394	0	γ-Fe ⇌ δ-Fe 的转变温度
E	1148	2.11	碳在 γ-Fe 中的最大溶解度	*O*	770	≈0.5	w_C≈0.5%合金的磁性转变点
F	1148	6.69	渗碳体的成分	*P*	727	0.0218	碳在 α-Fe 中的最大溶解度
G	912	0	α-Fe ⇌ γ-Fe 的转变温度(A_3)	*S*	727	0.77	共析点(A_1)
H	1495	0.09	碳在 δ-Fe 中的最大溶解度	*Q*	600	0.0057	600℃时碳在 α-Fe 中的溶解度

（二）$Fe-Fe_3C$ 相图中的特性线

铁碳合金相图看上去很复杂，实际上它是由左上角的包晶转变、右边的共晶转变以及左下角的共析转变三部分构成的。因此，把铁碳合金相图分成包晶相图、共晶相图和共析相图等简单类型的相图来进行分析是比较容易掌握的。相图中的特性线是各不同成分合金具有相同意义的临界点的连线。各特性线的含义见表 2-3。

表 2-3 $Fe-Fe_3C$ 相图中的特性线

特性线	特性线的含义
ABCD	铁碳合金的液相线
AHJECF	铁碳合金的固相线
HN	δ-Fe 向奥氏体转变的开始温度线，即碳在 δ-Fe 中的溶解度曲线
JN	δ-Fe 向奥氏体转变的终了温度线(A_4)
GS	奥氏体向铁素体转变的开始温度线(A_3)
GP	奥氏体向铁素体转变的终了温度线
PQ	碳在铁素体中的溶解度线，也叫固溶线
ES	碳在奥氏体中的溶解度线(A_{cm})
HJB	包晶转变线
ECF	共晶转变线
PSK	共析转变线(A_1)

相图中有三条水平线，表示三种等温转变线。

（1）包晶转变线　1495℃的 *HJB* 水平线为包晶转变线。*J* 点为包晶点，即从液相 L 中析出的初晶 δ-Fe(δ 铁素体)与剩余液相共同作用，而生成 γ-Fe(奥氏体)

$$\delta_{0.09} + L_{0.53} \rightarrow A_{0.17}$$

（2）共晶转变线　1148℃的 *ECF* 水平线为共晶转变线。*C* 点为共晶点，即碳的质量分数为 4.3% 的液态合金在共晶温度 1148℃时，要同时结晶析出奥氏体(w_C = 2.11%)和渗碳体组成的共晶混合物

$$L_{4.3} \rightarrow (A_{2.11} + Fe_3C)_{共晶}$$

共晶转变的产物($A + Fe_3C$)叫做莱氏体，以符号 Ld 表示。

(3) 共析转变线 727℃的 *PSK* 水平线为共析转变线。S 点为共析点，即具有共析成分(w_C=0.77%)的奥氏体在共析温度727℃时，要同时析出铁素体和渗碳体组成的两相混合物

$$A_{0.77} \rightarrow (F_{0.0218} + Fe_3C)_{共析}$$

共析温度以 A_1 表示。共析转变也是在恒温下进行的，其转变产物($F + Fe_3C$)称为共析体，在铁碳合金中叫做珠光体，用符号 P 表示。珠光体的力学性能较好，其数值如下：抗拉强度 R_m 为 770MPa；断后伸长率 A 为 20%~35%；冲击韧度 a_k 为 30 ~40J/cm。

相图中还有三条重要的曲线，分别为 *ES* 线、*PQ* 线和 *GS* 线。

(1) *ES* 线 *ES* 线又叫做 A_{cm} 线，是碳在奥氏体中的饱和溶解度曲线(固溶线)。碳在奥氏体中的最大溶解度的质量分数为 2.11%，随着温度的降低，溶解度降低，到 727℃时，奥氏体中碳的质量分数为 0.77%。因此，凡是碳的质量分数大于 0.77% 的铁碳合金，自 1148℃冷至 727℃的过程中，多余碳将以渗碳体的形式从奥氏体中析出。为了区别自液态合金中直接析出的一次渗碳体 $Fe_3C_{Ⅰ}$，将从奥氏体中析出的渗碳体称为二次渗碳体 $Fe_3C_{Ⅱ}$。

(2) *PQ* 线 *PQ* 线是碳在铁素体中的饱和溶解度曲线。碳在铁素体中的最大溶解度的质量分数为 0.0218%，当铁素体自 727℃冷至室温时，铁素体的含碳量逐渐降低，而在 600℃时铁素体中碳的质量分数仅为 0.0057%。因此，铁碳合金由 727℃冷至室温时，将从铁素体中析出渗碳体，这种渗碳体称为三次渗碳体 $Fe_3C_{Ⅲ}$。

(3) *GS* 线 *GS* 线又叫做 A_3 线，是冷却时奥氏体开始析出铁素体的转变线和加热时铁素体转变为奥氏体的终了线。奥氏体与铁素体之间的转变是溶剂金属(铁)发生同素异构转变的结果，所以也称为固溶体的同素异构转变。也就是说，具有同素异构转变的铁溶解碳后，所形成的固溶体也可进行同素异构转变，但其转变温度将随成分而改变。

(三) Fe-Fe_3C 相图中的相区

Fe-Fe_3C 相图中有五个基本相，对应的有五个单相区，分别为：①*ABCD* 以上——液相区(L)；②*AHNA*——δ 固溶体区(δ)；③*NJESGN*——奥氏体区(A 或 γ)；④*GPQ* 以左——铁素体区(F 或 α)；⑤*DFK* 垂线——渗碳体区(Fe_3C)。

除了单相区以外，相图中还有七个两相区，这些两相区分别存在于相邻的两个单相区之间，它们是：$L+\delta$、$L+\gamma$、$L+Fe_3C$、$\delta+\gamma$、$\gamma+\alpha$、$\gamma+Fe_3C$ 及 $\alpha+Fe_3C$。

此外，三相共存水平线——*HJB*、*ECF* 及 *PSK* 分别被看做是三相区。

(四) 典型合金的结晶过程及其室温组织

根据铁碳合金的含碳量及室温组织不同，可将铁碳合金相图中的所有合金分成三大类：工业纯铁、钢和白口铸铁。其中，碳的质量分数小于 0.0218% 的铁碳合金称为工业纯铁；碳的质量分数在 0.0218%~2.11% 之间的称为钢；碳的质量分数大于 2.11% 的称为白口铸铁。

在分析铁碳合金的平衡组织时，根据室温组织的不同和含碳量的不同，习惯上又将钢分为共析钢、亚共析钢和过共析钢；将白口铸铁分为共晶白口铸铁、亚共晶白口铸铁和过共晶白口铸铁。下面根据图 2-52，分别讨论每种合金的结晶过程及其室温组织特点。

1. 工业纯铁

图 2-52 中的合金①为工业纯铁，其碳的质量分数小于 0.0218%。液相合金冷却到 1 点开始结晶出 δ 铁素体，至 2 点结晶结束，合金全部转变为 δ 铁素体。δ 铁素体冷却到 3 点时，开始发生固溶体的同素异构转变 δ→*A*。冷却到 4 点时合金全部转变为单相奥氏体 *A*。奥氏体冷到 5 ~6 点间又发生同素异构转变 *A*→*F*。冷却到 6 点时，合金的组织全部为铁素体

F。铁素体冷却到 7 点时，碳在铁素体中的溶解度达到饱和，随着温度下降，铁素体中将析出三次渗碳体。三次渗碳体也是在铁素体的晶界上析出，由于数量很少，一般在铁素体的晶界上呈断续片状分布。由于渗碳体的析出，铁素体的含碳量沿 PQ 线变化。所以，工业纯铁缓冷到室温后的显微组织为铁素体和沿铁素体晶界分布的片状三次渗碳体，其结晶过程和显微组织分别如图 2-53、图 2-54 所示。在碳的质量分数小于 0.0218% 的工业纯铁中，随着含碳量的增加，$Fe_3C_{Ⅲ}$ 的数量也在增加，P 点合金的 $Fe_3C_{Ⅲ}$ 量达到最大。

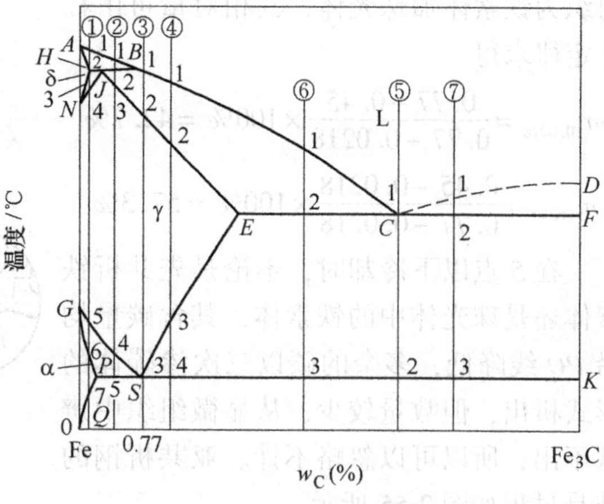

图 2-52　铁碳相图中的七种典型合金

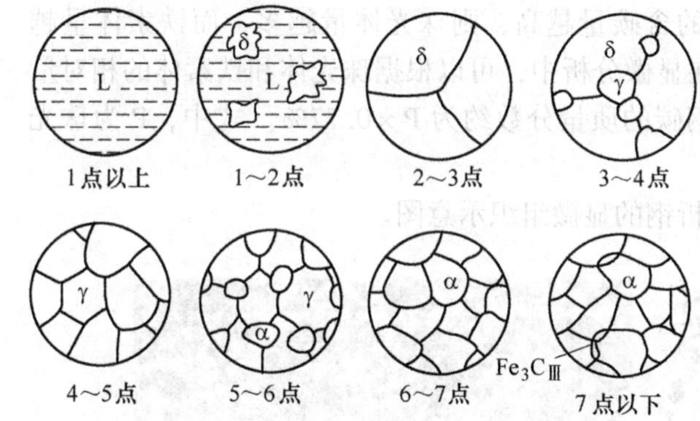

图 2-53　工业纯铁的结晶过程示意图

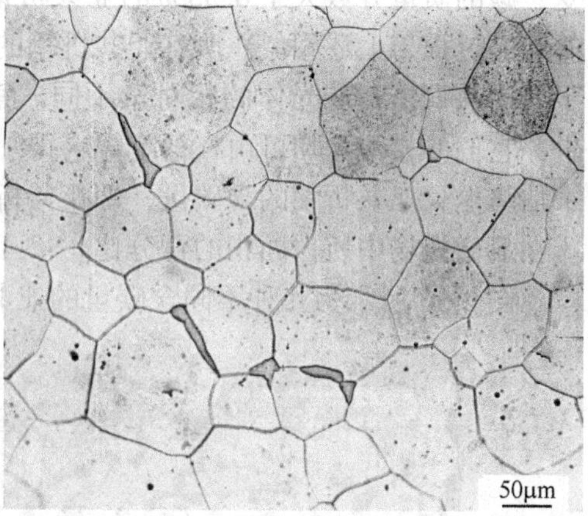

图 2-54　工业纯铁的显微组织(500×)

2. 亚共析钢

图 2-52 中的合金②为亚共析钢，其碳的质量分数介于 0.0218% 和 0.77% 之间。这里以碳的质量分数为 0.45% 的合金为例研究其结晶过程。合金在 1 ~ 2 点间按匀晶转变结晶出 δ 固溶体。冷却到 2 点(1495℃)时，δ 固溶体的碳的质量分数为 0.09%，液相的碳的质量分数为 0.53%，此时液相 L 和 δ 固溶体在恒温下发生包晶转变。由于合金的碳的质量分数为 0.45%，大于包晶点 J 的碳的质量分数 0.17%，所以包晶转变终了后，除了 δ 固溶体和部分液相转变为奥氏体外，还剩余有一定量的液相，这些液相在 2 ~ 3 点温度间继续冷却结晶出奥氏体，其成分沿 JE 线变化，而原来的包晶转变产物，即碳的质量分数为 0.17% 的奥氏体，其成分也沿 JE 线变化。冷至 3 点时，合金全部由碳的质量分数为 0.45% 的奥氏体所组成。单相奥氏体冷到 GS 线上的 4 点时，开始在奥氏体晶界上析出铁素体，称为先共析铁素体，随着温度的下降，先共析铁素体量不断增多，奥氏体量不断减少，而剩余奥氏体的含碳量不断升高，沿 GS 线从 4 点向 S 点变化，而先共析铁素体的含碳量沿着 GP 线向 P 点变化。当温度冷到 5 点(727℃)时，先共析铁素体的碳的质量分数达到 0.0218%，而剩余奥氏体的碳的质量分数达到 0.77%，因此，剩余奥氏体就要发生共析转变，生成珠光体。此时合金

组织为铁素体加珠光体，其相对量可由杠杆定律求得

$$m_{F0.0218}=\frac{0.77-0.45}{0.77-0.0218}\times100\%=42.7\%$$

$$m_{P0.77}=\frac{0.45-0.0218}{0.77-0.0218}\times100\%=57.3\%$$

在5点以下冷却时，不论是先共析铁素体还是珠光体中的铁素体，其含碳量均沿 *PQ* 线降低，多余的碳以三次渗碳体的形式析出，但数量较少，从显微组织中辨认不出，所以可以忽略不计。亚共析钢的结晶过程如图2-55所示。

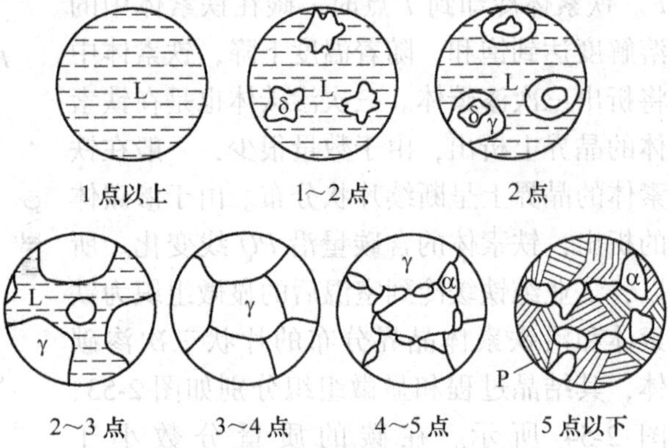

图2-55 亚共析钢的结晶过程示意图

凡是碳的质量分数在0.09%～0.53%之间的亚共析钢，其液态合金结晶时都有包晶转变，碳的质量分数大于0.53%的亚共析钢无包晶转变，由液态中直接结晶出奥氏体，以后的结晶过程与上述相似。所有亚共析钢的室温组织都由铁素体和珠光体组成，其差别仅仅在于其中铁素体和珠光体的相对量不同。钢的含碳量越高，则珠光体量越多，而铁素体量越少，它们的相对量均可由杠杆定律求得。在显微分析中，可以根据珠光体和铁素体的相对量来估算退火亚共析钢的含碳量，即亚共析钢碳的质量分数约为 P×0.77%。式中，P 为珠光体在显微视场中所占面积的百分比。

图2-56所示为几种不同含碳量的亚共析钢的显微组织示意图。

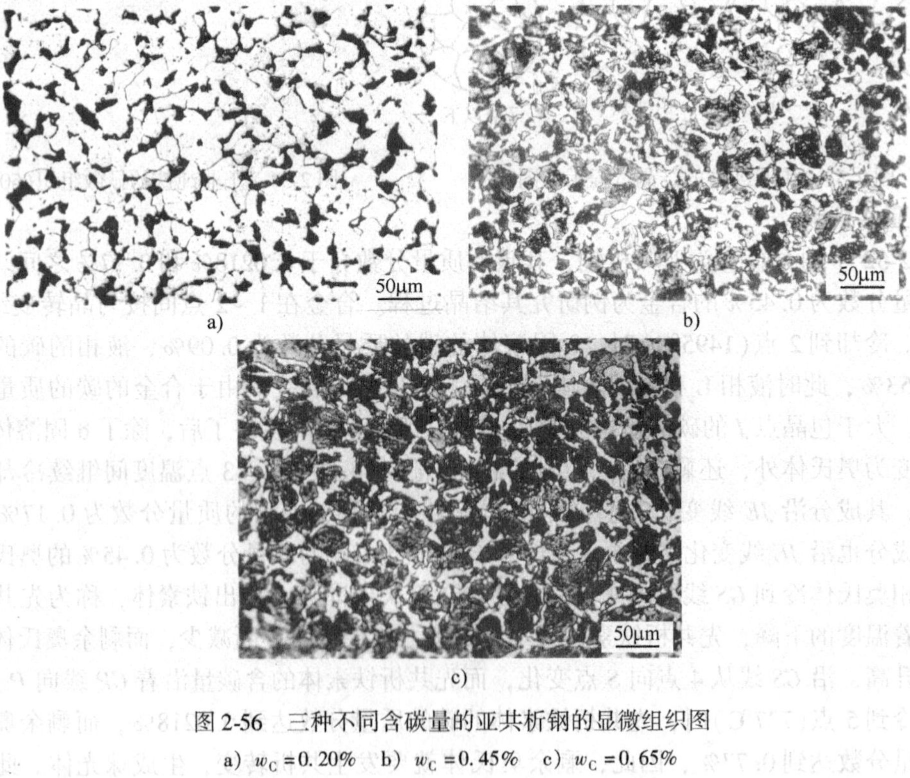

图2-56 三种不同含碳量的亚共析钢的显微组织图

a) $w_C=0.20\%$ b) $w_C=0.45\%$ c) $w_C=0.65\%$

3. 共析钢

图 2-52 中的合金③为共析钢，其碳的质量分数为 0.77%。液相合金冷至 1 点时，开始从液相中结晶出奥氏体。1 ~2 点之间合金按匀晶转变结晶为奥氏体，在结晶过程中液相的成分沿 *BC* 线变化，奥氏体的成分沿 *JE* 线变化。初晶奥氏体在液相中开始以树枝状生长，最后得到多面体的奥氏体晶粒。在继续冷却时，具有共析成分的奥氏体冷却到 *S* 点(727℃)时，在恒温下发生共析转变：$A_{0.77} \rightarrow (F_{0.0218} + Fe_3C)$，转变产物为珠光体。珠光体一般呈片状，它是由铁素体与渗碳体两相呈片层相间组成的细密混合物。珠光体中的渗碳体称为共析渗碳体。共析钢的结晶过程及其转变产物珠光体的显微组织分别如图 2-57、图 2-58 所示。

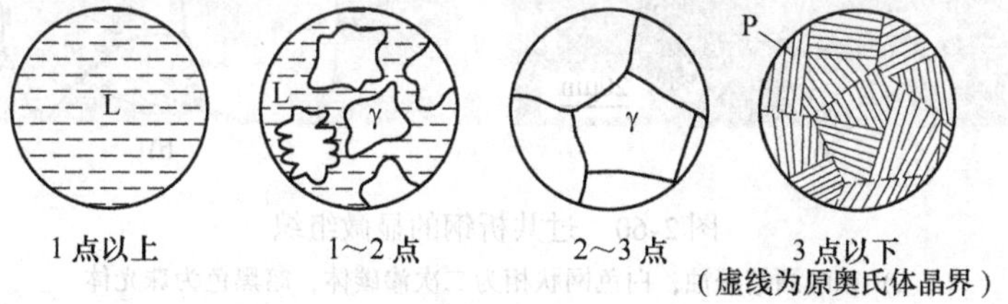

图 2-57 共析钢的结晶过程示意图

珠光体中的铁素体(m_F)和渗碳体(m_{Fe_3C})的相对量，可用杠杆定律求得

$$m_F = \frac{6.69 - 0.77}{6.69 - 0.0218} \times 100\% = 89\%$$

图 2-58 珠光体的显微组织(500×)

4. 过共析钢

图 2-52 中的合金④为过共析钢，其碳的质量分数介于 0.77% 和 2.11% 之间。这里以碳的质量分数为 1.2% 的铁碳合金为例研究其结晶过程。合金在 1 ~2 点之间按匀晶过程转变为奥氏体后，当继续冷却到 3 点时，奥氏体中的含碳量达到饱和，温度再下降就开始析出二次渗碳体，又称为先共析渗碳体，它是沿奥氏体晶界析出的，呈网状分布。由于二次渗碳体的析出，剩余奥氏体含碳量沿 *ES* 线降低。当冷却到 4 点(727℃)时，奥氏体中碳的质量分数达到 0.77%，此时，奥氏体在恒温下发生共析转变而形成珠光体，共析转变结束后，温度再下降时组织基本不变，其结晶过程如图 2-59 所示。最后得到珠光体和二次渗碳体的组织，如图 2-60 所示。此时，珠光体和二次渗碳体的相对量，也就是在共析转变前奥氏体和二次渗碳体的相对量，可用杠杆定律求得，即

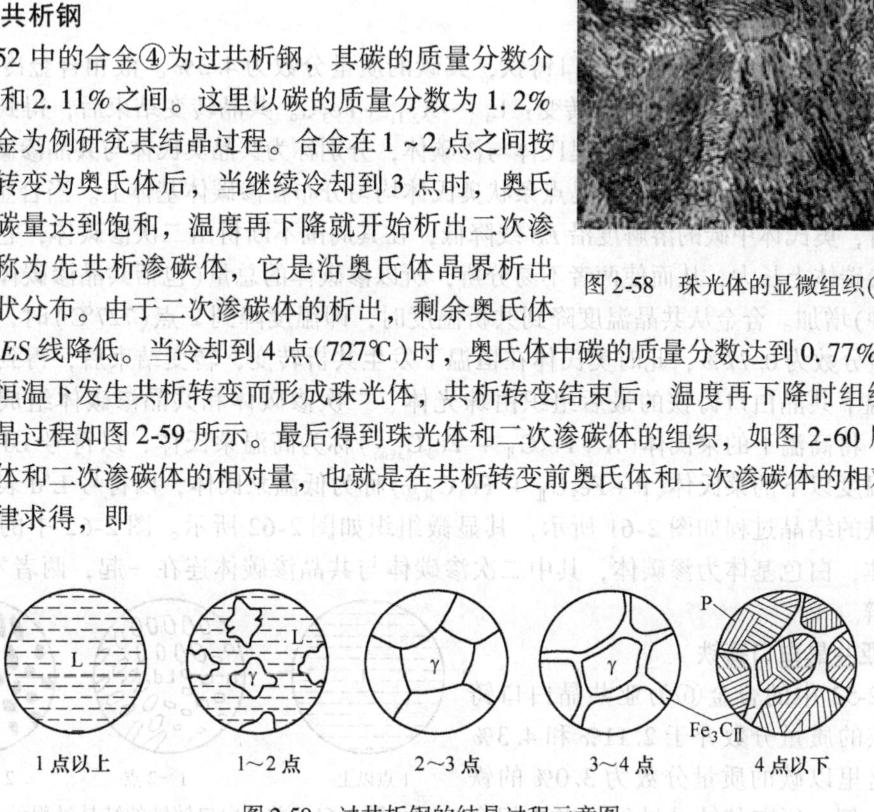

图 2-59 过共析钢的结晶过程示意图

$$m_{Fe_3C_{II}}=\frac{1.2-0.77}{6.69-0.77}\times100\%=7.3\%$$

$$m_{P0.77}=1-7.3\%=92.7\%$$

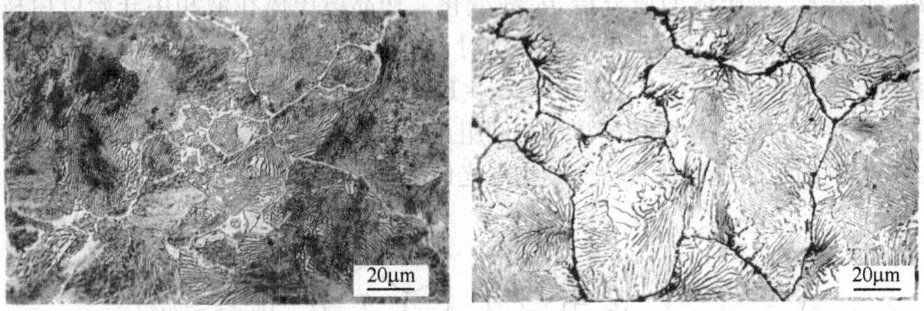

图 2-60 过共析钢的显微组织

a）硝酸酒精浸蚀，白色网状相为二次渗碳体，暗黑色为珠光体

b）苦味酸钠浸蚀，黑色为二次渗碳体，浅白色为珠光体

在过共析钢中，随着钢中含碳量的增加，组织中二次渗碳体的量不断增加，网状趋于完整并逐渐增厚。当碳的质量分数为 2.11% 时，二次渗碳体的量达到最大值，其相对量可由杠杆定律求得，即

$$m_{Fe_3C_{II最大}}=\frac{2.11-0.77}{6.69-0.77}\times100\%=22.6\%$$

5. 共晶白口铸铁

图 2-52 中的合金⑤为共晶白口铸铁，其碳的质量分数为 4.3%。液相合金冷却到 C 点(1148℃)时，在恒温下发生共晶转变：$L_{4.3}\rightarrow A_{2.11}+Fe_3C$。共晶转变结束后，得到莱氏体组织。这种由共晶转变而结晶出的奥氏体与渗碳体，分别称为共晶奥氏体与共晶渗碳体，莱氏体即它们的混合物，其形态一般是点条状奥氏体均匀分布在渗碳体基体上。当合金冷却到 C 点以下时，奥氏体中碳的溶解度沿 ES 线降低，在其周围不断析出二次渗碳体，它通常依附在共晶渗碳体上长大，从而使两者不易分辨，所以渗碳体的总量(包括共晶渗碳体和二次渗碳体两种)增加。合金从共晶温度降到共析温度时，即温度降到 2 点(727℃)时，奥氏体中碳的质量分数为 0.77%，此时奥氏体在恒温下发生共析转变，转变结束后，得到珠光体组织。室温下共晶白口铸铁的最后组织由珠光体、二次渗碳体和共晶渗碳体组成。为了区别起见，将高温下的莱氏体($A+Fe_3C_{II}+Fe_3C_{共晶}$)称为高温莱氏体，以符号 Ld 表示；而在共析温度以下的莱氏体($P+Fe_3C_{II}+Fe_3C_{共晶}$)称为低温莱氏体，以符号 L′d 表示。共晶白口铸铁的结晶过程如图 2-61 所示，其显微组织如图 2-62 所示。图 2-62 中的黑色部分为珠光体，白色基体为渗碳体，其中二次渗碳体与共晶渗碳体连在一起，两者本质一样，不易分辨。

6. 亚共晶白口铸铁

图 2-52 中的合金⑥为亚共晶白口铸铁，其碳的质量分数介于 2.11% 和 4.3% 之间。这里以碳的质量分数为 3.0% 的铁碳合金为例，研究其结晶过程。当液相合

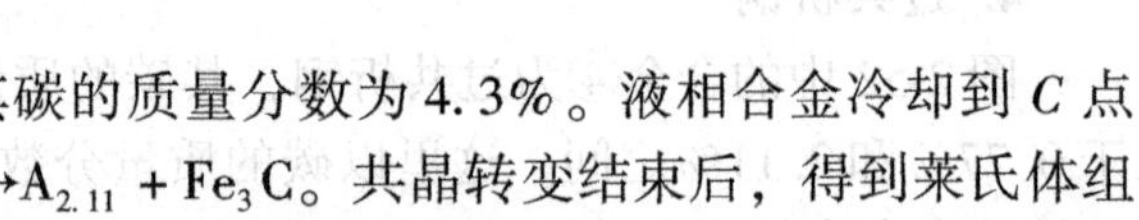

图 2-61 共晶白口铸铁的结晶过程示意图

金由高温冷至1点时，开始结晶出初晶奥氏体。初晶奥氏体在液相中以树枝状成长，在1~2点之间随着温度不断下降，初晶奥氏体量不断增多，剩余液相量逐渐减少。在结晶过程中，初晶奥氏体的含碳量沿 *JE* 线变化，而液相的碳的质量分数由1点沿 *BC* 线向 *C* 点变化。当温度降到2点(1148℃)时，初晶奥氏体中碳的质量分数为2.11%，剩余液相的碳的质量分数达到共晶成分，此时剩余液相发生共晶转变，转变结束后，形成莱氏体。共晶转变结束时，合金的组织为初晶奥氏体和莱氏体。在2点以下冷却时，共晶渗碳体不发生变化，而初晶奥氏体和共晶奥氏体中碳的质量分数都要沿 *ES* 线降低，从奥氏体中析出二次渗碳体。随着温度的不断下降，析出的二次渗碳体量越来越多。在2~3点合金的组织为初晶奥氏体A、二次渗碳体 Fe_3C_{II} 和莱氏体 $Ld(A+Fe_3C_{II}+Fe_3C_{共晶})$。当温度降到3点(727℃)时，所有奥氏体中碳的质量分数达到0.77%，奥氏体发生共析转变，转变结束后，生成珠光体，其结晶过程如图2-63所示。所以，室温时亚共晶白口铸铁的组织为珠光体P、二次渗碳体 Fe_3C_{II}、低温莱氏体 $L'd(P+Fe_3C_{II}+Fe_3C$ 共晶)。图2-64中的黑色粗大块状是

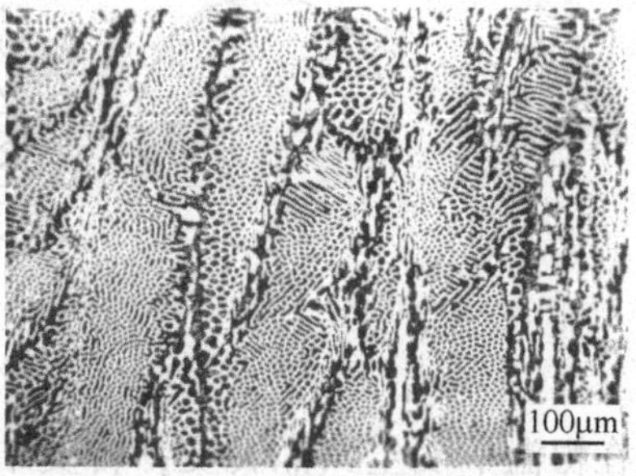

图2-62 共晶白口铸铁的显微组织

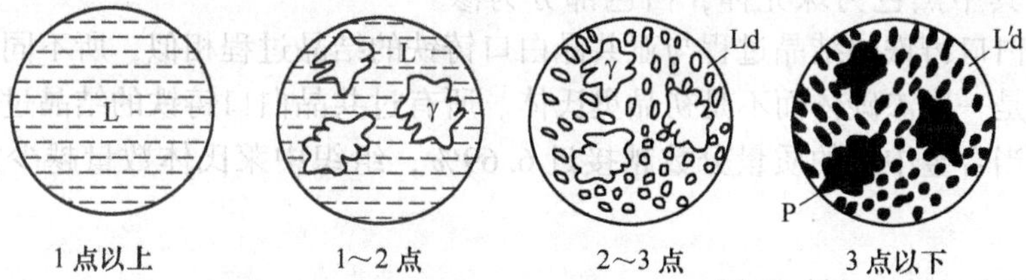

图2-63 亚共晶白口铸铁结晶过程示意图

由初晶奥氏体转变成的珠光体，它保留了初晶奥氏体的枝晶形态。在它的周围是由初晶奥氏体中析出的二次渗碳体，白底黑点形态的是低温莱氏体。从初晶奥氏体和共晶奥氏体中析出的二次渗碳体均依附在共晶渗碳体上成长，均是亮白色，在显微组织上不易分辨。

所有亚共晶白口铸铁的结晶过程与最后组织都与上述相同，只是碳的质量分数越接近共晶成分的合金，其最后室温组织中的莱氏体量越多，大块状珠光体量越少。

图2-64 亚共晶白口铸铁的显微组织

7. 过共晶白口铸铁

图2-52中的合金⑦为过共晶白口铸铁，其碳的质量分数介于4.3%和6.67%之间。这里以碳的质量分数为5%的铁碳合金为例，研究其结晶过程。液相合金由高温冷却到1点时，开始结晶出一次渗碳体，以 Fe_3C_I 表示。在1~2点之间，随着温度的下降，一次渗碳体结晶长大，而剩余液相的碳的质量分数不断减少，其碳的质量分数沿 *CD* 线变化。至2点(1148℃)一次渗碳体结晶结束，而剩余液相的碳的质量分数达到共晶成分($w_C=4.3\%$)，此

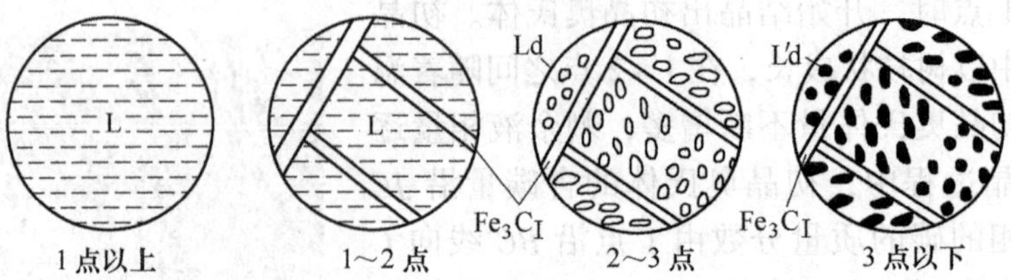

图 2-65　过共晶白口铸铁的结晶过程示意图

时在恒温下发生共晶转变，转变结束后形成莱氏体。在 2～3 点之间，莱氏体中的奥氏体析出二次渗碳体，到达 3 点(727℃)时，奥氏体的碳的质量分数为共析成分，奥氏体转变为珠光体。3 点以下直到室温，组织基本不变，其结晶过程如图 2-65 所示。因此，过共晶白口铸铁的室温组织为一次渗碳体 $Fe_3C_Ⅰ$ + 低温莱氏体 L′d($P + Fe_3C_Ⅱ + Fe_3C_{共晶}$)，其显微组织如图 2-66 所示。图 2-66 中的白亮色的长条状(板状)为一次渗碳体，基体为低温莱氏体，其中黑色为珠光体，白色部分为渗碳体。过共晶白口铸铁的结晶过程与亚共晶白口铸铁的结晶过程相似，所不同的只是从液相中先结晶出的是一次渗碳体而不是初晶奥氏体。所有过共晶白口铸铁的结晶过程和最后组织都相同，只是当合金中碳的质量分数越接近 6.69%，组织中莱氏体数量越少，一次渗碳体量越多。

图 2-66　过共晶白口铸铁的显微组织

三、铁碳合金相图的应用

(一) 碳的质量分数对铁碳合金平衡组织和力学性能的影响

根据铁碳合金相图并运用杠杆定律，可以把不同成分的铁碳合金缓冷后的室温组织中的相组成物及组织组成物间的定量关系计算出来，其结果归纳总结于图 2-67 中。

铁碳合金的室温组织是由铁素体和渗碳体两相组成的，其中铁素体是软韧相，而渗碳体是硬脆相。由铁碳合金相图可知，随着碳的质量分数的不断增加，组织中渗碳体的数量相应

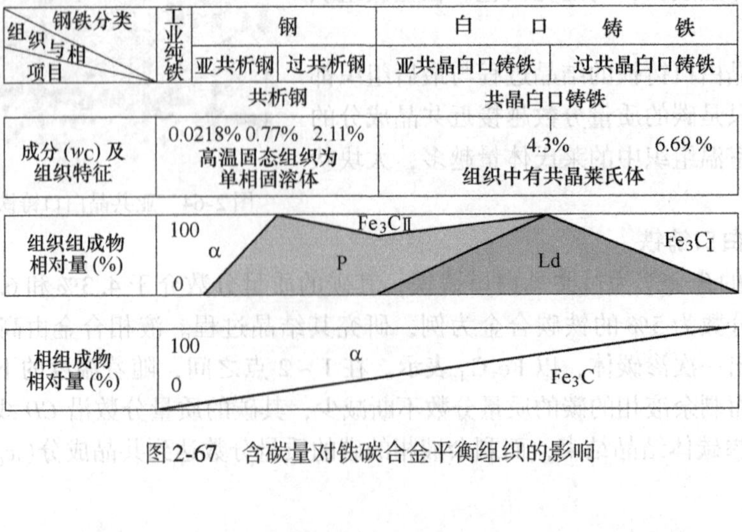

图 2-67　含碳量对铁碳合金平衡组织的影响

增加，而且渗碳体的存在形式也随之发生变化，即由分布在铁素体晶界上（Fe_3C_{III}），逐渐改变为分布在铁素体基体内（如珠光体），更进一步分布在原奥氏体的晶界上（网状Fe_3C_{II}），最后当形成莱氏体时，Fe_3C已作为基体出现。也就是说，随着碳的质量分数变化，铁碳合金也具有不同的组织，这也正是决定它们具有不同性质的原因。

碳的质量分数的变化会引起平衡组织的变化，最终导致铁碳合金力学性能的变化。图2-68所示为碳的质量分数对铁碳合金力学性能的影响，从图中可以看出，随着碳质量分数的增加，铁碳合金的强度和硬度提高，而塑性和韧性降低。这是由于碳的质量分数增加后，铁碳合金中渗碳体的量不断增加的结果。但是，当碳的质量分数超过0.9%之后，随着含碳量的增加，由于游离状态的二次渗碳体沿晶界析出，并呈网状分布，导致硬而脆的网状渗碳体包围了珠光体的晶粒，降低了晶界间的结合力，使钢的脆性增加，反而使铁碳合金强度逐渐下降。因此，碳的质量分数大于1.4%的碳钢在工程上很少使用。

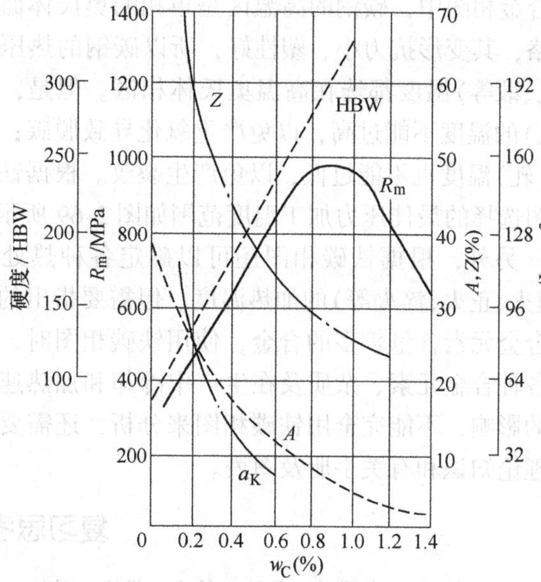

图2-68　碳的质量分数对铁碳合金力学性能的影响

（二）铁碳相图对铁碳合金工艺性能的影响

铁碳合金相图在选择和使用材料、金属加工、热处理以及选配合金钢、合金铸铁等方面都有重要的作用。

由于铁碳合金相图能很好地反映钢铁材料的成分与组织之间的关系，可根据工程上的需要选材。例如，火电厂的锅炉支架、厂房结构、冷却塔、起重机构架、输电铁塔、锅炉受热面管、风机风管、燃料输送设备和管道等需要塑韧性好的碳的质量分数小于0.25%的碳钢；重要的地脚螺栓、轴、齿轮等需要强度、韧性都较好的碳的质量分数为0.3%~0.5%的钢；各类弹簧、板簧等需要碳的质量分数为0.5%~0.7%的钢；而工具、模具、轴承类零件则需要碳的质量分数为0.8%~1.2%的钢。白口铸铁的硬度高，脆性大，难以加工，只能用作拔丝模、磨煤机磨球等。如果在白口铸铁中加入足够的铬、镍等合金元素，制成合金白口铸铁，则成为很好的耐磨材料，在磨煤机、碎煤机、管道内衬、喷燃器中有很广泛的应用。

碳的质量分数大于2.11%的白口铸铁，无论在高温还是室温状态下都存在硬而脆的莱氏体组织，所以一般不能进行锻造、轧制等压力加工，只能作为铸造或炼钢原料。对铸铁而言，碳的质量分数越接近共晶点C的成分，熔点越低，结晶温度范围也就越小，故铸造时液态合金流动性越好，铸造性能越佳。碳钢也可以铸造，但由于其熔点高，结晶温度范围较大，故铸造性能差，易产生缩孔、缩松等缺陷，其熔炼和铸造工艺较铸铁复杂。

单相合金比多相合金具有更好的压力加工性能，这是由于多相合金中各相的晶体结构和位向不同以及晶界的作用，使变形抗力提高所致。在铁碳合金相图中，碳钢的高温区是单相的奥氏体面心立方晶格，其变形抗力小、塑性好，所以碳钢的热压力加工(轧、锻等)温度都选在高温奥氏体相区。但是，开始锻(轧)的温度不能过高，以免严重氧化导致脱碳；而最终锻(轧)温度也不能过低，以免产生裂纹。根据铁碳合金相图选择的最佳压力加工温度范围如图2-69所示。

另外，根据铁碳相图还可以确定各种热处理操作(退火、正火、淬火等)的加热温度。但需要指出的是，对于合金元素含量较多的合金，使用铁碳相图时，还要考虑各种合金元素、杂质及在生产中冷却和加热速度较快时的影响，不能完全用铁碳相图来分析，还需要借助其他理论知识和有关手册及图表。

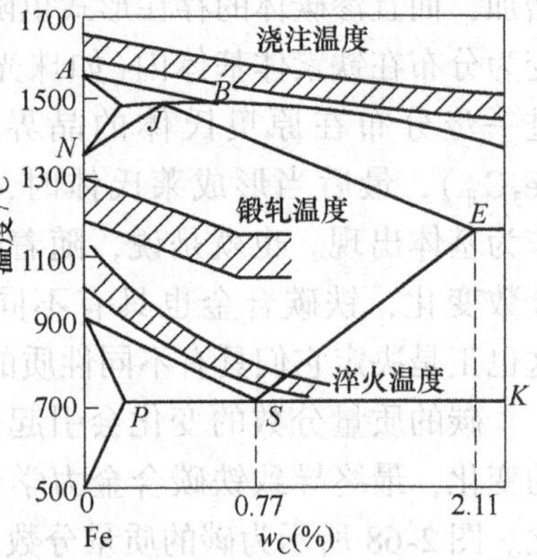

图2-69 铁碳合金相图在锻、轧和铸造方面的应用

复习思考题

1. 名词解释：金属键、晶核、晶胞、晶格、晶体、晶界、过冷度、再结晶、组元、相、合金、组织、固溶体、金属化合物、奥氏体、铁素体、渗碳体、珠光体、莱氏体。

2. 试用金属键说明为什么金属具有良好的导电性、导热性及塑性。

3. 金属的晶格类型有哪几种？试计算面心立方晶格和体心立方晶格的致密度。

4. 实际金属晶体中有哪些缺陷？它们对金属的力学性能有何影响？

5. 试论述液态金属的结晶过程。

6. 过冷度的大小对金属结晶后的晶粒大小和力学性能有何影响？

7. 试比较滑移和孪生有何不同。

8. 何谓加工硬化现象？试述加工硬化的原因。

9. 为什么常温下金属的晶粒越细，其强度和硬度越高、塑性和韧性越好？

10. 固溶体和金属化合物在结构上有何不同？其力学性能各有什么特点？

11. 什么是固溶强化？固溶强化和加工硬化有何不同？

12. 影响再结晶温度的因素有哪些？影响再结晶后晶粒大小的因素有哪些？

13. 现有两个形状相同的铜镍合金铸件，一个 $w_{Ni}=90\%$，另一个 $w_{Ni}=5\%$，铸后自然冷却，问凝固后哪个铸件的偏析比较严重？

14. 绘出铁碳合金相图，说明相图中的主要点和线的含义，并在图中标出各相区和组织。

15. 何谓共析反应？它与共晶反应有何异同？写出铁碳相图中共晶反应和共析反应的反应式及反应后的组织。

16. 试分析碳的质量分数分别为0.45%、0.77%、1.20%的铁碳合金从奥氏体区缓慢冷却到室温时的组织变化过程及室温组织，并用杠杆定律计算其组织组成物和相组成物的相对量。

17. 试分析在退火状态下，碳对钢的组织与性能有何影响。

第三章　钢的热处理

所谓钢的热处理，是指通过加热、保温和冷却来改变其内部组织结构，从而改变钢的力学性能，获得特定使用要求的工艺。

热处理不仅可以强化金属材料，充分发挥其内部潜能，提高或改善工件的使用性能和加工工艺性能，而且还是提高加工质量，延长工件和刀具的使用寿命，节约材料、降低成本的重要手段。热处理的三个基本阶段可以用工艺曲线来表示，如图 3-1 所示。

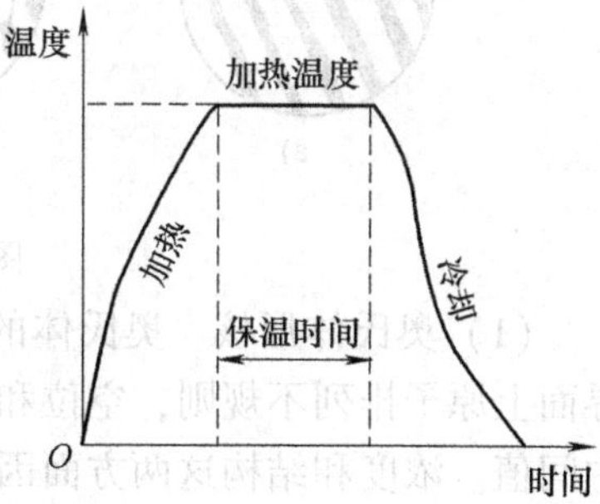

图 3-1　热处理工艺过程示意图

根据热处理的目的、要求以及加热和冷却条件的不同，钢的热处理可以分为退火、正火、淬火和回火等。另外，还有通过改变钢表面的化学成分，从而改变其组织和性能的化学热处理。

第一节　钢在加热时的转变

一、加热温度的确定

热处理的第一道工序是加热，铁碳合金相图是确定加热温度的理论基础。

共析钢在 A_1 临界点温度以下是珠光体组织，当加热温度超过 A_1 后，珠光体就转变成为奥氏体。亚共析钢在 A_1 温度以下是铁素体 + 珠光体，当温度超过 A_1 后，珠光体转变为奥氏体；如果继续加热，当温度超过 A_3 临界温度，铁素体也转化为奥氏体。过共析钢在 A_1 温度以下是渗碳体 + 珠光体，当加热温度超过 A_1 后，珠光体转变成奥氏体；如果继续加热至 Ac_{cm} 以上，渗碳体将全部溶入奥氏体。由此可知，钢的加热过程就是奥氏体的形成过程，这种组织转变可称为奥氏体化。

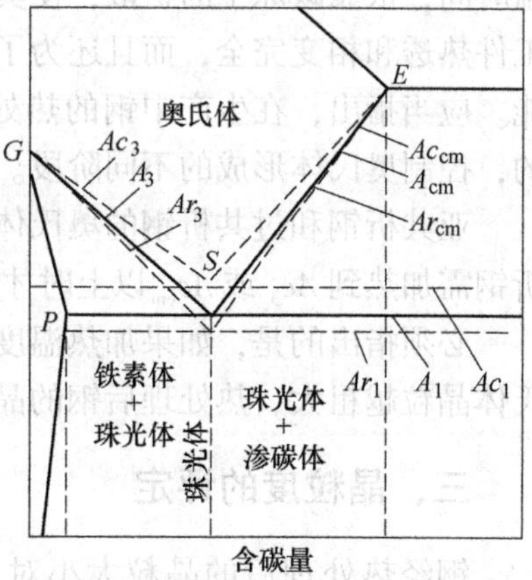

图 3-2　加热和冷却时铁碳相图临界温度示意图

必须指出，加热时钢的实际转变温度往往高于相图中的理论转变温度；冷却时也往往低于相图中的理论转变温度。因此，在热处理工艺中，把加热时的临界温度分别用 Ac_1、Ac_3、Ac_{cm} 表示；冷却时的临界温度分别用 Ar_1、Ar_3、Ar_{cm} 表示，如图 3-2 所示。

二、钢的奥氏体化过程

珠光体转变为奥氏体是一个重新结晶的过程，因而也有形核和长大这两个阶段。珠光体是铁素体和渗碳体的机械混合物，因此不管是铁素体还是渗碳体，进行奥氏体转化时必须进行晶胞的改组和铁碳原子的扩散。奥氏体化过程分为四个阶段，现以共析钢为例，介绍其加热过程中的奥氏体化过程，如图3-3所示。

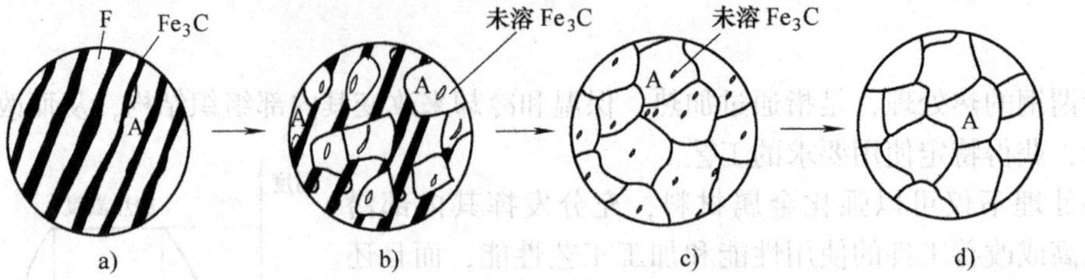

图3-3 共析钢奥氏体化过程示意图

（1）奥氏体形核 奥氏体的晶核优先形成于铁素体和渗碳体的相界面上。这是因为相界面上原子排列不规则，空位和位错密度高；且相界面成分不均匀，处于铁素体和渗碳体的中间值。浓度和结构这两方面因素为奥氏体晶核的形成提供了有利条件。

（2）奥氏体长大 奥氏体晶核形成后逐渐长大。晶核的长大是依靠与其相邻的铁素体向奥氏体的转变和渗碳体的不断溶解来完成的。这样，奥氏体晶核就向渗碳体和铁素体两个方面长大。

（3）残留渗碳体溶解 在奥氏体形成过程中，当铁素体完全转变成奥氏体后，仍有部分渗碳体尚未溶解。这部分残留的渗碳体随着保温时间的延长，不断向奥氏体中溶解，直至全部消失。

（4）奥氏体均匀化 当剩余渗碳体全部溶解后，奥氏体中的碳浓度仍然是不均匀的，在原渗碳体处碳的质量分数比在原铁素体处碳的质量分数要高一些。因此，需要继续延长保温时间，依靠碳原子的扩散，使奥氏体的成分逐渐趋于均匀。热处理的保温阶段不仅为了使工件热透和相变完全，而且还为了获得成分均匀的奥氏体，以便冷却后获得良好的组织和性能。应当指出，在生产中钢的热处理并非都要求达到奥氏体均匀化，而是根据热处理的目的，控制奥氏体形成的不同阶段。

亚共析钢和过共析钢的奥氏体形成过程与共析钢基本相似，不同之处是亚共析钢和过共析钢需加热到 Ac_3 或 Ac_{cm} 以上时才能获得单一的奥氏体组织，即完全奥氏体化。

必须指出的是，如果加热温度过高，或者保温时间过长，将会促使奥氏体晶粒粗化。奥氏体晶粒越粗大，热处理后钢的晶粒就越大，会显著影响钢的力学性能。

三、晶粒度的评定

钢经热处理后的晶粒大小对力学性能的影响很大，而热处理的加热和保温这两个过程又决定了热处理后的晶粒大小。晶粒的大小，或称为晶粒的粗细，是用晶粒度来表示的。

（一）起始晶粒度

起始晶粒度是指钢加热至奥氏体化的过程中，当铁素体向奥氏体转变刚刚终了时所形成的晶粒度，即当奥氏体形核长大时，奥氏体晶粒的边界刚刚相遇时的晶粒大小。这时奥氏体晶粒刚刚形成，因此晶粒是非常细小的。

（二）实际晶粒度

实际晶粒度是指某一具体的热处理后或热加工条件下，所得到的奥氏体晶粒度。

在加热温度升高和保温时间延长的情况下，会使奥氏体最初形成的晶粒长大。这是因为在奥氏体晶粒的边界处，原子排列是不规则的，因而原子活动的能力强，较大的晶粒吞并小的晶粒，使晶界迁移，晶粒就不断长大。在实际生产中影响奥氏体晶粒长大的主要因素就是加热温度，加热温度越高，奥氏体晶粒就越大；其次是保温时间，保温时间越长，奥氏体晶粒也越大。因此，热处理时要特别注意控制加热温度，并选择合适的保温时间。

（三）本质晶粒度

不同的钢奥氏体晶粒加热时长大倾向不同，评定奥氏体晶粒在加热时长大倾向的标准就是本质晶粒度。通常，将加热到930±10℃保温8h冷却下来后钢的晶粒大小，称为本质晶粒度。在工业生产中，一般将钢分为两大类：本质粗晶粒钢和本质细晶粒钢。图3-4所示为钢的加热温度与奥氏体晶粒长大之间的关系，由图中可以看出，即使是本质细晶粒钢在热处理时也要注意正确选择该钢种的加热温度，避免超温引起晶粒的粗大。

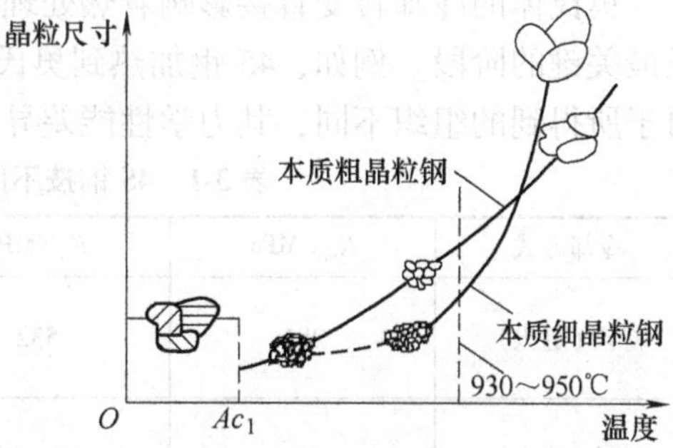

图3-4 钢的加热温度与奥氏体晶粒长大之间的关系

金属组织中晶粒的大小用晶粒度级别指数来表示。根据国家标准GB/T 6394—2002《金属平均晶粒度测定法》，晶粒度的测定方法有比较法、面积法和截点法；晶粒度的数值表示方法有晶粒度级别指数、单位体积晶粒数、晶粒公称直径等八种。实际工作中常采用在100倍的显微镜下与标准评级图（图3-5）对比来确定晶粒度的级别。一般认为4级以下为粗晶粒，5~8级为

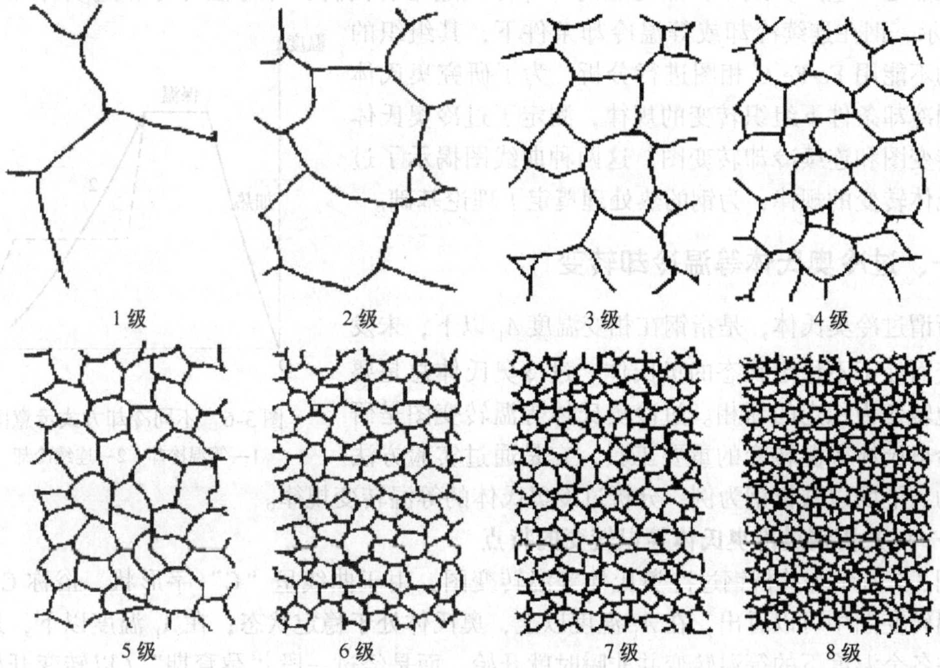

图3-5 标准晶粒度等级示意图

细晶粒，8 级以上为超细晶粒。

钢的晶粒度是由钢的成分和冶炼条件决定的。含有钛、钒、钨等合金元素的钢，大多属于本质细晶粒钢。冶炼时采用铝脱氧的钢也为本质细晶粒钢，而只用硅、锰脱氧的钢则为本质粗晶粒钢。这是因为钒、钛、钨以及铝等合金元素在钢中能形成金属化合物，这些化合物微粒分布在奥氏体晶界上能阻止奥氏体晶粒的长大。但是，当温度较高时，这些化合物微粒会发生聚集甚至溶入奥氏体中，阻止晶粒长大的作用也就失去了，晶粒便会迅速长大。

第二节 奥氏体在冷却时的转变

奥氏体的冷却转变直接影响着热处理后钢的组织和力学性能，所以冷却是热处理三个阶段最关键的阶段。例如，45 钢加热到奥氏体化温度 840℃ 适当保温后，以不同的速度冷却，由于所得到的组织不同，其力学性能差异很大，见表 3-1。

表 3-1 45 钢按不同冷却速度冷却后的力学性能

冷却方式	R_{eL}/MPa	R_m/MPa	A(%)	Z(%)	硬度
炉冷(退火)	281	532	32.5	49.3	160 ~ 200 HBW5/750
空冷(正火)	340	670 ~ 720	15 ~ 18	45 ~ 50	170 ~ 240 HBW5/750
油冷(慢淬)	620	900	12 ~ 20	48	40 ~ 50HRC
水冷(快淬)	720	1100	7 ~ 8	12 ~ 14	52 ~ 60HRC

在热处理生产实践中，热处理的冷却方式通常有两种，即等温冷却和连续冷却，如图 3-6 所示。钢在连续冷却或等温冷却条件下，其组织的转变均不能用 $Fe\text{-}Fe_3C$ 相图进行分析。为了研究奥氏体在不同冷却条件下组织转变的规律，测定了过冷奥氏体等温转变图和连续冷却转变图。这两种曲线图揭示了过冷奥氏体转变的规律，为钢的热处理奠定了理论基础。

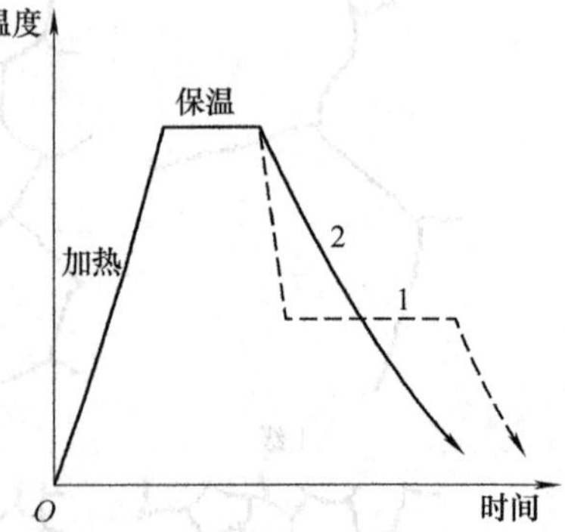

图 3-6 不同冷却方式示意图
1—等温冷却 2—连续冷却

一、过冷奥氏体等温冷却转变

所谓过冷奥氏体，是指钢在相变温度 A_1 以下，未发生转变而处于不稳定状态的奥氏体。过冷奥氏体总是要自发地转变为稳定的新相。过冷奥氏体等温转变图是研究过冷奥氏体等温转变的重要工具，它是通过实验方法测定的。下面以共析钢为例，分析过冷奥氏体的等温转变规律。

（一）共析钢过冷奥氏体等温转变的特点

图 3-7 所示为共析钢过冷奥氏体等温转变图，由于曲线呈“C”字形状，俗称 C 曲线。在等温转变图中可以看出，在 A_1 温度以上，奥氏体处于稳定状态；在 A_1 温度以下，过冷奥氏体在各个温度下的等温转变并非瞬时就开始，而是经过一段“孕育期”（以转变开始线与

纵坐标之间的距离表示)。孕育期越长，过冷奥氏体越稳定；反之则不稳定。孕育期的长短随过冷度而变化，在靠近 A_1 线处，过冷度较小，孕育期较长。随着过冷度增大，孕育期缩短，约在550℃时孕育期最短。此后，孕育期又随过冷度的增大而增长。孕育期最短处，即等温转变图的“鼻尖”处，过冷奥氏体最不稳定，转变最快。过冷奥氏体在 A_1 温度以下不同温度范围内，可发生三种不同类型的转变，即高温珠光体型转变、中温贝氏体型转变和低温马氏体型转变。

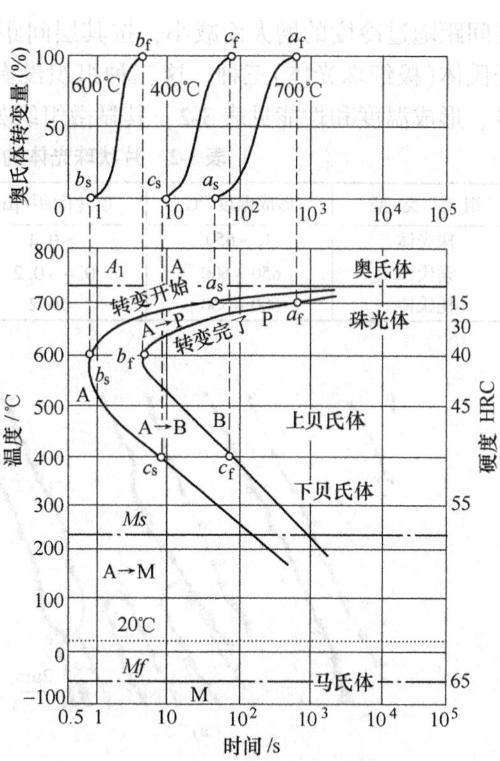

图 3-7　共析钢过冷奥氏体等温转变图

(二) 共析钢过冷奥氏体等温转变产物的组织和性能

1. 高温转变(珠光体型转变)

高温转变温度为 A_1 ~550℃，过冷奥氏体转变为珠光体。

珠光体是铁素体和渗碳体的机械混合物，这两相晶体结构不同，成分相差悬殊，因此奥氏体转变时必须进行晶格的改组和碳原子的重新分配这两个过程。这两个过程只有通过碳原子和铁原子的扩散才能完成，所以，奥氏体向珠光体转变是一种扩散型相变。

首先，在奥氏体晶界上产生渗碳体的晶核，然后晶核吸收周围奥氏体中的碳原子而逐渐长大。在渗碳体形核和长大的同时，渗碳体周围的奥氏体含碳量不断降低，从而促使这部分贫碳的奥氏体中产生铁素体的晶核；铁素体晶核产生后，也会逐渐长大。由于铁素体中的溶碳能力很低，在其形核和长大的过程中又必须扩散出多余的碳；从而又使铁素体两侧的奥氏体中含碳量增加，为产生新的渗碳体晶核创造了条件。由此交替往复，奥氏体最终变为铁素体和渗碳体的层片状机械混合物，称为珠光体，其转变机理如图3-8所示。

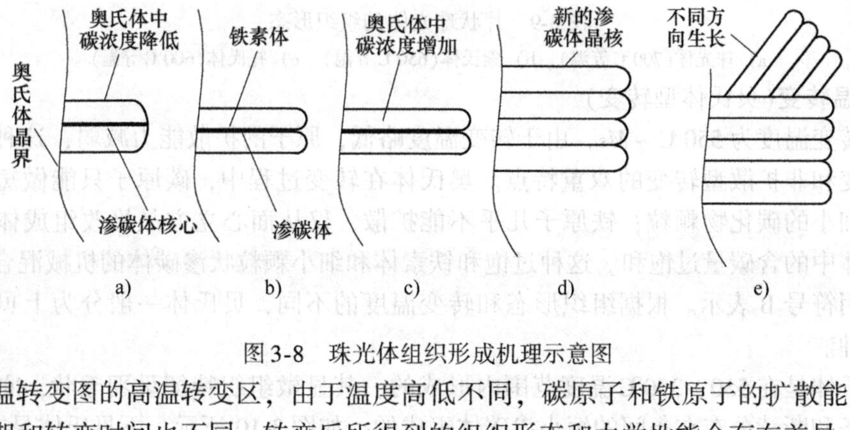

图 3-8　珠光体组织形成机理示意图

在等温转变图的高温转变区，由于温度高低不同，碳原子和铁原子的扩散能力不一样，因而孕育期和转变时间也不同，转变后所得到的组织形态和力学性能会存在差异。珠光体片层间距随过冷度的增大而减小，按其层间距的大小，可分为珠光体、索氏体(细珠光体)和托氏体(极细珠光体)三种。这三种组织没有本质区别，也没有严格的界限，它们的表示符号、形成温度和性能见表3-2，其显微组织如图3-9所示。

表3-2　片状珠光体的组织类型、形成温度及特性

组织类型	形成温度/℃	层片间距/μm	R_m/MPa	A(%)	HBW5/750
珠光体	A_1 ~650	>0.4	≈550	≈5	≈180
索氏体	650~600	0.4~0.2	≈870	≈15	≈220
托氏体	600~550	<0.2	≈1100	≈10	≈270

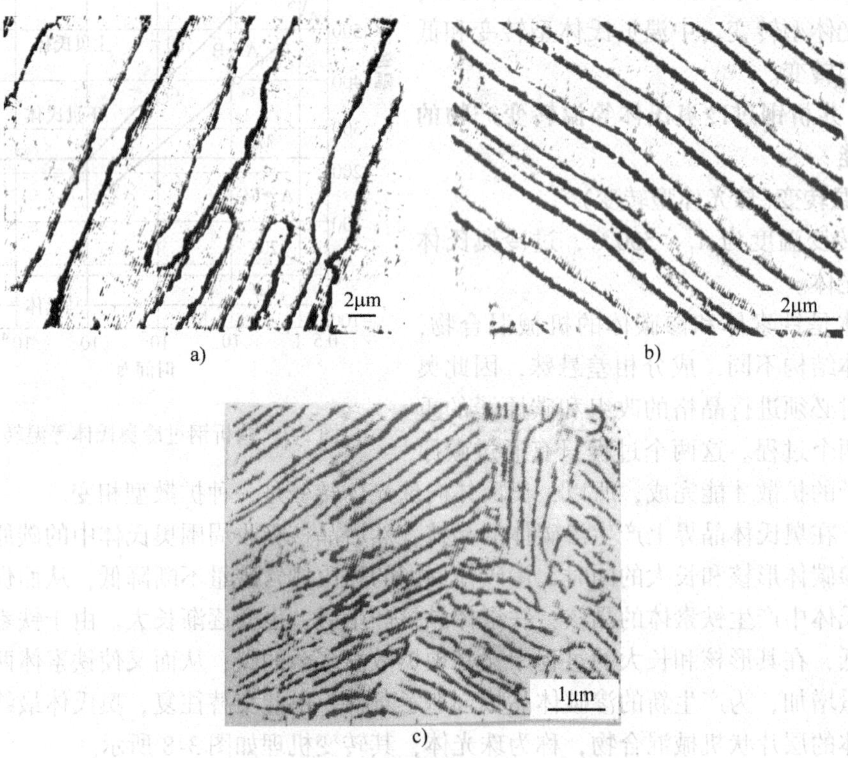

图3-9　片状珠光体的组织形态
a) 珠光体(700℃等温)　b) 索氏体(650℃等温)　c) 托氏体(600℃等温)

2. 中温转变(贝氏体型转变)

中温转变温度为550℃~*Ms*，由于转变温度略低，原子的扩散能力减弱，这种转变具有扩散型转变和非扩散型转变的双重特点。奥氏体在转变过程中，碳原子只能做短距离的扩散，形成细小的碳化物颗粒；铁原子几乎不能扩散，仅从面心立方晶格改组成体心立方晶格，铁素体中的含碳量过饱和。这种过饱和铁素体和细小颗粒状渗碳体的机械混合物，称为贝氏体，用符号B表示。根据组织形态和转变温度的不同，贝氏体一般分为上贝氏体和下贝氏体两种。

上贝氏体是在550~350℃温度范围内形成的，其显微组织特征呈羽毛状，它是由成束的铁素体条和断续分布在条间的短小渗碳体组成的，如图3-10所示。下贝氏体是在350℃~*Ms*点温度范围内形成的，其显微组织特征是黑色针叶状，它是由针叶状铁素体和分布在针

叶内的细小渗碳体粒子组成的，如图 3-11 所示。

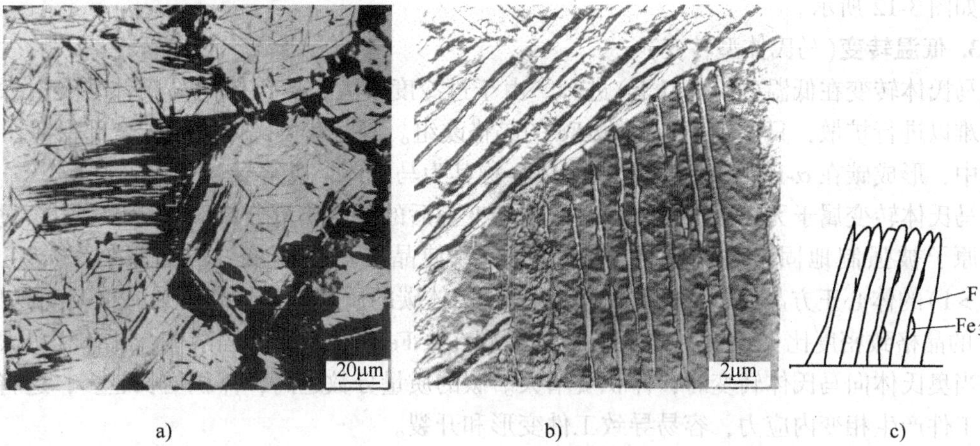

图 3-10　上贝氏体显微组织

a）光学显微组织（羽毛状）　b）透射电镜组织　c）组织示意图

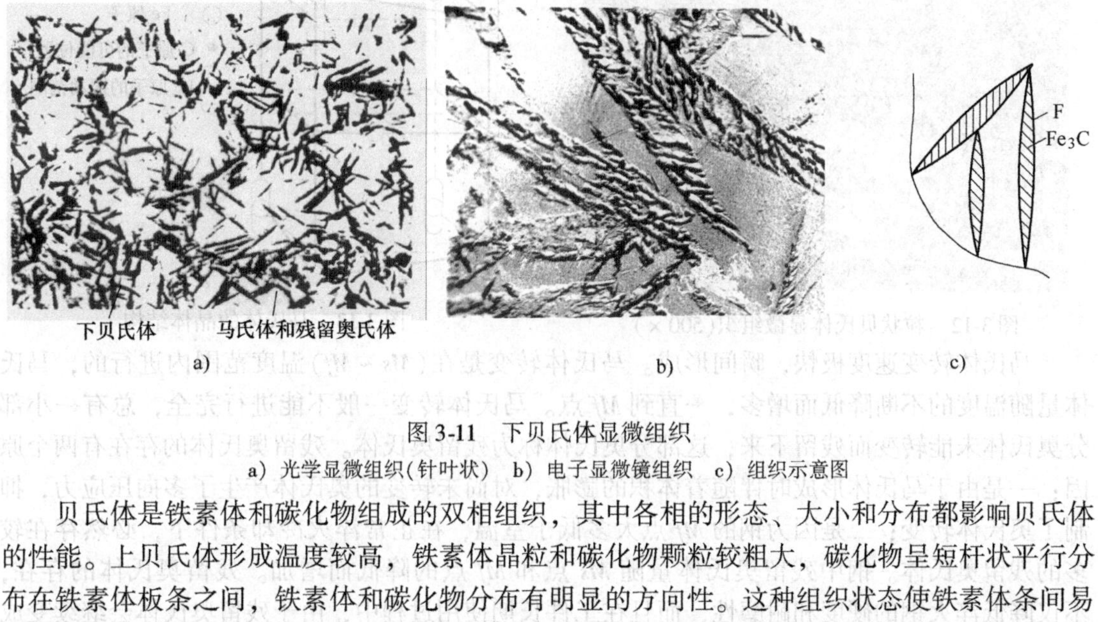

图 3-11　下贝氏体显微组织

a）光学显微组织（针叶状）　b）电子显微镜组织　c）组织示意图

贝氏体是铁素体和碳化物组成的双相组织，其中各相的形态、大小和分布都影响贝氏体的性能。上贝氏体形成温度较高，铁素体晶粒和碳化物颗粒较粗大，碳化物呈短杆状平行分布在铁素体板条之间，铁素体和碳化物分布有明显的方向性。这种组织状态使铁素体条间易产生脆断，铁素体条本身也可能成为裂纹扩展的路径。下贝氏体中的铁素体针细小而均匀分布，位错密度很高，在铁素体内部又沉淀析出细小、多量而弥散的碳化物。因此下贝氏体不但硬度高(45～55HRC)，而且韧性也很好，即具有良好的综合力学性能。在生产中常用等温淬火来获得下贝氏体组织。

需要指出的是，在电厂用钢中，粒状贝氏体常出现于低碳的 Cr-Mo 钢和 Cr-Mo-V 钢等钢种的原材料及焊接接头中。一般认为这种成分的钢，在中温转变区当奥氏体转变成铁素体后，铁素体周围的奥氏体含碳量逐渐增多，这些富碳的奥氏体逐渐缩小，成为被铁素体包围着的一些小岛，小岛状的奥氏体组织就会变成珠光体或者马氏体，甚至保留着奥氏体形态。这种铁素体基体上有一些小岛状组织的结构，总称为粒状贝氏体。室温下粒状贝氏体的力学性能较差，但经高温回火后，粒状贝氏体却具有良好的抗高温蠕变性能。粒状贝氏体的组织形态如图 3-12 所示。

3. 低温转变(马氏体型转变)

马氏体转变在低温(Ms 点以下)进行。由于过冷度很大，奥氏体向马氏体转变时铁、碳原子难以进行扩散，只发生 γ-Fe 向 α-Fe 的晶格改组。固溶在奥氏体中的碳全部保留在 α-Fe 晶格中，形成碳在 α-Fe 中的过饱和固溶体，称其为马氏体，以符号 M 表示。

马氏体转变属于无扩散型转变，马氏体转变前后的碳的质量分数没有变化。由于过饱和的碳原子被强制地固溶在体心立方晶格中，致使晶格严重畸变，成为具有一定正方度($c/a>1$)的体心正方晶格，如图 3-13 所示。马氏体碳的质量分数越高，则晶格畸变越严重。α-Fe 的晶格致密度比 γ-Fe 的小，而马氏体是碳在 α-Fe 中的过饱和固溶体，比体积更大。因此，当奥氏体向马氏体转变时，体积要增大。碳的质量分数越高，体积增长越多，这将引起淬火工件产生相变内应力，容易导致工件变形和开裂。

图 3-12 粒状贝氏体显微组织(500×)

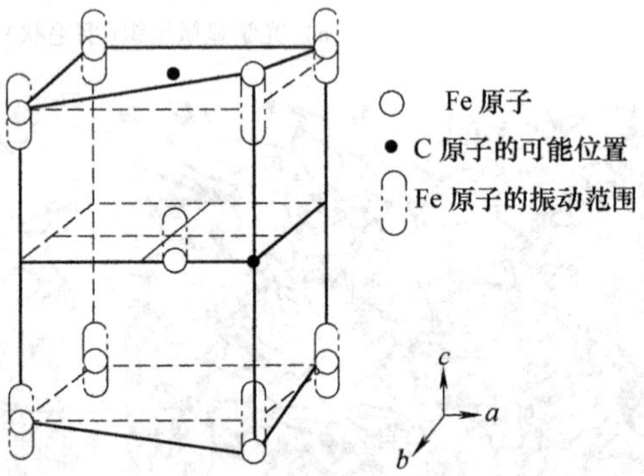

图 3-13 马氏体的晶体结构

马氏体转变速度极快，瞬间形成。马氏体转变是在($Ms \sim Mf$)温度范围内进行的，马氏体量随温度的不断降低而增多，一直到 Mf 点。马氏体转变一般不能进行完全，总有一小部分奥氏体未能转变而残留下来，这部分奥氏体称为残留奥氏体。残留奥氏体的存在有两个原因：一是由于马氏体形成时伴随着体积的膨胀，对尚未转变的奥氏体产生了多向压应力，抑制了奥氏体转变；二是因为钢的 Mf 点大多低于室温，在正常淬火冷却条件下，必然存在较多的残留奥氏体。钢中残留奥氏体量随 Ms 点和 Mf 点的降低而增加。残留奥氏体的存在，不仅降低淬火钢的硬度和耐磨性，而且在工件长期使用过程中，由于残留奥氏体会继续变成马氏体，还会使工件尺寸发生变化。因此，生产中对一些高精度工件常采用冷处理的方法，将淬火钢件冷却至低于 0℃的某一温度，以减少残留奥氏体量。

马氏体的组织与钢中碳的质量分数有极大的关系，$w_C \leqslant 0.25\%$ 的钢很快地冷却到 Ms 线以下时，便得到板条状马氏体组织。这种马氏体组织的特征是尺寸大致相同的细马氏体以板条状组成一束或一个领域，领域与领域之间以较大角度分开。在一颗原始奥氏体晶粒内可以形成几个不同取向的领域，如图 3-14a 所示。经过浸蚀，板条状马氏体呈现深浅不同的色泽，通过高倍率透射电子显微镜可以观察到其内部有大量的位错缠结的亚结构。板条状马氏体也称为低碳马氏体，或称为位错型马氏体，其显微组织如图 3-14b 所示。

$w_C>1\%$ 的碳钢迅速冷却后的组织为针状马氏体，其针叶一般以 60°～120°角相交。马

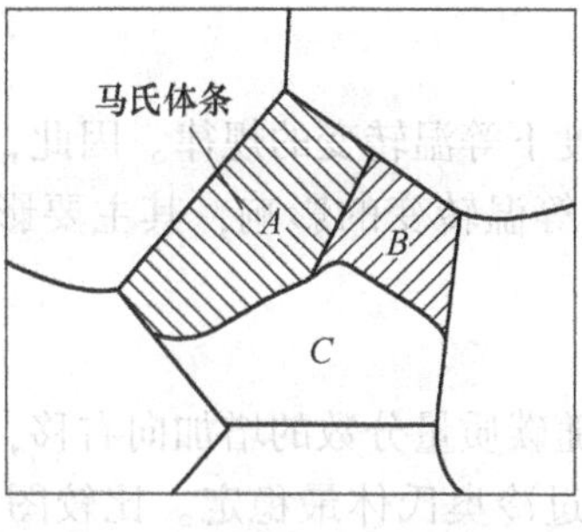

a)

b)

图 3-14　板条状马氏体

a）组织示意图　b）显微组织形态（500×）

氏体的针叶一般在奥氏体晶粒内形成，第一片马氏体较为粗大，往往横贯整个奥氏体的晶粒，稍后形成的马氏体片则较小，最后形成的马氏体就更小，如图 3-15a 所示。在光学显微镜下观察，马氏体的针叶大小不一，分布也不规则，通过高倍率电子显微镜可以观察到针叶内充满着很多细小的孪晶带亚结构。针状马氏体可称为高碳马氏体，也可称为孪晶马氏体，其组织如图 3-15b 所示。

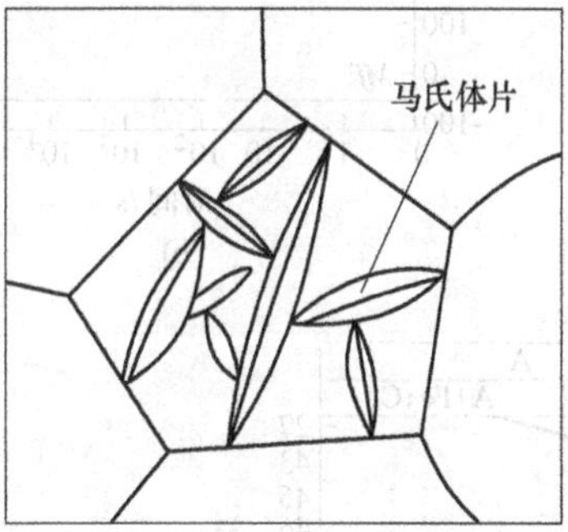

a)

b)

图 3-15　针状马氏体

a）组织示意图　b）显微组织形态（500×）

硬度高是马氏体的主要特征。马氏体的硬度与碳的质量分数有关，碳的质量分数越高，马氏体的硬度越高。当碳的质量分数超过 0.6% 后，虽然马氏体的硬度有所增高，但由于残留奥氏体量的增加，反而使钢的硬度有所下降，如图 3-16 所示。马氏体具有高硬度的原因是由于过饱和碳原子的固溶强化和马氏体内大量位错或孪晶的加工硬化的结果。高碳马氏体具有高的硬度，但韧性很差，脆性大；马氏体针叶越粗大，韧性越差，脆性越大。因此，淬火得到高碳马氏体后，必须进行消除脆性的回火处理才能应用。低碳马氏体具有较高的硬度和强度，而且韧性也比较好，这种强度和韧性的良好配合，使低碳马氏

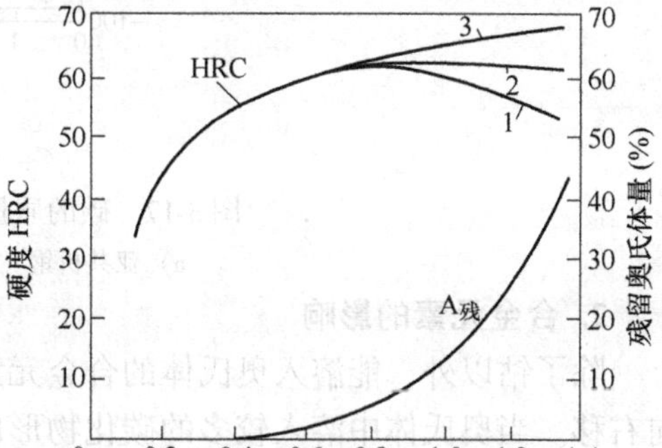

图 3-16　淬火钢的硬度与含碳量的关系

1—高于 Ac_3 淬火　2—高于 Ac_1 淬火　3—马氏体硬度

体得到了广泛的应用。

（三）影响奥氏体等温转变的因素

等温转变曲线图揭示了过冷奥氏体在不同温度下等温转变的规律。因此，等温转变图的形状和位置的变化，可反映出各种因素对奥氏体等温转变的影响，其主要影响因素有以下几种。

1. 碳的影响

在正常加热条件下，亚共析钢的等温转变图随碳质量分数的增加向右移，过共析钢的等温转变图随碳质量分数的增加向左移，共析钢的过冷奥氏体最稳定。比较图 3-17 所示的三个等温转变图可见，与共析钢比较，亚共析钢和过共析钢的等温转变图的上部分别有一条先析出铁素体和二次渗碳体的析出线。

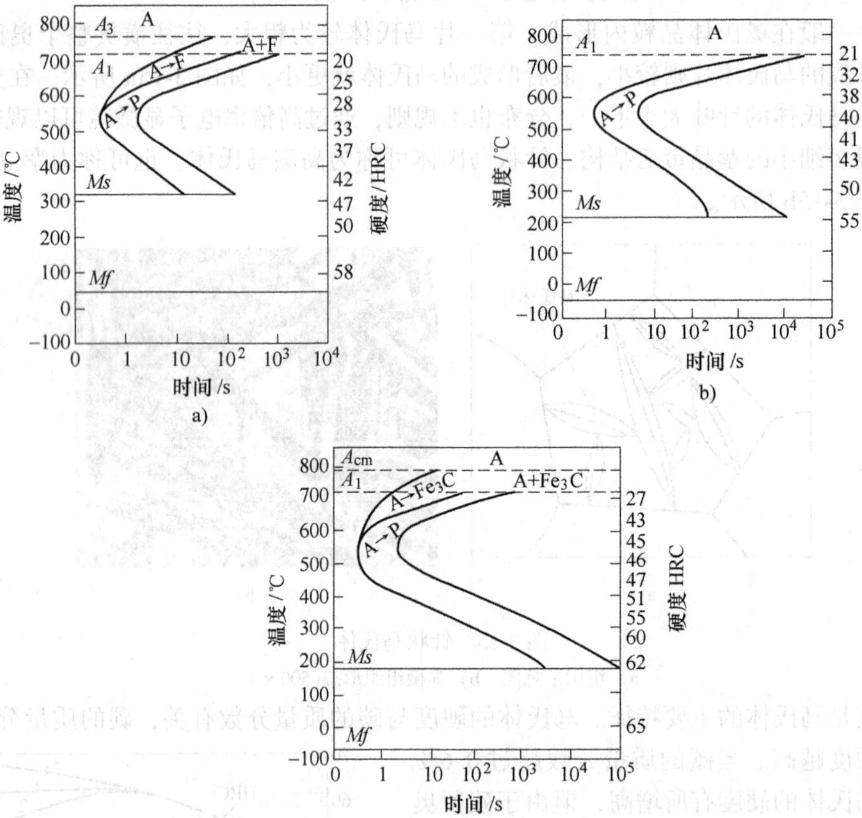

图 3-17　碳的质量分数对等温转变图的影响

a）亚共析钢　b）共析钢　c）过共析钢

2. 合金元素的影响

除了钴以外，能溶入奥氏体的合金元素都会使过冷奥氏体的稳定性增大，使等温转变图向右移。当奥氏体中溶入较多的碳化物形成元素（如铬、钼、钒、钨和钛等）时，不仅曲线位置会改变，曲线的形状也会改变，等温转变图可出现两个鼻尖。

3. 加热温度和保温时间的影响

奥氏体化温度越高、保温时间越长，则奥氏体成分越均匀，同时晶粒越大，晶界面积则减少。这样，会降低过冷奥氏体转变的形核率，使奥氏体稳定性增大，等温转变图右移。

等温转变图的应用很广，利用等温转变图可以制订等温退火、等温淬火和分级淬火的工艺，还可以估计钢接受淬火的能力，并据此选择适当的淬火冷却介质。

二、过冷奥氏体连续冷却转变

在实际生产中，过冷奥氏体的转变大多是在连续冷却过程中进行的。钢在连续冷却过程中，过冷奥氏体可能会转变成为珠光体、贝氏体或者马氏体，只要过冷度与等温转变的相对应，则得到的组织与性能也是相对应的。相反，在连续冷却转变过程中，如果冷却速度不同，在各个转变温度区域内停留的时间也不同，所得到的各种转变产物的相对数量也就不同，就会表现出不同的力学性能。奥氏体连续冷却转变用连续冷却转变图进行分析，如图3-18所示。

以共析钢为例，图3-18中的*Ps*线为珠光体转变开始线，*Pf*线为珠光体转变终了线，*K*线为珠光体转变中止线。当实际冷却速度v_c'小于v_c时，只发生珠光体型转变；大于v_c时则只发生马氏体转变。冷却速度介于两者之间时，奥氏体先有一部分转变为珠光体型组织，当冷却曲线与*K*线相交时，转变中止，剩余奥氏体在冷至*Ms*点以下时发生马氏体转变。图中的v_c为马氏体临界冷却速度，又称为上临界冷却速度，是钢在淬火时为抑制非马氏体转变所需的最小冷却速度。v_c越小，钢在淬火时越容易获得马氏体组织。v_c'为下临界冷却速度，是保证奥氏体全部转变为珠光体的最大冷却速度。v_c'越小，则退火所需时间越长。

图3-19所示为共析钢的两种奥氏体转变图的比较，从图中可以看出：同一成分钢的连续冷却转变图位于等温转变图的右下方，这说明要获得同样的组织，连续冷却转变比等温转变的温度要低些，孕育期要长些；连续冷却时，转变是在一个温度范围内进行的，转变产物的类型可能不止一种，有时是几种类型组织的混合；连续冷却转变时，共析钢不发生贝氏体转变。连续冷却转变图准确地反映了钢在连续冷却条件下的组织转变，可作为制订和分析热处理工艺的依据。但是，由于连续冷却转变图的测定比较困难，至今尚有许多钢种未测定出

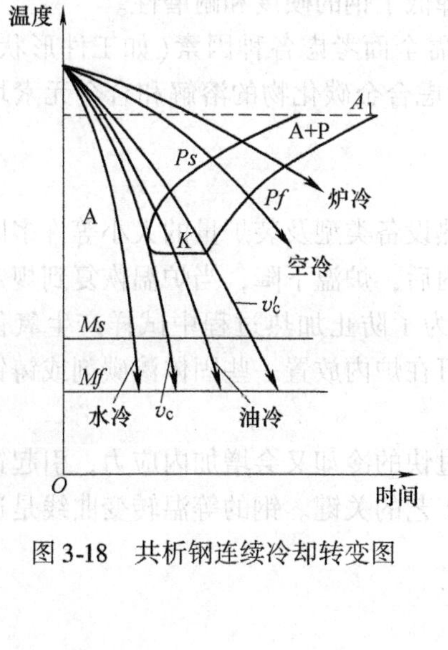

图3-18　共析钢连续冷却转变图

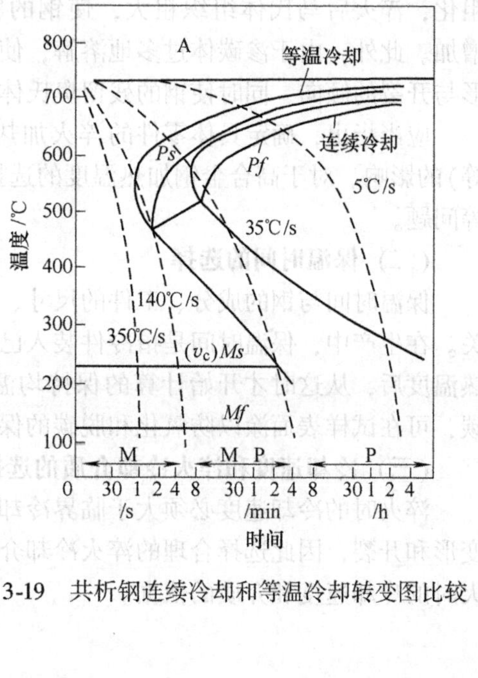

图3-19　共析钢连续冷却和等温冷却转变图比较

来。而各钢种的等温转变图测定较为容易，因此生产中常利用等温转变图定性地、近似地分析连续冷却转变的情况，其分析结果可作为制订热处理工艺的参考。

第三节 钢的热处理工艺制订

钢的基本热处理工艺有淬火、回火、退火和正火。

一、淬火

钢件加热到临界点(Ac_1 或 Ac_3)以上，保温一定时间，然后迅速冷却至室温或让其在稍高于 *Ms* 点的温度等温转变，得到马氏体或下贝氏体，以提高钢件的硬度，这种热处理工艺称为淬火。

(一) 加热温度的选择

钢的淬火加热温度，主要根据铁-碳合金的相变临界点来确定。图 3-20 所示为碳钢的淬火加热温度范围。

亚共析钢一般采用完全奥氏体化淬火，加热温度为 $Ac_3+(30\sim50)$℃。如果淬火加热温度选择在 $Ac_1\sim Ac_3$ 之间，则在淬火组织中将有先共析铁素体出现，从而使钢的强度和硬度下降。

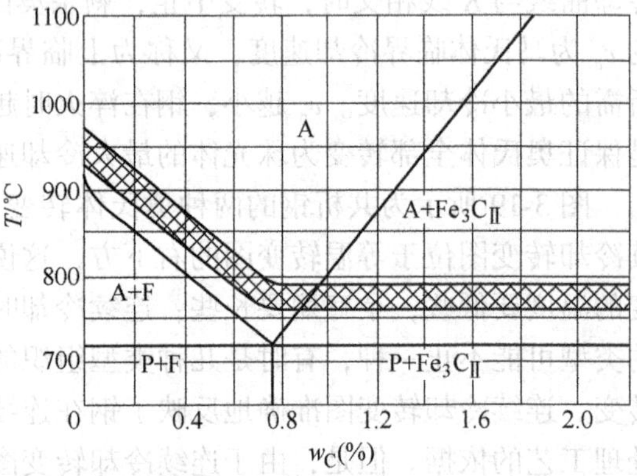

图 3-20 碳钢的淬火加热温度范围

共析钢和过共析钢的淬火加热温度为 $Ac_1+(30\sim50)$℃。过共析钢的淬火加热温度选择在 $Ac_1\sim Ac_{cm}$ 之间，是为了淬火冷却后获得细小片状马氏体和细小球状渗碳体的混合组织，以提高钢的耐磨性。如果加热到 Ac_{cm} 以上进行完全奥氏体化淬火，则奥氏体晶粒粗化，淬火后马氏体组织粗大，使钢的脆性增加。此外，由于渗碳体过多地溶解，使马氏体中碳的过饱和度过大，增加了淬火应力和变形与开裂的倾向，同时使钢的残留奥氏体量增加，降低了钢的硬度和耐磨性。

应当指出，确定具体零件的淬火加热温度时，需全面考虑各种因素(如工件形状、尺寸等)的影响。对于高合金钢加热温度的选择，还应考虑合金碳化物的溶解和合金元素均匀化等问题。

(二) 保温时间的选择

保温时间与钢的成分、工件的尺寸、使用的加热设备类型及装炉量的大小等许多因素有关。在生产中，保温时间是指冷件装入已到温的炉内后，炉温下降，当炉温恢复到规定的加热温度后，从这时才开始计算的保持均温的时间。为了防止加热过程中试样产生氧化和脱碳，可在试样表面涂以防氧化和脱碳的保护剂，亦可在炉内放置一些固体渗碳剂或铸铁屑。

(三) 冷却速度和淬火冷却介质的选择

淬火时的冷却速度必须大于临界冷却速度，但过快的冷却又会增加内应力，引起钢件的变形和开裂，因此选择合理的淬火冷却介质是淬火工艺的关键。钢的等温转变曲线是选择淬火时的冷却速度和介质的依据。

理想的冷却曲线关键是在650～550℃高温转变区（“鼻尖”处）能快速冷却。为了减少零件淬火时因快速冷却而产生应力引起的变形和开裂，在“鼻尖”以外的部位采用缓慢冷却。但需要指出的是，目前尚无一种淬火冷却介质能获得这种理想的冷却效果。

生产中最常用的淬火冷却介质是水和油。水是最廉价而冷却能力又较强的一种冷却介质，在650～550℃时有较强的冷却能力，在300～200℃时冷却能力也很强。用水作淬火冷却介质能避免出现非马氏体组织，保证钢件有足够高的硬度；但是，由于水的冷却速度较快，易使钢件变形和开裂，因此对于形状比较复杂或厚薄不均的钢件，不宜采用单一的水冷却介质。各种矿物油（如锭子油、机油、变压器油等）也是常用的淬火冷却介质。油的优点是在300～200℃时冷却速度较慢，可减少钢件的变形和开裂；但在650～550℃时，其冷却能力较弱，所以不适用于一些临界冷却速度较大的钢种，常用作合金钢零件或碳钢小零件的淬火冷却介质。另外，对于少数临界冷却速度非常大的材料，也可采用冷却能力极强的盐水或碱水等作为淬火冷却介质。

（四）常用淬火方法

在实际生产中，为了达到所要求的组织和性能，同时又能减小淬火应力，防止工件变形或开裂，可以选用不同的淬火方法。常用的淬火方法有单液淬火、双液淬火、分级淬火、等温淬火和表面淬火等。

1. 单液淬火

单液淬火是生产中应用最广泛的淬火方法，它是将加热至淬火温度的工件投入单一淬火冷却介质中，连续冷却至室温，如图3-21a所示。例如，碳钢在水中淬火、合金钢在油中淬火等都是单液淬火。单液淬火操作简便，易于实现机械化和自动化，但也有不足之处，即易产生淬火缺陷。例如，水中淬火易产生变形和裂纹，油中淬火易产生硬度不足或硬度不均匀等现象。

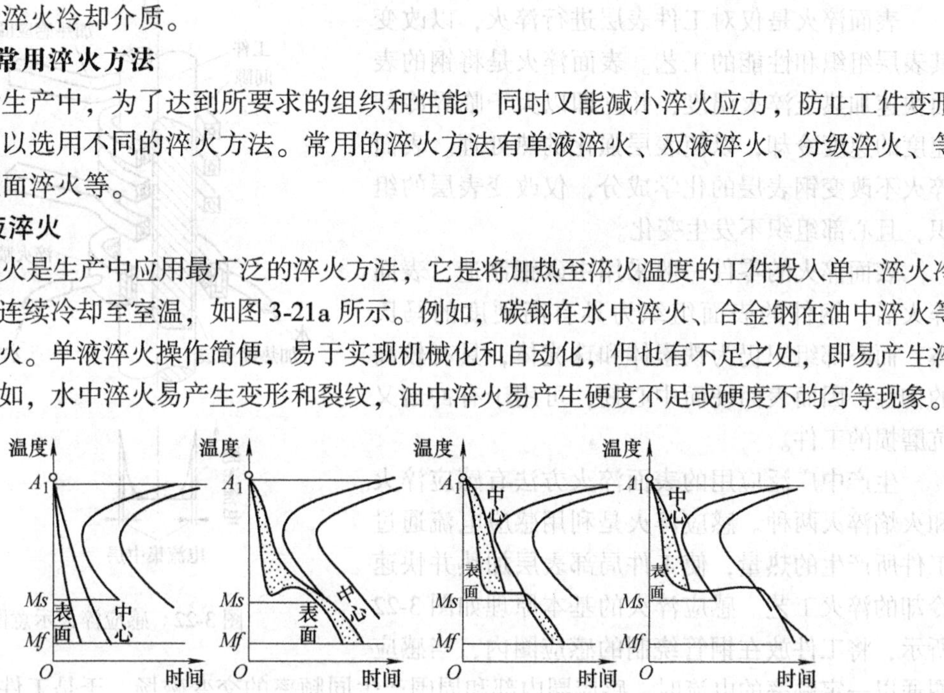

图3-21　淬火分类示意图

a）单液淬火　b）双液淬火　c）分级淬火　d）等温淬火

2. 双液淬火

双液淬火是将工件加热奥氏体化后，先浸入冷却能力强的介质中冷却，在组织即将发生马氏体转变时，立即转入冷却能力弱的介质中冷却，如图3-21b所示。例如，形状复杂的非合金钢工件采用水淬油冷法；合金钢工件采用油淬空冷法等。双液淬火可使低温转变时的内应力减小，从而有效防止工件的变形与开裂。能否准确地控制工件从第一种介质转到第二种介质时的温度，是双液淬火的关键，需要一定的实践经验。

3. 分级淬火

分级淬火是将工件加热到奥氏体化后，浸入温度稍高或稍低于*Ms*点的碱浴中保持适当时间，在工件整体达到介质温度后取出空冷，以获得马氏体的淬火，如图3-21c所示。分级淬火可更为有效地减小工件变形和裂纹的产生，而且比双液淬火更易于操作，一般适用于形状较复杂、尺寸较小的工件。

4. 等温淬火

等温淬火是将工件加热到奥氏体化后，快冷到贝氏体转变区间等温保持，使奥氏体转变为贝氏体的淬火，如图3-21d所示。等温淬火与分级淬火相似，其差别在于等温淬火是在稍高于*Ms*点温度的盐浴或碱浴中保温足够的时间，使其发生下贝氏体组织转变后出炉空冷。等温淬火的内应力很小，工件不易变形和开裂，而且具有良好的综合力学性能。等温淬火常用于处理形状复杂、尺寸要求精确，并且硬度和韧性都要求较高的工件，如各种冷、热冲模，成形刃具和弹簧等。

5. 表面淬火

表面淬火是仅对工件表层进行淬火，以改变其表层组织和性能的工艺。表面淬火是将钢的表面快速加热至淬火温度，并立即以大于临界冷却速度的速度冷却，以使表层强化的热处理。表面淬火不改变钢表层的化学成分，仅改变表层的组织，且心部组织不发生变化。

表面淬火的零件一般采用中碳钢制造，表面淬火后，钢件的表面组织为具有高硬度的马氏体，而心部组织仍为铁素体和珠光体，具有较高的韧性，因而表面硬而中心韧，可用于有冲击又抗磨损的工件。

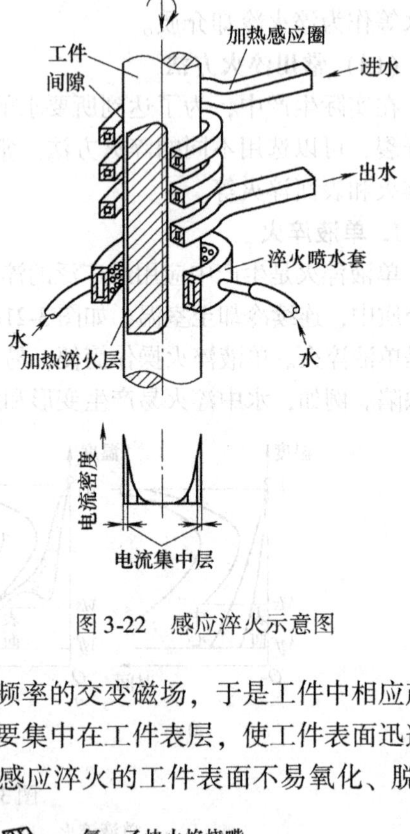

图3-22 感应淬火示意图

生产中广泛应用的表面淬火方法有感应淬火和火焰淬火两种。感应淬火是利用感应电流通过工件所产生的热量，使工件局部表层加热并快速冷却的淬火工艺。感应淬火的基本原理如图3-22所示，将工件放在铜管绕制的感应圈内，当感应圈通以一定频率的电流时，感应圈内部和周围产生同频率的交变磁场，于是工件中相应产生了自成回路的感应电流，由于趋肤效应，感应电流主要集中在工件表层，使工件表面迅速加热到淬火温度，随即喷水冷却，使工件表层淬硬。经感应淬火的工件表面不易氧化、脱碳，变形小，淬硬层深度易于控制。此外，感应淬火生产效率高，易于实现生产机械化，多用于大批量生产的形状较简单的零件。火焰淬火是利用氧乙炔(或其他可燃气体)火焰，使工件表面加热并快速冷却的淬火，其原理如图3-23所示。火焰淬火的淬硬层深度为2~6mm，适用于大型工件的表面淬火，如大模数齿轮等。火焰淬火所用设备简单、投资少，但是加热时易过热，淬火质量不稳定。

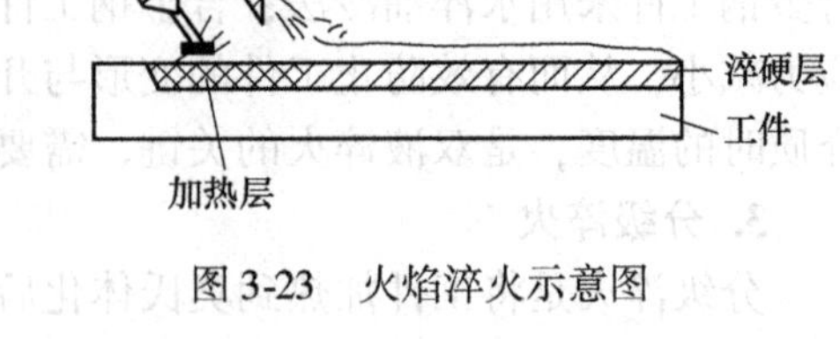

图3-23 火焰淬火示意图

（五）淬透性

淬透性是指在规定条件下决定钢件的淬硬深度和硬度分布的特性，可以理解为在相同淬火条件下，获得马氏体组织深度的能力。工件在淬火时，整个截面的冷却速度不同，工件表层的冷却速度最大，中心层的冷却速度最小，如图3-24a所示。冷却速度大于该钢临界冷却速度 v_c 的表层部分，淬火后得到马氏体组织，图3-24b中的影线区域表示获得马氏体组织的深度。一般规定，由钢的表面至内部马氏体组织的体积占50%处的距离为有效淬硬深度。

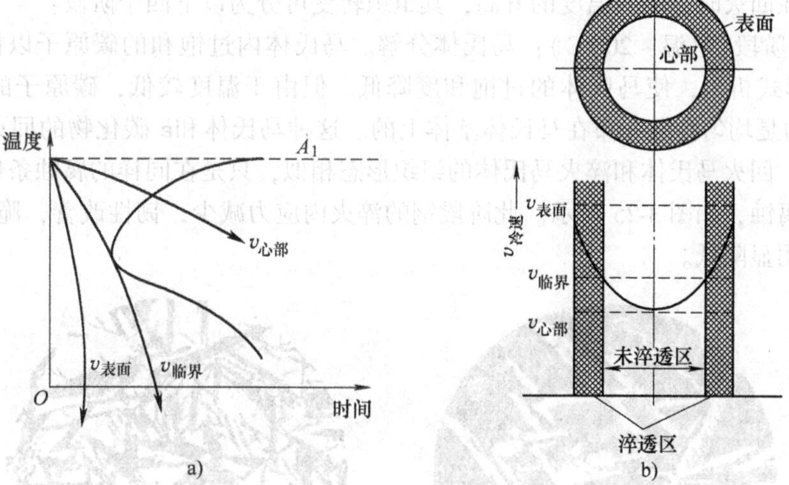

图3-24　钢的有效淬硬深度与冷却速度的关系

淬透性是钢的一种重要的热处理工艺性能，其高低以钢在规定的标准淬火条件下能够获得的有效淬硬深度来表示。用不同钢种制造的相同形状和尺寸的工件，在同样条件下淬火，有效淬硬层越深其淬透性越好。

淬透性对钢件热处理后的力学性能影响很大，若整个工件淬透，经高温回火后，其力学性能沿截面是均匀一致的；若工件未淬透，经高温回火后，虽然截面上硬度基本一致，但未淬透部分的屈服强度和冲击韧度却显著降低。机械制造中许多在重载荷、动载荷下工作的重要零件以及承受拉压应力的重要零件，常要求工件表面和心部的力学性能一致，此时应选用能全部淬透的钢；而对于应力主要集中在工件表面，心部应力不大(如承受弯曲应力)的零件，则可考虑选用淬透性低的钢。焊接件一般不选用淬透性高的钢，否则易在焊缝及热影响区出现淬火组织，造成焊件变形和开裂。

电厂热力设备中有许多大截面的钢件，如汽轮机和发电机的主轴、紧固件及主蒸汽阀门等，这些大截面构件都要求有较大的淬透性。钢的淬透性主要取决于钢的马氏体临界冷却速度的大小，实质是取决于过冷奥氏体的稳定性，即等温转变图的位置。钢的等温转变图越靠右，其淬透性越好。因此，钢的化学成分和奥氏体化条件是影响淬透性的主要因素。

二、回火

回火是将淬火钢加热到 Ac_1 以下某一温度，保温一定时间，然后以适当的速度冷却至室温的热处理工艺。回火是淬火的后续工序。

淬火后的钢件一般硬而脆，其组织不稳定而且存在较大的内应力，影响钢件的力学性能和尺寸稳定性，严重的还会导致变形或开裂。回火的主要目的是使工件获得所需要的组织和性能，减少或消除淬火应力，防止工件变形和开裂，稳定工件尺寸。控制回火的加热温度，还可以得到所需要的组织和力学性能。一般情况下，回火是热处理的最终工序，对钢的最终力学性能影响较大。

（一）回火时组织和性能的变化

淬火钢在回火时，随着温度的升高，其组织转变可分为以下四个阶段：

1）第一阶段(室温~200℃)：马氏体分解。马氏体内过饱和的碳原子以极细的ε碳化物($Fe_{2.4}C$)形式析出，使马氏体的过饱和度降低。但由于温度较低，碳原子的扩散能力很弱，ε碳化物是均匀弥散分布在马氏体基体上的。这种马氏体和ε碳化物的回火组织，称为回火马氏体。回火马氏体和淬火马氏体的组织形态相似，只是在同样的腐蚀条件下，回火马氏体更易于腐蚀，如图3-25所示。此阶段钢的淬火内应力减少，韧性改善，脆性有所降低，但硬度并未明显降低。

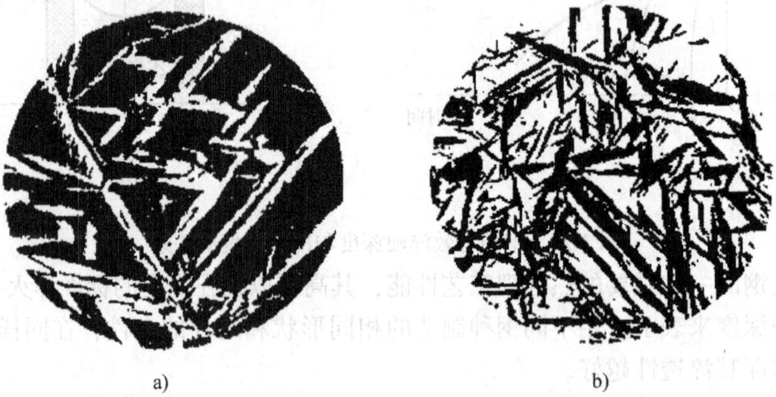

a) b)

图3-25 淬火马氏体和回火马氏体的显微组织

a）淬火马氏体 b）回火马氏体

2）第二阶段(200~300℃)：残留奥氏体分解。碳的质量分数大于0.6%的钢，淬火后往往会有部分残留奥氏体组织存在。在上一阶段马氏体分解的同时，体积缩小，降低了对残留奥氏体的压力，为残留奥氏体的分解提供了条件。此阶段残留奥氏体分解为回火马氏体或少量转变为下贝氏体，淬火内应力进一步降低。但由于马氏体分解造成的硬度降低，被残留奥氏体分解引起的硬度升高所补偿，故钢的硬度降低并不明显。

3）第三阶段(300~400℃)：回火托氏体形成。马氏体继续分解，直至过饱和的碳原子几乎全部由固溶体内析出。与此同时，由于ε碳化物不稳定，且随着温度升高碳原子的扩散能力逐渐增强，从而ε碳化物逐渐转变为极细的稳定碳化物渗碳体(Fe_3C)。此阶段到400℃全部完成，形成尚未再结晶的针状铁素体和细球状渗碳体的混合组织，称为回火托氏体，如图3-26所示。此时钢的淬火内应力基本消除，硬度有所降低，具备了一定的塑性和韧性。

4）第四阶段(400℃以上)：渗碳体聚集长大。温度高于400℃后，随着原子扩散能力的增强，回火托氏体中的固溶体发生回复与再结晶，形成块状铁素体；同时渗碳体颗粒不断聚集长大，形成球状渗碳体，在500～600℃进行回火后的组织能够清晰地辨认出铁素体和渗碳体两种相，这种机械混合物组织称为回火索氏体，如图3-27所示。此阶段钢的强度、硬度不断降低，但韧性却明显改善，通常具有较高的综合力学性能。

图3-26 回火托氏体显微组织(500×)

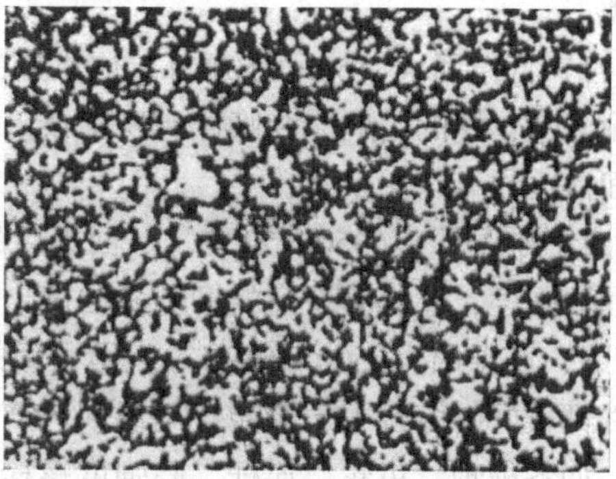

图3-27 回火索氏体显微组织(500×)

必须指出，以上四个阶段是在不同温度范围内进行的，但四个温度范围有交叉，所以钢在回火以后所表现出的性能是这些变化的综合结果。

综上所述，回火时加热温度不同，所形成的组织和力学性能也不同。以40钢为例，其各项力学性能指标随回火温度的变化规律如图3-28所示。从图中可以看出，钢的强度和硬度的变化规律基本相同，但强度在250～300℃时不仅未降低而且还略有提高，这是由于高硬度的ε碳化物弥散分布在马氏体基体上，起到弥散强化的作用。钢的塑性则是随着回火温度的升高而提高。

在回火过程中，冲击韧度不一定总是随着回火温度的升高而不断提高。有些钢在某一温度范围内回火时，其冲击韧度比在较低温度回火时反而显著下降，这种脆化现象称为回火脆性。如图3-29所示，在250～400℃的温度范围内出现的回火脆性，称为第一类回火脆性，防止的办法常常是避免在此温度范围内回火。在500～600℃温度范围内出现的回火脆性，

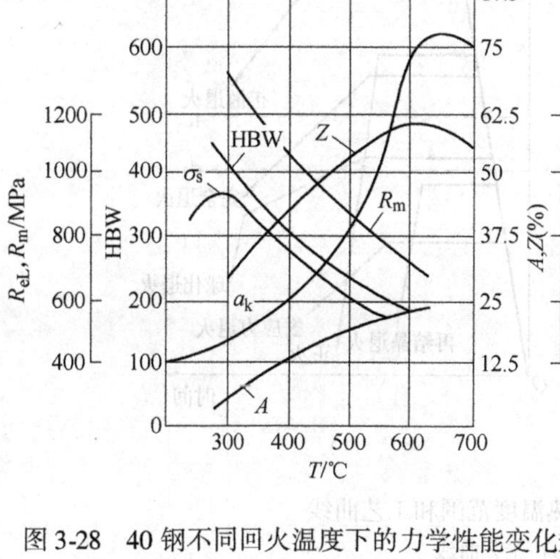

图3-28 40钢不同回火温度下的力学性能变化规律

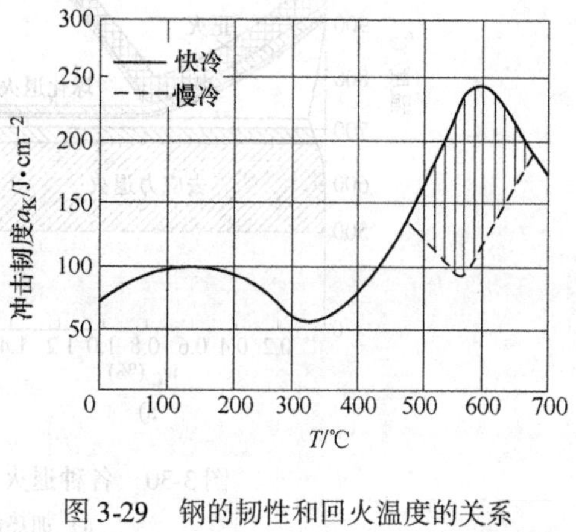

图3-29 钢的韧性和回火温度的关系

称为第二类回火脆性，部分合金钢易产生这类回火脆性。加入Mo、W元素的钢或回火后快冷可避免这类回火脆性产生。

（二）回火的分类及其应用

在实际生产中，根据钢件的性能要求不同，钢淬火后的回火温度范围可以分为以下三类：

1）低温回火(150~250℃)。回火后的组织是回火马氏体，它基本保持马氏体的高硬度和耐磨性，钢的内应力和脆性有所降低。低温回火主要用于各种工具、滚动轴承、渗碳件和表面淬火件。

2）中温回火(350~500℃)。回火后的主要组织为回火托氏体，它具有较高的弹性极限和屈服强度，还具有一定的韧性和硬度。中温回火主要用于各种弹簧和模具等。

3）高温回火(500~650℃)。回火后的组织为回火索氏体，它具有强度、硬度、塑性和韧性都较好的综合力学性能。高温回火广泛用于汽车、拖拉机、机床等机械中的重要结构零件，如各种轴、齿轮、连杆、高强度螺栓等。通常将淬火和高温回火相结合的热处理称为调质处理。

应当指出，工件回火后的硬度主要与回火温度和回火时间有关，而回火后的冷却速度对硬度影响不大。在实际生产中，回火件出炉后通常采用空冷。

三、退火

将钢件加热到适当温度，保温，然后随炉缓慢冷却至室温的热处理工艺，称为退火。退火后所得到的组织一般为铁碳相图中所标识的平衡组织，其主要目的是细化晶粒，降低钢的硬度，提高钢的塑性和韧性，去除或改善前一道工序造成的组织缺陷或内应力，防止工件变形和开裂。

根据钢的化学成分和对力学性能的要求不同，退火一般可以分为完全退火、球化退火、均匀化退火和去应力退火等。各种退火工艺的加热温度范围和工艺曲线如图3-30所示。

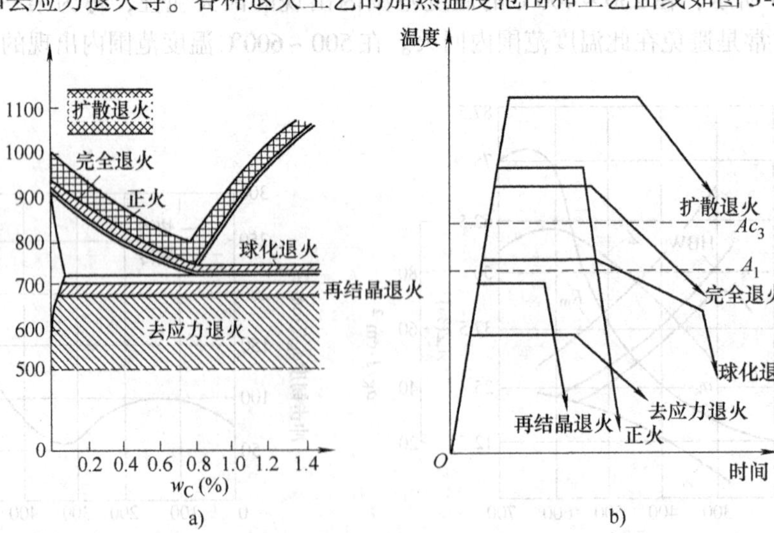

图3-30　各种退火工艺的加热温度范围和工艺曲线

a）加热温度范围　b）工艺曲线

（一）完全退火

完全退火是将工件完全奥氏体化后缓慢冷却，获得接近于平衡组织的退火。其方法为把钢加热到 Ac_3 以上 30～50℃，保温一定时间，然后随炉冷至600℃以下，出炉空冷。

完全退火可获得接近平衡状态的组织，主要用于亚共析钢的铸、锻件，有时也用于焊接结构，其目的在于细化晶粒、消除过热组织、降低硬度和改善切削加工性能。过共析钢不宜采用完全退火，以避免二次渗碳体以网状形式沿奥氏体晶界析出，给切削加工和以后的热处理带来不利影响。

（二）球化退火

为使工件中的碳化物球状化而进行的退火称为球化退火。其方法为将钢加热到 Ac_1 以上 20～40℃，充分保温后，随炉冷却到600℃以下出炉空冷。球化退火随炉冷却通过 Ar_1 温度时，冷却应足够缓慢，以使共析渗碳体球化。

球化退火主要用于共析钢和过共析钢，其目的是使钢中的渗碳体球状化，以降低钢的硬度，改善切削加工性，并为以后的热处理做好组织准备。若钢的原始组织中有严重的网状渗碳体，则在球化退火前应进行正火处理，以消除网状渗碳体，保证球化退火效果。

（三）均匀化退火（扩散退火）

将钢加热到略低于固相线温度（Ac_3 或 Ac_{cm} 以上 150～300℃），长时间保温（10～15h），然后随炉冷却，以使钢的化学成分和组织均匀化，这种退火方法称为均匀化退火，其目的是减少工件化学成分和组织的不均匀程度。均匀化退火能耗高，易使晶粒粗大。为了细化晶粒，均匀化退火后应进行完全退火或正火。这种工艺主要用于质量要求高的合金钢铸锭、铸件或锻坯。

（四）去应力退火

为了去除工件因塑性变形加工、切削加工或焊接而造成的内应力及铸件内存在的残留应力而进行的退火，称为去应力退火。其方法为将钢加热到 Ac_1 以下某一温度（500～600℃），保温一定时间，然后随炉冷却。

在去应力退火过程中不发生组织转变，目的是消除铸、锻、焊件和冷冲压件的残留应力。火力发电厂中的焊接结构件一般都比较大，入炉加热比较困难，通常采用火焰加热或感应加热等局部加热方法，对焊缝及热影响区施行去应力退火，以防止焊接应力引起的变形和开裂。

四、正火

正火是将工件加热奥氏体化后，在空气中冷却的热处理工艺。钢加热到 Ac_3（或 Ac_{cm}）以上 30～50℃，保温适当时间，出炉后在空气中冷却的热处理工艺，称为正火。正火与退火的主要差别是，前者的冷却速度较快，得到的组织比较细小，强度和硬度也稍高。

正火主要有以下几方面的应用：

1）作为普通结构零件的最终热处理。因为正火可以消除铸造或锻造中产生的过热缺陷，细化晶粒，提高钢的强度、硬度和韧性，因此能满足普通结构件使用时的性能要求。如火电厂使用的20钢锅炉管，通常用900～930℃正火作为最终热处理，得到比退火高的强度、硬度和韧性等力学性能。

2）用于改善低碳钢的切削加工性能。一般认为，金属材料的硬度在 160～230HBW5/

750范围内的切削加工性能较好。低碳钢退火状态的硬度普遍低于160HBW5/750，切削时容易“粘刀”，切削加工后零件表面质量较差。正火后可以适当提高其硬度，改善切削加工性能。

3）作为较重要零件的预备热处理。合金结构钢在调质前用正火来调整一下组织，以获得均匀而细密的组织；过共析钢在球化退火前用正火来消除组织中的网状渗碳体。

第四节 钢的化学热处理

化学热处理是将钢件置于适当的活性化学介质中加热、保温，使一种或几种化学元素渗入钢件表层，以改变其化学成分，从而使钢件获得所需要的组织和性能的热处理工艺。钢件化学热处理的目的主要是为了表面强化，并改善工件表面的物理和化学性能，即提高工件的表面硬度、耐磨性、疲劳强度、热硬性和耐腐蚀性。

化学热处理的种类很多，一般以渗入的元素来命名。常见的化学热处理有渗碳、渗氮、碳氮共渗、渗硫、渗硼、渗铬、渗铝及多元共渗等。

化学热处理的种类虽多，但其基本原理是一样的，各种活性原子渗入钢件表层都是通过以下三个基本过程进行的：

1）化学介质的分解。由化学介质分解出能够渗入工件表层的活性原子。

2）活性原子被金属表面吸收。活性原子由钢的表面进入铁的晶格中形成固溶体，甚至可能形成化合物。

3）介质元素向内部扩散。渗入的活性原子由钢的表面向内部扩散，形成一定厚度的扩散层。

为了得到某些特殊的性能，使元素分解和扩散充分，首先要选择合适的介质，其次要合理控制加热温度和保温时间。

一、渗碳

渗碳是向钢件表层渗入碳原子的过程。其基本工艺是将钢件置于碳的介质中，加热至900～950℃保温一定时间，使钢件表面增碳。渗碳零件一般采用低碳钢制造，如汽车齿轮、活塞销、套筒等零件。渗碳处理的目的是使零件表面具有高的硬度和耐磨性，而心部仍保持一定的强度和较高的塑韧性。根据采用的渗碳剂种类不同，渗碳工艺有气体渗碳、固体渗碳和液体渗碳等，目前生产中常用的是气体渗碳和固体渗碳。

（一）固体渗碳

将工件和固体渗碳剂装入由铸铁或耐热合金制成的渗碳箱中，使工件之间及工件与箱壁之间保持一定距离，如图3-31所示。把渗碳箱用泥密封后装入加热炉中加热至900～950℃，保温一定时间后将渗碳箱从炉中取出冷却，经渗碳后的零件接受淬火和回火处理。固体渗碳剂一般是木炭和10%～20%的碳酸盐混合物。碳酸盐成分以碳酸钡为主，另外加入少量碳酸钠和碳酸钙等。其中，

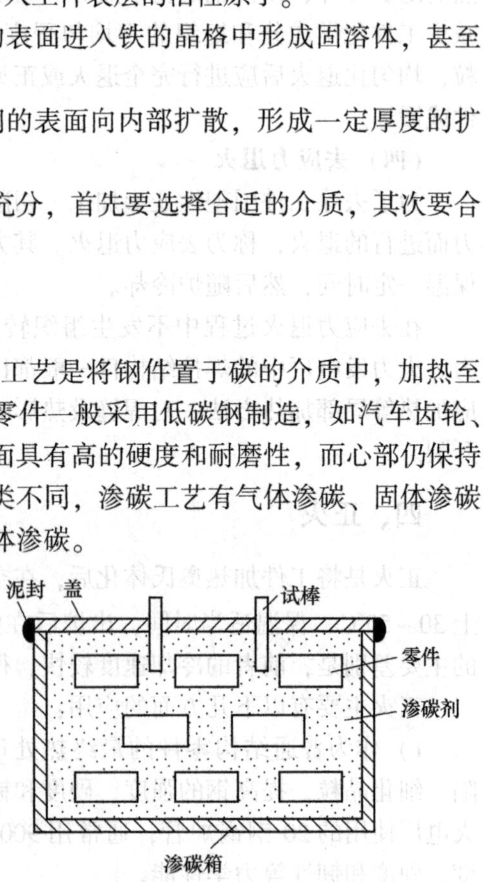

图3-31 固体渗碳示意图

木炭提供渗碳过程所需要的活性碳原子，碳酸盐起催化作用，促进活性碳原子更多地渗入零件表面。

渗碳温度和保温时间的长短，直接影响渗碳层的厚度。若渗碳温度升高，可以适当降低保温时间。在900～950℃渗碳，要得到1.5mm的渗碳层，需要在该温度停留十几个小时。

（二）气体渗碳

气体渗碳是将工件置于如图3-32所示的密封渗碳炉中，加热到900～950℃，通入渗碳气体（如煤气、石油液化气、丙烷等）或易分解的有机液体（如煤油、甲苯、甲醇等），渗碳剂在高温下反应分解出活性碳原子，这些活性碳原子渗入高温奥氏体中，并通过扩散形成一定厚度的渗碳层。工件渗碳后必须进行淬火和低温回火。

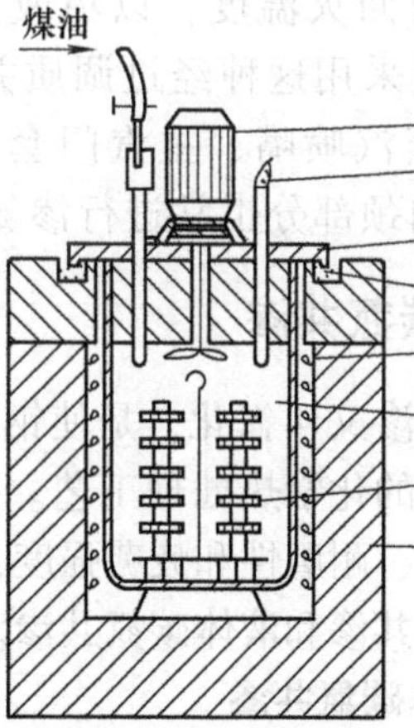

图3-32 气体渗碳示意图

气体渗碳时零件与热介质直接接触，可调节介质的浓度，渗碳层厚度也易于控制。渗碳的时间主要由渗碳层的深度决定，一般保温1h，渗碳层厚度增加0.2～0.3mm，渗碳层碳的质量分数为0.8%～1.1%。另外，气体渗碳的渗碳层质量高，生产率高，劳动条件好，易于实现机械化和自动化，适于成批或大量生产。

二、渗氮

在一定温度下的一定介质中，使氮原子渗入工件表层的化学热处理工艺称为渗氮，又称为氮化。渗氮的目的是提高工件表面的硬度、耐磨性、疲劳强度、热硬性和耐蚀性。

与渗碳相比，渗氮工件的表面硬度较高，可达1000～1200HV（相当于69～72HRC）；渗氮温度较低，并且渗氮件一般不再进行其他热处理（如淬火等），因此工件变形很小；渗氮后工件的疲劳强度可提高15%～35%；渗氮层具有高的耐蚀性，这是由于渗氮层是由致密的、耐腐蚀的氮化物所组成，能有效地防止某些介质（如水、过热蒸气、碱性溶液等）的腐蚀作用。

常用的渗氮方法有气体渗氮、液体渗氮及离子渗氮等。

气体渗氮是将工件置于通入氨气的炉中，加热至500～600℃，使氨分解出的活性氮原子渗入工件表层，并向内部扩散，形成一定深度的渗氮层。气体渗氮处理速度较慢，要想得到0.3～0.5mm厚度的渗氮层，需要20～50h的反应时间。氨气分解的反应式为

$$2NH_3 \rightarrow 3H_2 + 2[N]$$

液体渗氮是把零件置于含有活性氮原子的熔盐中进行，渗氮温度与气体渗氮相同，但是由于液态熔盐直接与零件接触，使液体渗氮反应时间大为缩短。液体渗氮用的熔盐主要成分为钾、钠的氰化盐、碳酸盐和氯化物；氰化物的作用是供给活性氮原子，碳酸盐和氯化物的作用是调整和控制熔盐的熔点并增加熔盐的流动性。

离子渗氮是利用稀薄气体的辉光放电现象进行的（见图3-33）。先将炉子抽真空，通入少量氨气，并以渗氮零件为阴极，以炉壁为阳极通以高压直流电。氨气被电离成氮和氢的正离子，阳极零件表面则形成一层紫色辉光。具有高能量的氮离子从阴极上捕获电子形成氮原

子，渗入零件表面并向内层扩散而形成渗氮层。

由于渗氮层极薄、极硬，渗氮后可不再进行切削加工及其他处理而直接使用，所以，渗氮以前许多零件都进行了调质处理，渗氮加热温度不易高于调质处理的回火温度，以免改变零件的力学性能。火电厂广泛采用这种经过调质并渗氮处理的钢来作汽轮机的蒸汽喷嘴、主汽门套筒、阀杆等零部件，有些轴的轴颈部分也常进行渗氮热处理。

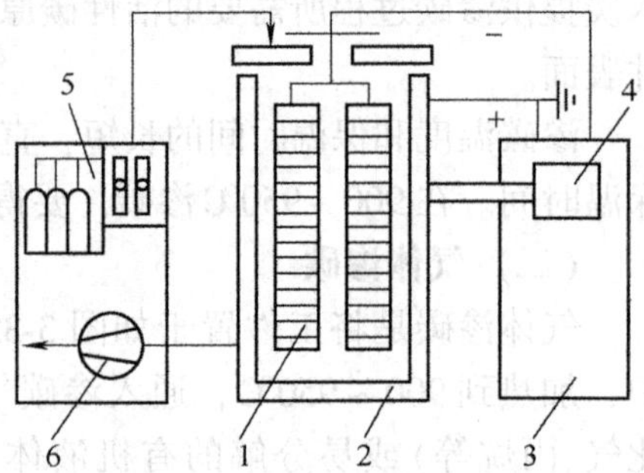

图 3-33 离子渗氮装置示意图

1—零件 2—真空容器 3—配电台 4—温度控制仪表 5—气体供给装置 6—真空泵

三、碳氮共渗

碳氮共渗又叫氰化，是使钢件表面同时渗入碳原子和氮原子的化学热处理工艺。碳氮共渗的目的是提高表面硬度、耐磨性和疲劳强度，所得到的效果比单一的渗碳和渗氮更好。常用的氰化工艺有气体碳氮共渗和液体碳氮共渗。

1. 气体碳氮共渗

气体碳氮共渗是在气体渗碳的条件下，送入渗碳气体的同时，再向炉内通入氨气，以达到既渗碳又渗氮的双重目的。由于氨气的加入，能够在比渗碳处理低的温度下进行碳氮共渗。气体碳氮共渗目前常用的有中温气体碳氮共渗和低温气体碳氮共渗两种。

（1）中温气体碳氮共渗 碳钢和低合金钢零件的共渗温度选择在 840～860℃，在这样的温度下晶粒不至于长大过快，变形较小，并可以在碳氮共渗后直接进行淬火。对于那些尺寸小、形状复杂、变形要求很小的耐磨零件，如缝纫机及仪表零件，常用共渗温度为 700～780℃。零件经中温气体碳氮共渗后也需要进行淬火和低温回火，以改善零件表面层和中心部分的组织和性能。

（2）低温气体碳氮共渗 低温气体碳氮共渗又称为气体软氮化，是一种较新的化学热处理方法，目前应用较广。其共渗温度一般选择在 520～570℃，共渗介质是尿素、甲酰胺、三乙醇胺等有机化合物。在共渗温度下，这些化合物分解出的活性氮原子和碳原子同时渗入钢件表面，形成共渗层。低温气体碳氮共渗能有效提高零件的耐磨性、疲劳强度、抗咬合和抗摩擦的性能，其共渗层不仅硬度高，还具有一定的韧性，不容易产生剥落现象。另外，低温气体碳氮共渗的工作温度低，零件变形小，生产周期短，成本低，而且不受钢种限制，适用于碳钢、合金钢和铸铁等材料。

2. 液体碳氮共渗

液体碳氮共渗是在液态熔盐中进行共渗的热处理方法。熔盐的主要成分是氰化钾和氰化钠，共渗温度选在 760～870℃之间。当采用较高的共渗温度时，可以提高渗入速度，渗入较多的碳，得到较厚的渗入层，共渗后淬火可以把心部淬硬；采用较低的温度可渗入更多的氮，减小淬火时产生的变形。氰化物有剧毒，使用时应注意安全。

四、其他渗入材料的选择

工业生产中渗入材料的选择范围较大，除了碳和氮以外，常用的渗入材料还有硼、铬和铝等。

钢铁渗硼后表面具有极高的硬度，显微硬度可达 1290～2300HV，所以具有很高的耐磨性。渗硼后所形成的铁硼化合物（FeB、Fe_2B）是一种十分稳定的金属化合物，它具有良好的高温抗氧化性和热硬性，经渗硼处理的模具一般可在 600℃以下可靠地工作。渗硼层在酸（除硝酸外）、碱和盐的溶液中都具有较高的耐蚀性，特别是在盐酸、硫酸和磷酸中具有很高的耐蚀性。值得注意的是，渗硼层的硬度高，脆性较大。

渗铬和渗铝是将铬或铝原子渗入钢件的表面层，表面层有了一定的铬和铝含量后，其组织和性能都要发生变化。渗铬和渗铝均能提高钢件表面的疲劳强度和高温抗氧化性能，可以部分代替耐热钢，制造热力设备中的部分零部件。

第五节　火电厂设备焊接热处理

焊接是通过加热或加压，或两者兼用，并且用（或不用）填充材料，使分离的金属材料达到原子间结合而形成永久性连接的工艺。锅炉压力容器常用的焊接方法以熔化焊接为主，即把要连接的金属接头局部加热至熔化状态，再加入填充金属，靠熔化的金属冷却结晶成一体而形成永久接头。熔化焊接的一般过程是：加热→熔化→冶金反应→结晶→固态相变→形成接头。

在焊接结构中，用焊接的方法连接的部位称为焊接接头。焊接接头包括焊缝、熔合区和热影响区。热影响区是指焊接时，由于热源的作用，使母材的组织和性能发生变化的区域。熔合区是指焊缝金属和母材金属的交界处，即焊缝向热影响区过渡的区域，此区域很窄，也称为熔合线。

由于焊接过程的局部加热和冷却，造成焊缝温度分布不均匀，一般冷却后组织亦不均匀，因而不可避免地使焊件产生焊接应力。焊接应力包括焊接过程中产生的焊接瞬间应力和焊接之后残留在焊件内部的应力，即焊接残留应力，习惯上所讲的焊接应力是指焊接残留应力。焊接应力往往是造成裂纹的直接原因，即使不造成裂纹，也会降低焊接结构的使用寿命和安全可靠性。因此，采取焊接热处理，消除焊接应力是有必要的。焊接热处理包括焊前热处理、后热和焊后热处理。

一、焊前热处理

焊前热处理也称为焊前预热，是指钢材在焊接前先预热到一定温度，在此温度下进行焊接的加热工艺。焊前热处理的目的是：①降低焊后冷却速度，从而减少淬硬倾向及焊接应力；②减少焊件热影响区的温度梯度，使其在比较宽的范围内获得较均匀的分布，有助于减少因温度差而造成的焊接应力。由此可见，预热是防止焊接裂纹的有效措施之一。

焊件是否需要预热以及预热温度的选择，应根据钢材的成分、厚度、结构刚性、接头形式、焊接材料、焊接方法以及环境等因素综合考虑，可通过可焊性试验来确定。表 3-3 是根据标准 DL/T 869—2004《火力发电厂焊接技术规程》以及 DL/T 819—2010《火力发电厂焊接热处理技术规程》摘录的关于火电厂常用钢种焊前预热温度的部分规范。

表 3-3　焊前预热温度

<table>
<tr><th rowspan="2">钢　种</th><th colspan="2">管　材</th><th colspan="2">板　材</th></tr>
<tr><th>厚度/mm</th><th>预热温度/℃</th><th>厚度/mm</th><th>预热温度/℃</th></tr>
<tr><td>w_C≤0.35%的碳素钢及其铸件</td><td>≥26</td><td>100～200</td><td rowspan="3">≥30
≥28</td><td rowspan="3">100～150</td></tr>
<tr><td>C-Mn(16Mn、16MnR)</td><td rowspan="2">≥15</td><td rowspan="2">150～200</td></tr>
<tr><td>Mn-V(15MnV、15MnVNR、18MnMoNbR)</td></tr>
<tr><td>0.5Cr-0.5Mo(12CrMo)</td><td rowspan="3">≥10</td><td rowspan="3">150～250</td><td rowspan="3">≥15</td><td rowspan="3">150～200</td></tr>
<tr><td>1Cr-0.5Mo(15CrMo、ZG20CrMo)</td></tr>
<tr><td>1.5Mn-0.5Mo-V(14MnMoV、18MnMoNbg)</td></tr>
<tr><td>1Cr-0.5Mo-V(12Cr1MoV)</td><td rowspan="5">≥6</td><td>200～300</td><td rowspan="4"></td><td rowspan="4"></td></tr>
<tr><td>1.5Cr-Mo-V(15Cr1Mo1V)
2Cr-0.5Mo-VW(12Cr2MoWVB)
1.75Cr-0.5Mo-V
2.25Cr-1Mo(12Cr2Mo)
3Cr-1Mo-VTi(12Cr3MoVSiTiB)</td><td>250～350</td></tr>
<tr><td>9Cr-1Mo-V</td><td>250～300</td></tr>
<tr><td>12Cr-1Mo、9Cr-1Mo</td><td>350～400</td></tr>
<tr><td>1Cr5Mo</td><td>≥250</td><td></td><td>≥250</td></tr>
<tr><td>ZG15Cr1Mo1V</td><td colspan="4">60～100℃(冷焊时)
100～150℃(热焊时)</td></tr>
<tr><td>ZG15Cr2Mo1</td><td colspan="4">60～100℃(冷焊时)
150～200℃(热焊时)</td></tr>
<tr><td>ZG20CrMoV</td><td colspan="4">250～300℃(热焊时)</td></tr>
</table>

注：1. 表中的温度为根据壁厚确定的最低预热温度，当采用钨极氩弧焊打底时，可按下限温度降低50℃预热。

2. 壁厚大于或等于6mm的合金钢管子或管件及大厚度板件在负温下焊接时，应比最低的预热温度高20～50℃；壁厚小于6mm的低合金钢管子及壁厚大于15mm的碳素钢管子在负温下焊接时，也应适当预热。

3. 承压件与非承压件焊接时，应按承压件进行预热；接管座与主管焊接时，应按主管进行预热。

4. 外径小于60mm、壁厚小于6mm的管子采用氩弧焊时，预热温度为50～100℃。

二、后热

厚板结构的多层焊在每道焊缝焊完后，对焊接区再进行加热，以促进氢逸出的热处理工艺称为后热，也称为消氢或去氢处理。氢来源于焊接材料和母材金属坡口表面带入熔池的水分和油污等，氢在焊缝中和热影响区的存在和扩散，是造成焊接冷裂纹的重要因素。后热能够加强和促进焊缝中的氢向外扩散，防止冷裂纹(延迟裂纹)的产生。

三、焊后热处理

焊后热处理是将焊接接头加热到适当温度并保温，然后缓慢冷却的工艺。经过正确的焊后热处理，可以降低焊接残留应力，软化淬硬区，改善焊缝和热影响区的组织和性能，降低含氢量等。焊后热处理包括消氢热处理和高温回火。

1. 消氢热处理

消氢热处理是对于冷裂倾向性较大的低合金高强钢等材料的一种专门的焊后热处理，即在焊后立即将焊件加热到250～350℃，保温2～4h后空冷。消氢热处理的目的主要是使焊缝金属中的扩散氢加强逸出，大大降低焊缝和热影响区的含氢量，防止产生冷裂纹。消氢热处理的加热温度较低，不能起到松弛焊接应力的作用。对于焊后要求进行热处理的焊件，因为在热处理过程中可以达到除氢目的，可以不进行消氢处理。但是，焊后若不能立即进行热处理而焊件又必须及时除氢时，则要及时进行消氢处理。

2. 高温回火

高温回火又称为消除应力热处理或低温退火，是将焊件加热到A_1以下某一温度，保温后缓冷。高温回火的目的是：①消除或减少焊接残留应力；②稳定工件尺寸和形状；③改善焊接接头的组织和性能(如塑性、韧性)、软化淬硬区等；④促进焊缝区氢的逸出，防止氢致裂纹的产生。

火电厂对焊件的热处理大多数采用高温回火。在高温高压条件下运行的热力设备用材为耐热钢，而耐热钢的淬透性较高，焊后容易出现淬硬组织。表3-4是根据标准DL/T 869—2004及DL/T 819—2010摘录的关于火电厂常用钢种焊后热处理的部分规范。

表3-4　焊后热处理温度及恒温时间

钢　　种	温度/℃	焊件厚度δ/mm						
		≤12.5	12.5～25	25～37.5	37.5～50	50～75	75～100	100～125
		恒温时间/h						
w_C≤0.35(20、ZG25)、C-Mn(16Mn)	600～650		1.5	2	2.25	2.5	2.75	
0.5Cr-0.5Mo(12CrMo)	650～700	0.5	1	1.5	2	2.25	2.5	2.75
1Cr-0.5Mo(15CrMo、ZG20CrMo)	670～700	0.5	1	1.5	2	2.25	2.5	2.75
1Cr-0.5Mo-V (12Cr1MoV、ZG20CrMoV) 1.5Cr-1Mo-V(ZG15Cr1Mo1V) 1.75Cr-0.5Mo-V	720～750	0.5	1	1.5	2	3	4	5
2.25Cr-1Mo	720～750	0.5	1	1.5	2	3	4	5
2Cr-0.5Mo-VW(12Cr2MoWVTiB) 3Cr-1Mo-VTi(12Cr3MoVSiTiB)	750～780	0.75	1.25	1.75	2.25	3.25	4.25	5.25
9Cr-1Mo-V、12Cr-1Mo	750～780	0.5	1	1.5	2	3	4	5

注：1. 接管与主管的焊件(管座)或返修焊件，其恒温时间可按焊件的名义厚度δ′替代焊件厚度δ来确定，但应不少于30min。

2. 焊件的名义厚度δ′可按下式计算：$h<5$mm时，$\delta'=3h+5$；$h=5\sim10$mm时，$\delta'=2h+10$；$h>10$mm时，$\delta'=h+20$。式中，h为焊缝高度或返修焊缝厚度。

第六节　常见热处理缺陷及预防措施

在热处理生产中，由于加热过程控制不良，淬火操作不当或残留应力等原因，会出现一些热处理缺陷。有些缺陷是可以挽救的；有些严重缺陷将使零件报废。因此，了解常见热处理缺陷及其预防是很重要的。

一、加热时出现的缺陷

（一）欠热

欠热又称为加热不足，它会在亚共析钢淬火组织中出现铁素体，造成硬度不足；会在过共析钢组织中存在过多的未溶渗碳体。欠热可通过退火或正火来矫正。

（二）过热和过烧

加热温度过高或在高温下保温时间过长，引起奥氏体晶粒粗化的现象称为过热。粗大的奥氏体晶粒会导致钢的强韧性降低、脆性转变温度升高，增加淬火时的变形开裂倾向。过热组织可经退火、正火或多次高温回火后，重新奥氏体化使晶粒细化。

有过热组织的钢材重新加热淬火后，虽能使奥氏体晶粒细化，但有时仍出现粗大颗粒状断口。产生断口遗传的理论争议较多，一般认为因加热温度过高而使MnS之类的夹杂物溶入奥氏体并富集，而冷却时这些夹杂物又会沿晶界析出，受冲击时易沿粗大奥氏体晶界断裂。

有粗大马氏体、贝氏体、魏氏体组织的钢件重新奥氏化时，以慢速加热到常规淬火温度，甚至再低一些，其奥氏体晶粒仍然是粗大的，这种现象称为组织遗传性。要消除粗大组织的遗传性，可采用退火或多次高温回火处理。

加热温度过高，不仅会引起奥氏体晶粒粗大，而且晶界局部会出现氧化或熔化，导致晶界弱化，这种现象称为过烧。钢过烧后性能严重恶化，淬火时形成龟裂。过烧组织无法恢复，只能报废。因此在生产中，尤其是在热处理过程中要避免过烧的发生。

（三）氧化和脱碳

钢表层的铁及合金元素与介质（或气氛）中的氧、二氧化碳、水蒸气等发生反应，生成氧化膜的现象称为氧化。工件在高温（一般570℃以上）氧化后表面光亮度恶化，具有氧化膜的淬透性差的钢件易出现淬火软点。另外，氧化会使工件尺寸变小，表面变得粗糙并影响淬火时的冷却速度，从而使工件硬度下降。

钢表层的碳被氧化而导致表层含碳量降低的现象称为脱碳。加热温度越高，工件的脱碳现象越严重。脱碳会造成钢淬火后表层硬度不足，疲劳强度下降，并易造成表面淬火裂纹。

一般来说，工件在盐浴炉中加热，可减轻钢的氧化和脱碳。另外，还可采用保护气氛加热、真空加热及在工件表面涂层保护的办法来减少这类缺陷的发生。

（四）氢脆

高强度钢在富氢气氛中加热时出现塑性和韧性降低的现象称为氢脆。出现氢脆的工件通过除氢处理（如回火、时效等）也能消除氢脆，采用真空、低氢气氛或惰性气氛加热可避免氢脆。

二、残留应力引起的缺陷

热处理残留应力是指工件经热处理后最终残存下来的应力，它对工件的形状、尺寸和性能都有极为重要的影响。当它超过材料的屈服强度时，便会引起工件变形，超过材料的强度极限时就会使工件开裂，这是它有害的一面，应当减少和消除；但在一定条件下控制应力使之合理分布，就可以提高零件的力学性能和使用寿命，变有害为有利。分析钢在热处理过程中应力的分布和变化规律，使之合理分布，对提高产品质量有着深远的实际意义。例如，关于表层残留压应力的合理分布对零件使用寿命的影响问题，已经引起了人们的广泛重视。

工件在加热和冷却过程中，由于表层和心部的冷却速度和时间的不一致所形成的温差，会导致体积膨胀和收缩不均而产生应力，即热应力。在热应力的作用下，由于表层开始冷却的温度低于心部，收缩也大于心部而使心部受拉；当冷却结束时，由于心部最后冷却，其体积收缩不能自由进行而使表层受压心部受拉，即在热应力的作用下最终使工件表层受压而心部受拉。这种现象受到冷却速度、材料成分和热处理工艺等因素的影响，冷却速度越快、碳的质量分数和合金成分越高，冷却过程中在热应力作用下产生的不均匀塑性变形越大，最后形成的残留应力就越大。另一方面，钢在热处理过程中由于组织的变化，即奥氏体向马氏体转变时，因比体积的增大会伴随工件体积的膨胀，工件各部位先后相变，造成体积长大不一致而产生组织应力。组织应力变化的最终结果是表层受拉应力、心部受压应力，恰好与热应力相反。组织应力的大小与工件在马氏体相变区的冷却速度、形状、材料的化学成分等因素有关。

实践证明，任何工件在热处理过程中，只要有相变，热应力和组织应力都会产生，只不过热应力在组织转变以前就已经产生了，而组织应力则是在组织转变过程中产生。在整个冷却过程中，热应力与组织应力综合作用的结果，就是工件中实际存在的应力。这两种应力综合作用的结果是十分复杂的，受许多因素的影响，如成分、形状、热处理工艺等。就其发展过程来说只有两种类型，即热应力和组织应力作用方向相反时互相抵消，作用方向相同时相互叠加。不管是相互抵消还是相互叠加，两个应力应有一个占主导因素，热应力占主导地位时的作用结果是工件心部受拉、表面受压；组织应力占主导地位时的作用结果是工件心部受压、表面受拉。

常见的由于热处理残留应力引起的缺陷有以下两种：

（1）变形　淬火变形是指工件在淬火时由于热应力与组织应力的综合作用而引起的尺寸和形状的偏差。影响淬火变形的因素有很多，主要是钢的化学成分和原始组织；其次是零件的几何形状、尺寸以及热处理工艺本身。变形往往是不可避免的，只要把变形控制在一定范围内就可以矫正。

（2）开裂　存在于淬火件不同部位上能引起应力集中的因素(包括冶金缺陷在内)，对淬火裂纹的产生都有促进作用，但只有在拉应力场内才会表现出来，若在压应力场内并无促裂作用。

淬火冷却速度是一个能影响淬火质量并决定残留应力的重要因素，也是一个对淬火裂纹有重要乃至决定性影响的因素。为了达到淬火目的，通常必须加速零件在高温段内的冷却速度，并使之超过钢的临界淬火冷却速度才能得到马氏体。就残留应力而言，这样做由于能增加抵消组织应力作用的热应力值，故能减少工件表面上的拉应力而达到抑制裂纹产生的目的，其效果将随高温冷却速度的加快而增大。而且在能淬透的情况下，截面尺寸越大的工件，虽然其实际冷却速度更缓，开裂的危险性却反而越大。这是由于随着工件尺寸增大，实际冷却速度减慢，热应力减小，而组织应力却随尺寸的增大而增加，最后形成以组织应力为主的拉应力作用在工件表面的作用特点造成的。避免淬火开裂的可靠办法是设法尽量减小截面内外马氏体转变的不同时性。

综上所述，防止变形与开裂的措施主要有：①正确选材，对形状复杂、要求变形小的精密零件，应选用高淬透性钢；②合理进行零件的结构设计；③选择或制订合理的淬火工艺，如淬火加热尽量采用下限温度，淬火冷却尽可能选择冷却缓慢的淬火冷却介质或采用双介质淬火等。

复习思考题

1. 名词解释：淬透性、淬硬性、过热、过烧、临界冷却速度、退火、正火、淬火、完全退火、球化退火、回火。

2. 绘出奥氏体等温转变曲线，试分析将过冷奥氏体分别置于700℃、650℃、550℃、500℃、300℃等温转变时，所得到的组织在结构上和力学性能上有何不同。

3. 马氏体的性能特点是什么？低碳马氏体和高碳马氏体在性能上有何不同？

4. 影响淬火钢硬度的主要因素是什么？如果其他条件相同，试比较下述材料的淬火硬度：

1）碳的质量分数为0.3%和0.6%的碳钢；2）碳的质量分数为0.6%和0.8%的碳钢。

5. 指出下列组织的主要区别：

1）奥氏体与过冷奥氏体；2）索氏体与细珠光体；3）屈氏体与极细珠光体；4）马氏体与回火马氏体；5）上贝氏体与下贝氏体。

6. 现有一共析钢试样，其显微组织为粗片状珠光体，为了得到下述组织，需用何种热处理方式？

1）细片状珠光体；2）索氏体。

7. 试分析表面淬火、渗碳、渗氮热处理工艺的特点及应用范围。

8. 热处理常见缺陷有哪些？如何预防和消除？

第四章 火电厂常用金属材料

金属材料是构成火力发电厂的主要材料，根据使用要求的不同，常用金属材料有很多种，包括碳钢、铸铁、合金钢、有色金属及合金等，本章将一一介绍。

第一节 碳钢和铸铁

目前在火电厂使用的金属材料中，碳钢由于价格低廉，冶炼较为容易，而且可以满足大多数工程需要，因此占有重要的地位。工程上使用的碳钢一般碳的质量分数不超过1.4%，且含有硅、锰、硫、磷等杂质元素。据估计，碳钢产量占工业用钢总产量的80%~90%。

一、碳钢中的基本元素

碳、硅、锰、硫、磷是碳钢中的常见元素，统称为五大元素，它们的存在必然会对钢的性能产生影响，炼钢时应该对它们的含量进行分析和控制。碳的作用在第二章中已经讨论过，本节重点讨论其他几种元素及其作用。

（1）硅的影响　硅是在炼钢时作为脱氧剂进入钢中的。硅溶入铁素体中起固溶强化作用，可提高热轧钢材的强度、硬度和弹性极限，但会降低塑性、韧性。硅的脱氧作用较强，可以消除 FeO 夹杂对钢的有害作用。生产中硅的质量分数一般控制在0.4%以下。

（2）锰的影响　跟硅一样，锰也是在炼钢时作为脱氧剂进入钢中的。锰大部分能溶于铁素体中，形成置换固溶体并使铁素体强化，锰还能增加珠光体的相对量，细化珠光体，从而提高钢的强度。特别是锰与钢中的有害元素硫化合生成高熔点的 MnS，可消除硫的热脆性。在碳钢中，锰的质量分数一般不超过1.2%

（3）硫的影响　由于铁矿石中含有较多的硫和磷，在炼钢时因去除不完全而残留在钢中。硫在铁中与铁形成化合物 FeS，FeS 与 Fe 又能形成低熔点共晶体 FeS-Fe（熔点为985℃）。这些低熔点的化合物分布在晶界上，在钢材热加工时（1150~1200℃），晶界易熔化，导致钢材晶间开裂，韧性降低而报废，这种现象称为钢的热脆性。如前面所提到的，在钢中加入锰会减弱硫的有害作用，因为硫和锰的亲和力比硫和铁的亲和力大，锰可以取代铁发生反应而形成 MnS（熔点1620℃），在高温下又有一定塑性，而且呈粒状分布于晶粒内部，从而避免了热脆性的产生。

另外，硫对钢的焊接性能也会产生不良影响，它不但导致焊缝产生热裂，而且硫在焊接过程中容易生成 SO_2 气体，使焊缝产生气孔和疏松。

因此，硫是碳素钢中的有害杂质元素，生产中应在炼钢时尽量去除掉，其质量分数一般控制在0.055%以下。

（4）磷的影响　磷也是矿石经冶炼残存在钢中的有害元素，磷在钢中易产生偏析，形

成 Fe_3P，能使钢的强度、硬度提高，但却使钢的塑性、韧性显著下降，脆性增大。另外，过量的磷使钢的脆性转变温度急剧升高，引起钢的冷脆性。因此，磷的含量也要严格控制，一般规定其质量分数在0.045%以下。

除了上述四种常见杂质元素外，碳钢中还有氢、氧、氮等元素的存在，这些气体易于形成白点、气孔和非金属夹杂物等。特别是非金属夹杂物，它会大大降低钢材质量，降低钢的力学性能与工艺性能，易引起应力集中；另外，在脆性夹杂物的边缘易出现疲劳裂纹，从而降低钢的疲劳强度，脆性夹杂物的尺寸越大，颗粒越多，危害也越大。因此，对承受交变载荷的零件用钢，如汽轮机轮毂、叶片等，要严格控制非金属夹杂物的数量。

二、碳钢的分类、编号及表示方法

（一）碳钢的分类

生产实践中对碳钢分类的方法有很多，通常按照钢中碳的质量分数、质量和用途来进行分类，主要有以下几种：

1. 按钢中碳的质量分数分类

1）低碳钢：$w_C<0.25\%$。

2）中碳钢：$w_C=0.25\%\sim0.60\%$。

3）高碳钢：$w_C>0.60\%$。

2. 按钢的冶炼质量分类

1）普通碳素钢：$w_S\leqslant0.055\%$，$w_P\leqslant0.045\%$。

2）优质碳素钢：$w_S\leqslant0.040\%$，$w_P\leqslant0.040\%$。

3）高级优质碳素钢：$w_S\leqslant0.030\%$，$w_P\leqslant0.035\%$。

4）特级优质碳素钢：$w_S\leqslant0.025\%$，$w_P\leqslant0.020\%$。

3. 按钢的用途分类

1）碳素结构钢：主要用于建筑行业（如建筑钢筋、钢板）、各种工程用结构钢构件（如桥梁、船舶、铁塔、锅炉支架、厂房钢结构、起重设备和工程机械结构、水冷壁管、风管、输粉管道等）及机械制造用结构钢零件（如轴、螺钉、螺母、曲轴和连杆等），这类钢一般属于低碳钢或中碳钢。

2）碳素工具钢：主要用于制造各种刀具、量具和模具。这类钢中碳的质量分数较高，属于高碳钢系列。

（二）碳钢的编号及用途

机械零件所用金属材料多种多样，国家有关标准对不同金属材料规定了它们牌号的表示方法，以示统一和便于使用。我国碳钢的编号方法根据 GB/T 221—2008 分为三种。

1. 碳素结构钢

碳素结构钢的牌号由代表钢材屈服强度“屈”字的汉语拼音首位字母“Q”、屈服强度数值（单位为 MPa）和质量等级符号、脱氧方法符号等四个部分按顺序组成。碳素结构钢的牌号和化学成分见表4-1。

表 4-1 碳素结构钢的牌号和化学成分

牌号	质量等级	化学成分(质量分数,%)					脱 氧 方 法
		C	Mn	Si	S	P	
				≤			
Q195		0.06 ~ 0.12	0.25 ~ 0.50	0.30	0.050	0.045	F、b、Z
Q215	A	0.09 ~ 0.15	0.25 ~ 0.55	0.30	0.050	0.045	F、b、Z
	B				0.045		
Q235	A	0.14 ~ 0.22	0.30 ~ 0.65	0.30	0.050	0.045	F、b、Z
	B	0.12 ~ 0.20	0.30 ~ 0.70		0.045		
	C	≤0.18	0.35 ~ 0.80		0.040	0.040	Z
	D	≤0.17			0.035	0.035	TZ
Q255	A	0.18 ~ 0.28	0.40 ~ 0.70	0.30	0.050	0.045	Z
	B				0.045		
Q275		0.28 ~ 0.38	0.50 ~ 0.80	0.35	0.050	0.045	Z

注：F—沸腾钢；b—半镇静钢；Z—镇静钢；TZ—特殊镇静钢。

2. 优质碳素结构钢

优质碳素结构钢所含硫、磷及非金属夹杂物都比碳素结构钢少，碳的质量分数波动范围也小，力学性能比较均匀，塑性和韧性都比较好。

优质碳素结构钢的牌号表示方法采用两位阿拉伯数字(以万分之一为一个计量单位表示平均碳的质量分数)，或阿拉伯数字加元素符号加表示用途的汉字或汉字的拼音符号组合而成。

根据化学成分不同，部分优质碳素结构钢又分为正常锰含量和较高锰含量的优质碳素结构钢两类。例如20 钢，表示平均碳的质量分数为 0.20% 的钢；20Mn 钢，表示平均碳的质量分数为 0.20%、锰的质量分数为 0.7%~1.0% 的钢；65Mn 钢，表示平均碳的质量分数为 0.65%、锰的质量分数为 0.9%~1.2% 的钢。

另外，标准中规定，高级优质碳素结构钢在牌号后加符号“A”；特级优质碳素结构钢在牌号后加符号“E”。

优质碳素结构钢的牌号、化学成分和力学性能见表 4-2。

表 4-2 优质碳素结构钢的牌号、化学成分和力学性能(摘自 GB/T 699—1999)

牌号	主要化学成分(质量分数,%)			力 学 性 能						
				正 火 状 态					热轧	退火
	C	Si	Mn	R_m/ MPa	R_{eL}/ MPa	A (%)	Z (%)	a_k/ $J \cdot cm^{-2}$	HBW5/750	
				不小于					不大于	
普通含锰量钢										
10	0.07 ~ 0.14	0.17 ~ 0.37	0.35 ~ 0.65	340	210	31	55		137	
15	0.12 ~ 0.19	0.17 ~ 0.37	0.35 ~ 0.65	380	230	27	55		143	

(续)

牌号	主要化学成分(质量分数,%)			力学性能						
				正火状态					热轧	退火
	C	Si	Mn	R_m/MPa	R_{eL}/MPa	A(%)	Z(%)	a_k/J·cm^{-2}	HBW5/750	
				不小于					不大于	
普通含锰量钢										
20	0.17~0.24	0.17~0.37	0.35~0.65	420	250	25	55		156	
25	0.22~0.30	0.17~0.37	0.50~0.80	460	280	23	50	90	170	
35	0.32~0.40	0.17~0.37	0.50~0.80	540	320	20	45	70	187	
40	0.37~0.45	0.17~0.37	0.50~0.80	580	340	19	45	60	217	187
45	0.42~0.50	0.17~0.37	0.50~0.80	610	360	16	40	50	241	197
50	0.47~0.55	0.17~0.37	0.50~0.80	640	380	14	40	40	241	207
60	0.57~0.65	0.17~0.37	0.50~0.80	690	410	12	35		255	229
65	0.62~0.70	0.17~0.37	0.50~0.80	710	420	10	30		255	229
较高含锰量钢										
60Mn	0.57~0.65	0.17~0.37	0.70~1.00	710	420	11	35		269	229
65Mn	0.62~0.70	0.17~0.37	0.90~1.20	750	440	9	30		285	229

对于有专门用途的优质碳素结构钢，是在其牌号的前面或后面加一个表示用途的汉字或汉字的拼音符号。例如，焊丝用钢写做H08；锅炉用的20号优质碳素结构钢可以写成20g或者20锅，可用作锅炉钢板、压力容器和锅炉水冷壁管及小型汽包等。

3. 碳素工具钢

碳素工具钢中碳的质量分数一般在0.65%~1.30%范围之内，故属于高碳钢范畴。原则上，碳素工具钢的牌号是以汉字“碳”的汉语拼音首位字母“T”后面附加数字表示，数字表示平均碳的质量分数，以千分之一为计量单位。例如，T8、T12分别表示$w_C=0.8\%$和$w_C=1.2\%$(平均值)的碳素工具钢。较高含锰量的碳素工具钢在数字后加锰元素符号，如T8Mn。高级优质碳素工具钢则在牌号后面附加符号“A”，如T12A、T8MnA等。碳素工具钢的牌号、化学成分及用途见表4-3。

表4-3 碳素工具钢的牌号、化学成分及用途

牌号	化学成分(质量分数,%)			硬度		用途
	C	Si	Mn	供应状态 HBW5/750 (不大于)	淬火后 HBW5/750 (不小于)	
T8 T8A	0.75~0.84	≤0.35	≤0.40	187	62	承受冲击、要求高硬度的工具，如冲头、压缩空气工具、木工工具
T8Mn T8MnA	0.80~0.90	≤0.35	0.40~0.60	187	62	同上，但淬透性较大，可制断面较大的工具

（续）

牌号	化学成分(质量分数,%)			硬　度		用　途
	C	Si	Mn	供应状态 HBW5/750（不大于）	淬火后 HBW5/750（不小于）	
T10 T10A	0.95~1.04	≤0.35	≤0.40	197	62	不受剧烈冲击、高硬度耐磨的工具，如车刀、刨刀、丝锥、钻头等
T12 T12A	1.15~1.24	≤0.35	≤0.40	207	62	不受冲击、高硬度高耐磨的工具，如锉刀、刮刀、精车刀、量具等

碳素工具钢的加工性能好，价格低廉，热处理后的硬度可达 HRC 60 以上，有较好的耐磨性。但由于碳素工具钢的热硬性差(刃部温度到达250℃以上,硬度及耐磨性即迅速降低)，淬透性低，淬火时容易变形开裂，因而多用于制造手工用工具，低速、小切削用量的机用刀具，量具、模具以及其他各种工具等。对于截面尺寸较大、形状比较复杂、热硬性要求较高的工具，则需采用合金工具钢来制造。

三、铸铁

碳的质量分数为2.11%~6.69%的铁碳合金叫做铸铁。工业用铸铁碳的质量分数一般在2.5%~4.0%范围内，硅、锰、硫、磷等元素的含量也比碳钢高。

铸铁在工程上的应用很广，不仅因为它价格低廉，还因为它有许多优良的性能。铸铁中的碳除了一小部分溶入铁素体外，其余的以渗碳体或游离态石墨的形式存在。在白口铸铁中，碳主要以渗碳体的形式存在，因而白口铸铁硬而脆，工业上很少用它制造机械零件。在工业用的铸铁中，碳主要是以石墨的形式存在，这使得铸铁具有以下优点：

1）优良的铸造性能。铸铁的浇注温度低，流动性好，而且石墨结晶时的体积膨胀可以部分补偿基体的收缩，使铸件具有较小的收缩率，不仅适合浇注大型铸件，也适合浇注薄小件。

2）由于石墨松软，能吸收振动机械能，它的存在不利于能量的传递，因而铸铁具有良好的减振性，特别适合制作各种机床床身及设备底座等。

3）石墨本身具有润滑作用，石墨剥落后形成的空洞又可以存储润滑油，因而铸铁具有良好的减摩性。

4）由于石墨割裂了基体的连续性，使铸铁在切削加工时容易断屑，所以铸铁具有良好的切削加工性。

5）由于石墨存在的地方相当于孔洞或缺口，大量石墨的存在使铸铁表面存在的缺口对强度和韧性的影响无足轻重，即铸铁有低的缺口敏感性。

但是，铸铁的强度、塑性和韧性一般都比碳钢差，属于脆性材料；又由于它的导热性和焊接性差，因此不适合制作各类结构件和重要零件。

（一）铸铁的石墨化

铸铁组织中石墨的形成过程称为石墨化过程，石墨的形成是一个结晶过程。在 $Fe\text{-}Fe_3C$

相图中，Fe_3C 作为一种组元是较稳定的相，但在实际的铁碳合金中，Fe_3C 相对于石墨是个不稳定的相。石墨具有简单立方晶体结构(见图 4-1)，其密排面之间间隔较大，结合力弱，易于剥离，它的强度和塑性几乎为零。因此，石墨在铸铁中存在时，可以看成若干孔洞。

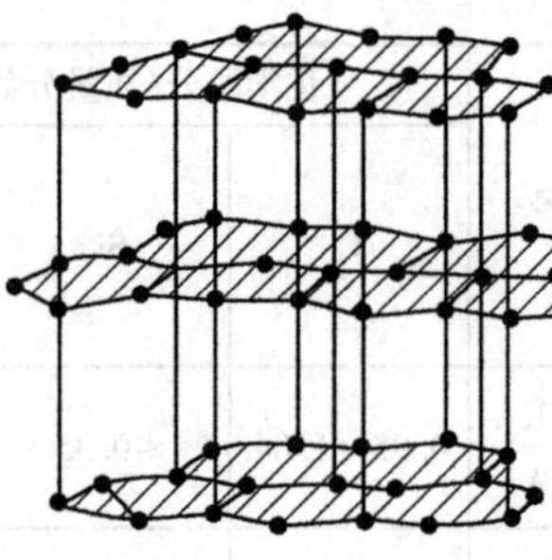

图 4-1　石墨的晶体结构

铸铁中的碳以石墨形式析出的过程称为石墨化。如图 4-2 所示，在从高温冷却到低温的过程中，铸铁的石墨化过程可分为以下三个阶段：

1）第一阶段：从液相中结晶出一次石墨(对于过共晶成分合金而言)和在 1154℃(*E′C′F′*线)通过共晶反应形成共晶石墨。

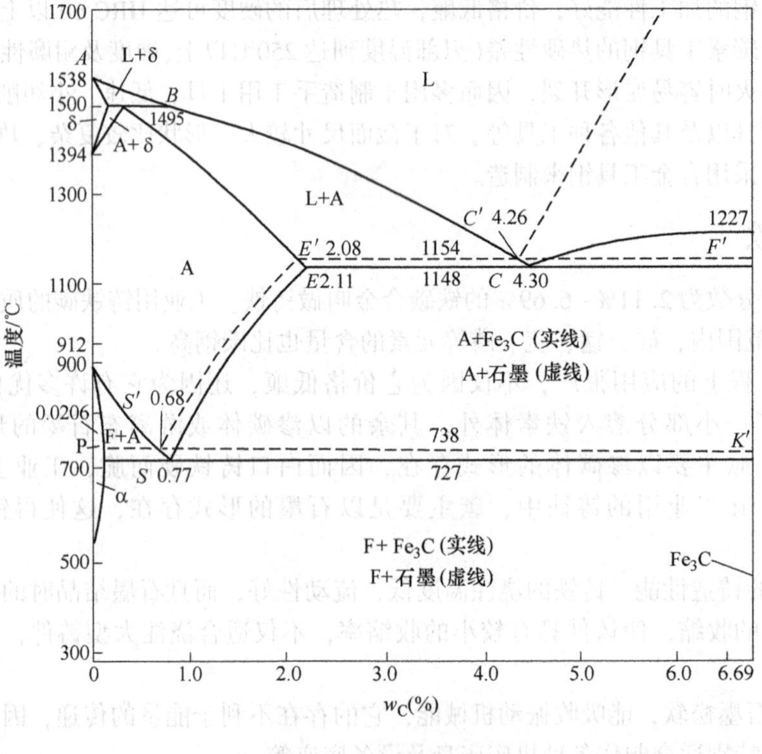

图 4-2　Fe-石墨相图

2）第二阶段：在 1154～738℃范围内，从奥氏体中沿 *E′S′*线析出二次石墨。

3）第三阶段：在 738℃(*P′S′K′*线)发生共析转变析出石墨。

影响石墨化的因素主要是化学成分和冷却速度。碳和硅是促进石墨化的主要元素，碳和硅的质量分数越高，铸铁的石墨化越充分。其次是冷却速度，铸铁件的冷却速度越快时，越易生成 Fe_3C 而白口化；冷却速度慢时，铸铁件易于石墨化。冷却速度受铸件的壁厚和造型材料、造型工艺的影响，例如，采用砂型铸模比金属型铸模浇注的铸铁更加易于石墨化。

(二) 铸铁的分类

铸铁的分类归纳起来有以下几种方法：

1. 按碳在铸铁中存在的形式分类

由于铸铁在结晶过程中的石墨化程度不同，所以使碳在铸铁中的存在形式也不同，据此将铸铁分为三大类：

（1）灰铸铁 若在结晶过程中石墨化得以充分进行，则碳在铸铁中全部或大部分以石墨形式存在，其断口呈暗灰色，故称为灰铸铁。灰铸铁是目前在工业上应用最广泛的一类铸铁。

（2）白口铸铁 结晶各阶段所有石墨化过程都被抑制，即完全按照 $Fe\text{-}Fe_3C$ 合金相图进行结晶，致使铸铁中的碳除少数溶于铁素体外，其余部分都以碳化物形式存在，其断口呈银白色，因此称为白口铸铁。这类铸铁组织中存在有共晶莱氏体，性能硬而脆，不易加工，所以很少用它直接制造机器零件，主要用作炼钢原料。

（3）麻口铸铁 结晶时，第一阶段石墨化过程便未能充分进行，其中一部分碳以石墨形式存在，类似灰铸铁，另一部分碳以碳化物形式存在，类似白口铸铁，其断口上黑白相间呈麻点状，因此称为麻口铸铁。这是一种从白口到灰口的中间过渡组织，其性能也介于二者之间。该组织在铸件中如数量过多，则对性能不利，所以在铸造生产中要加以控制。

2. 按石墨形态分类

由于铸铁中石墨呈现的形态不同，其性能也各不相同。根据石墨形态的差别，还可将铸铁分为灰铸铁、球墨铸铁、蠕墨铸铁和可锻铸铁几种。

（1）灰铸铁 灰铸铁是使用最广泛的铸铁，占铸铁总量的 80%。灰铸铁中的石墨呈无规则的片状，割裂着基体，好像许多裂缝分布在钢的基体上，使铸铁的力学性能下降。图 4-3 所示为三种不同基体的灰铸铁的显微组织图。

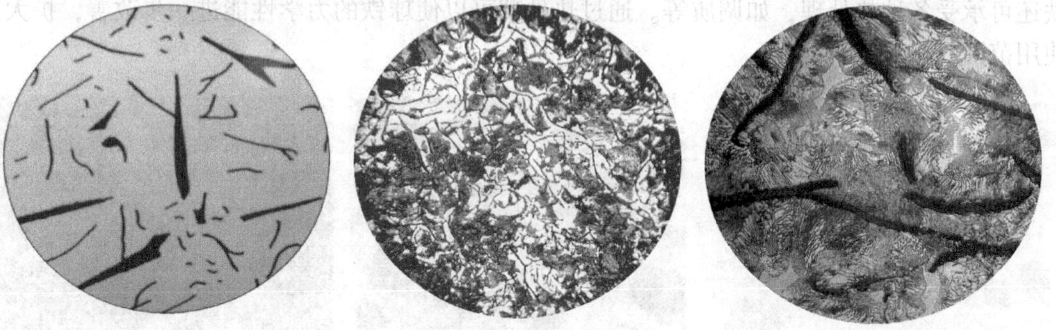

a) b) c)

图 4-3 三种灰铸铁的显微组织图(250×)

a) 铁素体基体(未侵蚀)灰铸铁 b) 铁素体-珠光体基体灰铸铁 c) 珠光体基体灰铸铁

灰铸铁中的石墨越均匀细小越好。灰铸铁的铁水如用硅钙合金做变质处理，则能细化灰铸铁中的石墨，使铸铁的强度提高 100～200MPa。三种不同基体的灰铸铁中以珠光体基体灰铸铁的强度最高，但脆性也最大；铁素体基体灰铸铁的强度虽然稍差，但脆性较小。

灰铸铁的牌号用符号 HT 及数字表示，数字表示灰铸铁的最低抗拉强度值 R_m。例如，HT200 表示灰铸铁的抗拉强度 $R_m \geqslant 200MPa$。常用灰铸铁的牌号及力学性能见表 4-4。

表 4-4 常用灰铸铁的牌号及力学性能

牌 号	抗拉强度/MPa	抗弯强度/MPa	挠度/mm 支距＝10D	硬度 HBW5/750	类 别
HT100	100	280	2.0	143～299	铁素体
HT150	150	330	2.5	163～299	铁素体＋珠光体

（续）

牌　号	抗拉强度/MPa	抗弯强度/MPa	挠度/mm 支距＝10D	硬度 HBW5/750	类　别
HT200	200	400	2.5	170～241	珠光体
HT250	250	470	3.0	170～241	
HT300	300	540	3.0	187～269	孕育铸铁
HT350	350	610	3.5	197～269	

灰铸铁在机械制造业中应用很广，它具有铸铁的优点，被广泛用作各种承受压力和要求消振性的床身、轴承座、端盖、车床尾座、工作台及底座等工件。在电力工业中，灰铸铁可用作阀壳、轴承盖、油泵体、低压气缸等材料，以及200MW机组隔板上的导叶、低压缸隔板等。

（2）球墨铸铁　球墨铸铁简称球铁。铁液在浇注前经球化处理，使石墨在铸铁中呈球状，这使其力学性能比灰铸铁要高得多，所以在生产中的应用日益广泛。

图4-4所示为三种不同基体的球墨铸铁的显微组织图，从图中可以看出，球状石墨大大降低了对基体的割裂作用，所以其强度、韧性相对于灰铸铁大大提高。获得球状石墨是通过在铁水中加入球化剂进行孕育处理实现的，球化剂一般为镁或稀土镁。但球墨铸铁易白口化，而且也容易产生缩松等缺陷，因此球墨铸铁的铸造和熔炼工艺比灰铸铁要求高。球墨铸铁还可承受各种热处理，如调质等。通过热处理可以使球铁的力学性能进一步改善，扩大其使用范围。

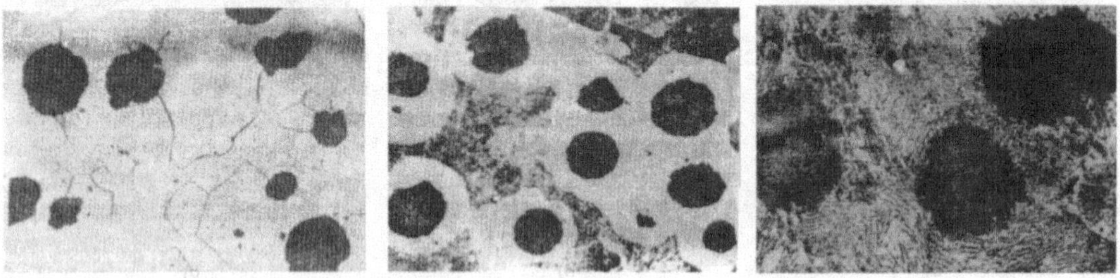

a)　　b)　　c)

图4-4　三种不同基体的球墨铸铁的显微组织（250×）

a）铁素体基球墨铸铁　b）铁素体-珠光体基球墨铸铁　c）珠光体基球墨铸铁

球墨铸铁的牌号用符号QT及数字表示，数字表示球墨铸铁的抗拉强度和断后伸长率的最低值。如QT600—3表示球墨铸铁的抗拉强度 $R_m \geqslant 600$MPa，断后伸长率 $A \geqslant 3\%$。常用球墨铸铁的牌号和力学性能见表4-5。

表4-5　常用球墨铸铁的牌号和力学性能

牌　号	R_m/MPa	R_{eL}/MPa	A(%)	HBW5/750	主要基体组织
QT350-22	350	220	22	≤160	铁素体
QT400-18	400	250	18	120～175	铁素体
QT400-15	400	250	15	120～180	铁素体
QT450-10	450	310	10	150～210	铁素体

（续）

牌　号	R_m/MPa	R_{eL}/MPa	A(%)	HBW5/750	主要基体组织
QT500-7	500	320	7	170～230	铁素体＋珠光体
QT600-3	600	370	3	190～270	铁素体＋珠光体
QT700-2	700	420	2	225～305	珠光体
QT800-2	800	480	2	245～335	珠光体或索氏体
QT900-2	900	600	2	280～360	回火马氏体或托氏体＋索氏体

球墨铸铁在汽车、机械制造及电力工业中都有广泛的应用，如汽车和拖拉机的轮毂、壳体、气缸体、减速机箱体、活塞环；各种阀门、轴瓦；车床的主轴、曲轴、齿轮、凸轮等。在电力工业中，可制造输电金具、油泵体、阀体、汽轮机中温气缸隔板、后气缸、后几级隔板等，可在370℃的工作温度下长期使用。

（3）蠕墨铸铁　将高碳、低硫、低磷及含有一定硅、锰量的铁液，经炉前处理后，可得到一种独具一格的新型铸铁材料——蠕虫状石墨铸铁。它的石墨形态在光学显微镜下似片状，但不同于灰铸铁的片状石墨，较短而厚，头部圆，形似蠕虫。蠕墨铸铁具有比灰铸铁强度高，比球墨铸铁的铸造性、耐热性及疲劳性能好等一系列优点，因而在国内外很受关注，发展迅速。

（4）可锻铸铁　可锻铸铁并不能锻造，它是一定成分的白口铸铁，经石墨化退火而获得的一种铸铁。其中，石墨呈团絮状，对基体的割裂作用小，因此相对于灰铸铁来说其塑性、韧性较高，故称为可锻铸铁。可锻铸铁的基体也分为两种，即铁素体基体和珠光体基体。在铁素体基体的可锻铸铁中，石墨以团絮状分布，在我国应用较广。由于可锻铸铁的力学性能优于灰铸铁，适合于制造重量轻、形状复杂、工作中受振动和强度、韧性较高而又不适于用铸钢制造的零件，如汽车和拖拉机的后桥壳、转向机构壳体、机床附件、工具、各种小型阀体、管件等。在电力行业中常用于制造各种输电金具、夹具等。

可锻铸铁的牌号用符号KT及数字表示，数字表示抗拉强度及伸长率的最低值（若伸长率$A_{11.3}$≤10%时，则在其数字前加0）。例如，KT350-10表示可锻铸铁的抗拉强度R_m≥350MPa，伸长率$A_{11.3}$≥10%。可锻铸铁的生产周期长，成本高，需要先制成白口铸铁件，再在高温下长时间保温以获得团絮状石墨组织，因此，已逐渐被球墨铸铁所取代。

3. 按铸铁的用途分类

为了改善铸铁的使用性能，以满足农机、石油、冶金、化工等工业对耐磨、耐热、耐蚀等特殊性能的更高要求，可以在铁液中加入一种两种以上的合金元素，所得到的铸铁，称为合金铸铁。加入的合金元素有Cr、Ni、Cu、Mo、Al等。因此合金铸铁具有上述特殊性能，故又称为特殊性能铸铁。在腐蚀介质中、高温条件下或剧烈摩擦、磨损等场合中使用，与相似条件下使用的合金钢相比，熔铸简便，成本低廉。虽然其强度稍低，脆性较大，但只要适当地采取相应的工艺措施，在一定的条件下，具有良好的使用性能。

（1）耐磨铸铁　具有细片状珠光体基体和细小均匀分布的石墨的铸铁，耐磨性好。孕育铸铁、珠光体基体球墨铸铁和珠光体基体可锻铸铁等都是较好的耐磨铸铁。但是为了进一步提高其耐磨性，还需加入一些合金元素，以改善铸铁的组织。

磷是耐磨铸铁中常用的合金元素。在高磷合金耐磨铸铁中，磷的质量分数高达0.4%~0.6%左右，磷可形成磷化物共晶，呈断续网状分布，构成高硬度组成物，显著提高耐磨性。但普通高磷铸铁的强度和韧性较差，故常加入合金元素Cr、Mo、W、Cu、Ti、V等，使其组织细化，提高力学性能和耐磨性。除了高磷合金铸铁以外，近年来，我国又发展了钒钛耐磨铸铁、铬钼铜耐磨铸铁以及廉价的硼耐磨铸铁等，它们也具有优良的耐磨性能。

白口铸铁是一种很好的抗磨材料，我国很早就用它制造犁铧等耐磨铸件，但是它的脆性大、冲击韧度差，限制了使用范围。为此，常采用“激冷”的办法，使铸件在耐磨表面得到白口组织，从而使其在具有一定的韧性和强度的同时，又具有高的耐磨性，这种铸铁称为“激冷”铸铁或“冷硬”铸铁。为了进一步提高普通白口铸铁的耐磨性，克服脆性大的缺点，还可以加入一些合金元素，形成合金白口铸铁。根据基体组织的特点，有珠光体合金白口铸铁和马氏体合金白口铸铁两种。以马氏体合金白口铸铁的耐磨性和韧性最好，使用也最广泛。高、低铬白口耐磨铸铁用得就很多，国内研制的这类铸铁还有锰硼系、锰钨系，也有加入铜铬钼锰的。另外，$w_{Mn}=4.5\%\sim9.5\%$的中锰合金球墨铸铁，也属于马氏体类耐磨铸铁。

（2）耐热铸铁　在高温下工作的铸件，如加热炉炉底板、马弗罐、废气管道、换热器及坩锅等需要具有耐热性。所谓铸铁的耐热性，主要是指它在高温下抗氧化和抗生长的能力。在高温下工作的铸件，除了表面氧化外，还有：①由于周围气氛中的氧沿着铸铁的微裂纹及石墨片渗入铸件内部，生成密度小的氧化物；②基体中的渗碳体在高温下分解，生成密度小、体积大的石墨；③在工作温度高于临界温度时，还会引起基体组织的转变。这些都会使铸件体积长大，发生所谓“生长”现象，结果将显著降低铸件的力学性能，易于使铸件开裂而破坏。

为了提高铸铁的耐热性，可向铸铁中加入Si、Al、Cr等合金元素，使之在高温下形成一层致密的氧化膜，如SiO_2、Al_2O_3、Cr_2O_3等，以保护内部不被继续氧化。此外，这些元素还会提高铸铁的临界点，使铸铁在所使用的强度范围内不发生固态相变，以减少由此而造成的体积变化，从而防止显微裂纹的发生。大多数耐热铸铁使用单相铁素体基体组织，而且石墨最好呈球状。这是因为铁素体基体受热时没有渗碳体分解的问题，而球状石墨因呈孤立分布互不连接，不易形成氧渗入铸铁内部的通道。

我国耐热铸铁系列分为硅系、铝系、低铬系及铝硅系等。常用耐热铸铁的化学成分、使用温度和用途见表4-6。

表4-6　常用耐热铸铁的化学成分、使用温度和用途

铸铁名称	化学成分（质量分数，%）						使用温度/℃	用　途
	C	Si	Mn	P	S	其他		
中硅耐热铸铁	2.2~3.0	5.0~6.0	≤1.0	≤0.2	≤0.12	Cr 0.5~0.9	≤850	烟道挡板、热交换器等
中硅耐热球铁	2.4~3.0	5.0~6.0	≤0.7	≤0.1	≤0.03	Mg 0.04~0.07 Re 0.015~0.035	900~950	加热炉底板、电阻坩埚炉等

（续）

铸铁名称	化学成分(质量分数,%)						使用温度/℃	用途
	C	Si	Mn	P	S	其他		
高铝耐热球铁	1.7~2.2	1.0~2.0	0.4~0.8	≤0.2	≤0.01	Al 21~24	1000~1100	加热炉底板、渗碳罐、炉子传送链等
铝硅耐热球铁	2.4~2.9	4.4~5.4	≤0.5	≤0.1	≤0.02	Al 4.0~5.0	950~1050	
高铬耐热铸铁	1.5~2.2	1.3~1.7	0.5~0.8	≤0.1	≤0.10	Cr 32~36	1100~1200	加热炉底板、炉子传送链等

（3）耐蚀铸铁 在化工部门制作管道、阀门、泵类、反应锅及盛储器等零件时，广泛采用耐蚀铸铁。耐蚀铸铁的腐蚀原理与不锈耐酸钢相同，为了提高其耐蚀性能，可加入大量的Si、Al、Cr、Ni、Cu等合金元素，用以提高铸铁基体组织的电位，并使铸铁表面形成一层致密的保护性氧化膜。应尽量降低铸铁中的含碳量或石墨含量，以获得单相基体加孤立分布的球状石墨组织。

高硅耐蚀铸铁中碳的质量分数不应超过0.8%，因为含碳量过高会使石墨量增加，降低铸铁的耐蚀性。硅的含量应当使碳当量接近共晶成分，以改善铸造性能。硅的质量分数低于14.5%时，则耐蚀性能不足，而高于18%又会使铸铁的脆性显著增加，故高硅耐蚀铸铁硅的质量分数一般为14%~18%。这种铸铁的金相组织为含硅铁素体、石墨及Fe_3Si_2（或FeSi）。在一定的腐蚀条件下，铸铁表面形成致密、完整、耐蚀性高的SiO_2保护膜，因而在含氧酸类（如硝酸等）和盐类介质中，具有良好的耐蚀性，其对含氧酸类的耐蚀性能比1Cr18Ni9型不锈钢还好。而在碱性介质及在盐酸和氢氟酸中，由于SiO_2保护膜被破坏，使耐蚀性下降。

高硅耐蚀铸铁的硬度很高，但强度和韧性都很低，如果适当降低含硅量，再加入硼、铜并用稀土进行处理，就可得到既具有较高的耐蚀性能、又具有较好的力学性能的耐蚀铸铁。

第二节 合金钢

现代工业和科学技术的发展，对金属材料的使用性、经济性和工艺性的要求越来越高，多品种、高性能的工业用钢称为现代文明的物质基础。为了改善钢的性能，在碳钢的基础上，有目的地加入一些合金元素而冶炼形成的钢，称为合金钢。常用的合金元素有铬、锰、硅、钼、钨、钒、铌、硼、镍、锆、稀土元素等。

合金元素加入后，可以改变钢的力学性能，改善钢的工艺性能。有些合金元素含量达到一定量时，还会使钢表现出某些特殊的力学性能或特殊的物理化学性能。

一、合金元素对钢性能的影响

（一）合金元素在钢中的存在形式及对性能的影响

合金元素在钢中的存在形式包括溶入铁素体中和形成碳化物。

1. 溶入铁素体

几乎所有合金元素都能或多或少地溶入铁素体中而形成合金铁素体。由于合金元素与铁的晶体结构和原子半径有差异，故合金元素溶入铁素体后必然引起晶格畸变，从而产生固溶强化，使铁素体的强度和硬度升高，塑性和韧性下降。如图4-5a所示，合金元素溶入量越多，引起的晶格畸变越严重，固溶强化效果越好，铁素体的硬度值就越高，其中以硅、锰、镍元素最为显著；如图4-5b所示，合金元素含量控制在一定范围内时，既能提高铁素体的硬度，又不降低韧性，其中铬、镍含量适中时，既能提高铁素体硬度也能显著提高其韧性。

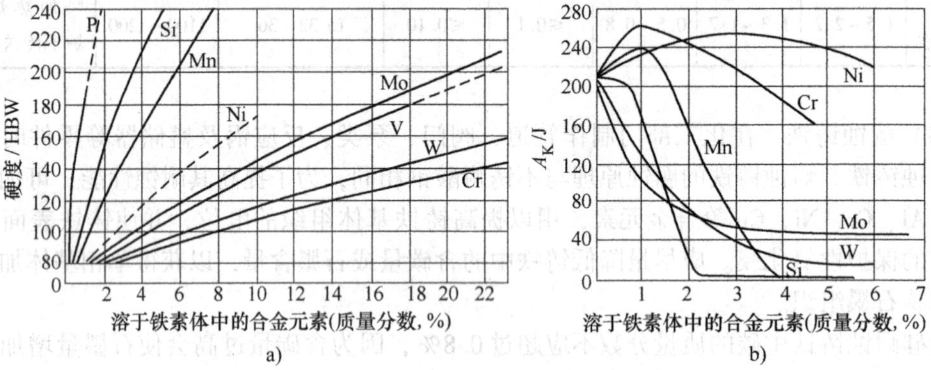

图4-5　合金元素对铁素体性能的影响

a) 对硬度的影响　b) 对韧性的影响

2. 形成碳化物

碳化物形成元素都具有未填满的最外层电子层，最外层电子越是不满，形成碳化物的能力就越强，即和碳的亲和力越大，从而形成的碳化物也就越稳定。据此，可将合金元素形成碳化物的能力由强至弱排列如下：Ti、Zr、Nb、V、W、Mo、Cr、Mn、Fe。其中，Ti、Zr、Nb、V称为强碳化物形成元素；W、Mo、Cr、Mn、Fe称为弱碳化物形成元素。有时W、Mo也称为中等碳化物形成元素。

强碳化物形成元素与碳有很强的亲和力，易于形成不同类型的碳化物。由于这些碳化物的结构不同于渗碳体，称为特殊碳化物。这一类碳化物的特点是高熔点、高硬度、高稳定性，热处理时不易分解，不易溶入奥氏体中，它们是合金钢的重要强化相。弱碳化物形成元素如Mn，除了少量可以溶入渗碳体中形成合金渗碳体外，大部分溶解于铁素体和奥氏体中，起固溶强化的作用。

（二）合金元素对铁碳合金相图的影响

合金元素对铁碳相图中的各相区和S、E等临界点位置都有影响，根据其影响状况不同，合金元素可以分为两大类，一类是扩大奥氏体相区的元素，主要有Mn、Ni、N等；另一类是缩小奥氏体相区的元素，主要有Cr、W、V、Ti、Al、Si等。扩大奥氏体相区的元素，一般使A_3和A_1临界温度下降；而缩小奥氏体相区的元素，一般使A_3和A_1临界温度升高。所有合金元素一般都使相图中的S点和E点左移。扩大奥氏体相区的元素锰和缩小奥氏体相区的元素铬对铁碳相图的影响如图4-6所示。

从图4-6中可以看出，如果钢中扩大奥氏体相区的元素含量足够高，甚至会使相图中奥氏体区域延伸至室温以下，在室温下能获得单一的奥氏体组织，这种合金钢称为奥氏体钢；

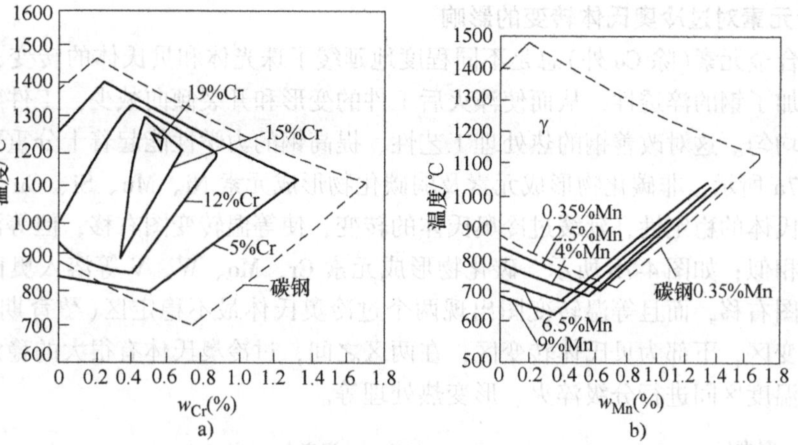

图 4-6 合金元素对铁碳相图的影响

a）铬元素的影响 b）锰元素的影响

相反，如果钢中缩小奥氏体相区的元素含量足够高，奥氏体区域可能封闭甚至消失，铁素体区域就扩大，在室温下获得稳定的单相铁素体组织，这种合金钢称为铁素体钢。由于合金元素使 A_3 和 A_1 临界温度发生变化，使得合金钢的热处理温度需要相应作出调整。一般情况下，除了含 Ni 和 Mn 的合金钢以外，大多数合金钢的热处理温度普遍高于相同含碳量的碳钢。

合金元素只要溶于奥氏体中，都能降低钢的共析点处碳的质量分数，即 *S* 点向左上方移动。*S* 点的左移，使加入这些合金元素的亚共析钢与碳素钢相比，在碳的质量分数相同时，可得到更多数量的珠光体；过共析钢则有更多的二次碳化物。例如，碳的质量分数为 0.3%~0.4% 的 3Cr2W8V 钢，虽然其碳的质量分数远小于 0.77%，但已成为过共析钢。奥氏体中的最大溶碳点就是铁碳相图中的 *E* 点，这一点碳的质量分数是 2.11%，而在含有 Si、Cr、W、Mo、V 等合金元素的钢中，*E* 点碳的质量分数却显著降低，即 *E* 点向左上方移动。合金元素的质量分数越多，*E* 点左移越多，而奥氏体区缩小越多。*E* 点左移后，即使是碳的质量分数小于 2.11% 的钢，也能出现莱氏体组织。例如，高速钢中碳的质量分数虽然只有 0.8%，却属于莱氏体钢。

（三）合金元素对钢热处理的影响

1. 合金元素对奥氏体化的影响

合金元素的加入改变了碳在钢中的扩散速度，大多数合金元素（除 Ni、Co 外）都会减缓奥氏体化过程，特别是强碳化物形成元素 Cr、Mo、W、Ti、V 等和碳有强的亲和力，能强烈地减缓碳在钢中的扩散速度，大大减慢了奥氏体形成过程。为了得到含有足够数量合金元素且分布比较均匀的奥氏体，以便充分发挥合金元素的作用，合金钢就需要更高的加热温度和较长的保温时间。此外，合金钢的奥氏体成分均匀化比碳钢更缓慢，必须采取较高的加热温度和较长的保温时间才能得到比较均匀的奥氏体，以充分发挥合金元素的作用。

合金元素对于奥氏体晶粒长大也有影响，强碳化物形成元素 Ti、Zr、Nb、V 等，由于能形成高熔点、高稳定性的碳化物，因而这些元素有强烈阻碍奥氏体晶粒长大的作用，在合金钢中起细化晶粒的作用；而 W、Mo、Cr 等元素阻碍奥氏体晶粒长大的作用仅次于强碳化物形成元素；铝在钢中不形成碳化物，然而却是控制奥氏体晶粒长大颇为有效和常用的元素，这是因为铝能形成稳定化合物 AlN，从而起到机械阻碍晶粒长大的作用。

2. 合金元素对过冷奥氏体转变的影响

大多数合金元素(除 Co 外)总是不同程度地延缓了珠光体和贝氏体的转变，使等温转变图右移，增加了钢的淬透性，从而使淬火后工件的变形和开裂倾向减少，工件整个截面的力学性能趋于均匀。这对改善钢的热处理工艺性、提高钢的力学性能起着十分重要的作用。

如图 4-7a 所示，非碳化物形成元素及弱碳化物形成元素 Ni、Mn、Si、Cu、Al 等，都增加了过冷奥氏体的稳定性，延缓过冷奥氏体的转变，使等温转变图右移，但等温转变图形状仍和碳素钢相似；如图 4-7b 所示，碳化物形成元素 Cr、Mo、W、V 等溶入奥氏体后，不但使等温转变图右移，而且等温转变图出现两个过冷奥氏体最不稳定区(孕育期最短)，上部为珠光体转变区，下部为贝氏体转变区，在两区之间，过冷奥氏体有很大的稳定性，因而可以利用这个温度区间进行分级淬火、形变热处理等。

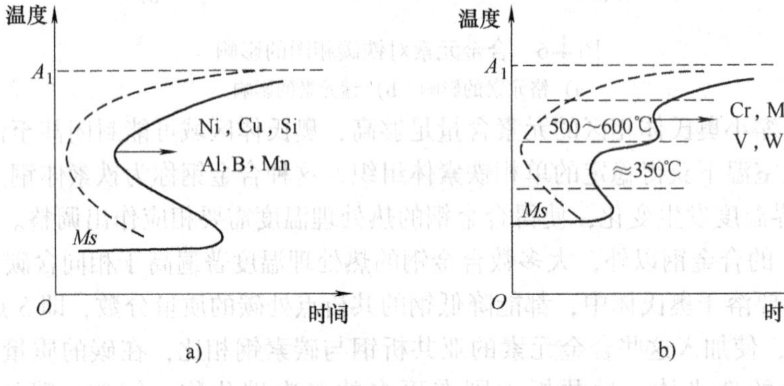

图 4-7 合金元素对奥氏体等温转变曲线的影响
a）非碳化物形成元素的影响 b）碳化物形成元素的影响

除了 Co 和 Al 外，大多数合金元素都会不同程度地降低马氏体转变温度，增加钢中的残留奥氏体量。合金元素对 *Ms* 点的影响如图 4-8 所示，钢的 *Ms* 点越低，*Ms* 点到室温的温度间隔越小，转变成的马氏体量就越少。因此，凡是降低 *Ms* 点的元素，都使淬火后钢中的残留奥氏体数量增加，使钢淬火后的硬度和耐磨性下降，尺寸稳定性降低。对于尺寸稳定性要求高的精密零件，淬火后需进行相应的稳定化处理，如冷处理或长时间的低温回火处理(时效)。

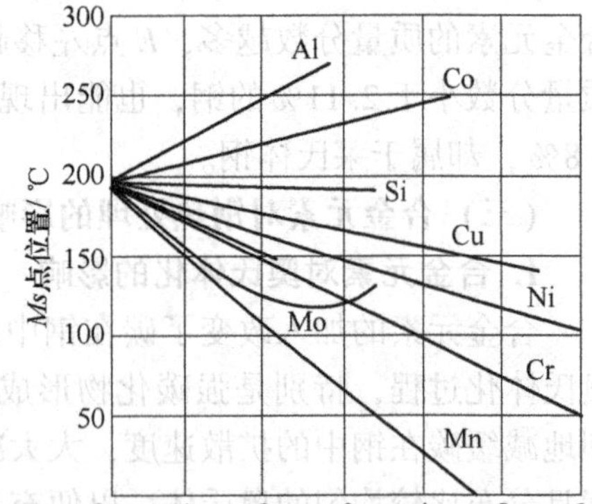

图 4-8 合金元素对 *Ms* 点的影响

3. 合金元素对淬火钢回火转变的影响

淬火钢的回火转变主要是马氏体的分解及碳化物的析出与聚集长大的过程，合金元素加入钢中，会推迟或阻碍这一过程的进行。当含有降低马氏体分解速度的元素时，在相同的回火温度下，合金钢的硬度将高于具有相同碳含量的碳素钢，即马氏体趋于稳定，回火稳定性较高；在硬度相同的条件下，合金钢的回火温度也要比碳素钢高，回火时间也较长，残留应力也可进一步消除，故合金钢的塑性、韧性也比碳素钢高。合金元素一般都能提高残留奥氏体的转变温度范围，与碳素钢相比，合金钢中的残留奥氏体要在更高的温度下回火才能分解。

由于合金元素的扩散慢并阻碍碳的扩散，还阻碍碳化物的聚集和长大，因而合金钢中的碳化物在较高的温度回火时，仍能保持均匀弥散分布的细小碳化物的颗粒。碳化物形成元素，如Cr、W、Mo、V等，在含量较高及在一定回火温度下，还将沉淀析出各自的特殊碳化物。这种特殊碳化物颗粒细小，分布弥散，使钢的硬度不仅不降低，反而再次提高，这种现象称为二次硬化，如图4-9所示。另外，Cr、Mo、W、V等都能显著提高铁素体的再结晶温度。由于合金元素延缓了铁素体再结晶过程，提高了α固溶体的再结晶温度，使钢具有更高的回火稳定性，在很高的回火温度下保持高硬度和高强度，这种性质称为抗回火性或回火稳定性。

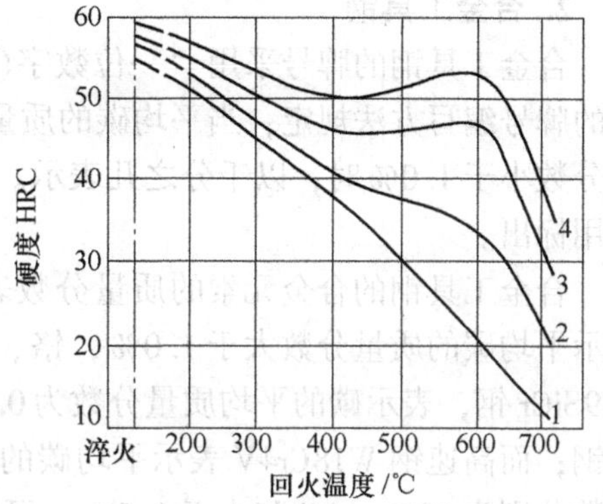

图4-9 含钼量(质量分数)对回火后硬度的影响
1—0%Mo 2—0.5%Mo 3—2%Mo 4—5%Mo

二、合金钢的分类及编号

(一) 合金钢的分类

合金钢的分类种类较多，通常按钢的成分和用途来进行分类。

1. 按化学成分分类

1）按钢中所含合金元素的种类分类，可分为锰钢、铬钢、硅钢、硅锰钢和铬锰钛钢等。

2）按钢中合金元素总的质量分数分类，可分为低合金钢(合金元素总的质量分数小于5%)、中合金钢(合金元素总的质量分数为5%~10%)、高合金钢(合金元素总的质量分数大于10%)。

2. 按用途分类

合金钢按用途可分为合金结构钢(普通低合金钢、渗碳钢、调质钢、滚动轴承钢等)、合金工具钢(刃具钢、模具钢、量具钢)和特殊性能钢(磁钢、不锈钢、耐热钢、耐磨钢等)。

(二) 合金钢的编号方法

我国合金钢的牌号，按照合金钢的用途和化学成分，用数字和元素的化学符号相结合的方法来表示。

1. 合金结构钢

合金结构钢的牌号采用“两位数字+化学元素+数字”的方法表示。前面的两位数字表示钢的平均碳的质量分数，以万分之几表示；合金元素直接用化学符号表示；后面的数字表示合金元素的质量分数，以平均质量分数的百分之几表示。合金元素的质量分数小于1.5%时，编号中只表明元素符号，一般不标明质量分数，如果平均质量分数等于或大于1.5%、2.5%、3.5%…，则相应地以2、3、4…表示。例如：$w_C=0.37\%\sim0.45\%$、$w_{Cr}=0.8\%\sim1.1\%$的铬钢，以40Cr表示；$w_C=0.57\%\sim0.65\%$、$w_{Si}=1.5\%\sim2.0\%$、$w_{Mn}=0.6\%\sim0.9\%$的硅锰钢，则以60Si2Mn表示。

合金结构钢中的滚动轴承钢的编号有些特殊，是用“G”字起首，不标碳的质量分数，而标所含铬的元素符号Cr及其平均含量的千分数。如GCr15，表示$w_C=0.95\%\sim1.05\%$、

w_{Cr}=1.30%~1.65%的滚动轴承钢。

2. 合金工具钢

合金工具钢的牌号采用"一位数字(或无数字)+化学元素+数字"的方法。合金工具钢的牌号编写方法规定，当平均碳的质量分数大于或等于1.0%时，不用标出；平均碳的质量分数小于1.0%时，以千分之几表示。但高速钢例外，不论其碳的质量分数多少，一般都不用标出。

合金工具钢的合金元素的质量分数表示方法基本上与合金结构钢相同。例如CrMn钢，表示平均碳的质量分数大于1.0%，铬、锰的平均质量分数均大于1.5%的合金工具钢；又如9SiCr钢，表示碳的平均质量分数为0.9%，硅、铬的平均质量分数均大于1.5%的合金工具钢；而高速钢W18Cr4V表示平均碳的质量分数为0.7%~0.8%，钨、铬、钒的平均质量分数分别为18%、4%和小于1.5%，可见高速钢只标出合金元素的平均质量分数，而不标出碳的质量分数。

3. 特殊性能钢

特殊性能钢一般可分为高合金钢与低合金钢两大类。高合金特殊性能牌的牌号表示方法与合金工具钢相似。例如：20Cr13，表示钢中平均碳的质量分数为0.2%，平均铬的质量分数为13%。

在某些情况下，高合金特殊性能钢的含碳量在牌号中也不标出，而直接写出所含的合金元素及其含量。例如Cr25Ti钢，钢中平均铬的质量分数为25%，平均钛的质量分数小于1%，经查表，平均碳的质量分数为0.12%。

低合金特殊性能钢的牌号表示方法与合金结构钢相似，例如25Cr2Mo1V，钢中平均碳的质量分数为0.25%，平均铬的质量分数为2%，平均钼的质量分数为1%，平均钒的质量分数小于1%。

另外，对于硫、磷的质量分数较低(w_S<0.020%、w_P<0.030%)的高级优质合金钢，则在牌号的最后面加以符号"A"或"高"字，如20Cr2Ni4A。一些作专门用途的合金钢还有专门的牌号标记，例如，16Mng中的g表示锅炉用钢。

第三节　合金钢性能概述

一、合金结构钢

用于制造各种机械零件以及用于制造各种工程结构的钢，称为结构钢。

合金结构钢中常用的合金元素有Mn、Si、Cr、Ni、W、Mo、V、Ti等。Mn、Cr、Ni等元素对提高钢的综合力学性能起着主要作用，可称为主加元素；W、Mo、V、Ti等元素加入能提高钢的淬透性，细化晶粒，为进一步改善钢的性能起辅助作用，可称为辅加元素。

合金结构钢按化学成分及用途不同，又可分为普通低合金钢、渗碳钢、弹簧钢、滚动轴承钢等。

(一) 普通低合金钢

普通低合金结构钢是在普通碳素结构钢中加入少量的合金元素(总的质量分数小于3%)后冶炼而成的工程材料，又称为高强度工程用钢，简称普低钢。这类钢具有良好的焊接性能和力学性能，耐蚀性也好，主要用于制造桥梁、车辆、船舶等工业；火电厂的锅炉汽包、各种管子、炉顶主梁、风机叶片、高压油管等也广泛应用这种钢制造。

普低钢中碳的质量分数一般控制在0.2%以下，碳的质量分数高会降低钢的塑性和韧性，也影响焊接性能。普低钢中主加元素是Mn、Si，常用辅加元素有V、Ti、Nb或RE等；如加入Mo、B还能提高珠光体的稳定性，增加钢的热强性。常用普低钢的力学性能及用途见表4-7。

表4-7 常用普通低合金钢的力学性能及用途举例

牌号	供货状态	力学性能			用途举例
		R_{eL}/MPa	R_m/MPa	A(%)	
12Mn	热轧	300 280	450 440	21 19	低压锅炉、容器、油罐、车辆、桥梁、船舶
16Mn	热轧	350 330 310	520 500 480	21 19 19	锅炉、石油化工设备低压及中压容器；低、中压钢管；船舶、桥梁大型钢结构
15MnV	热轧	420 400 380	560 540 520	19 18 17	中、高压锅炉汽包，石油化工容器
15MnTi	正火	400 380	540 520	19 19	压力容器及船舶、桥梁结构件；起重机械
14MnMoV 12MnMoV	正火+回火 正火+回火	500 400	650 540	1 17	厚度大于60mm的高压锅炉汽包及高压容器的钢板；12MnMoV可作500℃锅炉钢管
14MnMoVB 14MnMoVBRE	正火+回火 正火+回火	650 500	750 650	15 16	520℃以下的压力容器

（二）渗碳钢

渗碳钢的含碳量很低，一般质量分数为0.1%~0.25%，以保证渗碳零件心部有足够的韧性和塑性。合金渗碳钢中的主加元素是Cr、Mn、Ni、B等，以提高钢的淬透性，强化渗碳层和心部组织；辅加元素为Mo、W、Ti、V等，以形成稳定而硬度高的碳化物，并能有效阻止奥氏体晶粒的长大，进一步改善钢的性能。常用渗碳钢的牌号、化学成分、热处理、力学性能及用途举例见表4-8。

（三）调质钢

合金调质钢碳的质量分数一般为0.25%~0.50%，属于中碳钢。主加元素为Cr、Mn、Si、Ni等，这些元素可以提高淬透性，强化铁素体；辅加元素为Mo、W、V、Ti、B、Al等，这些元素含量一般较少，但能防止钢的高温回火脆性及奥氏体晶粒的粗化。

合金调质钢的热处理一般是油淬后在500~600℃温度下回火，调质后组织一般为索氏体。这类钢具有良好的综合力学性能，重要的机器零件，如轴类、齿轮、螺栓和连杆等多用合金调质钢制造。常用调质钢的牌号、化学成分、热处理、力学性能及用途举例见表4-9。

表 4-8 常用渗碳钢的牌号、化学成分、热处理、力学性能及用途举例(摘自 GB/T 3077—1999)

类别	牌号	化学成分(质量分数,%)							试样尺寸/mm	热处理			力学性能				用途举例
		C	Si	Mn	Cr	Ni	V	其他		第一次淬火温度/℃	第二次淬火温度/℃	回火温度/℃	R_m/MPa	R_{eL}/MPa	A(%)	a_k/J·cm^{-2}	
													不小于				
低淬透性	15Cr	0.12~0.18	0.17~0.37	0.40~0.70	0.70~1.00				15	880 水、油	780~720 水、油	200 水、空	735	490	11	55	截面不大、心部韧性较高的受磨损零件，如齿轮、活塞、活塞环、小轴、联轴节等
低淬透性	20Cr	0.18~0.24	0.17~0.37	0.50~0.80	0.70~1.00				15	880 水、油	780~720 水、油	200 水、空	835	540	10	47	心部要求强度较高的小截面受磨损零件，如机床齿轮、蜗杆、活塞环、凸轮轴等
低淬透性	20MnV	0.17~0.24	0.17~0.37	1.30~1.60			0.07~0.12		15	880 水、油		200 水、空	785	590	10	55	凸轮、活塞销等
中淬透性	20Mn2	0.17~0.24	0.17~0.37	1.40~1.80					15	850 水、油		200 水、空	785	590	11	47	代替20Cr(以节约铬元素)作小齿轮、小轴、活塞销、气门顶杆等
中淬透性	20CrNi3	0.17~0.24	0.17~0.37	0.30~0.60	0.60~0.90	2.75~3.15			25	830 水、油		480 水、空	930	735	10	78	承受重载荷的齿轮、凸轮、机床主轴、传动轴等
中淬透性	20CrMnTi	0.17~0.23	0.17~0.37	0.80~1.10	1.00~1.30			Ti 0.04~0.10	15	880 水、油	870 油	200 水、空	1080	850	10	55	截面 30mm^2 以下，高速，承受中或重载荷、冲击及摩擦的重要零件，如汽车齿轮、齿轮轴、十字头、凸轮等
中淬透性	20CrMnMo	0.17~0.23	0.17~0.37	0.90~1.20	1.10~1.40			Mo 0.20~0.30	15	850 水、油		200 水、空	1180	885	10	55	要求表面高硬度和耐磨的重要渗碳件，如大型拖拉机主齿轮、活塞销、球头销，钻机的牙轮、钻头等
中淬透性	20MnVB	0.17~0.23	0.17~0.37	1.20~1.60			0.07~0.12	B 0.0005~0.0035	15	860 水、油		200 水、空	1080	885	10	55	代替20CrMnTi作汽车齿轮，重型机床上的轴、齿轮等
高淬透性	20Cr2Ni4	0.17~0.23	0.17~0.37	0.30~0.60	1.25~1.65	3.25~3.65			15	880 水、油	780 油	200 水、空	1180	1080	10	63	大截面重要渗碳件，如大齿轮、轴、飞机发动机齿轮等
高淬透性	18Cr2Ni4WA	0.13~0.19	0.17~0.37	0.30~0.60	1.35~1.65	4.00~4.50		W 0.80~1.20	15	950 水、油	850 空	200 水、空	1180	835	10	78	大截面、高强度、高韧性的重要渗碳件，如大齿轮、传动轴、曲轴等

表 4-9 常用调质钢的牌号、化学成分、热处理、力学性能及用途举例(摘自 GB/T 3077—1999)

类别	牌号	化学成分(质量分数,%) C	Si	Mn	Cr	其他	热处理 淬火温度/℃	回火温度/℃	力学性能(不小于) R_m/MPa	R_{eL}/MPa	A(%)	Z(%)	A_K/J	用途举例
低淬透性	40Cr	0.37~0.44	0.17~0.37	0.50~0.80	0.80~1.10		850 油	520 水、油	980	785	9	45	47	重要的齿轮、轴、曲轴、套筒、连杆
	40Mn2	0.37~0.44	0.17~0.37	1.40~1.80			840 油	540 水、油	885	735	12	45	55	轴、半轴、蜗杆、连杆等
	40MnB	0.37~0.44	0.17~0.37	1.10~1.40		B 0.0005~0.0035	850 油	500 水、油	980	785	10	45	47	可代替 40Cr 作小截面重要零件，如汽车转向节、半轴、蜗杆、花键轴
	40MnVB	0.37~0.44	0.17~0.37	1.10~1.40		B 0.0005~0.0035 V 0.05~0.10	850 油	520 水、油	980	785	10	45	47	可代替 40Cr 作柴油机缸头螺栓、机床齿轮、花键轴等
中淬透性	35CrMo	0.32~0.40	0.17~0.37	0.40~0.70	0.80~1.10	Mo 0.15~0.25	850 油	550 水、油	980	835	12	45	63	用作截面不大而要求力学性能高的重要零件，如主轴、曲轴、锤杆等
	30CrMnSi	0.27~0.34	0.90~1.20	0.80~1.10	0.80~1.10		880 油	520 水、油	1080	885	10	45	39	用作截面不大而要求力学性能高的重要零件，如齿轮、轴、轴套等
	40CrNi	0.37~0.44	0.17~0.37	0.50~0.80	0.45~0.75	Ni 1.00~1.40	820 油	500 水、油	980	785	10	45	55	用作截面较大、要求力学性能较高的零件，如轴、连杆、齿轮轴等
高淬透性	40CrMnMo	0.37~0.45	0.17~0.37	0.90~1.20	0.90~1.20	Mo 0.20~0.30	850 油	600 水、油	980	785	10	45	63	用作截面较大，要求强度高、韧性好的重要零件，如汽轮机轴、曲轴等
	40CrNiMo	0.37~0.44	0.17~0.37	0.50~0.80	0.60~0.90	Mo 0.15~0.25 Ni 1.25~1.65	850 油	600 水、油	980	835	12	45	78	用作截面较大，要求强度高、韧性好的重要零件，如汽轮机轴、叶片曲轴等
	25Cr2Ni4WA	0.21~0.28	0.17~0.37	0.30~0.60	1.35~1.65	W 0.80~1.20 Ni 4.00~4.50	850 油	550 水、油	1080	930	11	45	71	200mm 以下，要求淬透的大截面重要零件

注：试样尺寸为 ϕ25mm。

（四）弹簧钢

弹簧是各种机器、仪器和日常生活设备中广泛使用的零件之一，利用弹簧的弹性变形，可以实现缓冲、减振和储能的目的。为了保证弹簧有良好的工作性能和较长的使用寿命，制造弹簧的材料必须具有高的屈服强度、抗拉强度、疲劳强度以及一定的塑性和韧性。屈服强度和抗拉强度高，可以避免产生塑性变形和破断。弹簧一般是在交变应力的条件下工作，其破坏形式主要是疲劳，所以制造弹簧的材料必须具有较高的疲劳强度、韧性和小的缺口敏感性。缺口敏感性是与塑性有关的，因此说弹簧也应该具有一定的塑性。

合金弹簧钢碳的质量分数为0.5%~0.7%，最常用的合金元素为Mn、Si和Cr，其主要作用是提高钢的淬透性和强化铁素体。重要用途的弹簧和高温弹簧还应加入Mo、W、V、Nb等元素，以进一步提高钢的淬透性和回火稳定性，并起到细化晶粒及提高钢的高温强度的作用。

火电厂热力设备中应用弹簧的部件很多，如调速器、汽封、凝汽器、主气门、安全阀等设备中均有弹簧。对于在蒸汽及水中工作的弹簧件，最常用的是30Cr13及40Cr13钢。常用弹簧钢的牌号、化学成分、热处理、力学性能及用途举例见表4-10。

（五）滚动轴承钢

滚动轴承钢是制造滚动轴承中的滚珠、滚柱、滚针和套圈用的材料，对力学性能的要求是高而均匀的硬度和高的疲劳强度。

滚动轴承钢碳的质量分数为0.95%~1.10%，主加元素是铬。加入铬是为了提高钢的淬透性及回火稳定性。铬的碳化物$(Fe、Cr)_3C$呈细小颗粒状，均匀分布于钢中，可提高钢的耐磨性。大型滚动轴承钢还应加入硅、锰等合金元素，以进一步提高钢的淬透性。常用滚动轴承钢的牌号、化学成分、热处理规范及用途举例见表4-11。

二、合金工具钢

用于制造各种刀具、模具、量具等的工具用钢，称为工具钢。工具钢是钢的一个大类，通过热处理可达到高的强度、硬度和耐磨性，也即各种材料加工或塑性成形时对工具所要求的性能。工具钢与渗碳钢或渗氮钢不同，它们可在材料由表及里相当大的深度上保持很高的强度和耐磨性。因此，工具钢除了经常用于制造工具外，还用于制造滚珠和滚柱轴承、量规、多种弹簧、燃油系统元件以及各种机床和机器零件（如各种小齿轮、蜗轮、蜗杆等）。

工具钢的分类方法有很多，按用途可分为刃具钢、模具钢、量具钢。

（一）刃具钢

刃具主要是指用于切削金属或非金属的刀具，如车刀、铣刀、钻头等。根据刃具的工作条件，刃具钢必须具备高硬度、高耐磨性、高热硬性。此外，刃具钢还应有足够的强度和韧性，以免在切削过程中发生断裂和崩刃。

合金刃具钢按其成分和性能分为低合金刃具钢和高速钢。

1. 低合金刃具钢

低合金刃具钢碳的质量分数一般在0.85%~1.50%之间，以保证钢的硬度和形成足够的合金碳化物。加入Cr、Mn、Si主要是为了提高钢的淬透性，同时还能提高钢的强度，加入

表 4-10 常用弹簧钢的牌号、化学成分、热处理、力学性能及用途举例

类别	牌号	化学成分(质量分数,%) C	Si	Mn	Cr	Ni	Cu	P	S	其他	热处理 淬火温度/℃	回火温度/℃	力学性能 R_m/MPa	R_{eL}/MPa	A(%)	Z(%)	A_K/J	用途举例
						不小于							不小于					
硅锰系	55Si2Mn	0.52~0.60	1.50~2.00	0.60~0.90	≤0.35	0.35	0.25	0.035	0.035		870 油	480	1177	1275		6	30	有较好的淬透性，较高的弹性极限、屈服强度和疲劳极限，广泛用于汽车、拖拉机、铁道车辆的弹簧、卷止回阀和安全弹簧，并可作250℃以下使用的耐热弹簧
硅锰系	55Si2MnB	0.52~0.60	1.50~2.00	0.60~0.90	≤0.35	0.35	0.25	0.035	0.035	B 0.005~0.004	870 油	480	1177	1275		6	30	
硅锰系	55SiMnVB	0.52~0.60	0.70~1.00	1.00~1.30	≤0.35	0.35	0.25	0.035	0.035		860 油	460	1226	1373		5	30	
硅铬系	60Si2CrA	0.56~0.64	1.40~1.80	0.40~0.70	0.70~1.00	0.35	0.25	0.030	0.030	V 0.10~0.20	870 油	420	1569	1765	6		20	用作承受重载荷弹簧和重要的大型螺旋弹簧和板簧，如汽轮机汽封弹簧、调节阀和冷凝器弹簧等，并可作300℃以下的耐热弹簧
硅铬系	60Si2CrVA	0.56~0.64	1.40~1.80	0.40~0.70	0.90~1.20	0.35	0.25	0.030	0.030		850 油	410	1667	1863	6		20	
铬锰系	55CrMnA	0.52~0.60	0.17~0.37	0.65~0.95	0.65~0.95	0.35	0.25	0.030	0.030		830~860 油	460~510	1225	1079	9		20	用作载荷较重、应力较大的载重汽车、拖拉机和小轿车的板簧和直径较大(50mm)的螺旋弹簧
铬锰系	60CrMnA	0.56~0.64	0.17~0.37	0.70~1.00	0.70~1.00	0.35	0.25	0.030	0.030		830~860 油	460~520	1226	1079	9		20	
铬钒系	50CrVA	0.46~0.64	0.17~0.37	0.50~0.80	0.80~1.10	0.35	0.25	0.030	0.030	V 0.10~0.20	850 油	500	1128	1275	10		40	用作特别重要的、承受大应力的各种尺寸的螺旋弹簧，并可作400℃以下工作的耐热弹簧
铬钒系	30W4Cr2VA	0.26~0.34	0.17~0.37	≤0.40	2.00~2.50	0.35	0.25	0.030	0.030	V 0.50~0.80 W 4.00~4.50	1050~1100 油	600	1324	1471	7		40	用作高温(≤500℃)下使用的重要弹簧，如锅炉主安全阀弹簧等

注：表列性能适用于截面单边尺寸不大于80mm的钢材。

表 4-11 常用滚动轴承钢的牌号、化学成分、热处理规范及用途举例

牌号	化学成分(质量分数,%)				热处理规范/℃		用途举例
	C	Mn	Si	Cr	淬火	回火	
GCr6	1.05 ~ 1.15	0.20 ~ 0.40	0.15 ~ 0.35	0.40 ~ 0.70	800 ~ 820 水、油	150 ~ 160	直径小于 10mm 的滚珠、滚柱、滚锥及滚针
GCr9	1.00 ~ 1.10	0.20 ~ 0.40	0.15 ~ 0.35	0.90 ~ 1.20	810 ~ 830 水、油	150 ~ 160	直径小于 20mm 的滚珠、滚柱、滚锥及滚针
GCr15	0.95 ~ 1.05	0.20 ~ 0.40	0.15 ~ 0.35	1.30 ~ 1.65	820 ~ 840 油	150 ~ 160	壁厚小于 12mm、外径小于 250mm 的套筒，直径为 20 ~ 50mm 的钢球，直径小于 22mm 的滚子
GCr9SiMn	1.00 ~ 1.10	0.90 ~ 1.20	0.40 ~ 0.70	0.90 ~ 1.20	810 ~ 830 水、油	150 ~ 160	
GCr15SiMn	0.95 ~ 1.05	0.90 ~ 1.20	0.40 ~ 0.65	1.30 ~ 1.65	810 ~ 830 油	150 ~ 160	壁厚不小于 14mm、外径大于 250mm 的套筒，直径为 50 ~ 200mm 的钢球，直径大于 22mm 的滚子

W、V 能在钢中形成不溶于奥氏体的碳化物，以提高钢的硬度和耐磨性，并防止钢在加热时的过热而保持晶粒的细化。此外，Si 还能提高钢的回火稳定性，使淬火后的钢加热到 250 ~ 300℃时仍能保持 60HRC 以上的硬度。因此，合金刃具钢和碳素工具钢相比具有较高的淬透性、强度和耐磨性，以及较小的热处理变形。常用低合金刃具钢的牌号、化学成分、热处理、力学性能及用途举例见表 4-12。

表 4-12 常用低合金刃具钢的牌号、化学成分、热处理、力学性能及用途举例

牌号	化学成分(质量分数,%)					热处理				用途举例
						淬火		回火		
	C	Mn	Si	Cr	其他	淬火温度/℃	HRC	回火温度/℃	HRC	
9SiCr	0.85 ~ 0.95	0.30 ~ 0.60	1.20 ~ 1.60	0.95 ~ 1.25		820 ~ 860 油	≥62	180 ~ 200	60 ~ 62	板牙、丝锥、绞刀、搓丝板、冷冲模等
CrMn	1.30 ~ 1.50	0.45 ~ 0.75	≤ 0.35	1.30 ~ 1.60		840 ~ 860 油	≥62	130 ~ 140	62 ~ 65	各种量规和块规等
9Mn2V	0.85 ~ 0.95	1.70 ~ 2.00	≤ 0.40		V 0.10 ~ 0.25	780 ~ 810 油	≥62	150 ~ 200	60 ~ 62	各种变形小的量规、丝锥、板牙、绞刀、冲模等
CrWMn	0.90 ~ 1.05	0.80 ~ 1.10	≤ 0.40	0.90 ~ 1.20	W 1.20 ~ 1.60	800 ~ 830 油	≥62	140 ~ 160	62 ~ 65	板牙、拉刀、量规及形状复杂、高精度的冷冲模等

从含碳量来看，低合金刃具钢均为过共析钢，所以都需要在加工前进行球化退火。为了获得高硬度和高耐磨性，最终热处理采用淬火及低温回火。由于低合金刃具钢的淬透性较

好，可采用较缓和的淬火冷却介质，选用分级淬火或等温淬火，以减少淬火变形。

2. 高速钢

目前，快速切削方法在金属切削加工中得到广泛应用，对刃具材料的性能要求也越来越高，高速钢刃具的切削速度比碳素工具钢和低合金工具钢要高1~3倍，而刃具寿命提高7~14倍。当刃具刃部温度高于600℃时，则必须采用硬质合金作为刃具材料。常用高速钢的牌号、化学成分、热处理、力学性能及用途举例见表4-13。

表4-13 常用高速钢的牌号、化学成分、热处理、力学性能及用途举例

牌号	化学成分(质量分数,%)							热处理				用途举例
								淬火		回火		
	C	Mn	Si	Cr	W	V	Mo	淬火温度/℃	HRC	回火温度/℃	HRC	
W18Cr4V	0.70~0.80	0.10~0.40	0.20~0.40	0.80~4.40	17.50~19.00	1.00~1.40	≤0.30	1270~1285 油	≥63	550~570 三次	63~66	一般高速切削车刀、刨刀、钻头、铣刀、插齿刀、绞刀等
W6Mo5Cr4V2	0.80~0.90	0.15~0.40	0.20~0.45	3.80~4.40	5.50~6.75	1.75~2.20	4.50~5.50	1210~1230 油	≥63	540~560 三次	63~66	钻头、丝锥、滚刀、拉刀、插齿刀、冷冲模、冷挤压模等
W6Mo5Cr4V3	1.00~1.10	0.15~0.40	0.20~0.45	3.75~4.50	5.00~6.75	2.25~2.75	4.75~6.50	1200~1220 油	≥63	540~560 三次	>65	拉刀、铣刀、成形刀具等
W9Mo3Cr4V	0.77~0.87	0.20~0.40	0.20~0.40	3.80~4.40	8.50~9.50	1.30~1.70	2.70~3.30	1220~1240 油	≥63	540~560 三次	63~66	拉刀、铣刀、成形刀具等

高速钢大多具备高的热硬性。热硬性又叫红硬性，是指钢在较高温度下仍能保持较高硬度的性能。钢经淬火后，随着回火温度的提高，硬度降低，但在加入了较多合金元素的情况下(高合金钢)，在较高温度下回火，钢仍可保持较高的硬度，比较典型的例子如W18Cr4V高速钢，在560℃回火三次。多次回火的主要目的是消除淬火组织中较多的残留奥氏体，使其转变成马氏体；三次回火还能使马氏体中析出更多的碳化物，产生二次硬化，提高热硬性，硬度可达63~64HRC。

高速钢中碳的质量分数在0.70%~1.65%之间，所含主要合金元素有W、Cr、V、Co等，其中碳能够保证形成足够的合金碳化物并使马氏体中固溶足够的碳；铬主要是提高钢的淬透性；钒以稳定的VC存在，可细化晶粒，降低钢的过热倾向，并能提高钢的热硬性和耐磨性；钴可显著提高钢的热硬性和硬度。

钨和钼的作用相似，钼的原子量约为钨的一半，一般可用1%的钼取代2%的钨。高速钢中最主要的碳化物M_6C(M代表金属)是以Fe、Mo、W为主的复合碳化物，它在淬火时部分固溶，回火时又以M_2C碳化物弥散析出，使钢强化，提高硬度和耐磨性，剩下未溶的M_6C碳化物(主要来自共晶碳化物)可阻止淬火加热时的晶粒长大和增加耐磨性。含钼的高速钢其铸态共晶碳化物网较细薄，易于加工破碎，分布较均匀，颗粒较小，热塑性和韧性也较高；但含钼的钢易脱碳，淬火过热敏感性也较大，而钨钢在此方面正与之相反。因此，钨和钼适当配合，能获得综合性能更好的钢种。

高速钢的最终热处理是淬火与回火，其工艺特点是淬火加热温度很高，可达1220～1300℃（而Ac_1≈820℃）。高速钢的淬透性很好，不仅在油中，甚至在空气中也能淬硬，故又称为风钢，淬火后的组织为马氏体＋残留奥氏体＋碳化物。由于含有体积分数为30%～35%的残留奥氏体，所以淬火后的高速钢必须进行2～3次回火，以便使马氏体分解、残留奥氏体转变和消除内应力。高速钢的回火温度为550～570℃，回火后高速钢的组织为回火马氏体＋少量残留奥氏体＋碳化物，其硬度为62～65HRC。

（二）量具钢

量具是用于度量工件尺寸的工具，如卡尺、量块及塞规等。量具用钢的主要性能要求是具有高硬度及良好的耐磨性，并在长期使用和存放期间具有良好的尺寸稳定性。目前，量具用钢主要有碳素工具钢、高碳合金工具钢及渗碳钢等。

碳素工具钢有T10A、T12A等，主要用于制造形状简单、精度不很高的量具，如量规、样圈等圆形量具。

高碳合金工具钢有GCr15、CrWMn等，主要用于制造高精度的量具，如量块、塞规等。

渗碳钢有15、20、15Cr、15CrMn等，主要用于制造长形或平板状量具，如卡规、样板及钢直尺等。

量具的高硬度及耐磨性能是通过选择合适的钢种及热处理来实现的，即淬火和低温回火工艺。为了使量具的尺寸稳定，应尽量减少不稳定的组织及内应力，或者使已形成的组织稳定性增加，以减少时效效应。通常需要有三个附加的热处理工序，即淬火之前的调质处理、常规热处理之间的冷处理及常规热处理后的时效处理。

（三）模具钢

用于制造冷冲模、切边模、锻模、压铸模等模具的钢材，称为模具钢。

根据模具的工作特点，模具钢可分为冷模具钢和热模具钢。

1. 冷模具钢

冷模具钢是用于不需明显加热而进行成形的模具，如冷冲模、冷镦模、切边模、弯曲模、滚丝模和拉丝模等。根据这些模具工作条件的特点，对冷模具钢的基本性能要求是有高的硬度（>58～64HRC）和强度，高的耐磨性，足够的韧性，热处理变形要小和足够的淬透性。

常用冷模具钢的牌号、化学成分、热处理、力学性能及用途举例见表4-14。

表4-14 常用冷模具钢的牌号、化学成分、热处理、力学性能及用途举例

牌号	化学成分（质量分数，%）						交货状态（退火）HBW5/750	热处理		用途举例
	C	Si	Mn	Cr	Mo	其他		淬火温度/℃	HRC ≥	
Cr12	2.00～2.30	≤0.40	≤0.40	11.5～13.0			217～269	950～1000油	60	用作要求耐磨性高、尺寸较大的模具，如冷冲模、拉丝模、冷切剪刀，也可作量具

（续）

牌号	化学成分(质量分数,%)						交货状态(退火)HBW5/750	热处理		用途举例
	C	Si	Mn	Cr	Mo	其他		淬火温度/℃	HRC ≥	
Cr12MoV	1.45 ~ 1.70	≤ 0.40	≤ 0.40	11.0 ~ 12.5	0.40 ~ 0.60	V 0.15 ~ 0.30	207 ~ 255	950 ~ 1000 油	58	用于制作截面较大、形状复杂、工作条件繁重的各种冷作模具，如冲孔模、切边模、拉丝模和量具等

冷模具钢中碳的质量分数较高，均属于过共析钢。经热处理后，有一定的过剩碳化物，以保证所需要的硬度和耐磨性。

2. 热模具钢

热模具钢是用来制造使金属在受热和在很大压力或冲击力的作用下变形的模具，如热锻模、热镦模、热挤压模、精密锻造模、高速锻模等。对热模具钢的基本性能要求是：①高的高温强度，适当的硬度、耐磨性和良好的冲击韧性；②良好的导热性，使模具的热量能迅速散发，避免模具工作表面温度过高；③高的淬透性，保证模具沿整个截面有均匀一致的力学性能。

为了满足上述性能要求，热模具钢中碳的质量分数不宜过高，一般以0.3%~0.6%为宜。若碳的质量分数过高，塑性、韧性下降，导热性也较差；若碳的质量分数过低，则硬度和耐磨性又达不到要求。在热模具钢中加入Cr、Ni、Mn、Si等元素，用以提高钢的淬透性、强度和韧性；而加入W、Mo、V等元素是为了细化晶粒，提高钢的回火稳定性和减少回火脆性。

常用热模具钢的牌号、化学成分、热处理、力学性能及用途举例见表4-15。

表4-15　常用热模具钢的牌号、化学成分、热处理、力学性能及用途举例

牌号	化学成分(质量分数,%)							交货状态(退火)HBW5/750	热处理	用途举例
	C	Si	Mn	Cr	W	Mo	其他		淬火温度/℃	
5CrMnMo	0.50 ~ 0.60	0.25 ~ 0.60	1.20 ~ 1.60	0.60 ~ 0.90		0.15 ~ 0.30		197 ~ 241	820 ~ 850 油或空冷	用作边长≤300 ~ 400mm的中小型热锻模
5CrNiMo	0.50 ~ 0.60	≤ 0.40	0.50 ~ 0.80	0.50 ~ 0.80		0.15 ~ 0.30	Ni 1.40 ~ 1.80	197 ~ 241	830 ~ 860 油或空冷	用作边长≥400mm的大中型热锻模
3Cr2W8V	0.30 ~ 0.40	≤ 0.40	≤ 0.40	2.20 ~ 2.70	7.50 ~ 9.00		V 0.20 ~ 0.50	207 ~ 255	1075 ~ 1125 油或空冷	用作压铸模、热挤压模、平锻机上的凸模、凹模、镶块
4Cr5W2VSi	0.32 ~ 0.42	0.80 ~ 1.20	≤ 0.40	4.50 ~ 5.50	1.60 ~ 2.40		V 0.60 ~ 1.00	≤ 229	1030 ~ 1050 油或空冷	用作高速锤用模具及冲头，热挤压模具及芯棒，有色金属压铸模等

三、特殊性能钢

在钢中加入一些合金元素后，可以使合金钢具有某些特殊的物理、化学或力学性能，用以制造工程上有特殊性能要求的机械零件，这种合金钢称为特殊性能钢。

电厂常用的特殊性能钢有磁钢、不锈钢、耐热钢和耐磨钢等。耐热钢的知识在下一章专门阐述，本节只简单介绍不锈钢和耐磨钢。

（一）不锈钢

在化工、石油和电力等工业部门中，许多机械零部件与酸、碱、盐及腐蚀性气体或水蒸气直接接触，使机械零部件产生腐蚀。因此，用于制造这些机械零部件的钢，除了应具有一定的力学性能及工艺性能外，还必须具有良好的耐腐蚀性能。在大气和弱腐蚀性介质中使用的耐蚀用钢，称为不锈钢；而在各种强腐蚀性介质（例如酸）中使用的耐蚀用钢，则称为不锈耐酸钢。

在不锈钢中，常加入的合金元素有Cr、Ni、Ti、Mo、V、Nb等，根据合金元素的不同，不锈钢分为铬不锈钢（马氏体型）和铬镍不锈钢（奥氏体型）两大类。

1. 铬不锈钢

铬是决定不锈钢耐蚀性好坏的主要元素之一，因为铬与氧气能形成致密的保护膜，还能提高铁素体的电极电位。马氏体型不锈钢由于淬透性高，碳的质量分数较高，空冷就能得到马氏体，故而得名，也称为Cr13型不锈钢。典型马氏体不锈钢的牌号、化学成分、热处理规范、力学性能及用途见表4-16。

表4-16　典型马氏体不锈钢的牌号、化学成分、热处理规范、力学性能及用途

牌号	化学成分（质量分数,%）		热处理规范		力学性能					用途
	C	Cr	淬火	回火	R_{eL} /MPa	R_m /MPa	A (%)	a_K /J	HBW 5/750	
06Cr13	≤0.08	11.50~13.50	950~1000	700~750	345	490	24			用于较高韧性及受冲击负荷的零件，如汽轮机叶片、结构类、不锈设备、衬里、螺栓、螺母等
12Cr13	≤0.15	11.50~13.50	950~1000	700~750	345	540	25	78	159	具有良好的耐蚀性、机械加工性，一般用于刀具类
20Cr13	0.16~0.25	12.00~14.00	920~980	600~750	440	635	20	63	192	淬火状态下耐蚀性良好，用于制作汽轮机叶片
30Cr13	0.26~0.35	12.00~14.00	920~980	600~750	540	735	12	24	217	比20Cr13淬火后硬度高，用于刀具、喷嘴、阀座、阀门等
68Cr17	0.60~0.75	16.00~18.00	1010~1070	100~180					54 HRC	硬化状态下坚硬，但比85Cr17、108Cr17韧性好，用于刀具、量具、轴承

马氏体型不锈钢主要是在氧化性介质中使用，如大气、水蒸气、淡水、海水、温度不超过30℃的盐水溶液、硝酸、食品介质以及浓度不高的有机酸等，在这些介质中有良好的耐蚀性能。但在强酸中马氏体型不锈钢的耐蚀性能很低。为此，又研制出了奥氏体型不锈钢。

2. 铬镍不锈钢

镍是扩大γ相区的元素，在低碳镍钢中镍的质量分数达到24%以上时，可获得单相奥氏体组织，钢的耐蚀性能显著提高，但这时钢的强度不高。如果要获得适度的强度和高耐蚀性，必须把镍和铬同时加入钢中才能达到零部件的性能要求。

奥氏体型不锈钢中碳的质量分数很低，在一般冷却条件下(如空冷)通常得到单相奥氏体组织，故而得名，也可称为18-8型不锈钢。奥氏体型不锈钢的耐蚀性比马氏体型不锈钢高，它具有良好的冷变形性能，在室温及低温下有良好的韧性和良好的焊接性能。但是，18-8型不锈钢有晶间腐蚀的倾向，为了进一步提高其耐腐蚀性能，防止晶间腐蚀，在18-8型的基础上多加了一点镍，又加入质量分数为0.4%~0.8%的钛，提高与碳之间的亲和力，防止晶界上的铬析出，避免产生晶间腐蚀，形成了18-9型铬镍不锈钢。典型奥氏体不锈钢的化学成分、热处理规范、力学性能及用途见表4-17。

表4-17 典型奥氏体不锈钢的化学成分、热处理规范、力学性能及用途

牌号	化学成分(质量分数,%)					热处理/℃	力学性能				用途
	C	Cr	Ni	Ti	Mo		R_{eL}/MPa	R_m/MPa	A(%)	Z(%)	
06Cr19Ni10	≤0.06	17~19	8~11			1080~1130水冷	200	500	45	60	焊芯
12Cr18Ni9	≤0.12	17~19	8~11			1100~1150水冷	200	550	45	55	发电机水接头、刷握罩及紧固件；不锈耐酸外壳；船舶控制设备的低磁性零件
17Cr18Ni9	0.13~0.22	17~19	8~11			1100~1150水冷	220	580	40	55	
06Cr18Ni11Ti	≤0.08	17~19	8~11	5C~0.7		950~1050水冷	200	500	40	55	焊芯、抗磁仪表、医疗器械、耐酸容器及管道、航空发动机排气系统的尾喷管等
07Cr19Ni11Ti	≤0.12	17~19	8~11	0.5~0.8		950~1050水冷	200	550	40	55	
022Cr19Ni10	≤0.03	17~19	8~11			1050~1100水冷	180	490	40	60	具有良好的耐蚀和耐晶间腐蚀能力，用作化学工业、化肥工业及化纤工业上的重要耐腐蚀零件
022Cr17Ni12Mo2	≤0.03	17~19	12~16		1.8~2.5	1050~1100水冷	180	490	40	60	

铬镍不锈钢有明显的加工硬化现象，所以通过冷变形加工可以提高钢的强度和硬度。铬镍不锈钢经过淬火后不能提高强度和硬度，只是通过淬火使不锈钢具有单相奥氏体组织，有效提高钢的耐腐蚀性能。因此，冷变形加工是铬镍不锈钢提高强度的唯一途径。

(二) 耐磨钢

磨损是机器零部件在工作中难以避免的一种损坏现象，也是机器零件失效的主要原因之一。所谓磨损，是指两物体作相对运动时，物体表面物质不断损耗或产生塑性变形的现象。机器零件磨损后，往往会改变原来的尺寸甚至形状，失去原来的精密度，严重磨损的零件将无法继续使用。因此，研究分析引起磨损失效的原因，探求防磨的方法，选用合适的耐磨材料，是一项十分重要的工作。

1. 磨损的类型

磨损虽然是普遍存在的，但却是一个比较复杂的损坏现象。不同的机器零件，不仅表现出不同的磨损现象，而且即使是同一个零件，由于工作条件的不同，表现出来的磨损现象也有所不同。为了分析磨损机理，以便采取相应的措施，工程上对磨损进行了分类。通常，按照磨屑形成的过程及其特点将磨损分为以下四种不同类型。

(1) 粘着磨损　两个接触表面在相对运动过程中，如果表面实际接触点所受到的应力很大，这些实际接触点发生了粘合(显微焊和)，继而被剪切分离，并以磨屑的形式脱离本体，这种磨损称为粘着磨损，也叫咬合磨损。

(2) 磨粒磨损　由于硬颗粒或硬突出点沿着金属表面运动，使金属表面的物质不断损耗，这种磨损称为磨料磨损，也称为磨粒磨损。磨粒磨损是一种最常见的磨损形式，在磨损损坏中约占50%。

(3) 疲劳磨损　疲劳磨损是交变应力在金属表面作用的结果。滚动轴承中滚珠与滑道之间的接触点，其作用力便属于交变应力。交变应力使金属表面产生疲劳裂纹，疲劳裂纹又在交变应力的作用下不断扩展，引起表面开裂，以至剥落。疲劳剥落的部分是磨屑，这种磨损称为疲劳磨损，又称为表面接触疲劳磨损。

(4) 腐蚀磨损　腐蚀磨损是金属在腐蚀介质中发生的，金属表面的损坏既有因摩擦而产生的磨损，又有因腐蚀介质而引起的腐蚀损失。腐蚀磨损根据腐蚀介质不同，分为冲蚀和气蚀。

磨损的类型不同，对金属材料的性能要求也不同。而且，实际生产中的磨损往往包含很多过程，工作条件不同，引起损坏的磨损类型必然不同，各种磨损也能相互影响。因此，研究磨损问题和耐磨材料时，必须弄清零件的工作条件，分析引起损坏的主要磨损类型，然后选择合适的方法。

2. 高锰钢

锰元素对于提高钢的耐磨性具有重要的作用，在生产中应用最普通的是高锰钢 Mn13。Mn13 的化学成分是 $w_C = 1.0\% \sim 1.3\%$，$w_{Mn} = 11\% \sim 14\%$。由于它机械加工困难，通常都是铸造成型。铸造高锰钢的牌号为 ZGMn23，此钢由于组织中有碳化物的存在，致使钢的韧性较低。为了改善钢的韧性，应进行水韧处理，使高锰钢获得全部奥氏体组织。所谓水韧处理，是把钢加热到临界点温度以上(1000～1100℃)，保温一段时间，使钢中碳化物全部溶入到奥氏体中去，然后迅速地把钢浸入水中冷却。水韧处理时，由于冷却速度快，碳化物来不及从奥氏体中析出，因而获得全部奥氏体。当零件在使用中受到剧烈冲击或较大压力作用时，其表面产生加工硬化，硬度可提高到 465～575 HBW5/750，这样表层具有良好的耐磨性，而心部奥氏体又具有足够的韧性。水韧处理后的高锰钢不宜加热到250℃以上，这是因为加热超过300℃时，短时间内即开始析出碳化物，而使性能变坏，因此高锰钢铸件水韧处理后一般不进行回火。为了防止产生淬火裂纹，可考虑改进铸件设计。

高锰钢广泛应用于既耐磨损又耐冲击的一些零件。在铁路交通方面，高锰钢用于铁道上的辙岔、辙夫、转辙器及小半径转弯处的轨条等。高锰钢用于这些零件，不仅由于它具有良好的耐磨性，而且由于它材质坚韧，不容易突然折断。即使有裂纹开始发生，由于加工硬化作用，也会抵抗裂纹的继续扩展。

另外，高锰钢在寒冷气候条件下还有良好的力学性能，不会冷脆。高锰钢用于挖掘机铲斗、各种碎石机的颚板、衬板，具有非常优越的耐磨性。高锰钢在受力变形时能吸收大量的能量，受到弹丸射击时也不易穿透，因此，高锰钢也用于制造防弹板以及保险箱钢板等。高锰钢还大量用于挖掘机、拖拉机、坦克等的履带板、主动轮、从动轮和履带支承滚轮等。由于高锰钢是非磁性的，也可用于既耐磨损又抗磁化的零件，如吸料器的电磁铁罩。

为了进一步提高高锰钢的耐磨性，往往在高锰钢中添加铬、钼、钒、钛等合金元素，既可以强化奥氏体基体，又能得到弥散分布的碳化物硬质点，提高钢的强度和硬度，改善钢抗疲劳破坏的能力，增加钢的耐磨性。

3. 低合金耐磨钢

高锰钢零件在使用中必须伴随外来的压力和冲击作用，否则高锰钢是不耐磨的，其耐磨性并不比硬度相同的其他钢种好。低合金耐磨钢可以替代高锰钢，用于冲击不大、应力较小的易磨损零件。

低合金耐磨钢中碳的质量分数视工作条件而定，对耐磨性要求高而韧性要求不高的，可选用碳的质量分数较高的钢；若对塑韧性要求较高的，可选用碳的质量分数较低的钢。加入合金元素的作用是增加淬透性、强化基体、细化晶粒或者形成弥散碳化物，起弥散强化的作用。常用的合金元素有铬、锰、钼、硅、钛、硼和稀土元素等。

电力系统部分零件的工作环境较为恶劣，由于磨损引起的事故往往会带来巨大的经济损失，因此在研制低合金耐磨钢方面做了大量的工作，研制出了 45Mn2、45Mn2B、40CrMnSiMoRE、60Cr2MnSiRE 等钢种，用以制造煤粉系统中的易磨损件。

4. 其他耐磨材料

随着材料科学和焊接技术的不断发展，某些易磨损零件的表面可以采用堆焊防磨层来解决磨损问题。堆焊材料随着磨损类型的不同而不同，如为了减少磨料磨损，可采用高铬白口铸铁焊条；为了减少和避免气蚀，可采用 20Cr13 或 06Cr18Ni11Ti 等不锈钢焊条。

近几年来，热喷涂技术在防磨工作中也得到了重视和应用，它是将合金粉末喷涂或喷熔到金属表面，这样既可以预防性地防磨覆盖，也可对已磨损的零件尺寸和形状进行修复。热喷涂工艺简单，合金粉末种类多，有很大的实用价值。

第四节 有色金属及其合金

通常将铁及其合金以外的金属统称为有色金属。有色金属的种类很多，往往具有某些特殊的性能，也是现代工业技术中不可缺少的工程材料。在火电厂热力设备中常用铝、铜、钛及其合金，以及以锡为基体的轴承合金。

一、铝及铝合金

（一）工业纯铝

铝是地球上储量最丰富的金属元素，比铁的储量多两倍，比其他有色金属的总储量还多。铝的产量仅次于铁，应用十分广泛。

纯铝的密度小（2.7g/cm^3），仅是铁的1/3。其强度很低，R_m = 80 ~ 100MPa，但塑性很好，A = 30% ~ 50%。通过加工硬化可使其强度提高，但塑性下降。通过合金化铝合金的强度可达500 ~ 600MPa。纯铝的导电、导热性仅次于银、铜、金，而居第四位。若按单位质量导电能力计算，铝的导电能力约为铜的200%。纯铝具有良好的耐大气腐蚀能力，在空气中铝的表面可生成致密的氧化膜，可有效地隔绝铝和氧的接触，阻止表面的进一步氧化。

根据上述特点，工业纯铝的主要用途包括：①代替较贵重的铜制作导线、电缆；②配制铝合金；③制作具有导热和耐大气腐蚀性能而对强度要求不高的用具和器皿。

铝的熔点为660℃，结晶后具有面心立方晶格，没有同素异构转变。工业纯铝中常见的杂质是铁和硅，杂质越多，其导电性、导热性越低，耐蚀性、塑性越差。我国工业纯铝的牌号用“L”加上杂质限量编号的数字组成，有L_1 ~ L_6等，数字越大，纯度越低。

（二）铝合金

纯铝的强度低，不适于作结构材料。为了提高其强度，最有效的方法是在纯铝中加入合金元素（如Si、Cu、Mg、Mn等）形成铝合金，铝合金一般仍具有密度小、耐大气腐蚀、导热性好等特点。

1. 铝合金的分类

根据铝合金的成分和工艺特点，可将铝合金分为变形铝合金和铸造铝合金两类。铝合金的分类见表4-18，其分类示意图如图4-10所示。

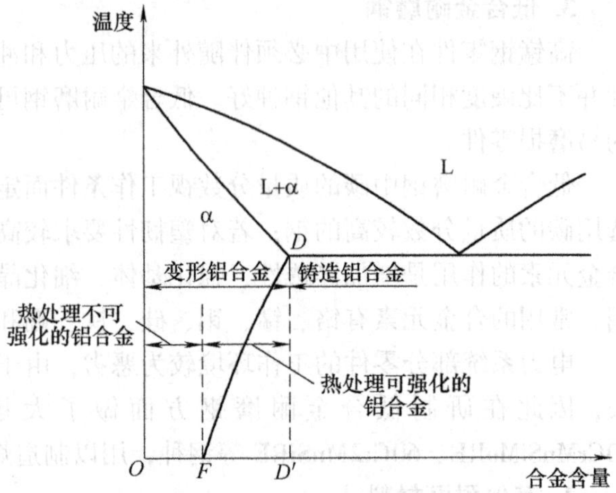

图4-10　铝合金分类示意图

L—液相　α—固溶体

表4-18　铝合金的分类

类　别	合 金 名 称	合金主要成分（合金系）	热处理和性能特点	举　例
铸造铝合金	简单铝硅合金	Al-Si	不能热处理强化，力学性能较低，铸造性能好	ZL102
	特殊铝硅合金	Al-Si-Mg	可热处理强化，力学性能较高，铸造性能良好	ZL101
		Al-Si-Cu		ZL107
		Al-Si-Mg-Cu		ZL105，ZL110
		Al-Si-Mg-Cu-Ni		ZL109
	铝铜铸造合金	Al-Cu	可热处理强化，耐热性好，铸造性和耐蚀性差	ZL201
	铝镁铸造合金	Al-Mg	力学性能高，耐蚀性好	ZL301
	铝锌铸造合金	Al-Zn	能自动淬火，宜于压铸	ZL401
	铝稀土铸造合金	Al-RE	耐热性好，耐蚀性高	ZL109RE

（续）

类别		合金名称	合金主要成分（合金系）	热处理和性能特点	举例
变形铝合金	不能热处理强化的铝合金	工业纯铝	w_{Al}≥99.90%	塑性好，耐蚀，力学性能低	1A99，1050，1200
		防锈铝	Al-Mn	力学性能较低，耐蚀性好，可焊，压力加工性能好	3A21
			Al-Mg		5A50
		硬铝	Al-Cu-Mg	力学性能高	2A11，2A12
	可热处理强化的铝合金	超硬铝	Al-Cu-Mg-Zn	室温强度最高	7A04，7A09
		锻铝	Al-Mg-Si-Cu	锻造性能好，耐热性能好	6A02
			Al-Cu-Mg-Fe-Ni		2A50

2. 变形铝合金

在图4-10中，成分在*D*点以左的合金，在加热到较高温度时，可以得到均匀的单相固溶体，其塑性较好，适宜进行锻造、压延与拉深，故称为变形铝合金。变形铝合金又可分为两类，成分位于*F*点以左的合金，其固溶体的成分不随温度而变化，因此，属于不能热处理强化的铝合金；成分在*F*点以右的合金，其固溶体的成分随温度而变化，因此可用淬火(固溶处理)和随后的时效硬化，使合金的强度大大提高，故称为可以热处理强化的铝合金。按照GB/T 16474—1996规定，变形铝合金牌号用四位字符体系表示，牌号的第一、三、四位为数字，第二位为字母“A”。牌号中的第一位数字是依主要合金元素Cu、Mn、Si、Mg、Mg_2Si、Zn的顺序来表示变形铝合金的组别，依其主要合金元素的排列顺序分别标示为2、3、4、5、6、7。例如5A50，表示以镁为主要合金元素的变形铝合金。后两位数字用以标识同一组别中的不同。

防锈铝合金属于热处理不能强化的铝合金，只能靠冷变形加工硬化来提高强度。这类合金主要是Al-Mg或Al-Mn合金。防锈铝合金耐蚀性高，塑性、韧性及焊接性能好，具有比纯铝高的强度。火电厂中常用于热交换器、管子、容器、壳体和铆钉等。

硬铝合金是Al-Cu-Mg合金，并含有少量的锰。加入铜和镁能形成强化相，使合金能通过热处理进行时效硬化。锰的加入主要是为了改善合金的耐蚀性，也有一定的固溶强化作用，但锰的析出倾向小，因此不参与时效硬化。由于其比强度较高，故名硬铝。硬铝的耐蚀性较差，更不耐海水浸蚀，所以，在硬铝板材的表面常轧覆薄层的纯铝，以增加其耐蚀性。硬铝常用于航空制造业结构件的制造，如飞机螺旋桨、叶片、隔框、蒙皮、支架及承受高负荷的铆钉等。

超硬铝合金是Al-Cu-Mg-Zn合金，这是强度最高的一种铝合金。这种合金经过适当淬火和120℃左右的人工时效后，可以获得较好的力学性能。超硬铝合金的最大缺点是耐蚀性差，一般也要包覆铝，以提高其耐蚀性。由于其比强度已相当于超高强度钢，故名超硬铝合金。在火电厂中，硬铝和超硬铝主要用做铆钉、冲压件及发电机离心式风扇叶片等。

3. 铸造铝合金

从图4-10中可以看出，成分在*D*点以右的合金，由于结晶温度低，有共晶组织存在，因而流动性好，宜于进行铸造，故称为铸造铝合金。铸造铝合金有Al-Si、Al-Mg及Al-Cu等合金，其中 Al-Si 合金应用最广。铸造铝合金由于铸造性能好，适宜制造形状复杂的零部件，如仪表零件、油泵、活塞、气缸体和小型电机外壳等。铸造铝合金的牌号表示法，用“ZL”加上数字序号来表示。

二、铜及铜合金

（一）工业纯铜

工业上使用的纯铜，其铜的质量分数为99.70%~99.95%，呈玫瑰红色。当表面生成氧化膜后，呈紫色，其特点如下：

1）密度为8.96g/cm^3，熔点为1083℃，具有面心立方晶格，无同素异构转变。

2）有优良的导电性、导热性及良好的耐蚀性，并具有抗磁性。

3）强度不高（R_m = 230 ~ 240MPa），硬度很低（40 ~ 50HBW10/1000），塑性很好（A = 45%~50%），易于进行冷、热压力加工。

纯铜主要用作导电材料，如电线、电缆等，还可用来配制各种合金。纯铜及其合金对于制造不允许受磁性干扰的磁学仪器，如罗盘、航空仪表和炮兵瞄准环等具有重要价值。冷加工后的纯铜将产生加工硬化，强度可提高到400~500MPa，但塑性下降到2%左右。

工业纯铜的杂质主要有铅、铋、氧、硫、磷等，这些杂质的存在会降低铜的导电率，并使铜的加工工艺性能恶化。我国的工业纯铜按其所含杂质的多少分为三级，即 T1 ~ T3，“T”是汉语拼音中铜字的首字母，后面辅以数字符号，数字越大，纯度越低。

（二）黄铜

黄铜是以铜、锌两种元素为主的铜合金，按化学成分分为普通黄铜和特殊黄铜两种。

1. 普通黄铜

普通黄铜是铜和锌的二元合金，锌对黄铜力学性能的影响如图4-11所示。

锌对黄铜力学性能的影响是跟其组织状态相关的。当锌的质量分数小于32%时，锌完全溶于铜的晶格中，形成α固溶体，黄铜的强度和塑性随着锌的质量分数增加而提高。这种单相α黄铜具有优良的冷变形能力，适用于冷热压力加工，称为压力加工黄铜。当锌的质量分数大于32%时，合金中出现硬度高、脆性很大的β′相。β′相是以化合物 CuZn 为基体的固溶体，它在高温下塑性较好，而在室温下脆性很大，因而使黄铜的塑性有所下降，而强度继续提高。组织为α + β′的双相黄铜适宜于热加工和铸造，又称为铸造黄铜。若锌的质量分数增加到45%~47%时，合金组织全部变为β′相；继续增加锌的含量，合金中出现γ相，强度和塑性都急剧下降，因此没有实用价值。

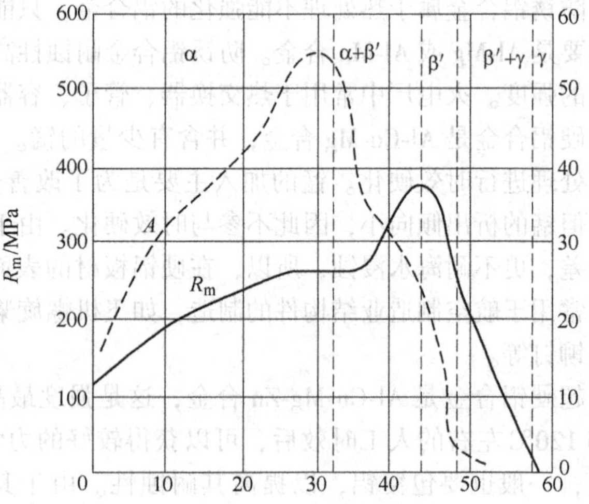

图4-11　锌对黄铜力学性能的影响

普通黄铜的编号用“黄”字的汉语拼音首位字母“H”加数字表示，数字代表含铜量。例如 H68，表示铜的质量分数约为 68%，余量为锌的普通黄铜。铸造黄铜的牌号前加字母“Z”，例如 ZCuZn38，表示锌的质量分数为 38% 的铸造黄铜。

2. 特殊黄铜

特殊黄铜是在铜和锌的基础上，再加入少量的其他元素(如 Al、Mn、Sn、Si、Pb 等)，以进一步提高铜合金的力学性能、耐腐蚀性能和耐磨性能，另外改善了铜合金的切削加工性能。

特殊黄铜的牌号要标明所加入的元素及其含量。例如 HAl67-2.5，表示铜的质量分数为 67%、铅的质量分数为 2.5%，剩余是锌的铝黄铜。

常用黄铜的牌号、化学成分、力学性能及用途见表 4-19。

表 4-19　常用黄铜的牌号、化学成分、力学性能及用途

类别	牌号	化学成分(质量分数,%)			力学性能			用途
		Cu	其他	Zn	R_m/MPa	A(%)	HBW 10/1000	
					不小于			
普通黄铜	H68	67~70		余量	320 660	55 3	 150	复杂的冷冲件和深冲件、散热器外壳、导管及波纹管等
普通黄铜	H62	60.5~63.5		余量	330 600	49 3	56 164	销钉、铆钉、螺母、垫圈、导管、夹线板、环形件、散热器等
特殊黄铜	HPb59-1	57~60	Pb 0.8~1.9	余量	650	16	140 HRB	销子、螺钉等冲压件或加工件
特殊黄铜	HMn58-1	57~60	Mn 1.0~2.0	余量	7000	10	175	船舶零件及轴承等耐磨零件
铸造黄铜	ZCuZn16Si4	79~81	Si 2.5~4.5	余量	345 390	15 20	88.5 98.0	接触海水工作的配件以及水泵、叶轮和在空气、淡水、油、燃料以及工作压力在 4.5MPa 和 250℃以下蒸汽中工作的零件
铸造黄铜	ZCuZn40Pb2	58~63	Pb 0.5~2.5 Al 0.2~0.8	余量	220 280	15 20	78.5 88.5	一般用途的耐磨、耐蚀零件，如轴套、齿轮等

(三) 青铜

如果铜合金中加入的主要合金元素不是锌而是锡、铅、铝等元素，这种铜合金称为青铜。常用的青铜有锡青铜、铝青铜、铍青铜等。

1. 锡青铜

锡青铜是以锡为主加元素的铜合金。含锡量对锡青铜的组织和力学性能可产生很大的影响，如图 4-12 所示。锡的质量分数小于 5%~6% 的锡青铜，其室温组织是单相的锡溶入铜中形成的 α 固溶体。α 固溶体具有面心立方晶格，塑性好，适于进行冷热压力加工。当锡的质量分数大于5%~6%时，锡青铜的室温组织是α+(α+δ)共析体组织。δ相是以电子化合物$Cu_{31}Sn_8$为基的固溶体，是一个硬脆相，它的出现将使锡青铜的塑性降低。当锡的质量分数大于10%时，由于锡青铜的塑性显著下降，因此，只适宜于铸造。当锡的质量分数达到20%以上时，其强度、塑性都很低，已无使用价值，故工业上使用的锡青铜锡的质量分数大多在3%~14%之间。

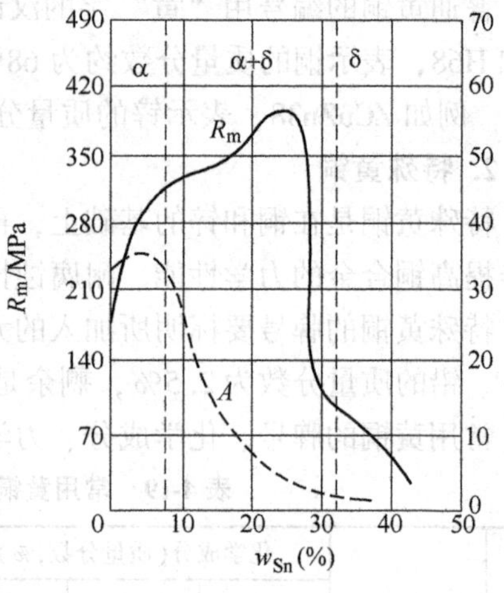

图4-12 锡对铜合金组织性能的影响

压力加工用的锡青铜通常由冶金厂加工成板、带、棒、管等型材供应使用。由于铜-锡合金的结晶温度区间较大，易形成树枝状偏析和分散缩孔，用普通浇注法所得铸件的致密性差，其制成的容器在高压下易渗漏。但对于致密性要求不高、形状复杂、壁厚较大的铸件，锡青铜则是良好的铸造材料。它的收缩率小，在海水、淡水、潮湿空气以及蒸汽中的耐蚀性比纯铜及黄铜都好。

锡青铜的牌号用铜和锡的化学元素符号以及数字表示，数字指锡的含量，余数则为铜的含量。铸造用锡青铜在牌号前加Z字母。如果在锡青铜中加入一些可以提高某些性能的其他元素，则在锡青铜牌号中也应标出其他元素的化学符号，并在符号后面用数字标出含量。

2. 铝青铜

铝青铜中铝的质量分数在5%~10%之间。铝青铜比锡青铜具有更好的耐蚀性及更高的力学性能。与锡青铜相比，它的结晶温度范围较小，集中缩孔大，分散缩孔小，采用适当冒口可获得致密的铸件。

为了进一步提高铝青铜的性能，常加入铁、锰、镍等合金元素，其中铁在铜中可依靠包晶转变促进形核，细化晶粒，提高铝青铜的强度、硬度和韧性；锰可因其固溶强化作用而提高铝青铜的强度；镍则可进一步提高铝青铜的耐蚀性。

铝青铜常用来制造强度、耐磨性要求较高的且在大气、淡水和海水中具有一定耐蚀性能的弹性元件及耐磨零件等，如要求耐蚀的弹簧、齿轮、摩擦轮、蜗轮传动机构、轴承、衬套等。

3. 铍青铜

铍的密度小($1.85g/cm^3$)，熔点高(1280℃)，是一种硬而脆的金属。常用铍青铜中铍的质量分数为1.7%~2.5%。铜里添加少量的铍，就会使合金的性能发生很大的变化。铍青铜通过淬火和时效，可以具有很高的强度(1200~1500MPa)和硬度(350~410HBW5/750)，远远超过其他所有的铜合金，甚至可以和高强度的钢相媲美。与此同时，它的弹性极限、疲劳极限、耐磨性、耐蚀性也都很好，是各种性能结合得很好的一种合金。另外，它还具有导电性好、导热、耐寒、无磁、受冲击时不产生火花等一系列优点。

铍青铜在工业上用来制造重要用途的弹性元件和耐磨零件，如钟表齿轮，高温、高压、高速工作的轴承和其他重要零件，如航海罗盘、电焊机电极、防爆工具等。它的主要缺点是价格高。

除此之外，工业中常用的青铜还有锰青铜和铅青铜等，主加元素分别为锰和铅。通常将铝青铜、铍青铜、锰青铜和铅青铜等统称为无锡青铜。

常用青铜的牌号、化学成分、力学性能及用途见表4-20。

表4-20　常用青铜的牌号、化学成分、力学性能及用途

类别		牌　号	化学成分（质量分数，%）			加工状态或铸造方法	力学性能		用　途
			Sn	Cu	其他		R_m/MPa	A(%)	
锡青铜	压力加工	QSn4-3	3.5～4.5	余量	Zn2.7～3.3	板、带、棒、线	350	40	弹簧、管配件和化工机械中的耐磨及抗磁零件
锡青铜	压力加工	QSn6.5-0.4	6.0～7.0	余量	P0.26～0.40	板、带、棒、线	750	9	耐磨及弹性元件
锡青铜	压力加工	QSn4-4-2.5	3.0～5.0	余量	Zn3.0～5.0 Pb1.5～3.5	板、带	650	3	轴承及轴套的衬垫等
锡青铜	铸造	ZCuSn10Zn2	9.0～11.0	余量	Zn1.0～3.0	砂型	240	12	在中等级较高载荷下工作的重要管配件，阀、泵体、齿轮等
						金属型	245	6	
锡青铜	铸造	ZCuSn10Pb1	9.0～11.5	余量	Pb0.5～1.0	砂型	220	3	重要的轴瓦、齿轮、连杆和轴套等
						金属型	310	2	
无锡青铜	压力加工	QAl7	Al6.0～8.0	余量		板、带、棒、线	637	5	重要的弹簧和弹性元件
无锡青铜	压力加工	QBe2	Be1.8～2.1	余量	Ni0.2～0.8	板、带、棒、线	500	30	重要仪表的弹簧、齿轮等
无锡青铜	铸造	ZCuPb30	Pb27.0～33.0	余量		金属型			高速双金属轴瓦、减磨零件等
无锡青铜	铸造	ZCuAl10Fe3Mn2	Al9.0～11.0	余量	Fe2.0～4.0 Mn1.0～2.0	砂型	490	13	重要用途的耐磨、耐蚀铸件，如轴套、螺母、蜗轮等
						金属型	540	15	

三、钛及钛合金

（一）工业纯钛

钛是银白色金属，密度小（4.5g/cm³），约为钢的3/5，熔点为1668℃。钛具有同素异构转变，在882℃以下为密排六方结构的α-Ti，882℃以上为体心立方的β-Ti。

钛具有优越的综合性能，它的强度较高，接近于普通钢，有的钛合金强度可达1400MPa；它的耐热性好，特别适用于300～600℃温度范围内工作的航空、航天等要求比强度高的器件；它还具有优异的耐蚀性能，在硫酸、盐酸、硝酸、氢氧化钠及海水中均有优良的稳定性，在质量分数为85%的醋酸条件下其耐蚀性优于不锈钢。影响钛性能的主要因素是碳、氮、氢、氧等杂质元素及其含量。

（二）钛合金

钛合金的主要加入元素有Al、Cr、Mn、Fe、Mo、V等，这些元素能与钛形成置换固溶体，有些还能与钛化合形成金属化合物。加入的元素起固溶强化和弥散强化的作用，从而提高钛合金的硬度。加入锡和锆等元素，还能提高钛合金的耐热性能。

按组织状态的不同，钛合金可分为α钛合金、β钛合金和α+β钛合金。

1. α钛合金

α钛合金的组织为单相α固溶体，它的主要合金元素为扩大α-Ti区域的铝以及中性元素锡、锆等。α钛合金的耐热性和抗氧化性比纯钛高，具有很好的强度和韧性。它的室温强度不如β钛合金和α+β钛合金，但在高温(500~600℃)时的强度却优于β钛合金和α+β钛合金。α钛合金不能进行热处理强化，成形性能较差。常用的牌号有TA2、TA6、TA7等，其中数字越大，表示合金元素含量越高。

2. β钛合金

β钛合金的组织为β固溶体，它的合金元素主要为Cr、Mo、Mn、Fe、V等扩大β-Ti区域的稳定元素。β钛合金具有很高的强度，此外，由于β相为体心立方晶格，故它具有良好的塑料，易于进行冲压成形。工业用β钛合金都要经过固溶处理，若要进一步提高钛合金的强度，还可以进行时效处理。常用牌号有TB2、TB3等。

3. α+β钛合金

α+β钛合金的组织由α固溶体和β固溶体两相构成，因而它兼有α钛合金和β钛合金的优点，即良好的高温强度和塑性，并可以进行热处理强化。这类钛合金生产工艺较简单，可以通过改变成分和选择热处理工艺参数，在很宽的范围内改变合金的性能。因此，α+β钛合金得到了比较广泛的应用。常用牌号有TC1、TC2、TCA等。

四、轴承合金

（一）轴承合金的工作条件和要求

在滑动轴承中，制造轴瓦及其内衬的合金称为轴承合金。滑动轴承具有承压面积大、工作平稳、无噪声以及装拆方便等一系列优点，所以应用很广泛。如磨床的主轴轴承、连杆轴承、发动机轴承等，多数是使用滑动轴承。

滑动轴承是支撑轴颈进行工作的，当轴在高速旋转下工作时，要对轴瓦施加一定的负荷，并发生强烈的摩擦，造成轴与轴承的磨损。轴是机器上的重要零件，更换困难，所以在磨损不可避免时，应该首先确保轴不被磨损或磨损较小，在这一前提下，尽量提高轴承的耐磨性。因此轴承材料必须具备下列特征：

1）具有较小的摩擦因数，以避免由于摩擦使温度升高而发生咬合。

2）磨合性好，以保证在工作时轴与轴瓦能很好地磨合。

3）对润滑油具有良好的耐蚀性。

4）在工作温度下有足够的抗压强度，以保证能承受轴颈所施加的较大的单位压应力。

5）具有足够的塑性和韧性，以保证在冲击和振动下不发生开裂。

要想找到全部满足上述性能要求的理想材料是困难的，轴承合金的显微组织最好是在软基体上分布着硬质点(一般为化合物)，或在硬的基体上分布着软质点。这样，轴承经磨合后，软的基体(或软质点)被磨损而凹下去，可以储存润滑油，形成连续的油膜；而硬的质点(或硬的基体)则凸起支承轴所施加的压力，保证轴的正常工作。图4-13所示为理想的轴承与轴的配合界面。软的基体(或软质点)还能起嵌藏外来硬质点的作用，以保证轴颈不被擦伤。

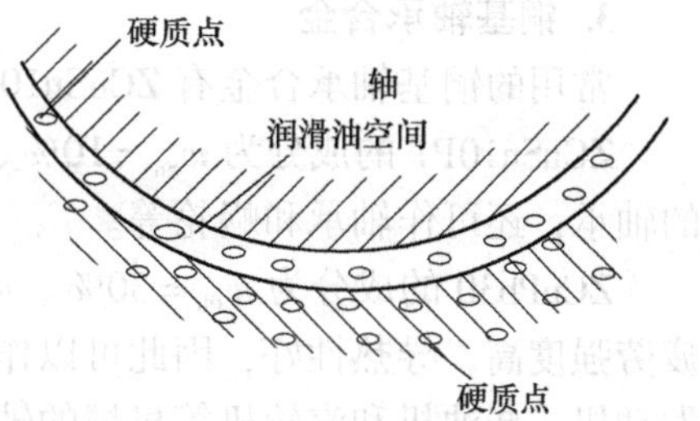

图4-13　轴承合金组织结构示意图

(二) 常用轴承合金

1. 锡基轴承合金

锡基轴承合金是以锡为主要元素，添加一定的锑和铜等元素后配制而成的。最常用的锡基轴承合金的牌号为ZSnSb11Cu6，表示的含义为锑的质量分数为11%，铜的质量分数为6%，锡的质量分数为83%的铸造轴承合金。这种合金主要用于汽轮机、发电机等高速重载机械的轴承。

2. 铅基轴承合金

铅基轴承合金是以铅为基本元素，主要加入锑、锡、铜等元素配制而成的。铅基轴承合金的硬度、强度和耐磨性以及冲击韧性均要比锡基轴承合金低，所以只适用于较低速度和中等负荷的机械轴承。在火电厂中用于制造磨煤机、电动机、泵及风机等机械设备的轴承。

常用锡基和铅基轴承合金的牌号、化学成分、力学性能及用途见表4-21。

表4-21　常用锡基和铅基轴承合金的牌号、化学成分、力学性能及用途

类别	牌号	化学成分(质量分数,%)				力学性能			用途
		Sb	Cu	Pb	Sn	R_m/MPa	A(%)	HBW 10/100	
						不小于			
锡基轴承合金	ZSnSb12Pb10Cu4	11.0~13.0	2.5~5.0	9.0~11.0	余量			29	一般机械的主要轴承，但不适于高温工作
	ZSnSb11Cu6	10.0~12.0	5.5~6.5	0.35	余量	90	6.0	27	1500kW以上的高速蒸汽机，400kW的涡轮压缩机用轴承
	ZSnSb8Cu4	7.0~8.0	3.0~4.0	0.35	余量	80	10.6	24	一般大机器轴承及轴衬，重载、高速汽车发动机薄壁双金属轴承
	ZSnSb4Cu4	4.0~5.0	4.0~5.0	0.35	余量	80	7.0	20	涡轮内燃机高速轴承及轴衬
铅基轴承合金	ZPbSb15Sn5Cu3Cd2	14.0~16.0	2.5~3.0		5.0~6.0	68	0.2	32	船舶机械，小于250kW的电动机轴承
	ZPbSb10Sn6	9.0~11.0	0.7		5.0~7.0	80	5.5	18	重载、耐蚀、耐磨用轴承

3. 铜基轴承合金

常用的铜基轴承合金有 ZCuSn10P1、ZCuPb30、ZCuSn6Zn6Pb3 等青铜。

ZCuSn10P1 的成分为 $w_{Sn}=10\%$、$w_{P}=1\%$、$w_{Cu}=89\%$，用于制造大比压、高转速机械的轴承，还可作轴承和蜗轮等。

ZCuPb30 的成分为 $w_{Pb}=30\%$、$w_{Cu}=70\%$，这种铅青铜也是锡基轴承合金的代用品，其疲劳强度高，导热性好，因此可以作为高负荷、高转速及在高温下工作的轴承材料，如航空发动机、柴油机和汽轮机等机械的轴承。

ZCuSn6Zn6Pb3 的成分为 $w_{Sn}=6\%$、$w_{Zn}=6\%$、$w_{Pb}=3\%$、$w_{Cu}=85\%$，常用于制造机床上的轴承及蜗轮、开口螺母等。

此外，目前应用的轴承合金材料还有铝基轴承合金、铸铁轴承合金和粉末合金轴承材料等。各类轴承合金的性能比较见表 4-22。

表 4-22 各种轴承合金的性能比较

种 类	抗咬合性	磨合性	磨蚀性	耐疲劳性	合金硬度 HBW 10/100	轴颈处硬度 HBW 10/100	最大允许压力 /N · mm^{-2}	最高允许温度 /℃
锡基轴承合金	优	优	优	劣	20 ~ 30	150	600 ~ 1000	150
铅基轴承合金	优	优	中	劣	15 ~ 30	150	600 ~ 800	150
锡青铜	中	劣	优	优	50 ~ 100	300 ~ 400	700 ~ 2000	200
铅青铜	中	差	差	良	40 ~ 80	300	2000 ~ 3200	220 ~ 250
铝基合金	劣	中	优	良	45 ~ 50	300	2000 ~ 2800	100 ~ 150
铸铁	差	劣	优	优	160 ~ 180	200 ~ 250	300 ~ 600	150

复习思考题

1. 钢中的基本元素有哪些？各起什么作用？
2. 何谓碳钢？碳钢如何分类？如何编号？
3. 何谓铸铁？铸铁如何分类？如何编号？
4. 石墨对铸铁的性能有什么影响？球墨铸铁、可锻铸铁及灰铸铁石墨的形态有何不同？三种铸铁的力学性能有何不同？
5. 何谓合金钢？合金钢如何分类？如何编号？
6. 合金钢中常加入的合金元素有哪些？合金元素在钢中的存在形式有哪些？对铁碳相图和热处理有什么影响？
7. 渗碳钢、调质钢、弹簧钢、滚动轴承钢如何划分？各自的特点是什么？
8. 低合金工具钢、高速钢、模具钢如何划分？各自的特点是什么？
9. 何谓不锈钢？工程上常用的不锈钢有哪些？
10. 耐磨钢主要具备哪些特性？工程上常用的耐磨材料有哪些？
11. 铝及铝合金有何特点？铝合金如何分类？工程上铝合金的应用范围有哪些？
12. 何谓黄铜？如何分类？如何编号？何谓青铜？如何分类？如何编号？
13. 钛合金有何特点？工程上钛合金的种类有哪些？有何特性？
14. 何谓轴承合金？应用范围有哪些？

第五章　金属高温运行

金属材料在高温和应力的长期作用下，其力学性能和耐腐蚀性能的变化规律与常温下使用所表现出来的特性有所不同。在大多数情况下，材料的腐蚀速率随使用温度的升高而变大。常温下使用的材料，其力学性能基本上不随时间延长而变化，而在高温和应力的作用下，材料的强度、韧性指标会随时间的延长而下降。在高温、应力和腐蚀性介质下工作的金属部件，为了保证其安全稳定运行，要求所用材料在高温下必须具有足够高的强度和良好的化学稳定性(耐腐蚀性)，具备上述特性的钢称为耐热钢。火力发电厂热力设备中的很多零部件都是由耐热钢制造的。

本章主要介绍火力发电厂的常用金属材料，以及这些材料在高温、应力和腐蚀性介质中长期运行过程中的组织性能变化特点。

第一节　耐热钢及其高温性能

一、耐热钢

所谓耐热钢，是指同时具有热稳定性和热强性的钢。钢在高温下能够保持良好的化学稳定性(耐腐蚀、不起皮)的品质，称为钢的热稳定性；钢在高温下具有足够强度的品质，称为钢的热强性。

二、耐热钢的高温性能

高温下金属的力学性能与常温力学性能是不同的，高温力学性能受到温度、应力、时间和内部组织结构变化等因素的影响。

(一) 高温对钢材强度的影响

室温下钢材的强度一般不受载荷作用时间的影响，当钢材使用温度超过某一温度后，其强度就会降低，温度越高，强度降低的幅度越大；钢材使用时间越长，其强度也会越低。

金属的强度是由晶内强度(晶粒内原子的引力)和晶界强度(晶界的结合力)两部分所决定的。常温下，由于晶界处原子排列不规则，而且晶体缺陷较多，具有较大的抗变形能力，晶界强度高于晶内强度。金属断裂过程中裂纹起源于晶粒内部，表现为穿晶断裂(韧性断裂)。随着温度的升高，原子之间的结合力下降，晶内强度和晶界强度都下降，如图 5-1 所示。由于晶界处原子排列不规则，加之有较多的缺陷，温度升高时，原子在晶界处扩散比在晶粒内部扩散容易，因而晶界强度下降速率比晶内强度下降得快。晶内强度和晶界强度相等时的温度称为等强度温度(t_e)，超过这一温度后，晶内强度就高于晶界强度。当材料

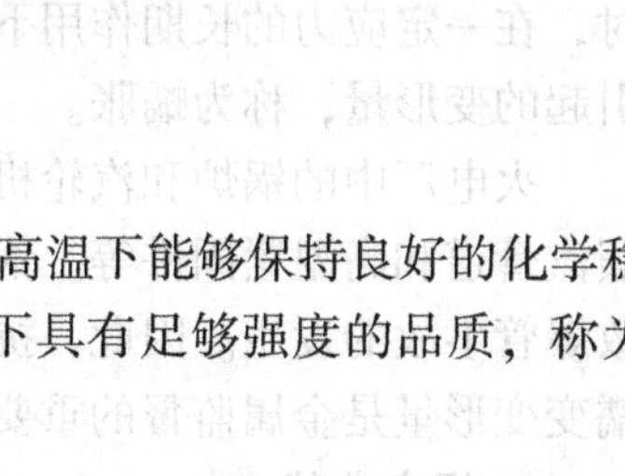

图 5-1　温度对晶内强度和晶界强度的影响

所处的温度高于等强度温度时，晶界强度低于晶内强度，这时材料的断裂起源于晶界处，表现为沿晶断裂，即在晶界处因晶粒之间的相对滑移而先产生裂纹，然后裂纹沿晶界扩展，导致脆性断裂。

材料的等强度温度与加载速度(变形速度)有关，等强度温度随着加载速度的加大而升高。在热力设备中，有些零部件在高温和应力的长期作用下(相当于载荷速度很小的情况)，其破坏往往表现为脆性断裂。而在高速载荷下如短时超温爆管(相当于冲击或短时拉伸)，等强度温度较高，往往表现为韧性断裂。

温度对晶内强度和晶界强度的影响程度不同，说明晶粒大小对材料强度的影响与温度密切相关。常温下使用的材料晶粒细化对提高强度有利，而高温时(超过等强度温度)晶粒适当粗一些对材料强度更有利。

(二) 蠕变

1. 蠕变的概念

金属在一定的温度和应力作用下，随着时间的增加，缓慢地发生塑性变形的现象，称为蠕变。蠕变可以在一种应力(拉力、压力或扭力)的作用下发生，也可以在复杂应力的作用下发生，应力低于屈服极限时也会发生蠕变变形。蠕变在低温下也会发生，但只有当温度高于$0.3T_m$(以绝对温度表示的熔点)时才显著起来。碳钢超过300℃、低合金钢超过350~400℃时，在一定应力的长期作用下都会发生蠕变。温度越高，应力越大，蠕变速度越快。由蠕变引起的变形量，称为蠕胀。

火电厂中的锅炉和汽轮机在运行中产生蠕变的零部件很多，例如过热器管、再热器管、蒸汽管道和高温紧固件等。锅炉管子蠕变现象严重时会使管壁越来越薄，管径胀粗，最终导致爆管事故的发生。因此，抗蠕变能力的大小是衡量耐热钢高温力学性能的一个重要指标。蠕变变形量是金属监督的重要指标之一。

2. 蠕变曲线

描述金属在蠕变整个过程中蠕变变形量与时间的关系曲线，称为蠕变曲线。典型的蠕变曲线如图5-2所示。从图5-2中可以看出，蠕变的变形过程分为以下三个阶段：

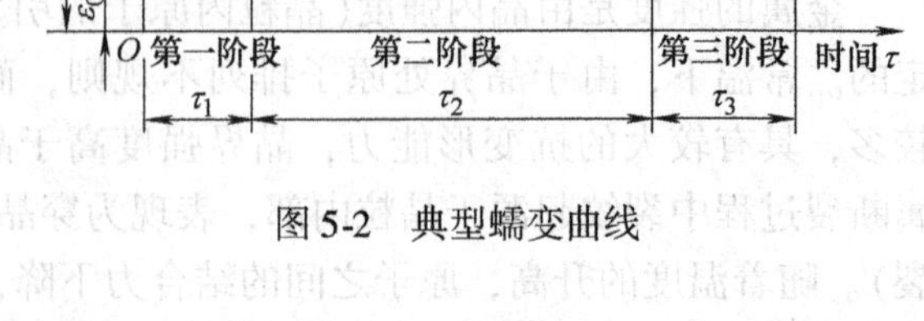

图5-2 典型蠕变曲线

Oa——开始部分。这是加上外力所引起的瞬时变形，如果所加的应力值超过该温度下的弹性强度，这种变形实际上包括弹性变形和塑性变形两部分。这一变形还不标志蠕变现象，而是外力加上后所引起的一般变形过程。

ab——蠕变第一阶段。这是蠕变的不稳定阶段，开始时蠕变速度较大，随着时间延长蠕变速率逐渐降低，在这个阶段金属以逐渐减慢的变形速率积累着塑性变形。此阶段因晶内滑移和晶界滑动等位错运动刚开始，障碍较少，随后出现位错增殖及空位，位错密度增大，位错逐渐塞积，晶格畸变不断增加，逐渐产生形变强化，蠕变速率随之降低。

bc——蠕变第二阶段。这是金属以恒定的蠕变速率产生塑性变形的阶段，在这一阶段蠕

变速度很小，bc 近似直线，角 α 的正切表示蠕变速率，故又称为蠕变等速阶段。通常所说的蠕变速度就是指该阶段的蠕变速度。在整个蠕变过程中，这个阶段的蠕变速度最小，故称为稳态蠕变或最小蠕变速度阶段。此阶段位错移动与形变强化成平衡状态，这就是稳态蠕变。

cd——蠕变第三阶段。金属以逐渐增加的变形速度积累着塑性变形量，直至 d 点发生断裂。故又称为蠕变加速阶段。在此阶段所用的时间相对于等速阶段所用的时间较短，但其所产生的变形却大于减速阶段和等速阶段。变形不断增大表明位错导致金属内部的晶粒变形大，因晶界移动受到限制而产生微裂纹；晶格缺陷移向晶界塞积形成空位，结果在晶界也产生微裂纹。此阶段变形加速增长，材料丧失抵抗变形的能力，并致裂纹扩展断裂。

蠕变曲线的形状会随金属的温度和应力的不同而改变，如图 5-3 所示。当外加负荷较小或者温度较低时，蠕变变形将终止进行或第二阶段无限延长；当外加负荷较高或者温度较高时，蠕变第二阶段很短，甚至消失，很快发生蠕变断裂。

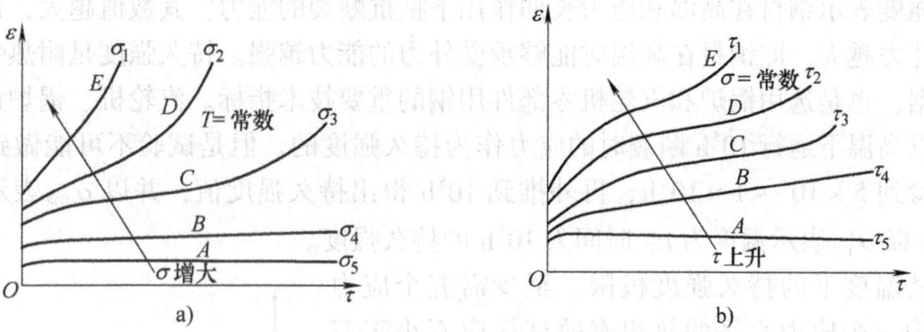

图 5-3　应力和温度改变时的蠕变曲线

a）温度不变　b）应力不变

图 5-3a 表示温度不变时，应力对蠕变曲线的影响，应力越大，蠕变速度越快。图 5-3b 表示应力不变时，温度对蠕变曲线的影响，温度越高，蠕变速度也越快。随着温度和应力的增加，等速阶段逐渐缩短，甚至最终消失，这时只有减速和加速阶段，金属在很短时间内发生断裂；当降低温度或减小应力时，蠕变速度降低，蠕变等速阶段无限延长，甚至不发生加速阶段，即金属可能不致发生断裂。因此，防止超温或超负荷具有同样的意义。如果超温而又超负荷，钢材的蠕变损坏速度就更快。

3. 蠕变的影响因素

影响蠕变的因素可以从两方面分析：一方面是材料服役条件方面的因素，主要有温度、应力和时间的影响；另一方面是材料的内在因素，即材料的组织状态和晶粒度大小的影响。在给定温度下，应力增大，则蠕变速度增大，蠕变断裂时间减少。当应力保持不变时，金属温度越高，则蠕变速度越大。随着温度升高，蠕变断裂时间呈指数关系减少。据资料介绍，贝氏体组织抗蠕变能力较高，马氏体组织次之，铁素体和珠光体组织的抗蠕变能力相对较低。高温条件下粗晶粒钢具有较高的抗蠕变能力。每一种钢材在不同的使用温度下，其最佳的抗蠕变晶粒的大小不同。例如：0.5%（质量分数）钼钢的抗蠕变能力，当工作温度 $t \leq$ 400℃时，8 级细晶粒的蠕变抗力最好；当 $t=500$℃时，粗晶粒的 2 级为最好。0.5% 钼钢一般应用于 450～520℃温度区间，最好的晶粒度是 6～3 级。

4. 蠕变极限

蠕变极限是材料的高温力学性能指标之一，它表示材料在某一温度条件下抵抗蠕变的能力，通常有以下两种表示方法：

一种方法是以一定的工作温度下引起规定的第二阶段蠕变速度的应力值来表示。热力设备零部件采用钢中规定的蠕变速度，一般是 $v=\frac{1\times10^{-5}\%}{h}$ 或 $v=\frac{1\times10^{-4}\%}{h}$；蠕变极限就相应地写成 $\sigma_{1\times10^{-5}}$ 或 $\sigma_{1\times10^{-4}}$，有时也以 $\sigma^{t}_{10^{-5}}$ 或 $\sigma^{t}_{10^{-4}}$ 表示在温度 t 时的蠕变极限，单位是 MPa。

另一种方法是以一定的工作温度下，在规定的工作时间内，钢材发生一定的总变形量时的应力值来表示。热力设备零部件用钢中规定工作时间为 10^5h（约 12a），总变形量≤1%；蠕变极限就写成 $\sigma_{1/10^5}$。有时也以 $\sigma^{t}_{1/10^5}$ 表示在温度 t 时的蠕变极限。

（三）持久强度和持久塑性

1. 持久强度

持久强度表示钢材在高温和应力长期作用下抵抗断裂的能力，其数值越大，说明使之断裂所需的外力越大，即钢材在高温时能够承受外力的能力越强。持久强度是耐热钢高温强度计算的依据，也是选用锅炉和汽轮机零部件用钢的重要技术指标。汽轮机、锅炉设备零件在设计中是以高温下运行 10^5h 断裂时的应力作为持久强度的。但是试验不可能做到 10^5h，而通常是试验到 $5\times10^3\sim1\times10^4$h，再外推到 10^5h 得出持久强度值，并以 σ_{10^5} 表示，单位是 MPa。有时以 $\sigma^{t}_{10^5}$ 表示温度为 t、时间为 10^5h 的持久强度。

测定某温度下的持久强度极限，至少需五个应力水平，其中三个应力水平的每组有效试样应不小于三个。让每根试样承受不同的应力，经一定时间后拉断，不同应力对应于不同的断裂时间，将所得的结果描绘到应力和时间的双对数坐标上去，然后将各点连成直线，再推到 10^5h 的应力，即为持久强度值，如图5-4所示。

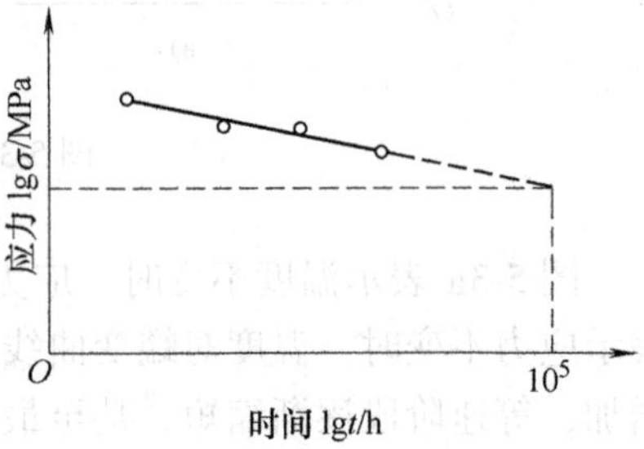

图 5-4 持久强度曲线

外推法确定材料的持久强度是比较粗略的，这是因为，当试验时间很长时，直线上一般都有折点出现，其位置随钢材和温度的不同而不同。对同一种钢材，折点出现的时间随温度的升高而缩短。折点的发生，主要是因为钢材由穿晶断裂过渡到晶间断裂所致。试样断口分析表明，折点前发生的断裂为穿晶断裂，折点后发生的断裂则为晶间断裂。显然，对试验时间较短，以致折点还未出现的钢材，外推所得到的持久强度值是偏高的。因此，为了提高其可靠性，持久强度试验的时间不宜过短。

2. 持久强度的影响因素

金属材料的持久强度主要取决于材料的化学成分，而又与冶金质量、组织状态、温度波动、热处理工艺、预变形程度、晶粒尺寸大小等密切相关。这里主要介绍冶金质量、金相组织、温度波动、晶粒大小等对金属材料持久强度的影响。

(1) 冶金质量的影响　不同的冶炼方法会使钢材内部的夹杂物和偏析程度有所不同，冶炼时钢中存在的大量非金属夹杂物和某些冶炼缺陷会使钢的持久强度降低。提高钢的纯净度，改善成份偏析，对提高钢的持久强度有益。

（2）金相组织的影响 据资料介绍，贝氏体持久强度较高，马氏体次之，铁素体和珠光体较低。

（3）晶粒大小的影响 在常温和不高的温度下，晶粒越细，钢的强度越高。但是，在高温条件下，粗晶粒的钢具有较高的持久强度。因为在超过等强温度以后，晶界强度低于晶内强度，晶界是容易开裂的薄弱环节，晶粒越细小，晶界总面积越大，则越是容易在晶界处开裂，高温强度也就越低。但是晶粒太粗会使持久塑性及冲击韧性下降。

（4）热处理的影响 低合金耐热钢的热处理工艺，一般是采用正火加高温回火。适当提高低合金耐热钢的正火温度，对提高钢材的持久强度有利。由于提高正火温度后，可以使合金元素充分固溶到铁素体内，又可避免材料的晶粒过于细小，这些组织因素的改善，对提高低合金耐热钢的高温强度是有好处的。

（5）预变形的影响 汽轮机、锅炉设备中的蒸汽导管及受热面管子等，在制造或安装过程中经常需要弯管。钢管经弯管后即产生塑性变形，将会引起加工硬化现象。加工硬化的存在会促使钢管在高温运行时产生组织不稳定，从而影响钢的高温性能。不同的预变形其影响是不同的，12Cr1MoV 钢当产生 10% 变形量时持久强度显著降低；当变形量为 15% 时，持久强度反而提高；进一步增加预变形量时，持久强度又开始降低。

（6）温度波动的影响 钢材的持久强度是在温度恒定的情况下得到的试验结果。实际上，锅炉受热部件由于多次起动、停炉或过负荷等因素会导致管子温度的波动，温度波动会降低持久强度。如 12Cr1MoV 钢在工作温度下，其温度波动 15 ~ 20℃时，持久强度降低 20% ~25%。温度波动使零件产生附加热应力，在附加热应力与工作应力共同作用下会使零件提前破裂；另外由于温度波动，使材料组织稳定性降低，从而降低钢的高温性能。

3. 持久塑性

在测量材料持久强度的试验中，材料断裂后的断后伸长率和断面收缩率表征了材料在高温和应力长期作用下的塑性性能，称为持久塑性。

良好的持久塑性对保证金属部件在高温下长期安全稳定运行具有重要意义。若一种钢的持久塑性好，那么在运行中即使强度稍稍不够，也不会出现突然的脆性破坏。对于主蒸汽管道材料，只要持久塑性好，排除了脆性破坏的可能性时，那么定期的蠕变测量是可以保证管道安全运行的。对于运行时变形不受限制的高温部件，不但要考虑其蠕变和持久强度，而且必须考虑持久塑性。对于在长期高温下使用的锅炉钢，一般希望持久塑性指标 A(伸长率)不低于 3% ~5%。

（四）应力松弛

1. 应力松弛的概念

零件在高温和应力作用下，随着时间的增加，如果总的变形量不变，应力值却在缓慢地降低，这种现象称为应力松弛，简称为松弛。

松弛过程可以用一数学式来表示，当温度为常数时，有

$$\varepsilon_0 = \varepsilon_p + \varepsilon_e = 常数$$

式中，ε_0为松弛过程开始时金属所具有的开始总变形；ε_p为塑性变形；ε_e为弹性变形。

在应力松弛过程中，虽然总变形 ε_0不变，但弹性变形 ε_e在逐渐地转变为塑性变形 ε_p，两者是同时等量发生的，因而零件的工作应力随时间延长而降低。锅炉、汽轮机和燃气轮机

中的许多零件，如紧固件、弹簧、汽封、弹簧片等会产生应力松弛现象，当这些零件应力松弛到一定程度后，就会影响设备的安全可靠性。

应力松弛现象可用应力松弛曲线进行分析，如图5-5所示。应力松弛曲线反映总的变形量不变时，应力随时间增加而逐渐降低的规律性。松弛可分为两个阶段：第一阶段，应力随着时间急剧降低；第二阶段，应力下降速度逐渐趋向稳定。在图5-5中，σ_0是初应力，σ_1是经过了τ_1时间后的剩余应力(也称为残留应力)，σ_2是经过τ_2时间后的剩余应力。

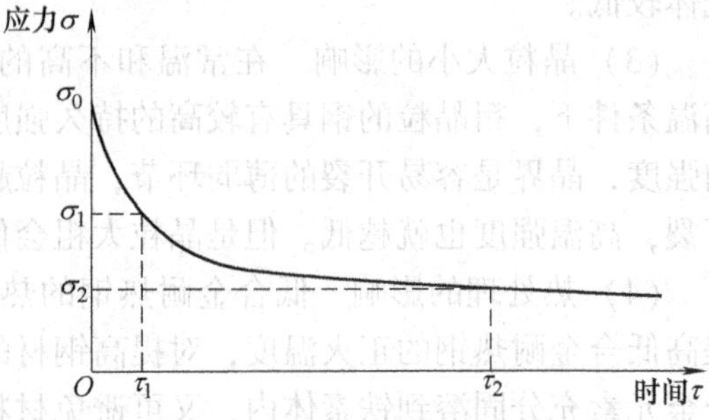

图5-5 应力松弛曲线

在相同的温度和初应力的条件下，钢材的剩余应力值越高，表明该钢材的抗松弛稳定性能越好。剩余应力的大小与温度和初应力关系很大，温度越高或者初应力越大，剩余应力就越小。钢材的抗松弛稳定性是选用高温状态下的弹簧及紧固件等零部件材料的技术指标之一。

2. 影响钢材抗松弛性的因素

(1) 合金元素对抗松弛性的影响

1) 碳的影响。钢中碳的质量分数对抗松弛稳定性的影响很显著，当工作温度为400～450℃时，对碳钢来说，碳的质量分数为0.17%时抗松弛稳定性最佳。低合金Cr-Mo-V-Nb系列钢中碳的质量分数由0.2%增加到0.3%时，会使抗松弛稳定性降低。

2) 钒的影响。在低合金Cr-Mo钢中加入钒能显著提高钢的抗松弛稳定性。例如，在20CrMo钢中加入质量分数为0.25%的钒，可使松弛稳定性明显提高。在低合金Cr-Mo-V系列钢中，当V/C=4(质量比)时，抗松弛稳定性最高。

3) 钛的影响。在低合金Cr-Mo-V系列钢中加入适量的钛，能显著改善钢的抗松弛稳定性。

(2) 热处理对钢的抗松弛稳定性的影响

1) 热处理规范对钢的抗松弛稳定性有影响。低合金Cr-Mo-V系列钢经正火+回火热处理后，抗松弛稳定性比淬火+回火好。

2) 热处理参数对低合金耐热钢的抗松弛稳定性有明显的影响。提高奥氏体化温度可使钢的抗松弛稳定性增强，提高回火温度会使钢的抗松弛稳定性降低。不同成分的低合金耐热钢对抗松弛稳定性影响的温度范围各不相同。

(3) 重复加载对抗松弛稳定性的影响　汽轮机及锅炉设备中使用的螺栓，在机组每次检修时均需拆装一次，也就相当于螺栓重复加载一次，高温螺栓在整个使用寿命中实际上经历若干次重复加载。对Cr-Mo-V系列钢进行的研究表明，重复加载在一定范围内能使钢的抗松弛稳定性提高。

(五) 热脆性

在高温和应力的长期作用下，钢的室温冲击韧性下降的现象称为热脆性。

每一种钢都有特定的热脆温度范围，钢在此温度范围内长期加热会出现热脆性，而在此温度范围以外的温度长期加热，并不出现热脆性。在脆性出现的温度范围内，温度越高，时间越长，钢的热脆性越显著。呈现热脆性的钢在高温下冲击韧性并不低，只有在室温下才呈现脆性，此时冲击功很低，比正常冲击功下降50%～60%，甚至更低。电厂中常用的高压缸螺栓25Cr2Mo1V钢，在长期运行中由于出现热脆性现象而发生脆性断裂，其冲击功由原来的大约120J/cm²，下降到20～30J/cm²。在脆断螺栓的金相组织中可观察到黑色的网状晶界，说明25Cr2Mo1V钢产生热脆性的过程中，沿着奥氏体晶界有新相析出。

据资料介绍，产生热脆性的原因是钢材在一定温度条件下长期服役的过程中，由于钢中某些相的成分发生变化，在晶界析出金属间化合物、碳化物、氮化物等，使晶界相对弱化而产生脆性。蠕变变形促进热脆的发展。当固溶体析出强化相，如金属间化合物（σ相等）、氮化物及碳化物时会进一步促进热脆性的发展。钢的化学成分对热脆性有显著影响，含有Cr、Mn、Ni等元素的钢热脆性倾向较大，磷的存在使钢的热脆性倾向加大，钢中加入适量的Mo、W、V等元素，可以降低钢的热脆性倾向。在低合金耐热钢中加入微量元素如硼、钛，硼、铌和硼等，也可以减少热脆性。热脆性的发展程度和速度以及发生热脆性的温度范围也取决于钢的组织特征和其稳定性，例如，珠光体钢的热脆性温度范围比奥氏体钢低一些，在同一温度下，奥氏体钢出现热脆所需的时间要比珠光体钢长得多。珠光体钢产生热脆性后，除了冲击韧性下降外，其他力学性能无显著变化；而奥氏体钢产生热脆性后，不仅冲击韧性下降，而且其他力学性能也有明显变化，这主要是由于奥氏体钢的过饱和固溶体沿晶界析出了强化相的结果。

（六）热疲劳

材料在加热、冷却的循环作用下，由于交变热应力引起的破坏称为“热疲劳”。热应力的来源是多种多样的，大体上分为以下几种：一种是由于结构中温度分布不均匀引起的应力，如汽轮机气缸、锅炉水冷壁管与减温器；另外一种是由零件之间的温度差或约束限制了金属的自由膨胀或收缩引起的应力，如管道中的热膨胀接头；还有热膨胀系数不同的材料组合形成的应力，如铁素体钢和奥氏体钢的焊接接头。构件的热应力往往不是单独起作用，经常是与机械应力叠加在一起发生作用。

热疲劳裂纹一般在金属表面形成，因表面存在着最大的热应力、应力集中及介质腐蚀。通常，裂纹源有若干个，它们可能连接起来形成主裂纹。裂纹的扩展方式与钢种有关，合金钢的热疲劳裂纹往往垂直于表面向内发展，易造成横向断裂；碳钢则往往沿表面扩展成网状裂纹。断口分析表明，热疲劳裂纹可沿晶内或晶界发生；随着温度的升高，由穿晶裂纹向晶间裂纹过渡，其断裂自然也由穿晶断裂向晶间断裂过渡。

热疲劳引起的金属材料损伤要比一般机械疲劳更复杂些，首先，温度的循环除了引起热应力外，还会导致材料组织发生变化，使持久强度和持久塑性降低；其次，热疲劳时温度分布不均匀，塑性变形集中在温度梯度大的区域，应力集中程度大，加速热疲劳裂纹的产生和发展。

影响热疲劳的因素很多，最主要的是部件本身的温度差。温度差越大，引起的热应力就越大，材料就容易产生热疲劳破坏。金属材料内部产生的热应力与热导率成反比，与线膨胀系数成正比。因此，钢的线膨胀系数越大，热导率越小，势必造成较大的温差，产生较大热应力，使材料的抗热疲劳性能降低。珠光体钢比奥氏体钢具有较好的抗热疲劳性能，其原因主要在于此。高温下钢的组织稳定性越好，抗热疲劳能力越高。

第二节　耐热钢的化学稳定性

耐热钢的化学稳定性是指其耐腐蚀性能，火力发电厂热力设备用钢不仅要满足热强性的要求，同时还必须具有很好的化学稳定性。

锅炉设备中的过热器管、再热器管和水冷壁管等受热面管子，在运行过程中其外壁直接与高温火焰和具有腐蚀性的烟气相接触，其内壁与汽、水相接触，因而会产生腐蚀现象。

汽轮机中的许多零部件是在与腐蚀性介质相接触的条件下长期运行的，也面临着腐蚀的问题。例如汽轮机叶片，在工作时转速很高，承受很高的应力，同时又与蒸汽介质直接接触，不仅要受到蒸汽的锈蚀和冲蚀，而且还可能产生应力腐蚀或腐蚀疲劳，引起断裂失效。

热力设备零部件在设计选材时，不仅要考虑钢材的高温强度，而且还必须考虑钢材的耐腐蚀性能。一般认为，在大气及弱腐蚀性介质中，当腐蚀速度小于0.1mm/a时，称为“耐蚀”，小于0.01mm/a为“完全耐蚀”；在强腐蚀性介质中，腐蚀速度小于1mm/a称为“耐蚀”，小于0.1mm/a为“完全耐蚀”。由此可见，所谓不锈、耐热不起皮，只是相对而言，都只是在一定的介质里具有较高的耐腐蚀性能，即腐蚀是绝对的，耐腐蚀是相对的。

一、金属腐蚀原理

金属的腐蚀，按照腐蚀原理可分为化学腐蚀和电化学腐蚀。

（一）化学腐蚀

金属直接与介质发生氧化或还原反应而引起的腐蚀损坏，称为化学腐蚀。在化学腐蚀过程中不产生电流，而单纯起化学作用。金属的氧化是火电厂中最为常见的化学腐蚀现象，常见的化学腐蚀有干燥气体介质的腐蚀，如氧化、硫化、卤化和氢蚀等；还有液体介质的腐蚀，如非电解质溶液的腐蚀、液态金属的腐蚀、低熔点氧化物的腐蚀等。构件化学腐蚀失效中常见的是金属在高温气体中的氧化，下面以金属在干燥气体中的氧化为例，简述化学腐蚀的基本原理和规律。

1. 氧化的原理和规律

（1）氧化发生的条件　这里以二价金属为例，氧化反应可以表示为

$$M+\frac{1}{2}O_2\longrightarrow MO \tag{5-1}$$

式(5-1)反应达到平衡时体系中氧的分压称为金属氧化物的分解压(p_{MO})。p_{MO}是金属在含氧环境中稳定性的参量。比较p_{MO}和金属所处环境的氧的分压(p_{O_2})的相对大小，可以判断金属是否具有氧化倾向。

1）当$p_{O_2}=p_{MO}$时，金属与其氧化物处在平衡状态。

2）当$p_{O_2}>p_{MO}$时，金属不稳定，具有氧化倾向，生成金属氧化物。

3）当$p_{O_2}<p_{MO}$时，金属稳定，金属氧化物具有还原倾向，分解成金属。

常温下大气环境中氧的分压为0.022MPa，所以在常温中如果某一金属的p_{MO}小于0.022MPa，该金属就可能氧化。p_{MO}是温度的函数，一般随温度的上升而增加。

（2）氧化膜的保护性　金属在常温大气环境下生成的自然氧化膜，其厚度大致相当于数个分子，对金属的光泽没有影响，肉眼感觉不出。随着温度升高，氧化膜增厚，会呈现出

不同的色彩，肉眼可以观察到氧化膜的存在。氧化膜的存在或多或少地阻隔了金属与介质之间的物质传递，不同程度地减缓了金属继续氧化的速度。氧化膜的保护性能与膜的结构关系密切，只有致密、完整的氧化膜才能把金属表面完全遮盖，从而有可能提供良好的保护作用。而金属氧化膜完整的必要条件是金属氧化物的体积(V_{MO})大于生成此氧化物所消耗掉的金属体积(V_M)，也就是满足如下关系式

$$\frac{V_{MO}}{V_M}>1 \tag{5-2}$$

此比值不宜过大，因为V_{MO}与V_M的比值过大，形成氧化膜后内应力太大，膜容易破坏。一般认为当$2.5>\frac{V_{MO}}{V_M}>1$时，利于生成完整的氧化膜。除了致密和完整以外，氧化膜还应满足以下条件，才能具有良好的保护作用：金属氧化物本身稳定、难熔、不挥发，不易与介质发生作用而被破坏；氧化膜与基体结合良好，有相近的热膨胀系数，不会自行或受外界作用而剥离脱落；氧化膜有足够的强度和塑性，足以经受一定的应力和应变的作用。

（3）氧化膜的生长规律　不同的金属，其氧化膜生长呈现不同的规律，常见的有以下几种类型：

1）直线规律。如果氧化膜对基体金属完全没有保护作用，氧化速度将直接由形成氧化物的化学反应速度决定，在温度恒定的条件下，反应速度也恒定。若以氧化时间作自变量，以氧化膜的质量变化值为函数，将会得到一条直线，即

$$y=Kt+C \tag{5-3}$$

式中，y为氧化膜厚度；K为与温度有关的常数；C为常数。

反应温度不同，直线的斜率不同，温度越高，斜率越大。图5-6所示为纯镁在不同温度下的氧化曲线，除了Mg以外，K、Na、Ca、W、Mo、V、Ta、Nb以及这些元素含量较高的合金的氧化都服从直线规律。

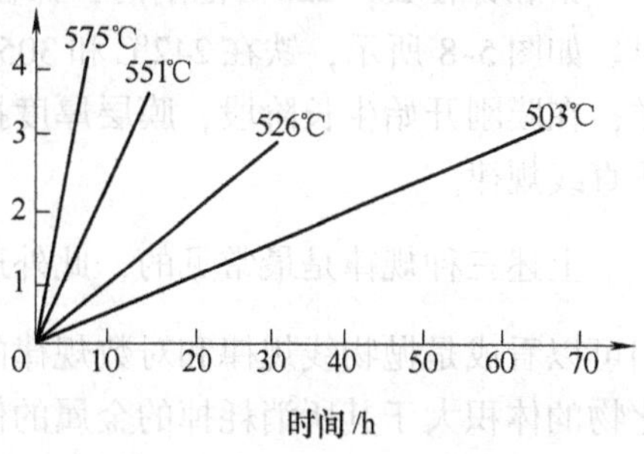

图5-6　纯镁在不同温度下的氧化曲线

2）抛物线规律。当氧化膜对基体金属具有一定保护作用时，继续氧化的速度将与膜的厚度成反比，用数学关系式表示即为

$$\frac{dy}{dt}=K\frac{1}{y}$$

积分可得

$$y^2=Kt+C \tag{5-4}$$

这是一个抛物线方程，式中的C为积分常数。在一定温度下，很多金属和合金，如Fe、Co、Ni、Cu等金属的氧化物都呈现这种成长规律。图5-7所示为铁在高温空气中的氧化曲线。

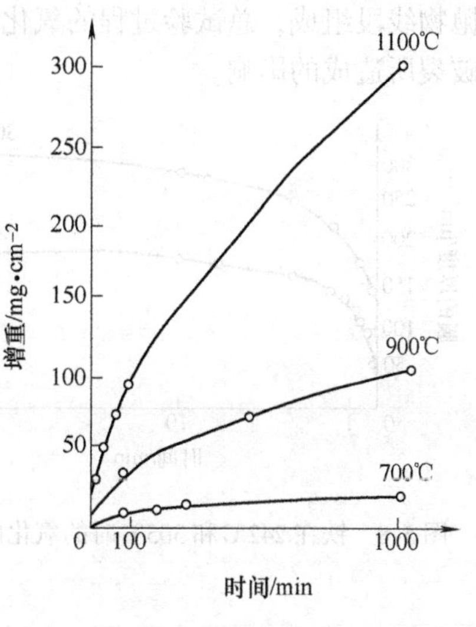

图5-7　铁在高温空气中的氧化曲线

在 $t\to 0$ 时，若金属表面尚未形成氧化膜，即 $y\to 0$，$\frac{dy}{dt}$应趋于无穷大，这与实际情况不相符，其原因是未考虑化学反应速度对氧化膜生长速度的影响。为了解决这一问题，U·R·艾万思提出一个修正式

$$\frac{y^2}{K_D}+\frac{2y}{K_C}=2C_O+C \tag{5-5}$$

式中，K_D 为氧化过程与扩散有关的常数；K_C为形成氧化膜的化学反应速度常数；C_O为膜气体界面上的 O^{2-} 浓度，或金属-膜界面上的金属离子浓度。

在 $t\to 0$ 时，氧化膜很薄，式(5-5)左边第一项远小于第二项，可以忽略，因此在氧化开始阶段，膜的生长服从直线规律。

3）对数规律。某些金属的氧化膜在生长过程中因体积效应内应力增大，膜的外层变得更加紧密，使氧离子或金属离子的扩散更加困难，进一步氧化的速度比抛物线规律更慢，其氧化速度为 $\frac{dy}{dt}=\frac{K}{e^y}$

对上式积分，可知膜的厚度与时间的关系服从以下对数关系

$$y=\ln(Kt)+C \tag{5-6}$$

铬和锌在25～225℃范围内，镍在650℃以下，铁在375℃以下，膜的生长都服从对数规律。如图5-8所示，铁在242℃和305℃时的氧化曲线可观察到这一规律。与抛物线规律一样，在膜刚开始生长阶段，膜层厚度接近于零时，膜的生长速度只受化学反应速度控制，服从直线规律。

上述三种规律是最常见的，此外还有立方规律 $y^3=Kt$，反对数规律$\frac{1}{y}=K-K_1\lg t$ 等，它们可以看成是抛物线规律和对数规律的引申。在进行氧化速度测定时需要注意的是，由于氧化物的体积大于其所消耗掉的金属的体积，随着膜的生长，膜内产生的内应力也增大，以致氧化膜可能破裂，导致金属氧化加速。图5-9所示为铜在500℃时的氧化曲线，它由几段曲线组成，表明膜在生长过程中曾因内应力作用几次破裂。每段曲线均由初始的直线段和随后的抛物线段组成，总试验过程的氧化速度接近直线规律。对氧化曲线进行分析，必须考虑膜层破裂所造成的影响。

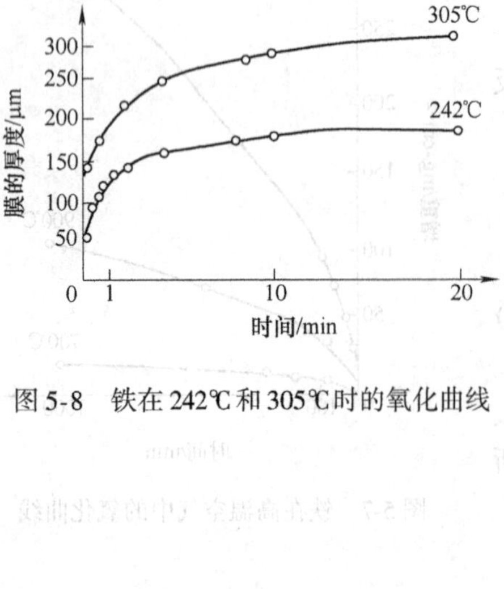

图5-8　铁在242℃和305℃时的氧化曲线

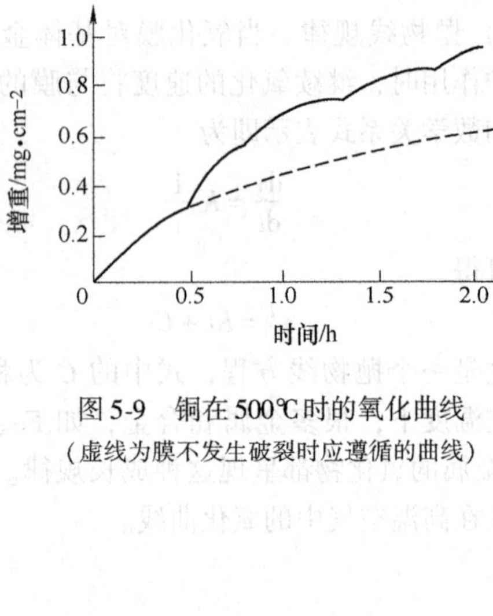

图5-9　铜在500℃时的氧化曲线
（虚线为膜不发生破裂时应遵循的曲线）

环境温度对金属氧化曲线有两方面的影响，一方面，温度影响金属的氧化速度，大多数金属的氧化速度随着温度升高而急剧增大；另一方面，温度变化可能改变氧化反应的规律。图5-7和图5-8表明铁在不同温度下，其氧化膜生长的规律不同。

2. 钢铁的高温氧化腐蚀

钢铁是工程上应用最广泛的金属材料。在常温干燥空气中，钢铁的氧化速度较慢；温度升至200～300℃时，钢铁表面出现可见的氧化膜。随着温度升高，膜逐渐增厚。钢铁氧化膜的结构比较复杂，在570℃以下，仅生成Fe_3O_4和Fe_2O_3，它们的结构致密，保护作用较好，因此氧化速度比较低；温度超过570℃时，在氧化膜的内层生成FeO，如图5-10所示。FeO的结构疏松，晶格缺陷密度高，金属离子和氧离子容易扩散穿过，氧化速度急剧增大。当温度高于800℃时，钢铁表面上开始形成多孔、疏松的“氧化皮”。“氧化皮”与基体结合松散，稍受振动便以层状脱落。气相的组成对钢铁的高温腐蚀有强烈的影响，特别是水蒸气和硫的化合物的影响最大。

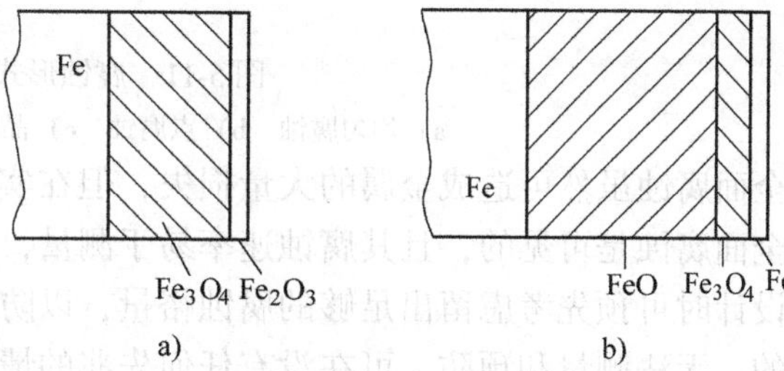

图5-10　铁在空气中加热时的表面氧化膜组

a) 在570℃以下　b) 在570℃以上

(二) 电化学腐蚀

电化学腐蚀是指金属表面与离子导电的介质(电解质)发生电化学反应而引起的破坏。任何以电化学机理进行的腐蚀反应都至少包括一个阴极反应和一个阳极反应，并以流过金属内部的电子流和介质中的离子流形成回路。阳极反应是氧化过程，即阳极金属溶解，带正电的金属离子通过界面转移到介质中并放出电子；阴极反应是还原过程，即介质中的氧化剂组分吸收来自阳极的电子的过程。电化学腐蚀比化学腐蚀强烈得多，是最为常见的腐蚀现象，其造成的损失和危害极为严重。

发生电化学腐蚀的根本原因是各种金属间具有不同的电极电位。电极电位是指金属在某电解质溶液中与所接触的溶液之间的电位差。金属在不同浓度及不同种类的电解质溶液中的电极电位各不相同。目前还无法测出金属与电解质溶液之间的电极电位的绝对值，而只能采用一种电极电位作为标准来和其他电极比较，求出它们的相对值。目前把氢电极作为标准电极，并假定标准氢电极的电极电位为零，那么某一种金属与标准氢电极之间的电位差就叫做该金属的标准电极电位。

当低电位的金属与高电位的金属在电解液中相接触时，低电位的金属就将被腐蚀，而且金属间的电位差越大，电位低的金属被腐蚀的速率就越快。电化学腐蚀是最普遍的腐蚀损坏现象，这种例子很多。铁板用钢铆钉时，因铁的电极电位低于钢，因此钢铆钉周围的铁板会很快被腐蚀掉。镀锡铁板的锡层擦破后，铁板就容易被腐蚀。如果铁板镀的是锌，铁板就不易被腐蚀。具有多相组织结构的钢材也会产生这样的腐蚀损坏，例如具有铁素体和渗碳体两相的钢，其中铁素体的电极电位比渗碳体的低，当钢处于电解液中时，铁素体基体将不断被腐蚀。

金属腐蚀按腐蚀形态一般分为全面腐蚀(均匀腐蚀)和局部腐蚀两大类。

全面腐蚀是一种常见的腐蚀形态，其特征为腐蚀均匀分布于金属整个表面，腐蚀的结果是使金属整体变薄。局部腐蚀是相对于全面腐蚀而言的，其腐蚀区域仅局限或集中于金属的某一部位。局部腐蚀可分为电偶腐蚀、点蚀、缝隙腐蚀、晶间腐蚀等。腐蚀形式示意图如图5-11所示。

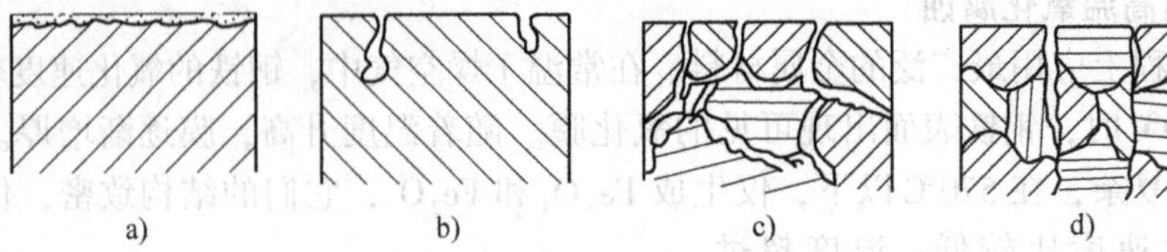

图5-11 腐蚀形式示意图

a）均匀腐蚀 b）点腐蚀 c）晶间腐蚀 d）穿晶腐蚀

全面腐蚀虽然可造成金属的大量损失，但在实际应用中，其危害性远不如局部腐蚀大。因为全面腐蚀是可见的，且其腐蚀速率易于测量，可以不断监控和校核部件的剩余寿命，而且在设计时可预先考虑留出足够的腐蚀裕量，以防止设备过早地损坏。而局部腐蚀常常是不可见的，无法测量和预防，可在没有任何先兆的情况下使部件突然发生损坏，常造成重大设备事故或人员伤亡。

晶间腐蚀是沿钢的晶粒边界进行的。钢材产生晶间腐蚀后，外形虽然未变化，但是破坏了晶粒之间的连接，使钢材变脆，强度急剧下降，有时会突然造成破坏，引起严重事故。晶间腐蚀是不锈钢的主要腐蚀损坏形式，这是因为晶界和晶粒之间在成分和组织上的差别而造成了电位差，晶界成为小阳极区，晶粒成为大阴极区，以致腐蚀沿着晶界迅速发展。

点腐蚀是由于金属的表面缺陷（裂纹、折叠）以及疏松、夹杂等引起的。点腐蚀一般是在不同的区域内产生的，往往迅速向深处发展，致使穿透金属，形成腐蚀坑。

二、电厂常见腐蚀损坏类型

1. 高温氧化

高温氧化反应的方程式为

$$2Me + O_2 \longrightarrow 2MeO \tag{5-7}$$

一般温度低于570℃时，铁的氧化物为 Fe_3O_4 和 Fe_2O_3；温度高于570℃时生成 FeO。影响金属高温氧化的因素有以下几点：

1）材料的化学成分和组织状态不同，金属与氧化膜的结合牢固程度也不同，故直接影响金属的氧化速率。

2）介质的组成将决定氧化物的组成和结构。

3）随着温度的升高，金属和介质通过氧化膜的扩散加快，界面反应速度加快。

4）各类金属和合金存在一个临界应力值，当外加负荷超过临界应力值时，将加速界面反应速度，促进氧化膜的破裂和脱落。

2. 低熔点氧化物的腐蚀（高温腐蚀）

劣质燃料中含有 V_2O_5、Na_2O、SO_3 等低熔点氧化物，它们与金属反应产生新的氧化物。这些低熔点氧化物又会与金属表面的氧化物发生反应，生成结构松散的盐类物质。

3. 烟气腐蚀

含有较高 SO_2、SO_3 和 CO_2 的烟气，当遇到较冷的物体（省煤器、空气预热器）时，温度降到烟气的露点以下。部件表面凝结的水膜与其中的 SO_2、SO_3 和 CO_2 结合形成酸性溶液，导致锅炉尾部受热面发生严重的低温腐蚀。

4. 应力腐蚀

应力腐蚀开裂是金属材料在静拉伸应力(包括外加载荷热应力、冷加工、热加工、焊接等所引起的残留应力以及裂纹中锈蚀产物的锲入应力等)和特定的腐蚀介质协同作用下所出现的低于其强度极限的脆性开裂现象，即应力腐蚀发生的条件是在拉应力作用下、材料处在敏感的环境条件下才发生。例如，不锈钢在含氯离子的环境中易发生应力腐蚀，而在含氨的气氛中则不发生；黄铜在含氨的气氛中极易发生应力腐蚀，而在含氯离子的气氛中无此敏感性。应力腐蚀是危害性极大的一种腐蚀破坏形式。

锅炉设备若采用镍铬奥氏体不锈钢则容易发生应力腐蚀，汽轮机的叶片、叶轮和螺栓等也会有这种损坏现象。锅炉管道中的应力腐蚀往往发生在蠕变过程中，由于金属表面氧化膜破裂，导致部分裸出的金属承受更大的应力，又在腐蚀性介质(蒸汽或烟气)渗入下，因电化学作用而迅速被腐蚀。火电厂中应力腐蚀的另一个例子是锅炉的“碱脆”，它是指碳钢在碱溶液中产生的应力腐蚀损坏。锅炉汽包等设备的铆接(或胀接)处，由于介质的不断浓缩，产生高浓度的碱溶液，此时碳钢在一定的应力作用下容易发生碱性腐蚀脆化，也称苛性脆化。

应力腐蚀裂纹起源于与腐蚀介质相接触的表面，裂纹源通常起源于零件表面保护膜的局部破损处，通常是产生点蚀的部位，也有少数体系的裂纹源发生在全面腐蚀的表面上。表面膜的破口或裂纹源通常是一些微小的表面缺陷，如晶界、亚晶界及露出的位错群，由于局部淬火应力或冷加工造成的应变区，以及奥氏体不锈钢由于冷加工或在冷却过程中部分转变成微小的马氏体区等。

宏观的应力腐蚀裂纹基本上垂直于拉应力，应力腐蚀裂纹的形态呈树枝形。裂纹微观形态有晶间型、穿晶型和混合型三种，如图 5-12 至图 5-14 所示。混合型是以一种形态为主，支缝中出现另一种形态。在一组特定的体系中，通常只出现一种特定的裂缝形态。

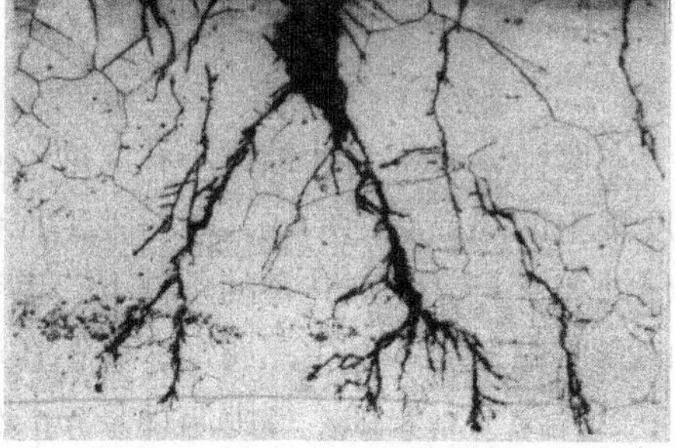

图 5-12 应力腐蚀开裂裂纹微观形貌(穿晶型)

图 5-13 应力腐蚀开裂裂纹微观形貌(沿晶型)

应力腐蚀裂纹形态受冶金因素、环境和应力等各种因素的错综复杂的关系的影响。在不同条件下会出现不同形态的裂纹，裂纹在一定条件下其形态又会转化。例如 304 不锈钢换热器，在冷却水中有少量 Cl^- (50℃)，裂纹由冷却水一侧发展，开始为沿晶型，沿壁厚方向进行，接近高温一侧转化为穿晶型。由于金属材料与环境体系的差异，应力腐蚀裂纹扩展路径不同，碳钢及低合金钢、铬不锈钢、铝、铁、镍等多为沿晶裂纹；奥氏体不锈钢则多为穿晶裂纹，但也有很多例外。

应力腐蚀开裂过程分为三个阶段：一是材料表面生成钝化膜或保护膜；二是保护膜局部破裂，形成蚀孔或裂纹源；三是缝隙内环境发生变化，裂纹向纵深方向发展。

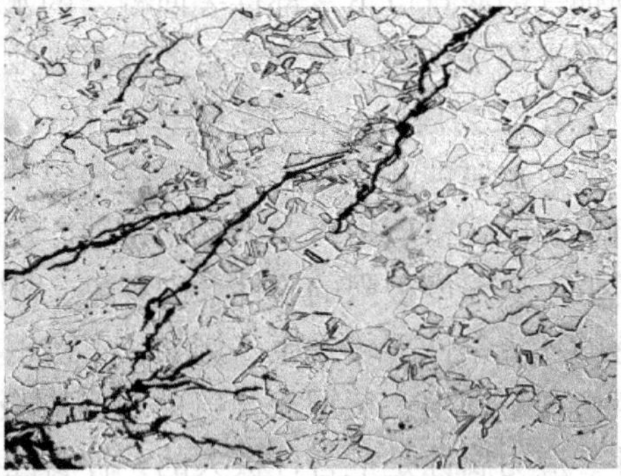

图 5-14　应力腐蚀开裂裂纹微观形貌（穿晶、沿晶混合型）(200×)

5. 腐蚀疲劳

在交变应力作用下，钢在腐蚀性介质(蒸汽或烟气)中的腐蚀破坏称为腐蚀疲劳。汽轮机的叶片、轴类、弹簧等零部件常因腐蚀疲劳而破坏。在锅炉设备中有些构件也会因为经常发生温度的变化而引起交变的热应力，在这种交变热应力和介质的共同作用下也会发生腐蚀性热疲劳破坏。

对产生腐蚀疲劳的零部件进行分析时，发现其裂纹多为穿晶型的，裂纹端部圆钝，内有灰色腐蚀产物，断口为带有疲劳特征的脆性断口。

图 5-15 及图 5-16 所示分别为 20 钢省煤器管子腐蚀性热疲劳损坏的实物照片及显微组织照片。

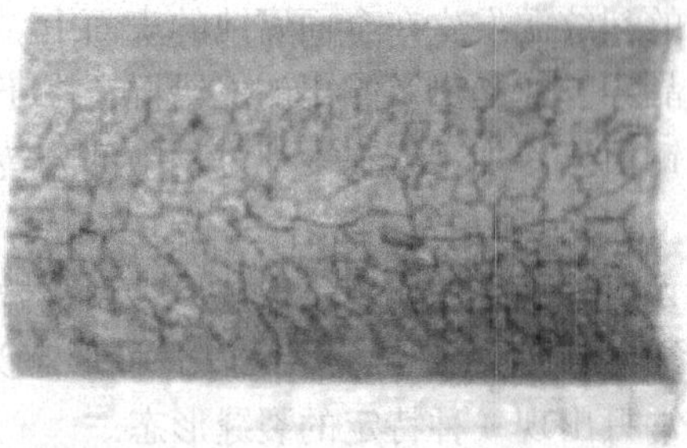

图 5-15　腐蚀性热疲劳损坏的实物照

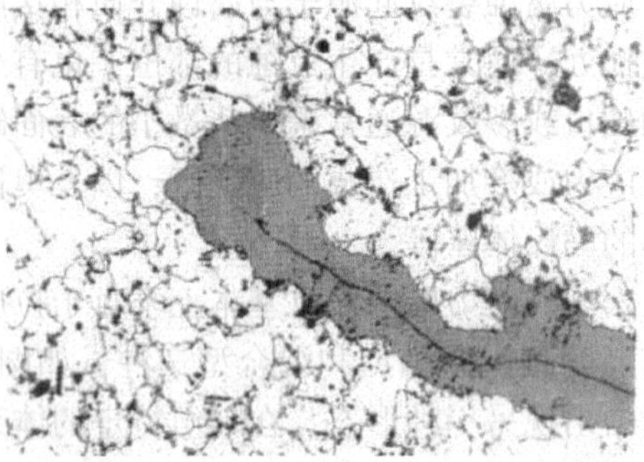

图 5-16　腐蚀性热疲劳的显微组织(200×)

6. 点蚀或孔蚀

在构件表面出现个别孔坑或密集斑点的腐蚀称为点腐蚀，又称为孔蚀或小孔腐蚀。点腐蚀是一种由小阳极大阴极腐蚀电池引起的阳极区高度集中的局部腐蚀形式。每一种工程金属材料对点腐蚀都是敏感的，易钝化的金属在有活性侵蚀离子与氧化剂共存的条件下，更容易发生点腐蚀。如不锈钢、铝和铝合金等在含氯离子的介质中，经常发生点腐蚀；碳钢在表面的氧化皮或锈层有孔隙的情况下，在含氯离子的水中也会发生点腐蚀。缝隙腐蚀是另一种更普遍且与点腐蚀很相似的局部腐蚀。

7. 晶间腐蚀

晶间腐蚀是指部件材料的晶界及其邻近部位先被腐蚀，而晶粒本身不被腐蚀或腐蚀很轻的一种局部腐蚀。不锈钢的晶间腐蚀要比普通碳钢和合金钢较为普遍。发生晶间腐蚀是由于晶界物质的物理化学状态与晶粒本体的不同所造成的，因为：①晶界能量高，易吸附溶质和杂质原子；②晶界有异相析出，形成晶界边缘的溶质元素贫乏区；③晶界新相本身容易被腐蚀。晶界新相的析出导致晶界的内应力和晶粒与晶界的平衡电位不同，晶界电位较低，因而容易被腐蚀。图 5-17 和图 5-18 所示分别为不锈钢晶间腐蚀的微观形貌和腐蚀断口。

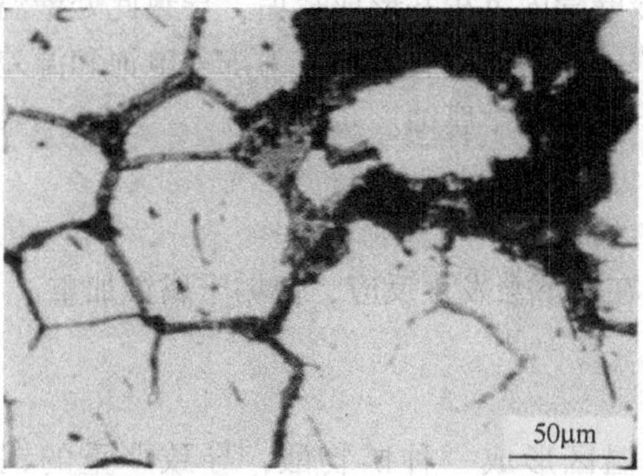

图 5-17　TP304 不锈钢晶间腐蚀微观形貌

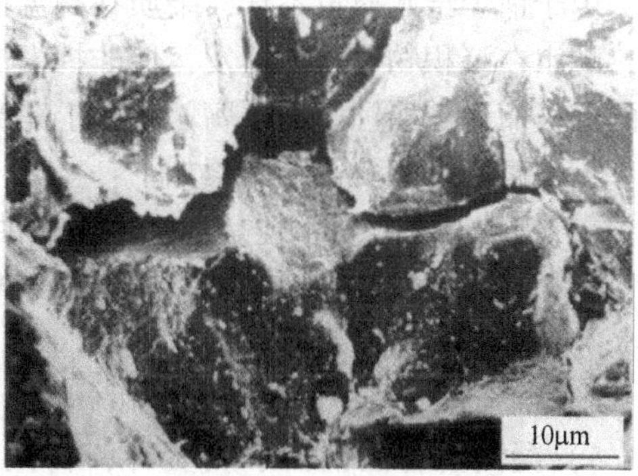

图 5-18　TP304 不锈钢晶间腐蚀断口

晶间腐蚀具有以下特征：

1）腐蚀只沿着金属的晶粒边界及其邻近区域狭窄部位无规则取向扩展。

2）发生晶间腐蚀时，晶界及其邻近区域被腐蚀，而晶粒本身不被腐蚀或腐蚀很轻微，整个晶粒会因晶界被腐蚀而脱落。

3）腐蚀使晶粒间的结合力大为削弱，严重时使部件的强度及韧性大幅度降低。对于不锈钢来说，如果发生了晶间腐蚀，其表面看起来还很光泽，但敲击时声音沙哑，其内部已经发生了相当严重的晶间腐蚀。

4）晶间腐蚀的敏感性通常与部件成形热加工有关。例如，奥氏体不锈钢在 450～850℃的敏化温度范围容易发生晶间腐蚀，在 700～750℃温度区最危险。

5）部件在服役期间和检修期间都难以发现晶间腐蚀，一旦出现晶间腐蚀，导致的失效往往是十分危险的。

8. 黄铜的脱锌腐蚀

黄铜的脱锌过程包含阳极反应和阴极反应。在阳极反应中，锌、铜同时溶解；在阴极反应中，溶液中的 O_2 和铜离子还原和再沉积，其结果是在脱锌的黄铜表面出现多孔的铜层。火电厂中的凝汽器铜管容易发生这类腐蚀损坏。

造成脱锌腐蚀的主要原因有以下两个方面：一方面是由于黄铜中铜、锌两金属的标准氧化还原电位相差 1.1V，锌的电极电位低，铜的电极电位高，二者在腐蚀的环境下发生电化学腐蚀，在腐蚀过程中，锌被优先溶解而留下多孔的铜骨架；另一方面主要来自环境因素对脱锌腐蚀的重要影响，其中表面沉积物和氯元素对脱锌腐蚀的影响较为明显，铜管的沉积物越多，冷却水中氯离子浓度越高，脱锌腐蚀速度越快。

脱锌腐蚀与腐蚀环境和材料表面沉积物等因素有密切关系，在火电厂中可采取以下措施预防脱锌腐蚀现象：①对循环水质加强监督，严格控制循环水中铜离子和氯离子的浓度；②避免过多的沉积物沉积在铜管表面；③在大小修期间，对铜管进行涡流探伤，掌握铜管的腐蚀破坏情况，必要时对铜管内表面重新酸洗后再进行预膜保护。

9. 氧的浓度差电池腐蚀

在含氧的水溶液中，由于溶解氧的浓度不同而引起的腐蚀称为氧的浓度差电池腐蚀，如水位线处易出现腐蚀。氧浓度高的地方为阴极，浓度低的地方为阳极，阳极会受到腐蚀。

10. 垢下腐蚀

由于锅炉给水质量不佳，杂质在高温区的水冷壁管内沉积并形成盐垢，导致此处壁温升高，炉水在沉积物母体中蒸发，使非挥发成分变浓，垢下的金属材料成为浓差电池和温差电池的阳极而受到腐蚀。垢下腐蚀实际上是高压水下的电化学腐蚀。

垢下腐蚀的主要影响因素如下：

1）锅炉给水质量不佳是产生垢下腐蚀的主要条件。

2）管内沉积物中如果含有氧化铁和氧化铜，在垢下会发生反应，使垢下腐蚀加重。

3）污脏的锅炉易遭受腐蚀。

4）调峰机组水冷壁管易形成沉积物。

5）凝汽器管泄漏，水质变坏，在锅炉的高温区形成一种矿物酸，导致严重的锅内腐蚀。

6）由于设计和运行原因，受热面局部热负荷过高或汽水循环不良，加速垢的形成。

11. 氢腐蚀

氢对金属的作用往往表现在使金属产生脆性，因而有时把金属的氢损伤统称为氢脆。习惯上把氢对钢的物理作用所引起的损伤叫做钢的脆性，而把氢与钢的化学作用引起的损伤叫做氢腐蚀。在高压含氧环境中，由于氢原子扩散进入钢中，与钢中的碳结合生成甲烷，使钢出现沿晶裂纹，引起钢的强度和塑性下降的腐蚀现象称为氢腐蚀。火电厂中的水冷壁管及过热器管容易发生氢腐蚀。

锅炉受热面管子，特别是锅炉的过热器管子，由于蒸汽的停滞或流速很小时，将产生“蒸汽腐蚀”，其化学反应如下

$$3Fe + 4H_2O \longrightarrow Fe_3O_4 + 4H_2\uparrow$$

蒸汽腐蚀后所生成的氢气，如果不能较快地被气流带走，氢将与金属管壁作用，此时若管壁内部结垢，尤其是在介质pH值过低的时候，会在垢内形成酸性物质的浓缩、沉积，当管内壁表面形成的Fe_3O_4保护层被溶解后，[H]就可以进入钢中，与钢中晶界的碳化物发生下列反应从而生成甲烷，并使晶界出现脱碳

$$Fe_3C + 4[H] \longrightarrow 3Fe + CH_4\uparrow（甲烷）$$

$$或者\ 4[H] + C \longrightarrow CH_4\uparrow$$

产生的甲烷在钢中的扩散能力很低，积聚在晶界原有的微观空隙里。在反应进行的同时，碳原子通过扩散不断进行补充，这样晶界附近组织中的碳原子不断消耗，CH_4量不断增加，从而形成高达数千兆帕的局部高压，使该晶界产生裂纹。

氢腐蚀过程经历了孕育期和快速腐蚀阶段。从氢原子在钢构件表面吸附至微裂纹的形成阶段为孕育期，此孕育期时间越长，金属耐氢腐蚀的能力越强。微裂纹逐渐长大、连接、扩展成大裂纹，裂纹的迅速扩展使钢材的力学性能急剧下降，钢材塑性逐渐丧失，而脆性增加，这个阶段为快速腐蚀阶段。在氢腐蚀的某一时段，当构件强度不足时，将发生脆性断裂。

图5-19　20钢水冷壁发生氢腐蚀爆管的爆口宏观形貌

严重的氢腐蚀将会引起锅炉管壁的爆破，图5-19所示为20钢水冷壁管因氢脆爆管的实物照片，爆口

边缘粗糙，呈脆性断口形态，看不到明显的塑性变形。对爆口附近内壁表面检查时，发现有许多裂纹，内壁可见腐蚀坑。对爆口附近的组织进行分析时，可以看出这些裂纹均是沿晶产生并扩展的，如图5-20所示。在氢脆裂纹所经过的珠光体边缘，可见到有脱碳现象存在，氢腐蚀严重的区域金相组织中已完全脱碳，看不到珠光体组织，只能看到铁素体和沿晶界的裂纹。如图5-21所示。

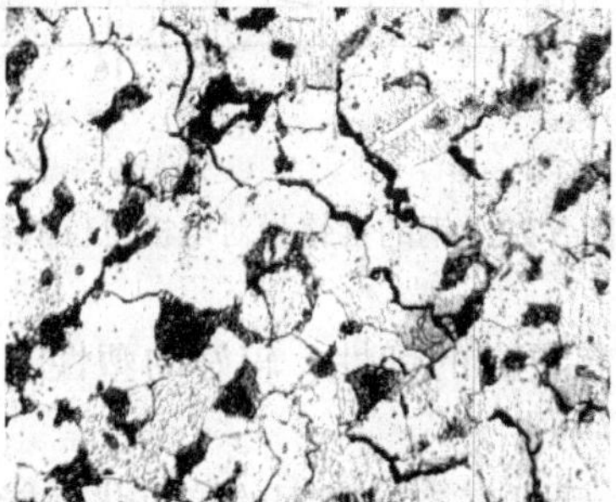

图5-20　20钢氢腐蚀爆口附近的金相组织(500×)

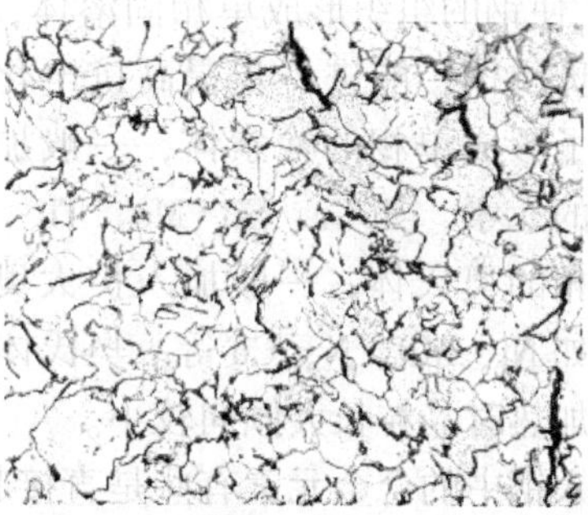

图5-21　20钢氢腐蚀爆口边缘的金相组织(500×)

影响氢腐蚀的因素如下：

1）温度和压力。提高温度和氢的分压都会加速氢腐蚀。温度升高，氢分子离解为氢原子的浓度高，渗入钢中的氢原子就多，氢、碳在钢中的扩散速度快，容易产生氢腐蚀；而氢的压力提高，渗入钢中的氢原子也多，且由于生成甲烷的反应使气体体积缩小，因此提高氢分压有助于生成甲烷的反应，缩短了氢腐蚀孕育期，加快了氢腐蚀进程。

2）钢的成分。氢腐蚀的产生主要是氢与钢中的碳的作用，因而钢中碳的质量分数越高，越容易产生氢腐蚀。

3）热处理与组织。淬硬组织会降低钢的耐氢腐蚀性能，碳在马氏体、贝氏体中的过饱和度都较大，稳定性低，具有析出活性碳原子的趋势，这种碳很容易与氢反应。焊接接头出现淬硬组织有同样作用，冷加工变形使钢中产生组织及应力的不均匀性，提高了钢中碳、氢的扩散能力，使氢腐蚀加剧。

三、提高耐腐蚀性能的方法

提高钢耐腐蚀性能的方法有很多，例如保护层防腐、阴极保护、降低腐蚀介质的浓度等。但最根本的办法是合金化的方法，即在钢中加入合金元素以提高钢的抗氧化性能和抗电化学腐蚀的能力。加入合金元素后，提高钢的耐腐蚀性能的途径主要有以下三个方面：

1）使钢的表面生成一层致密的氧化膜。钢的抗氧化能力决定于氧化膜的致密程度。实践证明，钢中加入铬、硅、铝后所生成的 Cr_2O_3、SiO_2、Al_2O_3是比较致密的，本身的硬度也比较高，能隔绝金属与氧接触，避免钢继续被腐蚀，起到保护作用。这三种元素中以铬的影响最大，铬的氧化膜致密程度最高，保护作用最好。

2）提高钢的电极电位。普通碳钢的电极电位很低，抗电化学腐蚀的能力差。为了提高钢的抗电化学腐蚀的能力，必须提高钢的电极电位。资料表明，铬溶于钢中形成固溶体时，钢的耐腐蚀性能可以大大提高。当铬的质量分数超过11.7%时，钢的电极电位会产生阶跃式的变化，即由负电位变成正电位，使钢具有较好的抗电化学腐蚀的能力。考虑到其他一些因素，含铬量应适当放宽一点，所以不锈钢中铬的质量分数一般在12% ~13%以上。钢的含铬量对电极电位的影响如图5-22所示。

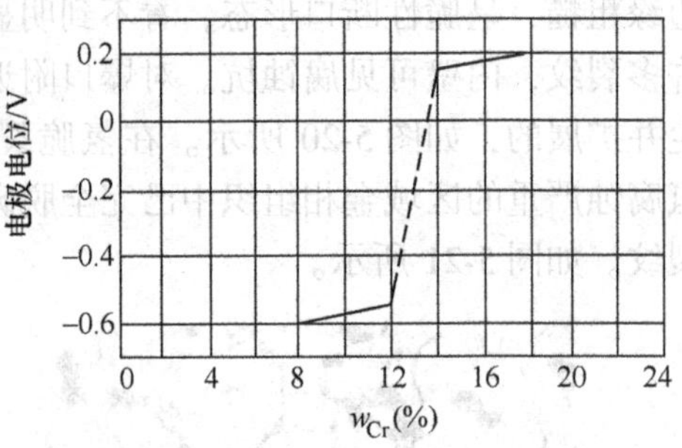

图5-22 钢的含铬量对电极电位的影响

3）使钢的组织形成单相固溶体，如单相的铁素体或奥氏体，能进一步提高抗电化学腐蚀的能力。为了形成单相的铁素体，一般加入缩小奥氏体区域的元素，如Cr、Si、Mo、Ti、Nb等；为了形成单相的奥氏体，一般加入扩大奥氏体区域的元素，如Ni、Mn、N、Cu等。奥氏体钢比铁素体钢具有更高的韧性、较好的塑性及冷变形能力，加热时晶粒长大倾向较小。

加入钢中的合金元素有些是直接起作用，如铬加入后可直接提高钢的抗氧化性能和电极电位，从而增加钢耐腐蚀的能力。有些合金元素是间接起作用的，如在奥氏体钢中加入钛、铌等合金元素，主要是与碳元素作用形成碳化物，防止铬在晶界处贫化，从而有效地防止产生晶间腐蚀。合金化是提高钢材耐腐蚀性能最根本的方法，常用的合金元素有Cr、Ni、Mn、N、Si、Mo、Ti、Nb、Cu、Co等。

第三节 高温运行条件下耐热钢的组织变化特点及其对力学性能的影响

室温下钢的组织和性能一般都相当稳定，但在高温和应力的长期作用下，由于原子有了足够的扩散运动能力，随着运行时间的延长，原子扩散过程不断积累，使钢的组织结构逐渐发生变化，从而导致钢的性能发生改变。钢在高温和应力长期作用下的组织变化主要有珠光体的球化、石墨化、合金元素在固溶体和碳化物之间的重新分配、时效和新相的形成、蠕变损伤等。

一、蠕变损伤

金属部件在一定的温度和持续的应力作用下产生缓慢的蠕变变形，由此导致金属材料微观组织和宏观组织的不连续性，例如蠕变孔洞和蠕变裂纹等，以及蠕变强度下降的现象，称为蠕变损伤。

火电厂金属部件的蠕变损伤一般易出现在以下几个部位：①应力集中区或应力较大的区域，如弯管外弧表面、蒸汽阀门阀壳变截面处、变径管的过渡区、三通肩部和腹部、管系应力危险点即几何尺寸不连续处；②金属组织变化区域，如焊缝熔化金属区域和热影响区；③使用过程中经常超温的部位。

蠕变损伤的微观特征是组织中出现蠕变孔洞和微观蠕变裂纹。蠕变孔洞外形圆滑，多呈圆形或椭圆形，因其黑度大，在显微镜下观察一般无任何细节。蠕变孔洞优先在与最大主应力垂直或成一定角度的晶界上形成，晶界上析出的碳化物和其他杂质都能促进蠕变孔洞的形成。蠕变孔洞的存在形式有三种，即单个蠕变孔洞、方向性蠕变孔洞和链状蠕变孔洞。单个蠕变孔洞即个别或少量晶界上的孔洞，主要分布在与主应力垂直的晶界上；方向性蠕变孔洞优先分布在与主应力垂直的晶界上，数量较多但未呈链状，当其呈链状时即称为链状蠕变孔洞，最终发展为蠕变裂纹。

蠕变损伤是火电厂金属监督的重要内容，测定蠕变损伤程度可为管道、管件和集箱等高温部件的剩余寿命的预测提供重要依据。

二、碳化物球化

(一) 球化的概念及微观过程

钢在高温和应力的长期作用下，珠光体中的渗碳体由片层状逐渐转变为球状，并且渗碳体球不断聚集长大的现象，称为珠光体中碳化物的球化，简称球化。20 钢、15CrMo 及 12Cr1MoV 等低合金耐热钢所制造的锅炉管道，经长期运行后就会出现碳化物的球化现象。图 5-23 和图 5-24 分别是 12Cr1MoV 钢高温过热器管子球化前后的金相显微组织照片。该钢材在 540℃高温及 100atm 的应力下运行 7×10^4h 后，珠光体中的渗碳体已显著球化，金相组织为铁素体及颗粒状的碳化物，有些碳化物已连成链状，如图 5-24 所示。

图 5-23 12Cr1MoV 钢球化前的金相组织(400×)

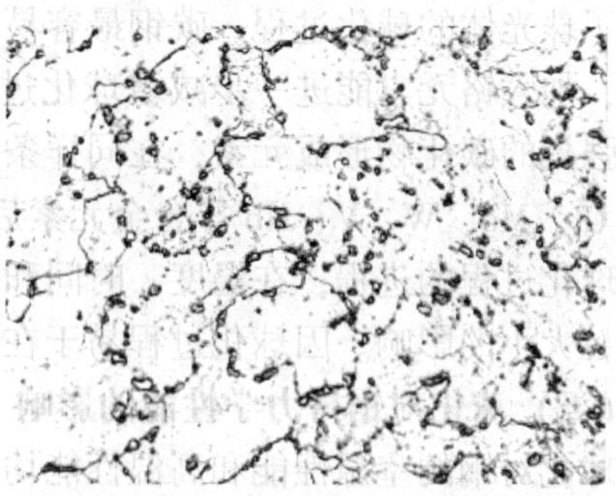

图 5-24 发生球化后的 12Cr1MoV 钢的金相组织(400×)

球化过程包括碳化物从片状转化成球状和球状粒子向晶界聚集长大两个过程。因晶界上的空位和缺陷密度大，原子沿晶界扩散相对容易，所以球状的碳化物首先在晶粒边界上析出。温度越高或在高温下运行的时间越长，晶界上的球状碳化物也就越多。而且，珠光体区域中所形成的球状碳化物也有向晶界聚集的倾向。球化现象严重时，珠光体的区域形态完全消失，球状的碳化物则聚集在铁素体的晶界上成为链状组织，最后出现大量的“双重晶界”，如图 5-25 所示。

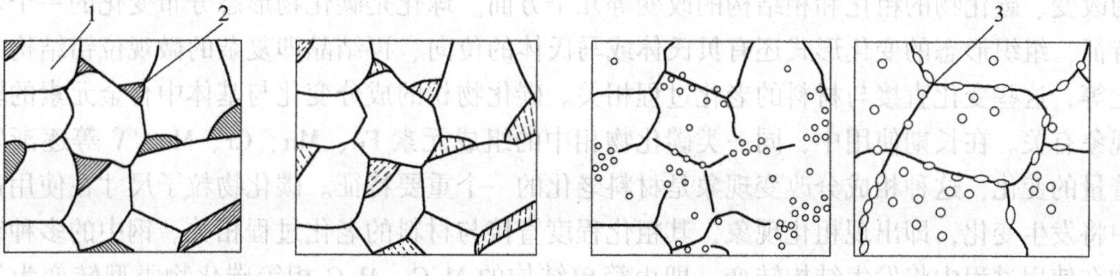

图 5-25 珠光体球化过程示意

a) 原始组织 b) 珠光体分散 c) 成球 d) 球化组织

1—铁素体 2—片状珠光体 3—球状碳化物

（二）球化的原因及其影响因素

在高温下，珠光体中的片状渗碳体是一种不稳定的组织，因为片状渗碳体的表面积较大，所需表面能高。相同体积的物质球体的表面积最小，即以球状形式存在所需表面能最低。按热力学第二定律，任何体系都具有自发地从较高的能量状态向低的能量状态转变的趋势。在高温应力的长期作用下，原子的活动能力增强，扩散速度加快，片状渗碳体会逐渐自发地向球状转化，并进一步聚集长大，以过渡到能量最低的稳定状态，因而出现了球化现象。在常温或较低温度时，由于原子的活动能力较弱，一般是不能完成上述转变的，片状渗碳体还是比较稳定的。

影响碳化物球化的因素主要有温度、时间、应力和钢的化学成分及晶粒大小等。温度越高，球化过程进行得越快；当温度一定时，运行时间越长，则球化越严重。运行时钢材所受的应力将促使球化过程加快，有资料指出，在应力作用下使珠光体完全球化所需时间比无应力下减少1/3。钢的化学成分对珠光体球化过程也有较大的影响。由于球化过程与碳的扩散速度有关，凡是能形成稳定碳化物的合金元素，都能减慢碳在铁素体中的扩散速度，因而就减慢了珠光体的球化过程。碳钢最容易出现渗碳体的球化，在同样条件下钼钢球化速度比碳钢小，加入铬元素能进一步减缓球化过程的进程，因此，Cr-Mo系列钢的球化速度还要小。钒是强烈的碳化物形成元素，在同样条件下，低合金Cr-Mo-V系列钢的球化速度更小。钢中加入Cr、Mo、W、V、Nb等合金元素后，能显著地减弱球化过程。钢中加入锰或铝元素会加速球化过程的进程；在温度、时间和化学成分一定的条件下，钢的珠光体球化速度也受钢的晶粒大小的影响。因球化过程易于在晶界进行，所以粗晶粒钢比细晶粒钢更难球化一些。

（三）球化对钢材力学性能的影响

球化对钢的室温性能和高温性能均有一定的影响。珠光体球化会使钢的室温抗拉强度和屈服强度降低，降低的幅度因钢种而不同。例如，15碳素钢严重球化后的抗拉强度和屈服强度比未球化时降低17%；15CrMoV钢严重球化后的室温强度极限可下降约108MPa。球化会使钢的蠕变极限和持久强度下降，如质量分数为0.5%钼钢在完全球化后，482℃的蠕变极限比未球化时减少46%，持久强度减少52%；538℃的蠕变极限减少23%，持久强度减少45%。12Cr1MoV钢完全球化后，持久强度降低1/3。

（四）显微组织老化

金属材料长期在高温和应力作用下发生显微组织结构的变化统称为老化。组织老化的特征可由碳化物的一系列变化来表征。对组织老化的分析应综合考虑组织形态的改变、相成分的改变、碳化物的粗化和相结构的改变等几个方面。球化是碳化物形态分布变化的一个基本特征，组织形态的变化形式还有贝氏体或马氏体的位向、再结晶即复杂的微观位错结构的变化等，这些变化直接与材料的老化过程相关。碳化物相的成分变化与基体中合金元素的转移现象有关。在长期使用中，同一类碳化物相中的组成元素Fe、Mn、Cr、Mo、V等逐渐发生着量的变化，这种相成分改变现象是材料老化的一个重要特征。碳化物粒子尺寸在使用过程中将发生变化，即出现粗化现象，其粗化程度直接与材料的老化过程相关。钢中的多种碳化物在使用过程中将发生结构转变，即由简单结构的M_2C、M_3C相等碳化物类型转变为复杂结构的$M_{23}C_6$、M_6C相。这种碳化物结构的转变也是一个重要的材料老化特征。

显微组织老化必然会导致材料的室温和高温力学性能不同程度地降低，这将影响长期在高温应力作用下的金属部件的安全稳定性。

在金属监督中，对珠光体钢进行球化程度的评定，即根据相应钢种的球化评级标准进行评级；对非珠光体钢如常见的10CrMo910、102、T91、P91等参照相应标准进行老化程度评级，以便评定金属部件的安全状态。

三、石墨化

（一）石墨化的概念及其对钢性能的影响

在高温和应力的长期作用下，碳钢和含钼的低合金耐热钢组织中的渗碳体分解为铁和石墨，这个分解过程称为石墨化

$$Fe_3C \longrightarrow 3Fe + C(\text{石墨})$$

石墨化是比碳化物球化更为有害的组织变化形式和组织不稳定现象。当钢中产生石墨化时，由于碳从渗碳体中析出成为石墨，钢中的渗碳体数量减少；另外，石墨的强度和塑性几乎等于零，故游离状态的石墨析出后，钢中便如出现了孔洞和裂缝，造成钢材内部应力集中，使钢材的强度和塑性显著下降，脆性增加。石墨化对钢的室温冲击韧性影响很大，对钢的强度也影响较大。有资料介绍，当石墨化为1级时，对管子的强度极限影响不明显；当石墨化为2～3级时，强度极限较原始状态降低8%～10%；当石墨化为3～3.5级时，管子的抗拉强度比原始状态降低17%～18%。

（二）影响石墨化的因素

影响石墨化的主要因素是温度、应力和钢的化学成分。

石墨化过程是在高温下通过原子的扩散运动来完成的，碳钢约在450℃以上，钼钢（w_{Mo} = 0.5%）约在485℃以上。碳钢和含钼的低合金钢在其开始石墨化温度以上超温运行时，温度越高，石墨化过程越快。如国内某热电厂用碳钢制造的过热器管子，规定的工作温度为450℃，但超温至500℃运行还不到200h，就因石墨化而发生了爆管事故。而某电厂用15钢制造的主蒸汽管道，在450℃温度下运行了142552h后，钢管内部才有大量的石墨碳析出，如图5-26所示。

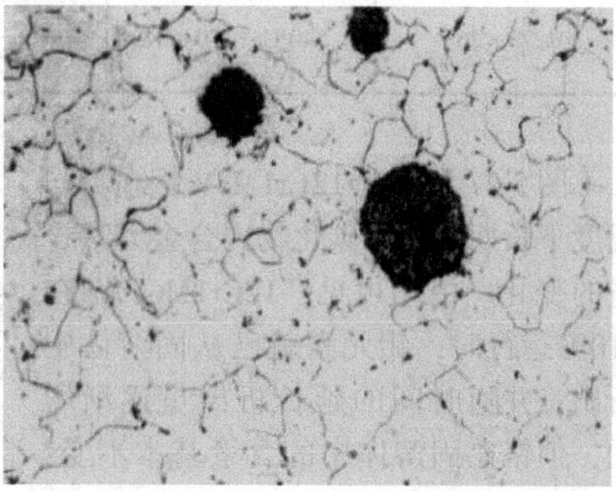

图5-26　碳钢主蒸汽管道石墨化的显微组织(500×)

钢的化学成分对其石墨化倾向有决定性的影响。实践证明，钢中加入Si、Al、Ni等元素，会促进石墨化过程的进行；而加入形成碳化物的合金元素Cr、V、Nb、Ti等，则将形成稳定性更高的碳化物，或使渗碳体稳定性提高，从而有效阻止石墨化过程的进行。

四、合金元素的再分配（固溶体中合金元素的贫化）

金属材料中的合金元素随着时间由一种组织组成物向另一种组织组成物转移的现象称为合金元素的再分配。合金元素再分配的特点是：固溶体中合金元素的含量逐渐减少，而碳化物中合金元素的含量逐渐增加，这个过程也称为固溶体中合金元素的贫化。火力发电厂用耐热钢在高温长期运行过程中，均会发生固溶强化合金元素不断脱溶、向碳化物中迁移的

现象。

合金元素在固溶体和碳化物之间的重新分配过程包括两个方面：一是固溶体、碳化物中合金元素含量的变化，即碳化物成分的变化；二是运行过程中同时发生的碳化物结构类型、数量和分布形式的变化，它们都是伴随合金元素的扩散迁移同时进行的。

固溶体中合金元素的贫化也是一个自发过程。因为合金元素溶入固溶体中必然会使固溶体的晶格发生畸变，导致固溶体的稳定性降低，使其处于较高能量状态，只要合金元素的原子有足够的扩散运动能力，它便会自发地从固溶体中转移到较为稳定的碳化物中去。

合金元素贫化后，使耐热钢中合金元素的固溶强化和沉淀强化的作用减弱，使钢的热强性能降低，即钢的蠕变强度和持久强度降低。

影响钢中合金元素再分配的主要因素是温度、运行时间、应力状态和钢的化学成分。温度越高，原子的活动能力增强，合金元素再分配的速度越快；时间越长，再分配过程进行得越充分；若运行中受拉应力作用，会加速再分配进程。

12Cr1MoV 钢运行前后碳化物内合金元素含量的变化见表 5-1。从表中可以看出，随着运行时间的增长，合金元素逐渐从固溶体中迁移到碳化物中去，以钼元素的贫化(即减少)最为厉害，钒元素的变化则较缓慢。

表 5-1　12Cr1MoV 钢运行前后碳化物内合金元素的变化

管子规格/mm	运 行 参 数	运行时间/h	碳化物内合金元素的含量(质量分数,%)		
			Cr	Mo	V
$\phi273\times26$	540℃、110atm	原始	0.08	0.02	0.13
		20700	0.21	0.15	0.14

图 5-27 所示为 12Cr1MoV 钢在不同温度下长期运行后碳化物内合金元素含量的变化。由图可见，12Cr1MoV 钢在 510℃运行时，钼元素就已从固溶体中析出，并随时间的延长析出量逐渐增加，但铬在固溶体中的含量基本不变；随着温度的升高和运行时间的延长，钼和铬从固溶体中的析出量均逐渐增加，贫化现象越来越严重。

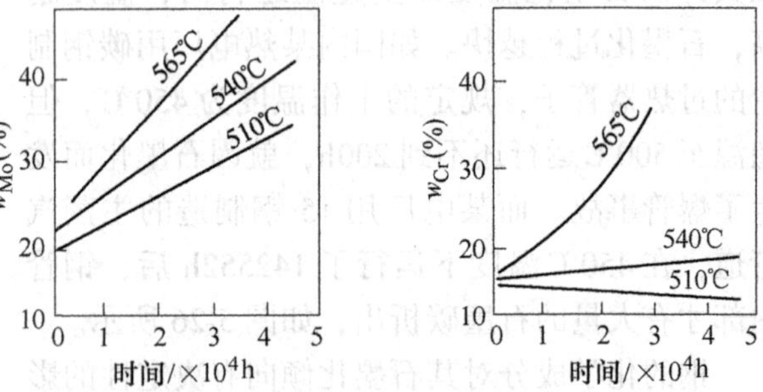

图 5-27　12Cr1MoV 钢在不同温度下长期运行后碳化物内的合金元素含量

钢的化学成分对合金元素的重新分配具有决定性的影响。因合金元素的贫化过程是通过原子的扩散过程来实现的，若钢中加入能延缓扩散过程的合金元素，就能提高固溶体的稳定性，从而减少固溶体中合金元素的贫化程度。在珠光体和马氏体耐热钢中，同时加入 Cr、Mo、W 等元素，能有效地提高基体原子间的结合力并阻止原子的扩散，从而提高固溶体的稳定性；加入 V、Ti、Nb 等强碳化物形成元素，以稳定碳化物相，从而阻止 Mo 和 Cr 从固溶体中向碳化物中迁移。此外，钢中碳质量分数的增加，会加速合金元素的重新分配过程。

合金元素的再分配可用碳化物分析或X光结构分析和电子衍射等方法测定。

五、时效和新相的形成

（一）时效的概念

若耐热钢和耐热合金中的固溶体在热处理时由于从高温冷却较快或其他原因，使固溶于其中的合金元素来不及析出，就会成为不稳定的过饱和固溶体，在今后的运行中就会发生时效。

时效是指耐热钢或耐热合金在高温长期运行过程中，随着运行时间的推移而从组织中的过饱和固溶体内析出一些强化相质点，使金属的性能发生变化的现象。时效过程本质上也就是新相形成的过程，析出的分散相一般是碳化物、氮化物或金属间化合物。例如，在新型的质量分数为9%～12%的铬钢中，时效中析出的新相为Cr_2N、$Fe_2(Mo,W)$。

（二）时效对耐热钢性能的影响

时效可分成三个阶段，第一阶段是时效过程在金属晶格中的准备阶段，它仅表现为一些物理性能如电阻等的变化，强度和硬度几乎不发生变化；第二阶段在组织中析出了分散的强化相质点，使钢的强度、硬度和蠕变极限升高，并使塑性、韧性降低；在时效的第三阶段，即时效的最后阶段，这些析出的分散相聚集，由于这些细小的、分散的质点聚集成为大的质点，因而强化作用消失，钢的强度、硬度降低。由于这一阶段的软化作用，致使耐热钢的蠕变极限和持久强度也显著降低，对耐热钢和耐热合金的运行是不利的。

钢在时效过程中析出的新相主要是碳化物，另有一些氮化物和金属间化合物。从热力学上讲，过饱和固溶体是不稳定组织，在钢的热处理及随后的高温和应力长期作用下必然会析出各类碳化物相，在一定的温度与时间内是稳定的，而当温度升高，应力增大或服役期增长时，都会引起碳化物的转变聚集，从而出现组织的不稳定性，降低热强性。几乎所有耐热钢中的碳化物都首先沿晶界析出，由此使晶界性质发生了变化。众所周知，当在晶界上形成连续的网状碳化物时，弱化了晶界，从而促使晶界裂纹的生成，使钢的热强性明显下降，呈现出脆性破坏。不稳定碳化物沿晶界析出和聚集是造成耐热钢蠕变脆性的重要原因之一。

在含有Cu、B、V、Ti、Nb等合金元素的奥氏体钢中，时效现象比较明显，而在珠光体耐热钢中，时效现象是不明显的。

影响时效过程的主要因素是温度，温度越高，时效过程进行的时间越短。

在研究新相的形成问题时要特别注意σ相的形成。σ相是铁素体高铬钢、奥氏体铁素体钢和镍铬奥氏体不锈钢在某一温度下长期加热过程中产生的新相。σ相是铁和铬的金属化合物，性质硬脆，可以FeCr表示。σ相可使钢的蠕变极限和持久强度降低，并且在所有情况下都使钢的室温和高温的冲击韧性及塑性降低。σ相的形成对某些耐热钢（如超高温超高压的镍铬奥氏体钢过热器或蒸汽管道）的运行起不良的影响，应当尽量避免σ相在运行过程中产生。

在Ni、Cr奥氏体不锈钢中加入铁素体形成元素如Cr、Si、Al、Nb、Ti、Mo、W等会加速σ相的形成；而加入奥氏体形成元素如Ni、N、C则会减慢σ相析出过程的速度。

第四节 耐热钢的强化原理及合金元素在耐热钢中的作用

一、耐热钢的强化机理

金属材料在高温下的强化机理与室温有很大不同，室温时晶界是位错运动的障碍，细化晶粒是室温强化金属的重要手段；而在高温下晶界成为材料的薄弱环节，晶界强度大幅度降低，为了追求高的高温强度，必须对晶界进行强化。在室温塑性变形时，位错很难发生攀移运动；在高温长时间作用下，因原子热振动振幅增大，原子间结合力下降，致使那些在室温下的位错障碍作用大大减轻，甚至不起多大作用，位错的攀移因而变得相对容易。要想从根本上提高材料的高温强度，不能仅依靠常温下提高位错密度的方法，而应当设法增强材料在高温时的原子间结合力，使位错的晶格阻力增大，而且增加位错发生攀移运动所需的扩散激活能。室温时可以通过各种不平衡组织来强化金属，但在高温长时间作用下这些组织都会向平衡组织转化，使力学性能发生明显的变化。因此，提高耐热钢高温强度的主要途径有基体强化(即固溶强化)、沉淀强化和晶界强化三个方面。

(一) 固溶强化

低合金耐热钢的组织是以固溶体为基体的，提高固溶体的强度，增加固溶体的组织稳定性，都能有效地提高耐热钢的高温性能。所以，固溶体强化是耐热钢高温强化的重要方法之一。

固溶强化元素主要通过影响固溶体原子间结合力、晶格畸变、再结晶温度和扩散过程等方面来强化固溶体。

金属或合金的原子间结合力与晶格类型有关。对铁基合金来说，高温下面心立方晶格的原子间结合力较强，体心立方较弱，因此，奥氏体钢要比珠光体钢、贝氏体钢、马氏体钢的蠕变抗力高。因而可通过合金化的方法获得奥氏体基体，提高钢的持久强度。对于已选定的基体，还可通过固溶强化提高原子间结合力，提高蠕变强度。图 5-28 所示为常用合金元素对工业纯铁在 425℃时蠕变强度的影响，从图中可以看出，质量分数为 1% 的钼固溶于 α-Fe 中，可使 α-Fe 的蠕变强度提高近三倍；Cr、Mn、Si 也都能使 α-Fe 的蠕变强度显著提高。增强固溶体原子键引力是提高固溶体耐热性的重要因素，向铁素体中加入 Cr、Mo、W、Mn、Nb 等元素能增加其原子键引力，加入 Ni 或 V 则相反，加入 Co 虽起到有益作用，但作用不显著。

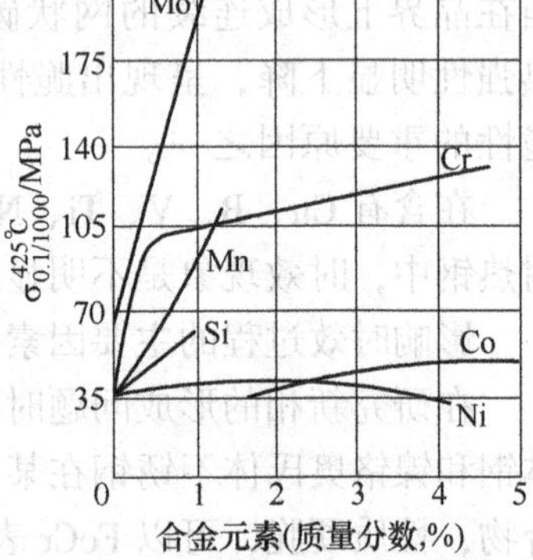

图 5-28 常用合金元素对工业纯铁蠕变强度的影响

固溶体晶格畸变程度与溶入铁中的合金元素的原子半径有密切联系。由于溶入的合金元素的原子半径与铁原子半径不同，在晶体中造成了局部的点阵畸变和应力场，导致溶质原子在位错附近形成气团，增加了位错运动的阻力，提高了蠕变抗力。当溶入的合金元素原子半径与铁原子半径相差越大时，固溶体的晶格畸变也就越大，强化效果越好。

加入能够提高再结晶温度和延缓再结晶过程进行的合金元素，对固溶体的强化效果也有较大的作用。合金元素能提高回复和再结晶温度的顺序如下：Co、Ni、Si、Mn、Cr、Mo，依次增加。合金元素能增强铁基合金的蠕变强度的顺序也与之相同。

在固溶体中，如加入的合金元素能提高铁原子的自扩散激活能，并能阻止其他合金元素和碳在固溶体中的扩散，就能提高固溶体在高温长期运行过程中的稳定性。试验表明，加入Cr、Mo、W、Nb等合金元素因提高扩散激活能，而使固溶体的扩散过程速度降低。与此同时，W、Mo元素还能阻止碳化物的聚集。

一般认为，凡能有效地增强固溶体原子键引力、提高固溶体再结晶温度和使晶格强烈畸变以及提高扩散激活能的合金元素，都是提高固溶体热强性的有利因素。

（二）沉淀强化

从过饱和固溶体中沉淀出第二相是提高钢的热强性最有效的途径之一。从位错理论考虑，沉淀强化比固溶强化更为有效。因为溶质原子在位错周围形成的气团只能阻止位错的滑移，而不能阻止位错的攀移，而第二相沉淀在位错上，能锁固其攀移，从而使钢的热强性提高。实验研究表明，沉淀强化作用可维持到$0.65T_m$，甚至高到$0.7T_m$的温度（T_m为熔点的热力学温度），而固溶强化作用在$0.6T_m$以上温度时就显著减弱。

第二相的沉淀强化效果受沉淀相的类型、大小、形状以及沉淀相的稳定性的影响。在耐热钢中沉淀相主要是碳化物，沉淀强化的效果与碳化物类型有关。在目前火力发电厂常用的低合金耐热钢中，除了Fe_3C外，还有如V_4C_3（VC）、NbC、TiC、Cr_7C_3、$Cr_{23}C_6$、Mo_2C、W_2C、WC和M_6C等合金碳化物。对低合金耐热钢来说，沉淀强化最有效的碳化物是体心立方晶系的V_4C_3（VC）、NbC、TiC等碳化物；六方晶系的Mo_2C在温度低于或等于520℃时能起沉淀强化作用，但在更高温度作用不显著；Cr_7C_3、$Cr_{23}C_6$等碳化物在540℃左右极不稳定，在长期运行中容易聚集；低合金耐热钢中出现M_6C碳化物时会使钢的热强性显著降低。此外，沉淀相也可以是金属间化合物，其沉淀强化作用也与金属间化合物的类型有关。当钢中沉淀出脆性的金属间化合物σ相时，往往对高温强度带来不利的影响。

碳化物颗粒大小、数量及其弥散程度对耐热钢的沉淀强化作用也有明显影响。一般认为，当碳化物以极其弥散的小颗粒均匀分布在基体上时，沉淀强化效果最显著。而当碳化物聚集、颗粒变大、数量变少时，沉淀强化效果逐渐减小，甚至消失。

沉淀相或碳化物的析出部位对钢的耐热性也有重要影响。例如珠光体型耐热钢，当碳化物弥散均匀地分布在铁素体上时，将使钢的热强性提高；而当沉淀相或碳化物分布在晶界上时，则使钢的热强性降低。

沉淀相的稳定性也对沉淀强化效果起到显著作用。合金钢中的碳化物如V_4C_3、NbC、TiC等越是稳定，越不易聚集，就越能长期保持沉淀强化作用。

当钢中具有两种或两种以上较稳定的碳化物相时，沉淀强化作用比单一碳化物更为有效，这也是低合金耐热钢多组元合金化的原因之一。

（三）晶界强化

低温时晶界强度高于晶内强度，而在高温时晶界变弱，晶界的变形会增加钢的蠕变变形。高温时晶界的变形是决定蠕变过程的重要因素，由于晶界处存在大量的空位和缺陷，并且晶界处碳化物聚集速度较快，会加速蠕变裂纹的形成。耐热钢在长期蠕变断裂过程中裂纹往往沿晶界优先产生，因而，晶界强化对在蠕变条件下工作的高温用钢来说具有重要的意义。

由于晶界在高温下强度低，耐热钢通常并不是靠细化晶粒来强化，而是采取适当地使晶粒粗化，以减少薄弱的晶界数量来提高热强性。对现有的晶界再进一步强化，也是提高热强性的重要方法。晶界强化可以通过以下两个途径实现：

（1）净化晶界　由于Pb、As、Bi、Sn、Sb、S、P等杂质元素容易偏聚在晶界，或在晶界上形成低熔点共晶体，从而使钢的性能严重劣化。若在钢中加入稀土元素，它们可以与一些低熔点杂质生成密度较小的难熔化合物。同时，稀土元素在冶炼过程中能使钢中的气体和夹杂物总量减少，提高钢质纯净度，因而可起到净化晶界的作用。

（2）填充晶界上的空位　晶界上空位较多，使扩散易于在晶界上进行并促使裂纹的扩展。加入适当的元素如B后，因其原子半径比Fe、Cr、Co小，但比间隙元素C、N大，它无论以置换式还是间隙式固溶于基体引起的点阵畸变都很强。而晶界的空位间隙比晶内大，B元素填充在晶界空位上比在晶内更为合适，因而有助于降低晶界能量，减少晶界上的空位，从而提高蠕变抗力。Zr也有与B类似的作用，但其作用不如B的效果好。

二、合金元素在耐热钢中的作用

（一）碳的作用

碳对钢的力学性能影响很大，随着碳质量分数的增加，钢的室温强度提高、塑性下降。钢中碳的质量分数对钢的蠕变强度和持久强度的影响较复杂，并与温度、应力、时间以及碳与合金元素之间的相互作用有关。在低合金耐热钢中，提高碳的质量分数对钢的热强性会产生不利影响，使钢的珠光体球化及碳化物聚集过程的速度加快，同时增加钢在高温运行过程中由固溶体转移到碳化物中的合金元素数量。碳质量分数的增加，会降低钢在高温长期运行过程中的组织稳定性，加快组织老化速度，降低耐热钢的热强性。

对锅炉用钢，除了需要考虑热强性外，很重要的一点是还需考虑碳的质量分数对钢焊接性能的影响。一般来说碳的质量分数越高，钢的焊接性能越差。

目前在耐热钢的成分设计时碳的质量分数有降低的趋势，但为了保证钢中形成一定数量的碳化物，常需要有一定的碳的含碳量。锅炉用钢碳的质量分数一般控制在0.2%以下，低合金耐热钢中碳的质量分数一般控制在0.1%～0.2%之间。

（二）铬的作用

在耐热钢中加入铬，可以提高钢的抗氧化性能和耐腐蚀能力，在一定含量范围内还能提高钢的持久强度和蠕变强度，对钢的热脆性、淬透性和工艺性能均有一定的影响。

铬能显著地提高钢在高温时的抗氧化能力。铬之所以有这种作用，是因为它在高温时能在材料表面形成一层致密而稳定的铬的氧化物，可减缓钢件继续氧化的速度。耐热钢的抗高温氧化能力与含铬量有一定的关系，当钢中铬的质量分数达到12%时，钢的抗高温氧化能力有明显提高；当铬的质量分数达到22%时，1000℃下的抗高温氧化性能极好。

若铬的质量分数超过12%以后，还能提高钢的电极电位，从而增强钢抗电化学腐蚀的能力。铬还可以显著地提高钢在高温运行过程中的组织稳定性。例如，12CrMo锅炉钢在运行过程中，由于加入的铬部分存在于Fe_3C中，可以阻止Fe_3C的分解，并且减缓碳的扩散过程，降低Fe_3C的聚集速度，阻止了石墨化过程的发展。

铬钢容易在运行中产生热脆性，但与钼共存时，铬产生的热脆性有害影响会有所减少。

（三）钼的作用

几乎所有的低合金耐热钢中都含有一定数量的钼。钼的主要作用是能显著地提高钢的蠕变强度和持久强度，其主要原因如下：

1）钼溶入铁素体中可使原子之间的结合力增大，会使晶格发生畸变，提高再结晶温度，因而提高钢的热强性。

2）钼能抑制铁的自扩散和其他合金元素的扩散速度，在450～600℃的温度范围内，能有效抑制渗碳体的聚集，并促进弥散的特殊碳化物的析出而提高热强性。

3）钢中加入强碳化物形成元素时，钼的固溶强化效果更加显著。

（四）钨的作用

钨能显著提高耐热钢的蠕变极限和持久强度，其主要原因如下：

1）钨能提高固溶体强度（增大原子之间的结合力，会使晶格发生畸变，提高再结晶温度，阻碍扩散）。

2）钨能形成复杂的碳化物或富钨的金属化合物，产生析出强化。

3）钨和钼复合加入对提高耐热钢热强性的效果比单独加入等量的钨或钼要好。

以钨代钼可以提高耐热钢的持久强度。我国自主开发的低合金耐热钢12Cr2MoWVTiB（102钢），以及日本研制的T23（HCM2S）、T92和T122等一系列耐热钢都是成功地运用了W、Mo复合加入提高钢热强性的原理。

（五）钒的作用

钒是强碳化物形成元素，钢中加入钒可显著提高钢的屈服强度。钒对提高耐热钢的持久强度和松弛稳定性也有显著作用。

与钼和钨不同，钒并不能通过强化固溶体、提高固溶体的再结晶温度来提高耐热钢的热强性。钒之所以能提高铁素体和奥氏体耐热钢的热强性，主要是它能够形成细小、均匀分布、十分稳定的碳化物，起到沉淀强化作用的结果。在高温长期运行过程中，钒能减小珠光体的球化速度，并通过固定碳，促使Cr、Mo、W溶入固溶体内，减缓合金元素从固溶体向碳化物转移的速度，增强钢在高温运行过程中的组织稳定性。钒在钢中起着直接和间接的强化作用。

（六）铌的作用

铌是强碳化物形成元素，铌的碳化物在高温下十分稳定，只比钛的碳化物略为逊色。由于铌具有良好的热强性，无论在低合金耐热钢还是高合金耐热钢中都获得了广泛应用。铌对提高钢的热强性的作用可从以下几个方面分析：

1）形成稳定的碳化物及Laves相，它们细小、均匀地分布在钢中，起到沉淀强化作用，因此提高了钢的热强性。

2）钢中剩余的铌溶入固溶体中，能够显著增加晶格原子键引力，提高再结晶温度，增加晶格畸变，使基体得到强化。

3）铌和碳结合，将钢中的钼、钨等从碳化物中替代出来而进入固溶体，从而使基体得到强化。

在耐热钢中加入少量的铌，对蠕变极限和持久强度均能产生良好影响，特别是当钒和铌复合加入时的强化作用要优于单独加入时的强化作用。

铌还可以提高低碳低合金钢的屈服强度和冲击韧度，降低韧脆转变温度，并改善焊接性能。铌可以避免高铬不锈钢产生的回火脆性，并提高蠕变强度。铌在高铬耐热钢中大多数与钼、钨、钒等联合使用。

（七）钛的作用

钛是一种极强的碳化物形成元素，钛与碳的亲和力比钒还要强烈，在高温时碳化钛的稳定性很高。钛加入钢中改善钢的热强性主要是通过沉淀强化的方式来实现的。在碳素钢和低合金铬钼钢中加入钛，可提高持久强度和蠕变强度。在低合金 Cr-Mo-V 系列钢中复合加入微量 Ti + B 元素，不仅能提高钢的持久强度，还可以改善钢的持久塑性，减小持久缺口敏感性。

不锈耐热钢中加入适量的钛可以避免晶间腐蚀现象的发生，并改善钢的焊接性能和韧性。钛已被广泛用于奥氏体型不锈钢中。

（八）稀土元素的作用

稀土金属是一组活性极强的元素，它们能与钢中的有害气体、夹杂、杂质等反应生成稳定化合物，净化钢质，并在钢中起到合金化作用。稀土元素与氧、硫、磷、氮、氢等的亲和力都很强，是钢中很好的脱硫除气剂。它们和砷、锑、铅、铋、锡等能形成熔点较高的化合物，从而清除这些有害杂质，还具有一定的净化晶界的作用。它们还可以改善钢中夹杂物的形状和分布状态，从而提高钢的质量和耐热性能。稀土元素对钢的晶粒度细化也具有一定的作用。稀土元素在焊接时也同样起着脱氧、脱硫、除气、细化晶粒和减少夹杂等的作用。稀土元素能较明显地改善耐热钢的抗氧化性能，还可以提高钢的塑性和冲击韧性，降低韧脆转变温度。

（九）硼的作用

钢中加入微量的硼，可以成倍地提高钢的淬透性。

硼元素易在晶界上偏聚，填充晶界上的空位和缺陷，提高晶界的高温强度，是重要的晶界强化元素。

在耐热钢中加入微量硼可以提高钢的热强性，并改善持久塑性，减小钢的蠕变脆性。硼存在于晶界上的析出物中，可阻碍晶界的滑移从而提高了持久强度。资料表明，硼可以细化和稳定晶内和晶界上的析出物而提高持久强度，硼通过稳定和抑制 $M_{23}C_6$ 碳化物粗化，改善晶界附近组织的稳定性而提高强度。低合金耐热钢中复合加入微量 Nb + B、Ti + B、Zr + B 能显著提高钢的热强性，并且能改善持久塑性，降低持久缺口敏感性。

硼只有以固溶形式存在于钢中（大都聚集或吸附在晶界上）才能起到有效作用。当硼与钢中残留的氮、氧化合形成稳定的夹杂物时，反而对钢的性能有不利的作用。

（十）铝和硅的作用

铝和硅这两种元素在钢中都能显著地提高钢的抗氧化性，加入到钢中主要是为了提高耐腐蚀性能。但是，铝和硅均能促进石墨化，所以其加入量需要予以控制。

高温下在含硅或铝的耐热钢表面会形成一层致密的保护性好的氧化膜，因此，常把它们加入到要求高温抗氧化性能的钢中。实践证明，钢中硅的质量分数达到 1% ~2% 时，就有较明显的抗氧化效果。硅和铝或铝与铬同时使用时，具有更为优异的抗氧化效果。

（十一）镍的作用

镍能增加钢的淬透性，因而能提高钢的强度。镍还是扩大奥氏体的元素，在奥氏体类耐热钢中用得较多。加入镍使钢获得单相的奥氏体组织后，钢就具备了较高的抗蠕变能力和耐腐蚀性能。

在耐热钢中，镍本身并不能提高钢的蠕变抗力，因而一般不作为耐热钢中的强化元素。但是加入较多量的镍后能获得奥氏体组织，从而使钢的抗蠕变性能显著提高。

(十二) 铜的作用

铜在钢中突出的作用是改善普通低合金钢的耐大气腐蚀性能。钢中铜的质量分数仅有0.1%就可以显著地提高钢的耐大气腐蚀性。铜提高耐热钢的热强性的机理如下：

1) 固溶强化(形成合金铁素体)。

2) 沉淀强化(形成ε-Cu相,尺寸粒度小,稳定性好)。

3) 抑制δ铁素体形成，增加淬透性，提高强度。

近年来，国外研制开发出一些含铜的新型耐热钢，如日本研制的HCM12A(0.1%C-12%Cr-2%W-0.4%Mo-1%Cu)、Super 304H(18%Cr-9%Ni-3%Cu-Nb-N)和18%Cr-10%Ni-3%Cu-Ti-Nb钢。在HCM12A钢中铜的质量分数小于2%时，可以有效地抑制δ铁素体的形成，增加焊接接头热影响区的软化抗力，而不损害该钢的持久强度和持久塑性。在Super 304H钢中加入3%的铜后，在奥氏体基体上共格析出的细小富铜相在高温长时间蠕变过程中不粗化，持久强度大大提高。

第五节 耐热钢的分类及超(超)临界机组用耐热钢的发展现状

一、耐热钢的分类

根据小截面正火后的金相组织，耐热钢可以分为珠光体耐热钢、马氏体耐热钢、铁素体耐热钢和奥氏体耐热钢四大类。

(一) 珠光体耐热钢

珠光体耐热钢合金元素总的质量分数小于5%，所加入的合金元素主要为铬、钼、钒，一般称为低合金耐热钢。这类钢的组织为铁素体和珠光体；若正火时冷却速度较快，或合金元素含量较高，元素的种类较多，其组织则为铁素体和贝氏体。按碳质量分数的不同，珠光体耐热钢又大致分为低碳珠光体耐热钢和中碳珠光体耐热钢。

在珠光体耐热钢中合金元素钼是钢中主要的强化元素，钼溶入固溶体产生固溶强化并提高其再结晶温度，使钢的热强性提高；铬主要是提高钢的抗氧化和耐腐蚀能力，并提高组织稳定性；钒通过沉淀强化方式提高钢的热强性，并进一步提高钢的组织稳定性。合金元素的加入，使这类钢具有较高的抗氧化及耐腐蚀能力，有较高的高温强度和持久塑性，且焊接性好。这类钢一般在正火、高温回火状态下使用。

火电厂热力设备中常用的Cr-Mo系及Cr-Mo-V系珠光体耐热钢主要有12CrMo、15CrMo、13CrMo44、10CrMo910、12CrMoV、12Cr1MoV等。合金元素含量较低的铬钼钢主要用于500~510℃以下的蒸汽管道、联箱等零部件及540~550℃以下的锅炉受热面管子；合金元素含量较高的低碳铬钢和铬钼钒钢，则主要用于550℃以下的汽轮机主轴、叶轮、气缸、隔板及高温紧固件等。当铬钼钢及铬钼钒钢的使用温度分别超过550℃和580℃时，其组织不稳定性加剧，高温氧化速度迅速增加，持久强度显著下降。为了满足580℃以上工作温度的需要，在材料成分设计上多采用提高含铬量并添加钛、硼等多种合金元素的联合强化。这种设计思路的钢种如12Cr3MoVSiTiB(π11)、12Cr2MoWVTiB(102钢)，其使用温度高达600~620℃。

珠光体耐热钢还有螺栓用钢20Cr1Mo1VNbTiB(1号螺栓钢)、20Cr1Mo1VTiB(2号螺栓钢)及12MoVWBSiRE(无铬8号)无铬耐热钢。20Cr1Mo1VNbTiB和20Cr1Mo1VTiB在570℃下具有较高的高温强度和抗松弛性，以及较小的缺口敏感性，已广泛用作300MW和200MW汽轮机组的螺栓材料。12MoVWBSiRE无铬耐热钢的高温强度高于常用的12Cr1MoV钢，其抗氧化性与12Cr1MoV相当。

(二) 马氏体耐热钢

钢在正火状态下其组织为马氏体或马氏体和铁素体，这类钢称为马氏体钢。应用最早的马氏体耐热钢是Cr13型钢，这类钢具有一定的热强性、良好的耐腐蚀性能、良好的减振性和低的线膨胀系数。12Cr13和20Cr13既可作为不锈钢又可作为耐热钢使用。

12Cr13和20Cr13的最高工作温度分别为480℃和450℃左右。为了提高Cr13型钢的热强性，在这类钢的基础上添加了钼、钨、钒、硼、铌等合金元素，发展成为强化的Cr13型(又称为Cr12型)马氏体耐热钢，既保持了Cr13型钢的抗氧化、耐腐蚀及良好的减振性等特点，又进一步提高了钢的热强性，如14Cr11MoV、15Cr12WMoV、22Cr12NiMoWV(C-422)等。德国的F11、F12也属于Cr12型马氏体耐热钢。马氏体耐热钢主要用于制造汽轮机和燃气轮机的叶片、围带等，这类钢一般都在回火状态下使用，正常金相组织为回火索氏体。

42Cr9Si2、40Cr10Si2Mo等铬硅钢是另一类马氏体耐热钢，它们的含碳量在中碳钢范围。这类马氏体耐热钢具有良好的抗氧化和抗燃气腐蚀的性能，具有足够的高温强度和冲击韧性，常用于制作内燃机的气阀，故又称为气阀钢。在火电厂锅炉中，42Cr9Si2钢主要用于制作过热器吊架。

(三) 奥氏体耐热钢

钢中加入的合金元素，如果不仅使奥氏体等温转变曲线右移，而且使*Ms*点降低至室温以下，则钢空冷后仍为奥氏体，这种钢称为奥氏体耐热钢。由于奥氏体的晶格致密度比铁素体大，原子间结合力也大，合金元素在奥氏体中的扩散速度较慢，因此奥氏体钢具有比其他耐热钢更高的热强性。由于这类钢含有大量的铬、镍，又是奥氏体单相组织，因此也具有很好的抗氧化性和耐腐蚀性。另外，这类钢还具有良好的塑性、韧性和焊接性。奥氏体钢的主要缺点是切削加工性差、室温强度较低、热导率小、线膨胀系数大、有晶间腐蚀倾向、在进行异种钢焊接时易产生裂纹等。

通常奥氏体耐热钢的合金元素含量高，而且采用多种合金元素联合强化。添加钼、钨、钒、钛、铌、硼等元素能使奥氏体基体和晶界进一步得到强化，钛的加入可使晶间腐蚀倾向得到显著改善。

火电厂常用的奥氏体耐热钢有18-8型的06Cr18Ni11Ti和14-14-2型的45Cr14Ni14W2Mo铬镍奥氏体耐热钢。还有低镍的铬锰、铬锰氮奥氏体耐热钢如22Cr20Mn10Ni2Si2N等已用于制作高参数锅炉过热器、过热器吊架及其他耐热零件。

06Cr18Ni11Ti可用于温度在610℃以下的锅炉过热器、主蒸汽管等。45Cr14Ni14W2Mo具有更高的热强性和组织稳定性，常用于制造650℃以下超临界锅炉的过热器、主蒸汽管等。06Cr18Ni11Nb(美国牌号TP347H)具有良好的热强性和抗晶间腐蚀的能力，用于超临界锅炉过热器、再热器及蒸汽管道。06Cr19Ni10(美国牌号TP304H)也是各国通用的18-8型铬镍奥氏体耐热钢，它的耐腐蚀性和焊接性良好，冷变形能力非常高，被广泛用于制造超临界锅炉再热器、过热器及蒸汽管道。22Cr20Mn10Ni2Si2N 的抗氧化性能优良，可用于 900～1000℃过热器吊架及管夹等。

奥氏体耐热钢的热处理与奥氏体不锈钢基本相同，主要是固溶处理，即将钢加热到 1050～1150℃，保温一定时间，水冷以得到单相奥氏体组织。只是在作为耐热钢使用时，经固溶处理后需要进行高于使用温度 60～100℃的时效处理，以进一步稳定组织，并析出细小弥散的强化相，使钢进一步强化。

（四）铁素体耐热钢

钢中加入较多的铬、硅、铝等铁素体形成元素，使钢具有单相铁素体组织，称为铁素体耐热钢，常用的有 10Cr17、10Cr17Mo 等。这类钢的抗氧化和耐腐蚀性能好，但热强性较差，在高温下有晶粒长大的倾向，且脆性较大。铁素体耐热钢实际上是抗氧化钢，这类钢不宜用来制作承受冲击载荷的零部件，只宜用于制造受力不大的构件，如锅炉吹灰器、过热器吊架等。

二、超(超)临界机组用耐热钢的发展现状

由于超(超)临界机组主蒸汽和再热蒸汽的温度由超临界锅炉的 538～566℃提高到 580℃以及近几年的 600℃及以上，因此，锅炉高温受热面不仅要求有高的热强性，而且还应具有优良的抗烟侧高温腐蚀和抗蒸汽侧高温氧化的性能。

近年来，各国对于应用于超(超)临界机组的高热强钢的开发已取得了显著的成绩，日本已开发出一系列的性能优良且经过长期运行考验的新钢种，如用于高温过热器和再热器管的 Super304H（18Cr10Ni3Cu，日本牌号为 Sus304JIHB）、HR3C（25Cr20NiNb，日本牌号为 Sus310JIYB）和 TP347HFG 等。这些钢种都具有高的热强性（即高温蠕变强度），而且具有良好的抗烟侧高温腐蚀和抗蒸汽氧化的性能，其中尤以含 Cr、Ni 最多的 HR3C 在热强性、耐高温腐蚀和蒸汽氧化方面最为突出，已成功应用于汽温为 600/600℃的百万千瓦级超(超)临界锅炉中。TP347HFG 和 Super304HFG 则可用于蒸汽温度为 566～580℃的超临界和超(超)临界锅炉中。在超(超)临界锅炉的集箱和导管的新钢种方面，在 P91 的基础上开发了 P92（或称 NF616），即在 P91 的 Cr、Mo 成分基础上加入质量分数为 1.5%～2.0%的钨，已成功地应用于 600℃等级锅炉的过热器和再热器出口集箱和主汽导管上。另外，在超(超)临界锅炉水冷壁的管材方面，又开发了 HCM2A（T23，即在 T22 的基础上加质量分数为 1.5%的钨）以及 HCM12（T122）。前者可用于汽温为 600℃的超(超)临界锅炉，后者可用于汽温达 650℃的超(超)临界锅炉或者用于普通超临界锅炉的末级过热器。此外，三菱和住友钢铁公司联合开发了 ASME Code Case 2328 的 18%Cr 细晶粒奥氏体钢，即在原 TP347H 的基础上加入钨、氮等成分，它的高温强度比普通的 TP347H 高 15%，且具有良好的抗蒸汽氧化层剥落的性能，适用于过热器分隔屏管，已在日本三隅等 1000MW USC 锅炉中取得了良好的运行业绩。

欧洲国家为了配合火力发电厂 700/700℃计划，近年来也开发了一些可用于超(超)临界机组的高热强钢，如 Vollourec & Mannesmann 钢管公司开发了用于水冷壁的 7CrMoVTiB1010（T24，即在 10CrMo910 的基础上加入 Ti、N、Nb 及 B 等成分），在奥氏体钢方面，德国开发了 X3CrNiMoN1713，但尚未应用于锅炉，欧洲（德国、丹麦）的超超临界锅炉高温过热器、再热

器的管材基本采用日本开发的已有长期运行业绩的钢种，如TP347HFG，P91和P92等。

复习思考题

1. 何谓耐热钢？火电厂热力设备中的某些零件为什么必须用耐热钢来制造？
2. 何谓蠕变？绘图说明蠕变变形过程及各阶段的特点。
3. 蠕变极限的表示方法有哪两种？
4. 什么是持久强度？它与蠕变极限有什么关系？
5. 何谓应力松弛？热力设备中的哪些零件易产生应力松弛现象？
6. 什么是热疲劳？影响钢的热疲劳性能的主要因素有哪些？
7. 火电厂锅炉设备中会产生哪些腐蚀损坏现象？这些腐蚀损坏有什么危害？
8. 钢材在高温状态下长期运行时组织上会产生哪些变化？这些变化对性能有什么影响？
9. 耐热钢的强化是通过哪些途径来实现的？
10. 试分析铬、钼、钨、铜、钒、硼在耐热钢中各自的主要作用。

第六章　电厂典型金属部件用钢及事故分析

随着国民经济的迅猛发展，我国火电厂正向着大容量、高参数、高效率、低污染的方向发展。机组容量的增大、运行参数的提高对电厂金属材料的要求也越来越高。电厂金属材料多数是在高温、高压和腐蚀介质作用下长期运行，将会发生组织和性能的变化，这可能引起某些零部件的失效。关键零部件失效后往往会造成严重设备事故，同时危及人员及生命财产安全，给电厂带来巨大的经济损失。因此，了解锅炉和汽轮机主要设备的用钢情况，掌握电厂金属材料在运行过程中组织和性能的变化特点，对于合理选用材料以及正确处理金属部件的事故具有十分重要的意义。

第一节　锅炉受热面管及蒸汽管道用钢

一、锅炉受热面工作条件及受热面管子的选材要求

锅炉受热面管子主要是指过热器、再热器、水冷壁管和省煤器管子。

（一）过热器和再热器的工作条件

过热器用于将饱和蒸汽加热成具有额定温度的过热蒸汽，而再热器则是用于将汽轮机高压缸(或中压缸)排出的蒸汽重新加热到某一温度的再热蒸汽。在运行中，两种管子的管壁温度高于管内介质温度20～90℃。它们是在长期高温应力作用下，即是在产生蠕变的条件下工作的。过热器管和再热器管均布置在锅炉烟温较高的区域，运行过程中内壁受高温蒸汽腐蚀，外壁承受高温烟气的腐蚀和飞灰的磨损作用。

（二）过热器管和再热器管的选材要求

1）应具有足够高的蠕变极限、持久强度和持久塑性，并在高温下长期运行的过程中具有相对稳定的组织。对于同一牌号，按热强性能来说，用于过热器管时，其允许的最高使用温度可比用于蒸汽管道高出30～50℃。

2）具有高的抗氧化性能，所用钢材在工作温度下的氧化速度应小于0.1mm/a。

3）具有良好的冷热加工工艺性能和焊接性能。

（三）水冷壁管的工作条件

水冷壁管用于吸收炉膛中高温火焰和烟气的辐射热量，使管内工作介质受热并将热量转移走，起保护炉墙的作用。在运行中，由于管内水流的冷却作用，管子本身的工作温度并不高，但锅炉给水水质不好时，管子内壁容易产生垢下腐蚀，燃料中含硫量高时，管子外壁还会出现硫化物的高温腐蚀。这些腐蚀都将影响锅炉的安全运行。

（四）省煤器管的工作条件

省煤器的作用是利用锅炉排烟加热锅炉给水，以降低排烟温度，节约燃料。省煤器布置在锅炉烟气温度较低的区域，管内工作介质为温度不高的水，其工作温度不高，但是温度波动较大，省煤器出口部分的蛇形管容易产生疲劳损伤。此外，管子外壁在运行时还要受到烟

气中飞灰颗粒的磨损作用。

（五）水冷壁管和省煤器管的用钢要求

1）应具有一定的室温和高温强度，以便管壁厚度不至于过厚，从而有利于加工并获得良好的传热效果。

2）具有良好的抗热疲劳性能和传热性能，以防因热疲劳损伤而导致过早的损坏。

3）具有良好的耐高温烟气腐蚀性能，并要求耐磨损性能和工艺性能良好，尤其是焊接性能良好。

上述要求是相互制约的，要保证热强性和组织稳定性，需要加入合金元素，但这往往会使工艺性能尤其是焊接性能降低。在这种情况下，应优先考虑使用性能要求，对焊接性能则可以通过改善焊接工艺来补救。

二、蒸汽管道的工作条件及选材要求

蒸汽管道主要是指主蒸汽管、再热蒸汽管道、蒸汽导管、联箱、连接管等。

（一）蒸汽管道的工作条件

蒸汽管道的作用是输送高温、高压过热蒸汽。在运行中，蒸汽管道主要承受管内过热蒸汽的温度和压力作用，以及由钢管质量、介质质量、保温材料质量、支撑和悬吊等引起的附加载荷的作用。管壁温度与过热蒸汽温度相近，即蒸汽管道是在产生蠕变的条件下工作的。在锅炉起停和变负荷工况下，它还要承受周期性变化的载荷和热应力的作用。

（二）蒸汽管道用钢要求

1）应具有足够高的蠕变强度、持久强度和持久塑性。

蒸汽管道通常以10^5h或2×10^5h的高温持久强度作为强度设计的主要依据，再用蠕变极限进行校核。持久强度反映材料抗持久破坏的能力，蠕变极限反映材料抗长期变形的能力。材料的热强性能高，可提高蒸汽管道的运行安全性，还可以减少因管壁过厚给加工工艺带来的困难。一般要求钢材在工作温度下的持久强度平均值不低于50～70MPa；在整个运行期内允许累积的相对蠕变变形量不高于2%；持久强度和蠕变极限的分散范围不超过±20%；持久塑性的伸长率不小于3%～5%。

2）在高温下长期运行过程中应具有相对稳定的组织。

3）蒸汽管道的热加工和焊接的工作量很大，钢材应有良好的工艺性能，特别是焊接性能要好。

三、锅炉受热面管及蒸汽管道用钢介绍

用于受热面管及蒸汽管道的材料大致分为两类：一类为铁素体钢，主要应用于亚临界参数的机组中，如20G、15CrMo、12Cr1MoV、10CrMo910、G102、T91、P91、T92等；另一类是奥氏体不锈钢，主要应用于亚临界参数机组的高温段和超(超)临界参数机组中，如TP304H、TP347H、S30432(Super304H)、TP347HFG、TP310HCbN(HR3C)、NF709等。近几年来，奥氏体不锈钢已广泛应用于锅炉受热面管的高温段。为了适应超(超)临界机组的发展需求，国外(特别是日本和德国)经过近20年的研究、开发、实验、应用，使新型的锅炉用钢系列发生了一些变化，增添了一些新成员。高压锅炉钢管从早期的碳钢、碳锰钢(20G、St45.8、SA—210Al或106B/C)发展成低合金铬(钼)钢(SA—209Tla、15Mo3、

SA—213MT2、T12、13CrMo44、T22、德国10CrMo910、俄罗斯12Cr1MoV、T23、T24等），再到中合金铬钼钢（9%～12% Cr型，如T9、T91、P91、T92、P92、T122、P122等）和奥氏体钢[TP304H、TP347H、TP347HFG、S30432(Super304H)、TP310HCbN(HR3C)、NF709等]，形成了完整的用钢系列，基本满足了从低参数到高参数机组不同档次的锅炉用钢的要求。这些新钢种的特点是：基本上都是在T91、TP304H、TP347H及HR3C奥氏体不锈钢的基础上添加了Nb、W、V、Ti、N、Cu、B等强化元素，其综合性能比以前的钢种更为优越，能够适应常规参数和更高参数（如超临界和超超临界）压力和温度的机组，且能降低用钢成本。

由于蒸汽管道布置在炉外，且采用大口径钢管制造，一旦破裂，后果严重，故对同一牌号的钢材，用于蒸汽管道时所允许的最高使用温度应比用于过热器管的耐热温度低30～50℃。下面根据工作温度分别介绍过热器管和蒸气管道用钢。

（一）壁温不大于450℃的过热器管及壁温不大于425℃的蒸汽管道

这些管道一般采用优质碳素结构钢，常用的是20钢、20G钢。20G钢除了基本性能与20钢相同外，还增加了对高温性能的要求。该类钢的塑性、韧性及焊接性良好，在450℃以下具有足够的强度，在530℃以下具有良好的抗氧化性能，无回火脆性，但长期在450℃以上使用会发生珠光体的球化和石墨化，使钢的蠕变极限和持久强度降低。国外同类材料的部分牌号有美国SA—210C、日本STB42、德国St45.8/Ⅲ钢等。

（二）壁温不大于550℃的过热器管及壁温不大于510℃的蒸汽管道

钼钢15Mo、16Mo是成分最简单的低合金热强钢，其热强性能、耐腐蚀性能和稳定性能都优于碳素钢，工艺性能与碳素钢相当。但在500～550℃下长期使用时，其组织稳定性不佳，有珠光体球化和石墨化倾向，使钢的蠕变极限和持久强度降低，严重石墨化还会导致钢管的脆性断裂。上述原因限制了它在高压蒸汽管道上的应用，已被铬钼钢所取代。国外同类的钼钢牌号有日本STBA12、STPA12，美国T1、P1，德国15Mo3钢等。

在钼钢的基础上加入铬，发展了15CrMo钢。由于加入了铬元素，提高了碳化物的稳定性能，有效地阻止了石墨化倾向，并使钢的热强性能提高，而又不影响其他工艺性能。但铬钼钢会发生珠光体球化和合金元素再分配现象，从而导致材料热强性能下降。当温度超过550℃时，该类钢的抗氧化性能迅速降低，热强性能也明显下降。国外同类铬钼钢牌号有日本STBA22、STBA23、STPA22、STPA23，美国T12、T11、P12、P11，德国13CrMo44钢等。

（三）壁温不大于580℃的过热器管及壁温不大于550℃的蒸汽管道

在此温度范围内的管道可选用低合金热强钢12Cr1MoVG、2.25Cr-1Mo等。

12Cr1MoVG钢具有较高的热强性能和持久塑性，580℃时表面能形成致密的氧化物保护膜，有足够的抗氧化性能及良好的焊接性能。该钢在高温下长期运行，会出现珠光体球化现象和合金元素的重新分配。轻度的球化对钢的持久强度影响不大，但完全球化的组织使钢的热强性显著降低，当12Cr1MoVG钢完全球化后，其持久强度比原来降低三分之一。国外同类产品牌号有前苏联的12X1MΦ钢。在铬钼钢中，当钼的质量分数为1%、铬的质量分数为2.25%时具有最佳的热强性能，即12Cr2MoG钢。

2.25Cr-1Mo钢在美、日、英、德等国家早已广泛用作锅炉钢管和蒸汽管道。该类钢具有良好的加工工艺性能和较好的焊接性能，持久塑性好，其蠕变极限和持久强度比12Cr1MoVG钢稍低，因此，在相同参数下使用时，其壁厚要比12Cr1MoVG钢的厚。该类钢的淬透性大，有一定的焊接冷裂倾向。国外同类产品牌号有日本STBA24、STPA24，美国

T22、P22，德国10CrMo910钢。

（四）壁温不大于600℃的过热器管及再热器管

在此温度范围内使用的钢，我国研制成功的有12Cr2MoWVTiB钢（钢研102），此外，还有美国的T23（类似牌号有三菱重工和住友金属联合开发的HCM2S钢）、T24。目前这类钢多用于壁温不大于600℃的过热器管和再热器管，很少用于蒸汽管道。

12Cr2MoWVTiB钢具有良好的综合力学性能、工艺性能和抗氧化性能及良好的组织稳定性。在工作温度下长期运行后，钢管的组织和性能变化不大。12Cr2MoWVTiB钢的热强性对热处理工艺较为敏感，所以对热处理工艺控制要求严格。该类钢主要用于壁温不大于600℃的高压锅炉的过热器管、再热器管及其他耐热部件。

T23钢的合金含量与钢研102类似，是在钢研102的基础上，通过加入钨（$w_W = 1.6\%$）、减少钼（$w_{Mo} = 0.20\%$）和一定的含碳量（$w_C = 0.04\% \sim 0.10\%$），并加入少量的钒、铌、氮和硼而成。正火、回火后的组织为回火贝氏体-马氏体。600℃时，T23钢具有优良的热强性及抗氧化性，且无脆化的危险，焊接性能良好。

T24钢是在T22钢的基础上研发的钢种。与T22钢的化学成分比较，增加了V、Ti、B的含量，减少了碳含量，焊接时热影响区的硬度随之降低，从而提高了焊接接头的蠕变断裂强度。因为降低了碳含量，所以焊接性能良好。当壁厚小于或等于8mm时，焊后可不进行热处理。

（五）壁温不大于650℃的过热器管及壁温不大于620℃的蒸汽管道

当锅炉蒸汽温度提高到570℃时，高温段过热器的壁温可达到620℃或更高。这时低合金耐热钢已经不能满足要求，需要采用中合金铬钼钢（9%～12% Cr型），甚至奥氏体耐热钢。亚临界参数、超临界、超超临界参数的机组，其锅炉受热面管道均采用含铬量较高的耐热钢来制造，如12% Cr型、9Cr-1Mo型、9Cr-2Mo型等。

X20CrMoV121（F12）、X20CrMoWV121（F11）是德国的12% Cr型马氏体耐热钢，由于钢中添加了Mo、V、W等合金元素，使钢具有较高的抗氧化性能及耐蚀性能，组织稳定性能良好，但工艺性能和焊接性能较差。F11钢已经很少生产了，F12钢主要用于壁温在540～560℃的联箱，以及壁温达610℃的过热器管和壁温达650℃的再热器管。

9Cr-1Mo型马氏体耐热钢与12% Cr型钢一样，其合金元素介于珠光体钢与奥氏体钢之间，具有高的抗氧化性能、耐蚀性能以及高温强度，但焊接性能差，一般用于壁温不大于650℃的过热器管、再热器管及蒸汽管道等。属于这一类型的钢种有美国的T91、P91钢，日本的STBA26、STPA26钢，德国的X12CrMo91钢以及瑞典的HT7钢，用在我国单机容量300MW以上的大机组上。

日本的HCM9M属于9Cr-2Mo型铁素体钢，是在9Cr-1Mo型钢的基础上发展起来的。该钢具有较高的抗氧化和耐高温蒸汽腐蚀的性能，在高温和压力作用下不易发生应力腐蚀开裂。该钢还具有较高的热强性和组织稳定性，用于壁温不大于620℃的亚临界参数、超临界参数锅炉过热器管、再热器管、联箱和导汽管等。美国T91及P91钢属于改良型9Cr-1Mo高强度马氏体耐热钢，这种高强度马氏体耐热钢是美国首先研制的。我国也已研制成功10Cr9Mo1VNb钢，该钢已纳入GB/T 5310—2008标准。通过降低碳含量、添加合金元素V和Nb、控制钢中N和Al的含量，使该钢具有高的抗氧化性能和耐蚀性能，而且具有高的冲击韧性和高而稳定的持久塑性和热强性能。此外，该钢的线膨胀系数小、导热性能好，主要用于亚临界参数、超临界参数锅炉中壁温不大于625℃的高温过热器管，壁温不大于650℃的高温再热器管，以及用于壁温不大于600℃的集箱。同时，T91及P91钢是代替T22、X20CrMoV121及12Cr1MoV钢的理想材料，又是用于改造现役机组高温部件的最有前途的替换材料。T91可部分代替TP304H用于制造锅炉过热器管及再热器管，且有明显的经济效益。类似美国T91、P91的钢种有德国的X10CrMoVNb91，日本的火STBA28、火STPA28钢等。日本为了解决调峰机组管材的疲劳失效问题，开发了新的大机组锅炉用钢。在T91的基础上通过减少钼含量、增加钨含量，并控制硼含量而得到铁素体耐热钢NF616钢。美国相同的牌号有T92，该类钢的常温力学性能与T91相当，焊接性能比T91有所改善，且600～650℃的蠕变强度有很大提高。600℃时，其许用应力比T91高34%，强度是SUS347H(相当于TP347H)的1.12倍。所以，T92钢有望在大型锅炉再热器、过热器高温段代替TP304H及TP347H钢。

（六）壁温不小于650℃的过热器管及壁温不小于600℃的蒸汽管道

在此温度范围内需要使用奥氏体耐热钢，常用的有06Cr19Ni10、07Cr18Ni11Nb、06Cr17Ni12Mo2、06Cr18Ni11Ti等。奥氏体耐热钢具有很高的热强性能与抗氧化性能，高的耐腐蚀性能，焊接性能良好，但价格昂贵，而且在高温下长期运行容易产生晶间腐蚀及蒸汽侧氧化剥落。此外，奥氏体耐热钢还存在导热性差、线膨胀系数大及异种钢焊接等问题。

类似于06Cr19Ni9的牌号有美国的TP304、TP304H，日本的SUS304TB、SUS304TP等。06Cr19Ni9的最高使用温度可达650℃。07Cr18Ni11Nb的最高使用温度为650℃，与之类似的牌号有美国的TP347、TP347H，日本的SUS347TB、SUS347TP等。06Cr17Ni12Mo2是各国通用的奥氏体不锈耐热钢，该钢在酸、碱、盐中的耐蚀性显著提高，在海水和其他介质中的耐蚀性比06Cr19Ni10好。该钢在高温下具有良好的蠕变强度、冷变形和焊接性能，与该钢类似的牌号有美国的TP316、TP316H，日本的SUS316TB、SUS316TP等。06Cr18Ni11Ti是用钛稳定的铬镍奥氏体热强钢，因其含有较多的镍，因此组织较为稳定，并具有较好的热强性和持久塑性。与之类似的牌号有美国的TP321H钢，日本的SUS321TB、SUS321TP，俄罗斯的12X18H12T等。上述钢种常用于大型锅炉的过热器管、再热器管及蒸汽管道等，用于锅炉管道时允许的抗氧化温度为705℃。

上述传统的奥氏体不锈钢存在一些未解决的问题，如高温强度稳定但强度低，蒸汽侧氧化皮易脱落，造成小管径弯头堵塞等。为此，又开发出新型的奥氏体耐热钢，如Super304H、TP347HFG、HR3C等。

Super304H是TP304H的改进型，是在TP304H的基础上加入适量阻止奥氏体晶粒长大的Cu、Nb、N等元素，开发出了18Cr-9Ni-3Cu-Nb-N[S30432(Super304H)]经济型奥氏体钢。S30432(Super304H)中添加了质量分数为3%左右的Cu，并通过复合添加Nb和N，来获得高强度和高韧性，从而使高温蠕变强度显著提高。S30432优越的高温蠕变强度不是靠贵重的合金元素W、Mo的强化获得的，而是通过廉价的Cu、Nb、N，由富Cu相的Cu、Nb、N(C、N)、$M_{23}C_6$质点的弥散强化获得的。S30432(Super304H)具有较细的晶粒尺寸，从而达到高温强度、长期塑性及耐腐蚀性能的最佳组合。

TP347HFG(Fine-grain)是日本住友金属株式会社在TP347H的基础上开发出来的。TP347H虽然具有较好的蠕变性能，但耐高温蒸汽腐蚀的性能还有待提高。通过改进制造工艺，将软化处理温度提高到1250～1300℃，使NbC这类MX型碳化物充分固溶析出，固溶处理温度基本保持不变。析出的 NbC 既限制了晶粒长大，又提高了蠕变断裂强度。新工艺得到的 TP347HFG 晶粒细化到 8 级以上，从而具备了更优良的耐高温蒸汽腐蚀性能，对提高过热器管的组织稳定性起到了重要的作用。

SA—213TP310HCbN(HR3C)是在 TP310H 不锈钢中添加 N、Nb 元素开发出来的。TP310HCbN(HR3C)与普通 SA—213TP310H 的区别仅在于添加了质量分数为 0.20% ~ 0.60% 的 Nb 和 0.15% ~0.35% 的 N，从而使新钢种的高温性能大大提高。TP310HCbN 蠕变断裂强度提高的主要原因是在钢的时效过程中析出了 NbCrN。NbCrN 氮化物非常细小且特别稳定，即使长时间失效，组织也很稳定，大大提高了蠕变断裂强度，加入微量的 N 对抑制 σ 相的形成和改善韧性也很有效。TP310HCbN 钢的高温耐腐蚀性能(抗蒸汽氧化性能)良好，其许用应力比普通的 SA—213TP310H 有很大提高。

对于蒸汽温度为 566℃ 等级的超临界机组和 593℃ 等级的超超临界机组，在选用材料时要充分考虑金属温度和蒸汽温度的差异，虽然在计算管子的最小壁厚时能满足强度要求，但是存在高温氧化问题。表 6-1 列出了四种材料在 650℃ 和 700℃ 的氧化速率。可见，TP347HFG 和 Super304H 的氧化速率明显低于 TP347H。TP310HCbN(HR3C)铬的质量分数为 24.09% ~26.0%，镍的质量分数为 17.0% ~23.0%，比 TP347HFG 和 S30432(Super304H)的含量(铬的质量分数为 17.0% ~19.0%，镍的质量分数为 7.5% ~10.5%)高出许多，因此其氧化速率明显降低。由于奥氏体不锈钢在高温氧化后，氧化皮与奥氏体不锈钢的热膨胀系数不同，在停炉时，易造成氧化皮脱落而引起堵管，从而导致爆管，因此严重影响了奥氏体不锈钢在高温下的使用。因此，超(超)临界机组的受热面选材要考虑蠕变强度和蒸汽氧化两方面的问题。有研究认为，在金属温度达到 620 ~ 675℃ 时，要考虑使用奥氏体不锈钢；当金属温度超过 675℃ 时，要考虑使用镍基合金。

锅炉受热面管与蒸汽管道常用钢材的化学成分和力学性能分别见表 6-2 和表 6-3。

表 6-1 四种奥氏体不锈钢 1000h 的蒸汽氧化速率 (单位：μm)

牌号 / 温度/℃	TP347H	TP347HFG	S30432 (Super304H)	TP310HCbN (HR3C)
650	27	15	19	<2
700	40	20	25	<2

表 6-2 锅炉受热面管与蒸汽管道常用钢材的化学成分

牌号 技术条件	化学成分(质量分数,%)									
	C	Mn	Si	S	P	Mo	Cr	V	W	其他
20G GB 5310—2008	0.17 ~ 0.24	0.35 ~ 0.65	0.17 ~ 0.37	≤ 0.030	≤ 0.030					
15MoG GB 5310—2008	0.12 ~ 0.20	0.40 ~ 0.80	0.17 ~ 0.37	≤ 0.030	≤ 0.030	0.25 ~ 0.35				
15CrMoG GB 5310—2008	0.12 ~ 0.18	0.40 ~ 0.70	0.17 ~ 0.37	≤ 0.030	≤ 0.030	0.40 ~ 0.55	0.80 ~ 1.10			

（续）

牌号 技术条件	化学成分(质量分数,%)										
	C	Mn	Si	S	P	Mo	Cr	V	W	其他	
12Cr1MoVG GB 5310—2008	0.08~ 0.15	0.40~ 0.70	0.17~ 0.37	≤ 0.030	≤ 0.030	0.25~ 0.35	0.90~ 1.20	0.15~ 0.30			
10CrMo910 DIN17155—1983	0.06~ 0.15	0.40~ 0.70	≤ 0.50	≤ 0.030	≤ 0.035	0.90~ 1.10	2.00~ 2.50				
12Cr2MoWVTiB GB 5310—2008	0.08~ 0.15	0.45~ 0.65	0.45~ 0.75	≤ 0.030	≤ 0.030	0.50~ 0.65	1.60~ 2.10	0.28~ 0.42	0.30~ 0.55	Ti0.08~ 0.18	B0.002~ 0.008
T23 ASTM A213	0.04~ 0.10	0.10~ 0.60	≤ 0.50	≤ 0.010	≤ 0.030	0.05~ 0.30	1.90~ 2.60	0.20~ 0.30	1.45~ 1.75	Nb0.06~0.10 B0.0005~0.0060	N≤0.030 Al≤0.030
T24 ASTM A213	0.05~ 0.10	0.30~ 0.70	0.15~ 0.45	≤ 0.010	≤ 0.020	0.90~ 1.10	2.20~ 2.60	0.20~ 0.30		Ti0.05~0.10 B0.0015~0.0070	N≤0.012 Al≤0.020
10Cr9Mo1VNb GB 5310—2008	0.08~ 0.12	0.20~ 0.50	0.30~ 0.60	≤ 0.010	≤ 0.020	0.85~ 1.05	8.00~ 9.50	0.18~ 0.25		N0.030~0.070 Nb0.06~0.10	Al≤0.040 Ni≤0.400
T92 ASME SA213	0.07~ 0.13	0.30~ 0.60	≤ 0.50	≤ 0.010	≤ 0.020	0.30~ 0.60	8.00~ 9.50	0.15~ 0.25	1.50~ 2.00	N0.030~0.070 Nb 0.04~0.09 B0.001~0.006	Al≤0.040 Ni≤0.400
X20CrMoV121 DIN1717—1979	0.17~ 0.23	≤ 1.00	≤ 0.50	≤ 0.030	≤ 0.030	0.80~ 1.20	10.00~ 12.50	0.25~ 0.35		Ni0.30~0.80	
T122 ASME SA213	0.07~ 0.14	≤ 0.70	≤ 0.50	≤ 0.010	≤ 0.020	0.25~ 0.60	10.00~ 12.50	0.15~ 0.30	1.5~ 2.5	N0.04~0.10 Nb0.04~0.10 Bmax~0.005	Al≤0.040 Ni≤0.500 Cu0.3~1.7
07Cr19Ni10 GB 5310—2008	0.04~ 0.10	≤ 2.00	≤ 0.75	≤ 0.030	≤ 0.035		18.00~ 20.00			Ni8.00 ~11.00	
07Cr18Ni11Nb GB 5310—2008	0.04~ 0.10	≤ 2.00	≤ 1.00	≤ 0.030	≤ 0.030		17.00~ 20.00			Ni9.00~ 13.00	Nb+Ta≥ 8C~1.00
TP304H ASTM A213—92	0.04~ 0.10	≤ 2.00	≤ 0.75	≤ 0.030	≤ 0.040		18.00~ 20.00			Ni8.00~ 11.00	
TP347H ASTM A213—92	0.04~ 0.10	≤ 2.00	≤ 0.75	≤ 0.030	≤ 0.040		17.00~ 20.00			Ni9.00~13.00	Nb+Ta≥ 8C~1.00
TP347HFG 住友	0.06~ 0.10	≤ 2.00	≤ 0.75	≤ 0.030	≤ 0.040		17.00~ 20.00			Ni9.00~13.00	
S30432 (Super304H) 住友	0.07~ 0.13	≤ 1.00	≤ 0.30	≤ 0.030	≤ 0.040		17.00~ 19.00			Ni7.5~10.5 Cu2.5~3.5 Al0.003~0.030	Nb0.3~0.6 N0.05~0.12 B0.001~0.010
TP310HCbN (HR3C)住友	0.04~ 0.10	≤ 2.00	≤ 0.75	≤ 0.030	≤ 0.030		24.00~ 26.00			Ni17.00~23.00 Nb0.20~0.60	N0.15~0.35

表 6-3 锅炉受热面管与蒸汽管道常用钢材的力学性能

牌号 技术条件	热处理工艺/℃	取样 位置	R_m/ MPa	R_{eL}/ MPa	A (%)	A_{kV}/ J	σ_{10^5}/MPa			$\sigma_{1\times10^{-5}}$/MPa		
20G GB 5310—2008	900～930 正火	纵向 横向	419～549 ≥402	245 215	24 22	49① 39①	400℃ 128	450℃ 74	500℃ 39			
15MoG * GB 5310—2008	910～940 正火	纵向 横向	450～600	270	22 20	35 27	450℃ 167②	500℃ 73②	520℃ 46②	450℃ 245②	500℃ 93②	520℃ 59②
15CrMoG GB 5310—2008	930～960 正火 680～720 回火	纵向 横向	440～640	235 225	21 20	35 27	500℃ 145	530℃ 91	550℃ 61			
12Cr1MoVG GB 5310—2008	980～1020 正火 720～760 回火	纵向 横向	470～640 ≥440	255 255	21 19	35 27	520℃ 157	560℃ 98	580℃ 78	520℃ 128	520℃ 78	550℃ 59
10CrMo910 DIN17175—1979	正火 高温回火	纵向 横向	450～600	280	20 18	48④ 31④	500℃ 135	550℃ 68	580℃ 44	500℃ 103	550℃ 49	580℃ 30
12Cr2MoWVTiB * GB 5310—2008	1000～1035 正火 760～790 回火	纵向	540～735	≥ 345	≥ 18	35	550℃ 162	600℃ 82	630℃ 59	570℃ 140	600℃ 47	620℃ 48
T23 ASTM A213	1050～1070 正火 745～775 回火		≥ 510	≥ 400	≥ 20	280						
T24 ASTM A213	990～1010 正火 735～765 回火		≥ 585	≥ 450	≥ 20	370						
10Cr9Mo1VNb GB 5310—2008	1040～1060 正火 770～790 回火	纵向 横向	≥ 585	≥ 415	≥20	35 27	590℃ 112	620℃ 74	650℃ 44	590℃ 86③	610℃ 68③	620℃ 61③
T92 ASME SA213	1040～1080 正火 750～780 回火		≥ 620	≥ 440	≥20							
X20CrMoV121 DIN17175—1979	1020～1070 正火 730～780 回火	纵向 横向	690～840	490	17 14	34④	580℃ 82	600℃ 59	620℃ 42	580℃ 61	600℃ 43	620℃ 30
T122 ASME SA213	≥1040 正火、淬火 ≥730 回火		≥ 620	≥ 400	≥20							
07Cr19Ni10 * GB 5310—2008	固溶处理		≥ 515	205	35		621℃ 79	649℃ 63	677℃ 48			
07Cr18Ni11Nb * GB 5310—2008	固溶处理		520	205	35		630℃ 100	670℃ 66	710℃ 43			
Super304H 住友	固溶处理		≥ 515	≥ 205	≥ 35							

（续）

牌号 技术条件	热处理工艺/℃	取样位置	R_m/ MPa	R_{eL}/ MPa	A (%)	A_{kV}/ J	σ_{10^5}/MPa				$\sigma_{1\times10^{-5}}$/MPa			
1P347HFG ASME	固溶处理		≥ 550	≥ 205	≥ 35									

① 冲击韧度 a_K。

② 德国 15Mo3 钢管数据（DIN171751979，DIN171551983）。

③ 德国 X10CrMoVNb91 数据。

④ DVM 试样，德国 DIN50115 标准，U 型缺口，缺口深 3mm。

* 该钢的 A 为 $A_{11.3}$。

第二节　锅炉受热面吊挂和吹灰器用钢

一、锅炉受热面吊挂和吹灰器的工作条件

锅炉受热面吊挂直接与火焰或烟气相接触，且没有冷却介质冷却，故其工作温度很高，在炉膛和前部烟道的吊挂的工作温度达 1000℃，而在对流加热部分也接近 750℃。由于其主要是固定受热面，因此所受载荷不大。

锅炉中沉淀于受热面的细灰如不及时清除，就会影响热量传递，以致降低锅炉效率。因此在锅炉设备中的燃烧室、水冷壁、过热器、省煤器、空气预热器等部件中均有吹灰装置，亦称为吹灰器。吹灰器是利用蒸汽对锅炉管子受热面作定时短暂吹扫的组件。吹灰器平时守在温度较低的炉墙保护套中，吹灰时伸入炉膛和烟道，将粘附在受热面上的烟灰吹落，吹灰完毕后，又缩回保护套中。它的工作特点是工作温度高，但工作时间短，一般 3～5min。其工作温度根据所处区域不同而不同，如在燃烧室工作，温度为 900～1000℃；在高温省煤器和空气预热器区为 500～550℃；在低温省煤器和低温空气预热器区的吹灰器工作温度小于 450℃。

二、锅炉受热面吊挂和吹灰器用钢的选材要求

锅炉受热面吊挂用钢要求具有较高的抗氧化性能、一定的热强性能、较好的耐蚀性能和工艺性能。吹灰器用钢要求具有高的抗氧化性能、良好的耐蚀性能和小的热脆性。

三、常用锅炉受热面吊挂和吹灰器用钢介绍

由于布置在不同部位的吊挂和吹灰器的工作温度不同，所以选择不同的材料。高温时常用的材料主要有铁素体耐热钢、奥氏体耐热钢、马氏体耐热钢；当温度小于 450℃时应尽量选用低合金钢、碳钢和耐热铸铁等材料。如 20 钢表面渗铝或渗铬后具有较好的抗氧化性，能满足在这个温度范围内的使用。下面主要介绍典型的吊挂和吹灰器用钢的性能特点。

（一）12Cr5Mo 钢

12Cr5Mo 钢属于马氏体型耐热钢，其热强性能不高，在 550℃下含硫的氧化性气氛中，具有良好的耐热性和耐蚀性能。其冷热加工性能良好，但焊接性能差，焊后应缓冷，并经 550℃高温回火，用来改变焊缝性能。该钢一般用于工作温度不高于 650℃的锅炉吊挂等耐热部件。

国外同类产品牌号有美国的 T5、日本的 STBA25、德国的 12CrMo195、俄罗斯的 12X5M 等。

（二）1Cr6Si2Mo 钢

1Cr6Si2Mo(新标准无对应牌号,但该钢在电厂中应用很广泛。)钢属于马氏体型耐热钢，在 800℃有较好的抗氧化性能。与 12Cr5Mo 钢相比，其硅的质量分数增加 1.5%，所以耐热温度提高到 800℃左右，但含硅量的提高，却使钢的回火脆性增加，使零件在高温下长时间工作时易产生脆性破断。该钢在含硫的氧化性气氛中耐腐蚀性能很好。经过正火、回火后有较高的持久强度和蠕变强度，但焊接性能差。这类钢用于工作温度低于 700℃的锅炉吊挂、省煤器管夹等耐热件。国外同类产品牌号有美国的 TSb、俄罗斯的 X6CM 钢等。

（三）42Cr9Si2 钢

42Cr9Si2 钢属于马氏体型耐热钢，在 800℃以下具有良好的抗氧化性能，在空气中的最高抗氧化温度可高达 850℃，低于 650℃时有较高的热强性能，但焊接性能差。该钢用于工作温度低于 800℃的高温过热器吊挂等。国外同类产品牌号有日本的 SUHl、俄罗斯的 40X9C2 钢等。

（四）1Cr25Ti 钢

1Cr25Ti(新标准中无对应牌号,但该钢在电厂中应用很广泛)钢属于铁素体型高铬不锈钢，具有良好的抗晶间腐蚀性能，在 1000～1100℃不起皮，具有良好的抗氧化性能，塑性、韧性良好。但该钢有高温脆化倾向，长期运行后韧性很快下降，因此运行中不宜受冲击载荷，焊接性能一般。该钢用于工作温度不高于 1000℃的锅炉吊挂及吹灰器。国外同类产品牌号有日本的 SUH446、俄罗斯的 15X25T 钢等。

（五）16Cr20Ni14Si2 钢

16Cr20Ni14Si2 钢属于 Cr-Ni 奥氏体型耐热钢，由于铬、镍元素的含量都较高，所以具有良好的高温强度和抗氧化性能。16Cr20Ni14Si2 钢的最高抗氧化温度达到 1050℃，对硫气氛较为敏感，焊接性能良好，用于含硫气氛较低的耐高温构件，如过热器吊挂、夹马、吹灰器上的定位件和喷嘴等。国外同类产品牌号有德国的 X20CrNiSi2012、俄罗斯的 20X20H14C2 钢等。

（六）22Cr20Mn10Ni2Si2N(101)钢

22Cr20Mn10Ni2Si2N 钢属于 Cr-Mn-Ni-N 型奥氏体耐热不起皮钢，具有较好的高温强度和高温塑性。由于钢中含有一定量的镍，使钢在高温时效后仍然具有较高的冲击韧度，抗氧化性能比铬镍奥氏体钢差，但仍能满足 900～1050℃炉用材料的要求。该钢的焊接性能较好，焊接裂纹的敏感性小，焊前不必预热，也不用进行焊后热处理，有冷加工硬化倾向。该钢用于工作温度不高于 1000℃的锅炉过热器吊挂、定位板，也可以作耐热铸钢使用。

（七）26Cr18Mn12Si2N 钢

26Cr18Mn12Si2N 钢属于 Cr-Mn-N 型奥氏体耐热不起皮钢，其室温和高温性能高于 16Cr20Ni14Si2 钢，但抗氧化性能低于这种钢。该钢能满足锅炉吊挂零件的工作要求，耐硫腐蚀和抗渗碳性能较好，焊接性能好，焊前不必预热，也不用进行焊后热处理。该钢用于工作温度不高于 900℃的锅炉过热器、省煤器吊挂及夹马等。

含镍量较高的钢，在用于含硫量较多的环境下(烟气中含 SO_2较多)时，其耐硫腐蚀和抗氧化性能会降低，所以其允许使用的温度应降低 100℃。

常用锅炉受热面吊挂和吹灰器用钢的化学成分、热处理及应用范围见表6-4。

表6-4　常用锅炉受热面吊挂和吹灰器用钢的化学成分、热处理及应用范围

牌号 技术条件	化学成分(质量分数,%)								热处理 工艺/℃	主要应用范围
	C	Mn	Si	S	P	Cr	Ni	其他		
12Cr5Mo	≤0.15	≤0.60	≤0.50	≤0.030	≤0.035	4.00~6.00	≤0.60	Mo 0.45~0.60	900~950 油冷，600~700 空冷	≤650℃的锅炉吊挂
42Cr9Si2	0.35~0.50	<0.70	2.00~3.00	≤0.030	≤0.035	8.00~10.0	≤0.60		1020~1040 油冷 700~800 油冷	≤800℃的锅炉吊挂
16Cr20Ni14Si2	≤0.20	≤1.50	1.50~2.50	≤0.030	≤0.035	19.0~22.0	12.0~15.0		1080~1130 快冷	1000~1100℃的锅炉吊挂及夹马
26Cr18Mn12Si2N	0.22~0.30	10.5~12.5	1.40~2.20	≤0.030	≤0.060	17.0~19.0		N 0.22~0.33	1100~1150 快冷	≤900℃的锅炉吊挂及夹马
22Cr20Mn10Ni2Si2N	0.17~0.26	8.5~11.0	1.80~2.70	≤0.030	≤0.060	18.0~21.0	2.00~3.00	N 0.20~0.30	1100~1150 快冷	≤1000℃的锅炉吊挂

第三节　锅炉受热面管失效分析

锅炉受热面管的爆漏是造成电厂非正常停机的常见故障之一，由于严重影响了机组的安全性和经济性，备受电厂重视。因而，分析受热面管子爆漏的原因、种类和形式，有针对性地提出预防措施，对防止锅炉受热面管爆漏具有重要意义。

在正常情况下，对流式自然循环锅炉受热面管壁的温度比管内介质的温度高50℃；辐射受热面则高70℃。受热面管承受内压时其环向应力为纵向应力的二倍，所以管子承受内压发生爆管时，其爆口总是纵向的，只有当管子承受了较大的外载时才有可能产生横向爆口。

火力发电厂中锅炉受热面管的常见失效形式主要有以下几种类型：长时过热爆管、短时过热爆管、材质不良爆管、腐蚀性热疲劳损坏、腐蚀破坏和磨损失效。

金属材料都有相应的使用温度范围，在这一温度范围内，钢材可以按其设计使用寿命安全运行，通常并不把各种钢材的最高使用温度作为额定温度，而把管子的设计运行温度或火力发电厂规定的额定运行温度作为管子的额定温度。

金属材料在超过其额定温度(或设计温度)下使用，称为超温。过热与超温的含义相同，但区别在于超温是指运行而言，过热则是指爆管而言。过热是超温的结果，超温是过热的原因。

一、长时过热爆管

锅炉受热面管在运行中由于某些原因，使管壁温度长期超温(超过额定温度,但不超过材料的 Ac_1)，导致钢材组织结构发生变化、蠕变速度加快、持久强度下降、使用寿命达不到设计要求而提前发生损坏的现象称为长时过热爆管。

锅炉钢在高温下长期使用中发生的组织变化，主要有珠光体的球化和碳化物的聚集、时效和新相的形成、热脆性、合金元素在固溶体和碳化物相之间重新分配，以及不含铬的珠光体耐热钢的石墨化。

在正常情况下，上述组织老化的速度比较慢，在设计寿命之内钢的组织和性能可以满足要求，设备可以安全运行。如果发生超温，这些组织老化的速度会大大加快，从而使钢的常温及高温性能快速下降，导致材料安全使用寿命缩短，从而使金属部件提前发生失效。

长时过热爆管的过程可以短至数十小时，也可以长达数千小时，甚至数万小时，这主要取决于管壁超温幅度及所承受的应力大小。长时过热爆管最容易发生在过热器、再热器管的烟气一侧，有时也发生在水冷壁管。

长时过热爆管的宏观特征是呈脆性爆管特征，爆口粗糙不平整，开口不大，爆口边缘无明显减薄，管径在高温长期作用下有一定的胀粗，且向火(烟气)侧和背火(烟气)侧的胀粗明显不同，爆口周围存在较为严重的氧化皮，且在爆口周围存在许多纵向开裂裂纹，管子内外壁存在着较厚的氧化皮，如图6-1所示。

长时过热爆管的金相显微组织可见明显老化特征，有珠光体球化、石墨化、非珠光体的老化和碳化物的聚集长大等现象，管子向火侧比背火侧球化(老化)程度严重。一般来说，爆口处组织为铁素体和碳化物，晶粒内部碳化物的量比较少或基本没有，碳化物呈球状、块状或连续(不连续)的链状，主要分布于铁素体的晶界上，珠光体区域形态消失，晶界有明显的碳化物聚集。有时能够观察到，在三晶界交叉处出现蠕变孔洞和蠕变裂纹，也可观察到“双晶界”和二次再结晶组织。在主断口附近常有许多平行的沿晶小裂纹和晶界孔洞，沿爆口向背火侧方向，管子中蠕变裂纹的尺寸越来越小，数量越来越少。裂纹主要沿晶界分布，裂纹的长度方向与管子的轴向平行，其微观特征是典型的沿晶蠕变断裂，如图6-2所示。

图6-1 长时过热爆口的宏观形貌

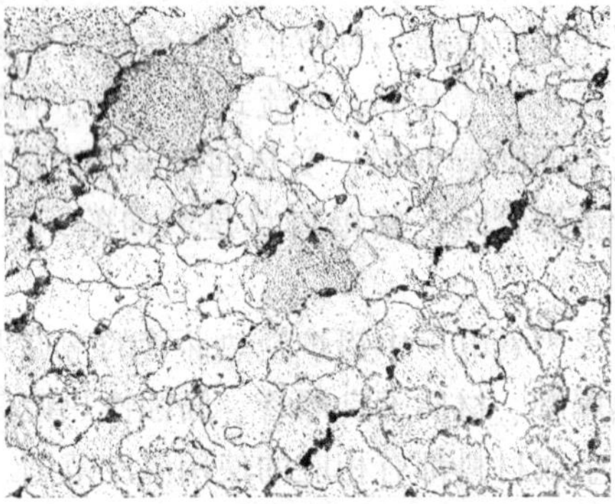

图6-2 长时过热爆口处组织
(蠕变孔洞和蠕变裂纹)(500×)

管子在长时过热的过程中，通常会发生管径胀粗现象，且胀粗是不均匀的，向火侧与背火侧不同。对于高温过热器，向火侧和背火侧之间的温差可达20～30℃，向火侧的管壁温度较高，组织球化或老化的程度严重，蠕变速度较快，胀粗量较大；而背火侧由于温度较低，组织球化或老化程度比向火侧要轻，胀粗量也较小。爆管发生后，一般来说背火侧的壁厚几乎没有变化，向火侧的壁厚略有减薄，爆口处管子截面呈不规则的椭圆形。管径胀粗情况与管子的材料有关，碳钢管子的胀粗较大，合金钢的较小。

造成长时过热爆管的主要原因是运行工况异常而造成的长期超温，或者管子超寿命状态服役等。通常造成管子超温的原因主要有以下几个方面：

1）设计不当，介质流量偏低或流量不均匀，炉膛偏烧，造成局部部件长期过热。

2）运行操作不当，过负荷，燃烧中心偏差，导致部分过热器管壁热负荷过高。

3）内部严重结垢或异物堵塞管子，导致汽水循环不良，影响传热，造成长期过热。

4）炉膛结焦，使燃烧器调节不当。

长时过热爆管的主要原因是运行中发生超温，因此要根据超温的原因采取相应的预防措施，在运行中要严格控制运行操作，加强运行调整，稳定运行工况，监控受热面部件的温度。在检修时，对重点部件进行管径胀粗测量；对设计不当造成超温的，应进行改造；对长期服役的部件进行寿命评估。在安装和检修中，应加强管理，防止异物进入，防止错用钢材。

二、短时过热爆管

锅炉受热面管子在运行中，由于冷却条件的恶化，金属管壁温度迅速升高，其超温幅度较高，通常是超过钢的 Ac_1 温度。由于高温下钢的抗拉强度急剧下降，管子在内部介质压力的作用下，温度最高的一侧产生塑性变形，造成管径胀粗，管壁减薄，继而发生剪切断裂而爆破，这种现象称为短时过热爆管。

短时过热爆管的爆口具有完全韧性断裂的特征，爆口边缘可见明显的宏观塑性变形，爆口一般开口很大，呈喇叭状或核桃状；爆口边缘比较锋利，减薄较多，管子的胀粗也比较明显；爆口附近氧化皮的有无、多少与管子爆破前的运行状态有关，如爆破前没有超温运行历史，爆口附近氧化皮较少，否则会看到较厚的氧化皮。管子内壁由于爆管时汽水混合物的高速冲刷而十分光洁，多数情况下没有与主裂纹平行的微小裂纹，如图 6-3、图 6-4 所示。

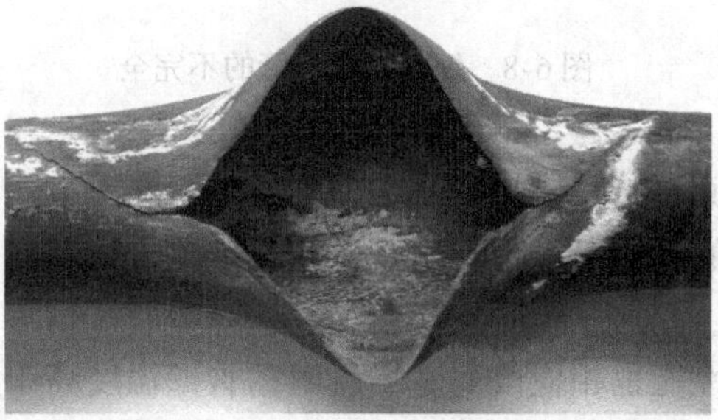

图 6-3　低温过热器管短时过热爆口的宏观形貌

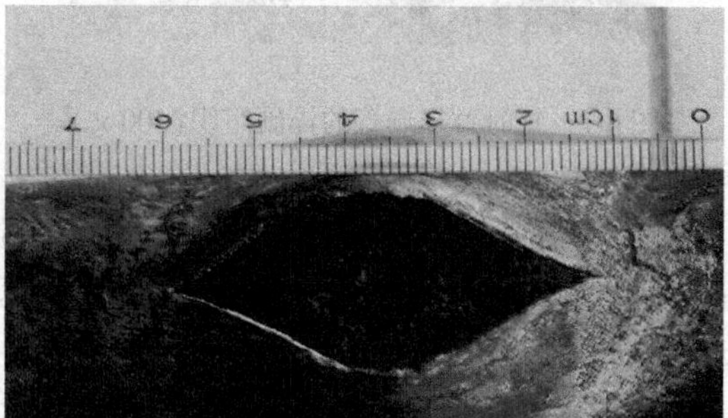

图 6-4　高温过热器管短时过热爆口的宏观形貌

短时过热爆管的爆口显微组织经常可见相变组织，其特征与爆管前管壁实际运行温度和爆管后介质的冷却速度有关。因超温使管壁实际运行温度接近 Ac_1 点但未超过钢的 Ac_1 点时，珠光体类组织仍为铁素体加珠光体，未形成奥氏体，因而在爆管时，由于较快速的塑性变形而使铁素体沿变形方向伸长。爆管后由于管内汽水混合物的快速冷却作用，发生变形的组织来不及发生再结晶，而将爆管时的变形组织保留下来，如图 6-5 所示，爆口背面为正常的(未变形的)铁素体和珠光体组织，如图 6-6 所示。当管壁超温，实际运行温度达到或超过钢的上临界点 Ac_3 时，管子向火侧炽热的管壁被管内高速喷出的约 300℃的水或汽水混合物迅速冷却，相当于进行一次完全淬火，爆口处钢的显微组织中出现马氏体、贝氏体、托氏体之类的淬硬组织，如图6-7所示。当管壁实际运行温度在钢的$Ac_1\sim Ac_3$之间时，相当于将爆口处的钢材作了一次不完全淬火，因此在爆口处钢的显微组织中，除了观察到一些淬硬组织外，还有部分块状的自由铁素体，如图6-8所示。

图6-5　短时过热爆口边缘金相组织（变形拉长的组织）(400×)

图6-6　短时过热爆口背面金相组织（正常组织）(400×)

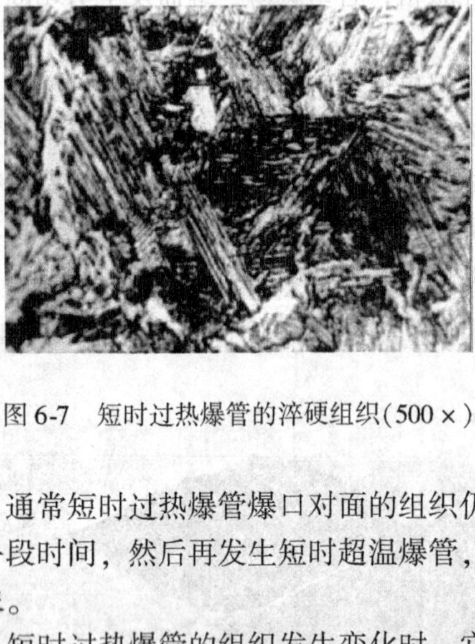

图6-7　短时过热爆管的淬硬组织(500×)

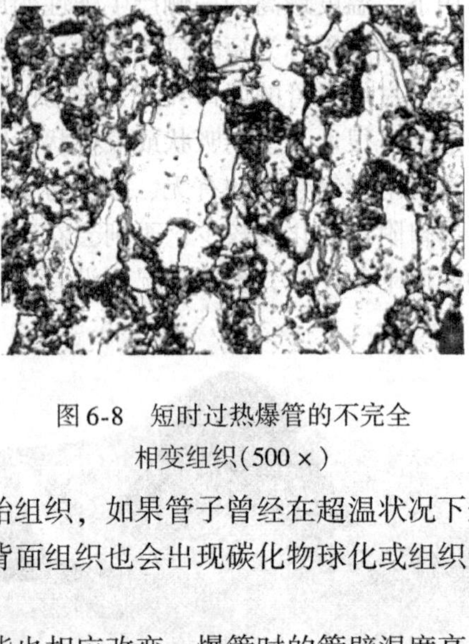

图6-8　短时过热爆管的不完全相变组织(500×)

通常短时过热爆管爆口对面的组织仍为钢的原始组织，如果管子曾经在超温状况下运行过一段时间，然后再发生短时超温爆管，则爆口的背面组织也会出现碳化物球化或组织老化现象。

短时过热爆管的组织发生变化时，它的力学性能也相应改变。爆管时的管壁温度高于上临界点Ac_1时，在爆口边缘产生淬硬组织，从而使爆口附近的管壁硬度明显提高。沿爆口处管子周向进行硬度测量，爆口边缘硬度值最大，爆口背面硬度逐渐降低。

短时过热爆管多发生在锅炉的水冷壁管子上，造成短期过热爆管的主要原因是锅炉工质流量偏小、炉膛热负荷过高或炉膛局部偏烧、管子堵塞等。短时过热爆管也会发生在其他受热面管上。

超(超)临界锅炉的过热器管、水冷壁管的内径较小，异物堵塞是经常发生短时过热爆管的主要原因。当管子内壁焊口根部存在焊瘤、错口等微小焊接缺陷时，很容易因挂住异物堵塞管子而发生爆管。过热器管、水冷壁管入口联箱的节流圈孔径小，是水循环的喉径，一旦存在异物，就容易在此堵塞。异物还会堵塞管排的下弯管，当堵塞面积较大时，会严重影响热量交换，从而发生短时过热爆管。奥氏体不锈钢在高温下会形成氧化皮，且容易脱落，出现堵塞的现象，这已经成为短期过热爆管的重要原因。

为了防止发生短时过热爆管，在运行中，要严格控制运行操作，加强运行调整，稳定运行工况，保证良好的汽水循环，防止汽包缺水。在安装和检修中，应加强管理，防止异物进入。

三、材质不良爆管

材质不良爆管是指错用钢材或使用有缺陷的钢材而造成锅炉管道提早损坏。

错用钢材往往是指受热面管子错用了牌号不符合设计要求的钢管，把性能比较低的钢材用到高参数的工况下，导致使用温度超过该钢材的允许工作温度，管子蠕变速度过快，实际上是一种超温运行。一旦发生爆管事故，其爆口的宏观特征和微观组织的变化基本上与长时超温爆管相同。爆管后对该管子进行化学成分分析，就很容易检查出事故的原因。

在制造、安装和检修时，未经计算就选用了低一级的钢管，即认为是错用钢材。管理不善也往往会错用钢材，例如蒸汽参数为535℃、10MPa 的主蒸汽管道，正常使用的钢材应为 12Cr1MoV 钢，若误用了 20 钢，由于该钢用于主蒸汽管道的允许温度是 450℃，因此只要运行几千小时就会发生爆管。

使用大于壁厚负偏差的折叠、结疤、离层、发纹和大于壁厚 5% 的横向发裂，以及严重夹杂、脱碳的管子称为使用有缺陷的钢材。这些缺陷的存在严重地削弱了管壁强度，在高温和应力的长时间作用下，缺陷部位容易形成应力集中现象，产生裂纹使缺陷加深，腐蚀介质也可能侵入缺陷区域引起腐蚀速度加快，最终受热面管子因承受不了介质的压力而爆破。这种损坏主要是在制造、安装和检修时管理不严所造成的，因而在各种受热面管子上都可能发生。

有缺陷的管子爆管时，爆口大多是沿缺陷方向裂开，爆口很整齐平直，断口由两部分组成，即缺陷部位和靠近缺陷的部位，为脆性断口，其他部分为韧性断裂，爆口处壁厚减薄不多。图 6-9 和图 6-10 所示为某电厂 3# 炉分隔屏过热器（规格 $\phi 43\times 6.5$，材质 12Cr1MoV）因管子内壁存在纵向小裂纹，在水压试验时发生泄漏，沿管子纵向发生爆破。爆口呈脆性断裂的特征，爆口两侧的管壁未明显减薄，爆口中部无明显塑性变形，爆口两端有塑性变形。

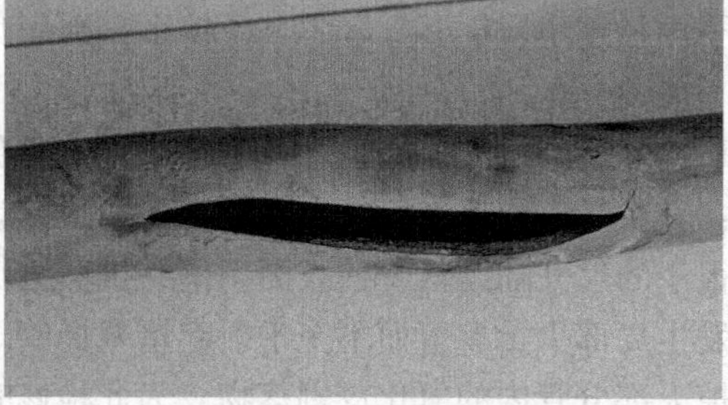

图 6-9　原始缺陷爆管宏观形貌（内壁存在小裂纹）

图 6-10　原始缺陷爆管横截面宏观形貌（内壁存在小裂纹）

四、腐蚀失效

锅炉受热面管子的常见腐蚀失效形式主要有烟气侧腐蚀和蒸汽侧腐蚀。烟气侧腐蚀失效主要有低熔点氧化物腐蚀(高温腐蚀)和烟气腐蚀(锅炉尾部主要由硫化物引起的酸性腐蚀也称为低温腐蚀)；蒸汽侧腐蚀失效主要有应力腐蚀、晶间腐蚀、氢腐蚀、垢下腐蚀、氧腐蚀、腐蚀疲劳(参见第五章第二节)和高温蒸汽氧化。下面着重介绍由高温蒸汽氧化引起的过热器和再热器内壁氧化皮早期剥落的机理及其对锅炉运行的影响。

金属管材在高温高压情况下，会在内壁形成氧化膜。长时间运行后，氧化膜会逐渐变厚。由于氧化膜与钢管基体的热膨胀系数的差异比较大，当温度变化时会产生大的热应力，造成氧化皮的剥落。这样，在锅炉停止运行时，可能发生剥落的氧化皮在管道的下弯头部位堆积，堵塞管道而导致爆管。图 6-11 所示为氧化皮堵塞管道形貌。超临界机组和超超临界机组会因氧化皮早期脱落造成堵管，而发生过热器、再热器爆管事故。

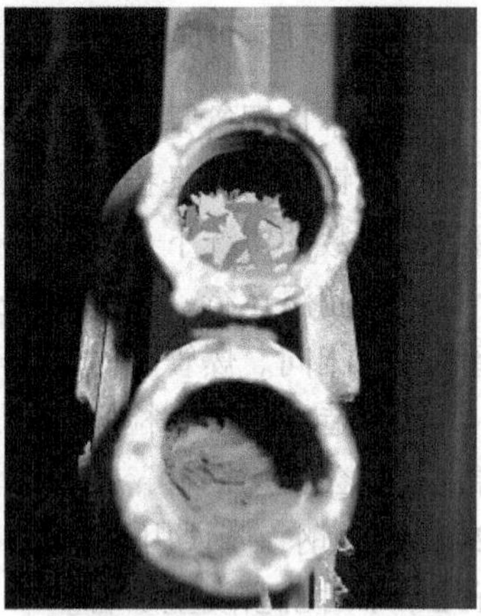
图 6-11　某电厂再热器管屏内脱落的氧化皮(材质为 TP304)

18-8 系列粗晶奥氏体不锈钢蒸汽侧氧化皮的剥落倾向比铁素体钢大，原因就在于奥氏体不锈钢的热膨胀系数要比铁素体钢的大。温度变化的幅度和速度对氧化皮剥落倾向的影响很大，所以在机组起停时常出现氧化皮堵塞现象。

锅炉管内壁氧化皮被称为原生氧化层，它一般分三层，最靠近蒸汽侧的外层结构致密但厚度不均，该层由 Fe_2O_3 构成；中间层结构相对疏松、多孔，成分是 Fe_3O_4；靠近金属基体侧的内层由致密的富铬氧化物构成。Fe_2O_3 氧化物呈断续状嵌入 Fe_3O_4 中间层中，剥落从中间层疏松的 Fe_3O_4 区与内层间开始，氧化皮的内层氧化物一般不剥落。原生氧化皮剥落后其剥落部位在后续运行过程中不会再生长出新的 Fe_3O_4 类氧化物，但会逐渐生长出新的 Fe_2O_3 层，该次生 Fe_2O_3 层的生长速度十分缓慢。这就意味着，原生氧化层剥落后，在很长时间内不会再发生氧化层剥落现象。

管壁温度与压力、管材的化学成分、金属晶粒度、表面状态等对不锈钢蒸汽侧氧化皮的生长速度有影响。氧化皮只有厚度达到一定值后才会剥落，开始剥落的氧化皮的厚度值取决于运行状况及管壁的温度变化速度。温度变化速度快，开始剥落的氧化皮的厚度值就相应减小。管内剥落的氧化皮堆积和堵塞程度与管排的具体结构形式、管子的内径以及 U 形弯的弯曲半径和布置方式等都有很大的关系，通常管子内径越小、U 形弯弯曲半径越小，则氧化皮堆积和堵塞程度越严重。

防止 18-8 系列粗晶奥氏体不锈钢管蒸汽侧氧化皮发生大面积剥落的措施为：首先避免超温，这样就可以减缓蒸汽侧氧化皮的生长速度；其次是改变蒸汽侧氧化皮的剥落方式，让一部分相对较薄的氧化皮在调峰运行过程中就以很小的尺寸陆续从管壁表面剥落并被蒸汽流带走，或者让那些相对很厚的氧化皮在停炉时只发生局部少量剥落而不至于引起堵塞爆管。

起炉时利用旁路进行蒸汽吹扫，可有效清除掉大部分管内的氧化皮剥落物。为此检修时注意过热器和再热器系统疏水的排放，保持管内剥落氧化皮在停炉期间始终处于干燥松散的状态，以利于蒸汽吹扫。检修时使用专门的磁性无损检测设备检测奥氏体钢弯头部位的氧化皮剥落物数量，及时割管清理，可有效防止因剥落氧化皮堆积堵塞所造成的起炉后过热爆管。

五、磨损失效

1. 机械磨损

磨损是受热面管泄漏中非常普遍的一种形式。定位卡块的失效或者夹持不牢会造成管排与管排之间、管排与夹持管之间出现磨损。当减薄到一定程度时，就会发生爆管，如图6-12和图6-13所示。此外，吹灰器对管子的吹损、燃烧器摆动角度不当造成的吹损、炉膛漏风漏烟引起的吹损等，都会造成磨损减薄。

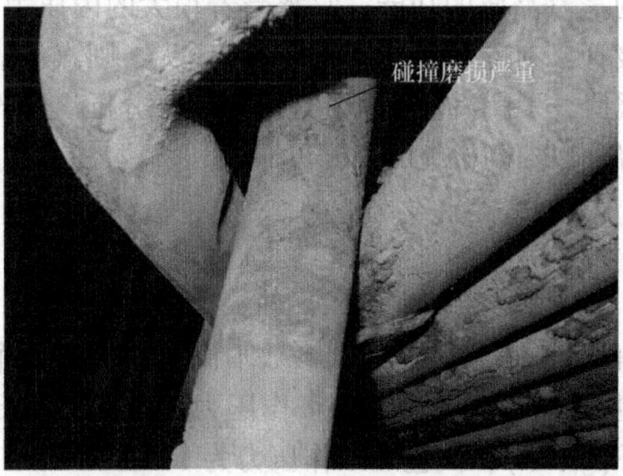

图6-12 管子与管子的磨损

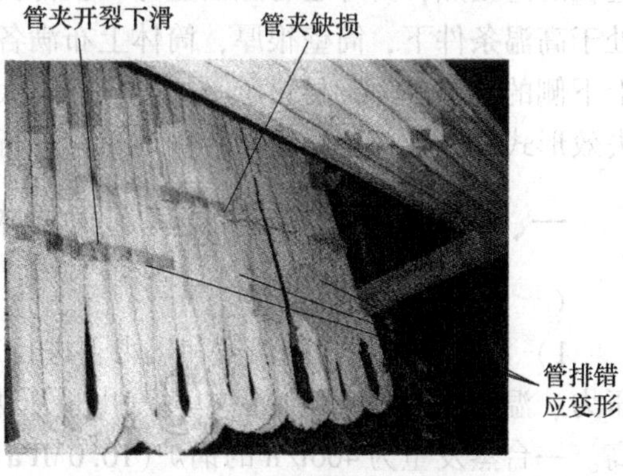

图6-13 管子与管卡的磨损

2. 飞灰磨损

省煤器工作环境温度较低，烟气中含有大量飞灰，飞灰中携带大量坚硬颗粒，冲刷管子表面，使省煤器出现飞灰磨损。当烟气速度高达30~40m/s时，磨损相当严重，经过1×10^4~5×10^4h就可能使管子磨穿。飞灰中的固体颗粒主要为SiO_2、Fe_2O_3、Al_2O_3等。

省煤器管道布置形式有错列式和顺列式两种，布置方式不同，产生磨损的部位也不同。

受烟气冲刷到的第一排管子的磨损是在管子中心点两侧对称的冲击角范围内，其冲击角为30°~40°，如图6-14所示。

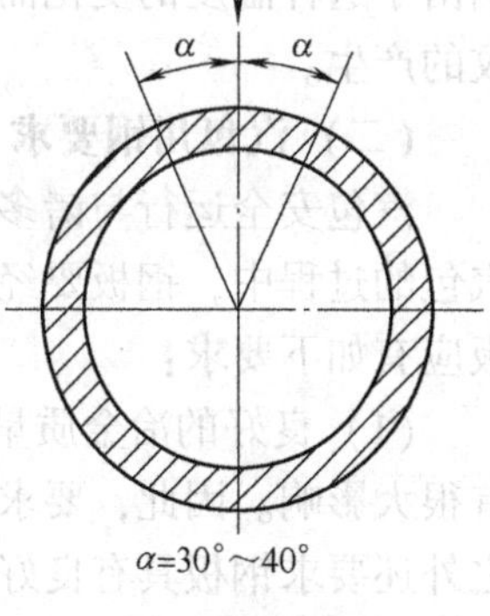

图6-14 省煤器管子的磨损部位

由于省煤器的积灰较多，常发生堵塞烟气通道的现象，通道的堵塞使烟气的流速增加，从而导致加速磨损现象的发生。一般在省煤器蛇形管与炉墙之间，或蛇形管之间的间隙形成的“烟气走廊”区域是最容易出现磨损的部位。

错列布置的省煤器管的第二排往往比第一排磨损得严重，这是由于烟气进入管排后通流截面收缩，使烟气流速增加30%~40%，而且烟气流动方向发生了急剧改变，冲刷作用进一步增强。当烟气到达后面几排管子时，流动速度有一定的降低，所以磨损有所减轻。由于烟气流过第二排管子时的方向发生了改变，所以管子磨损的冲击角为25°~35°。

省煤器管顺列布置时，烟气进入管排后会产生一定的加速，由于惯性的作用，到第五排速度最高，因此，此处磨损最为严重。后面的管排仍然会发生磨损，相对较轻，管排的最后部位也有磨损现象。顺列布置的后排管子的冲击角为60°左右。

第四节 汽包用钢及其失效分析

汽包是高压、超高压和亚临界自然循环锅炉中的核心承压设备，它连接上升管与下降管组成循环回路，其作用是接收省煤器锅炉给水并进行汽水分离，向汽水循环回路供水和向过热器提供饱和蒸汽，在机组负荷变化时起到蓄热和蓄水的作用。它是加热、蒸发、过热三个过程的连接点，另外还有除去盐分以获得良好的蒸汽品质的功能。它承受着很大的内压力，处于高温条件下，筒壁很厚，筒体上布满各种接管，制造要求高。一般容量越大，则汽包壁上下侧的温差越大，材料承受的热应力越大。因此，了解汽包结构和运行工况，分析汽包的失效形式和失效部位，可以准确地对其进行监督，以提高机组的安全可靠性。

一、汽包的工作条件及其选材要求

（一）汽包的工作条件

1）汽包是在一定的温度和压力下进行工作的，由于锅炉的设计参数不同，汽包的工作压力、温度也不同。随着锅炉蒸汽出口压力和温度的提高，汽包的工作压力、温度不断提高。一台蒸发量为400t/h的锅炉(10.0MPa表压、540℃)，汽包的工作压力为11.23MPa，工作温度为320℃；蒸发量为670t/h的锅炉(14.0MPa表压、540℃/540℃)，汽包的工作压力为16.0MPa，工作温度为350℃；蒸发量为1020t/h的锅炉(18.6MPa表压、540℃/540℃)，汽包的工作压力为20.0MPa，工作温度为364℃。

2）汽包承受水和蒸汽的腐蚀作用。

3）汽包在起动和停炉时，由于水位的波动，在汽包汽水交界处存在温度的交变，产生较大的热应力，可能引起疲劳裂纹的产生。同时在起停时，汽包存在温度的变化，在管孔周围由于这种温度的变化而产生热应力，再加上低周疲劳以及应力集中的作用，也可能引起裂纹的产生。

（二）汽包用钢要求

汽包安全运行与诸多因素有关，其中最重要的因素之一是材料性能应得到保证。在制造汽包的过程中，钢板要经过下料、卷板、焊接和热处理等各种冷热加工工序，因此对汽包钢板应有如下要求：

（1）良好的冶金质量　钢的纯净度对汽包用钢板，特别是特厚板的脆性转变温度FATT有很大影响。因此，要求钢中硫、磷等杂质和气体的含量尽量低，以提高钢的纯净度。除此之外还要求钢板具有良好的低倍组织，要求钢的分层、非金属夹杂、气孔、疏松等缺陷尽可能少，不允许有白点及裂纹。

（2）较高的室温和中温强度　一般的中、低压锅炉锅筒采用屈服强度为250～350MPa级的钢种，高压以上锅炉锅筒采用400MPa或更高强度级别的钢种。从制造工艺性能和材料的低周疲劳特性等安全因素考虑，屈强比(R_{eL}/R_m)太高的钢也不宜选用。

（3）良好的塑性、韧性储备　钢材经冷加工变形后，在室温或较高的温度下，其内部脱溶沉淀过程使性能(主要是冲击韧性)随时间发生变化。在200～300℃时，这个过程进行得最为强烈，导致钢材冲击值显著下降。而这个温度范围大体上就是锅筒的工作温度，因此，要求钢材有较低的时效敏感性，一般要求冲击值下降率不大于50%或绝对值不小于30～35J/cm²。钢材还要有良好的塑性和冷弯性能，以满足钢板下料、卷板等工艺过程要求。

（4）较低的缺口敏感性　汽包制造中要在钢板表面开管孔和焊接管接头，导致应力集中。所以要求钢材有较低的缺口敏感性和良好的塑性性能，以便减小应力集中的影响。

（5）良好的焊接性　汽包纵向焊缝的焊接采用自动焊或电渣焊；各筒节的拼接环焊缝的焊接采用埋弧自动焊；人孔圈、管接头用手工焊。近年来，由于大量采用低合金高强度钢作为锅筒钢板，对焊接质量要求更为突出。因此，要求汽包用钢对各种焊接工艺应有很强的适应性，即形成各种焊接裂纹的敏感性要小。

二、常见汽包用钢

汽包用钢可分为优质碳素钢和普通低合金钢两大类。碳钢主要以低碳钢为主，其次是中碳钢；普通低合金钢主要以碳-锰钢为主，其次是在此基础上，单独或复合加入一种或几种合金元素，如Cr、Ni、Mo、V及Nb等，便形成了C-Mn-Mo、C-Mn-Ni-Mo、C-Mn-Mo-V、C-Mn-Mo-Nb、C-Mn-Mo-Cr-Ni-V等各种系列的钢种。

国内汽包常用钢种、强度级别及建议应用范围见表6-5。

表6-5　国内汽包常用钢种、强度级别及建议应用范围（摘自GB 713—2008）

钢种及技术条件	特　性	强度级别 R_{eL}/MPa	应用锅炉类型	使用温度/℃
20g	钢的塑性、韧性及焊接性能均较好，但对应变时效较为敏感，强度不高。钢板以热轧状态交货，必要时进行890～920℃正火处理	245	低、中压锅炉	≤450
22g		265	中压锅炉	≤450
12Mng	各种性能均较好，厚度小于16mm的钢板焊前可不预热。用于代替20g钢，可节约金属约17%，一般情况下，钢板以热轧状态交货，必要时进行900～920℃正火处理	295	≤5.9MPa的低、中压锅炉	≤400
16Mng	具有良好的综合力学性能、工艺性能和焊接性能，缺口敏感性比碳钢大，疲劳强度较低。一般情况下，钢板以热轧状态交货，必要时进行900～920℃正火处理，可显著提高韧性，并降低脆性转变温度	345	≤5.9MPa的低、中压锅炉	≤400
15MnVg	具有良好的综合力学性能和焊接性能，缺口敏感性和时效敏感性较大。与16Mng钢相比，冷脆倾向稍大，为了改善钢的韧性，降低脆性转变温度，应进行940～980℃正火、600～650℃消除应力退火	390	中、高压锅炉	≤400

（续）

钢种及技术条件	特　性	强度级别 R_{eL}/MPa	应用锅炉类型	使用温度/℃
14MnMoVg	具有良好的综合力学性能，但对热处理工艺较为敏感，尤其对冲击韧性和伸长率影响较大。特别适合生产厚度在60mm以上的厚钢板，一般经960～980℃正火、630～650℃回火使用。生产中应防止产生白点和夹层缺陷	490	高压、超高压锅炉	≤500
18MnMoNbg	热强性能较好，屈服比较高，焊接性能好，但正火加回火状态下的力学性能不够稳定，与14MnMoVg钢相比，常出现强度、塑性、韧性不能同时满足技术条件要求的情况。大锻件及特厚板有白点倾向，焊前须经200～250℃预热，焊后应采取后热去氢措施	490	高压、超高压锅炉	≤500
13MnNiMoNbg	是在调整BHW35钢中镍铌含量的基础上研究成功的国产钢种，其各项性能指标均已达到BHW35钢水平	390	高压、超高压、亚临界锅炉	≤500

三、汽包失效

随着电网容量的不断增大，几乎所有的发电机组均需要调峰运行。为了适应负荷的变化，调峰机组起停频繁，经常处于急剧的变负荷工况，这对锅炉、汽轮机等热力设备的寿命和机组的经济性都有着较大的影响。锅炉汽包直径和壁厚都比较大，由于在起停的过程中，较快的升压、降压速度会使汽包材料所承受的机械应力发生很大的变化；同时，较快的升温、降温速度又会使汽包内外表面、上下表面产生较大的温度差异，导致金属材料产生很大的热应力，而且应力变化幅度也较大。频繁交变的机械应力和热应力将使金属材料产生的疲劳损伤增大，缩短锅炉汽包的使用寿命。

就汽包的工况而言，在起停过程中控制锅炉的升温、降温速度和升压、降压速度，使汽包的机械应力和热应力控制在允许的范围内，成为减少金属疲劳损伤的有效手段。在起动过程中，升温速度越快，锅炉汽包的使用寿命就越短；但是，如果升温速度太慢，不仅使整个起动过程的能耗增加，也使得锅炉的负荷响应能力降低，从而使电厂的经济性下降。

下面简述汽包常见的失效形式及其失效的特征、原因以及防止措施。

（一）苛性脆化

1. 苛性脆化的特征

苛性脆化主要发生在中低压锅炉汽包内，汽水品质较低。产生裂纹的部位有铆钉和管子胀口处、铆钉孔和胀口的汽包钢板上。腐蚀具有缝隙腐蚀的特征，为阳极溶解型的应力腐蚀。初始裂纹从缝隙处产生，从表面不能看到。初始裂纹具有沿晶和分叉的特点，裂纹的缝隙处没有坚固的腐蚀产物，金属组织未发生变化，断口具有冰糖状花样，为脆性断裂，如图6-15和图6-16所示。

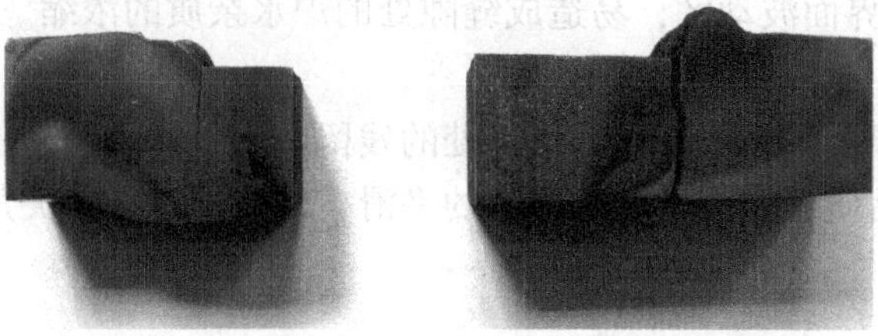

图 6-15　苛性脆化裂纹宏观形貌(横截面)

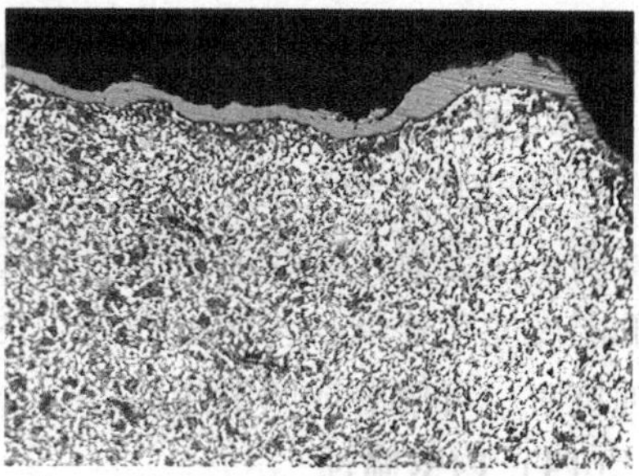

图 6-16　苛性脆化裂纹附近的金相组织(100×)

2. 产生苛性脆化的原因

产生苛性脆化的原因有：①局部应力超过材料的屈服强度，其中应力主要来源于胀管和铆接产生的残留应力、开孔处的边缘应力和热应力；②炉水的碱性大，缝隙部位由于炉水杂质的浓缩作用，使 NaOH 的浓度升高等。

3. 苛性脆化的防止措施

苛性脆化的防止措施主要有：①改进汽包结构，把铆接和胀管改为焊接结构，消除缝隙；②改善锅炉起停和运行工况，减少热应力；③提高汽水品质。

(二) 低周疲劳

1. 产生低周疲劳的原因

在汽包上的某些部位，经过多次反复循环的加热和冷却而产生交变热应力，在热应力作用下产生低周疲劳，形成了热疲劳裂纹，最后导致损坏，称为热疲劳损坏。

形成这种裂纹的应力循环次数一般较少，约在 1000 次以下。

2. 汽包产生低周疲劳损坏的特征

起停频繁和工况经常变动的锅炉，在给水管孔、下降管孔(见图 6-17)、纵环焊缝、水汽交界面及人孔焊缝处容易产生热疲劳裂纹。其断口宏观形貌具有一般疲劳断口的特征。腐蚀对裂纹的产生和扩展起到促进作用。

3. 防止汽包产生低周疲劳的措施

防止汽包产生低周疲劳的措施有：①保持锅炉运行平稳，减少起停次数，避免温度和压力大幅度地波动；②改进汽包结构，降低应力集中；③采用抗低周疲劳的材料和提高焊接质量。

图 6-17　汽包下降管孔附近的热疲劳裂纹

(三) 应力氧化腐蚀裂纹

1. 应力氧化裂纹的特征

应力氧化裂纹易在汽包水汽波动区的应力集中部位产生，如人孔门焊缝。裂纹尖端和周围有沿晶的氧化裂纹，裂纹发源于焊接缺陷和腐蚀坑处。裂纹缝隙处充满坚硬的氧化物，楔形氧化物产生的附加应力对裂纹扩展起到很大作用。在裂纹边缘有脱碳、晶界孔洞等特征。

2. 产生应力氧化裂纹的原因

引起应力氧化裂纹主要有以下几方面原因：①由高压水引起的应力腐蚀断裂；②局部的

综合应力超过屈服强度；③表面的 Fe_3O_4 膜破裂，发生了 $Fe + 4H_2O \rightarrow Fe_3O_4 + 8H$ 和 $C + 4H \rightarrow CH_4$ 反应；④内表面的缺陷在水汽界面波动区，易造成缝隙处的炉水杂质的浓缩。

3. 防止应力氧化裂纹的措施

防止应力氧化裂纹的措施有：①提高焊接质量；②降低焊接处的残留应力；③控制起停时的温度变化速度；④保证汽包中的汽水品质；⑤保证焊缝表面的平滑，发现焊缝处有尖角腐蚀坑时，可修磨成圆滑过渡。

（四）内壁腐蚀

1. 内壁腐蚀的特征

内壁腐蚀主要发生于汽包下部内表面，与水接触的部位；点蚀易发生在焊缝和下降管的内壁上。腐蚀区没有过热现象，基本上没有结垢覆盖。在应力集中区域，腐蚀坑沿管轴向变长，可能产生腐蚀裂纹。单独的点腐蚀发展会引起穿透而泄漏，点蚀的进一步发展可能诱导出应力腐蚀裂纹或疲劳裂纹。

2. 内壁腐蚀的原因

内壁腐蚀的原因包括：①管内的水由于氧的极化作用，发生电化学腐蚀，在管内的钝化膜破裂处发生氧腐蚀；②从制造到安装、运行都可能发生氧腐蚀；③应力集中区域会促使点蚀的产生；④受到热冲击时，会使内壁中性区域产生疲劳裂纹；⑤在停炉时存在积水也会产生内壁腐蚀。

3. 内壁腐蚀的防止措施

内壁腐蚀的防止措施有：①加强炉管使用前的保护；②新炉起动前应进行化学清洗，去除铁锈和脏物；③在管内壁应形成一层均匀的保护膜；④运行中应保持水质的纯洁，严格控制 pH 值和含氧量，注意停炉保护。

第五节 汽轮机叶片用钢及其失效分析

一、汽轮机叶片的运行工况

汽轮机叶片是汽轮机上将汽流的动能转换为机械能的重要零件之一。叶片的工作条件是比较复杂和恶劣的，主要包括三个方面：应力状态、环境介质和工作温度。汽轮机的每一级叶片的工作温度都不相同，第一级叶片所处的温度最高。对于亚临界机组，叶片的温度在535℃左右。蒸汽逐级做功后，叶片的温度也逐渐降低，直至末级叶片降低到100℃以下。蒸汽逐级做功也使蒸汽品质发生了变化，随着蒸汽的逐级做功，蒸汽由过热蒸汽变为饱和蒸汽。饱和蒸汽的蒸汽湿度较大，并有水滴出现。这些水滴随着蒸汽一起流动，不但不做功，反而消耗能量。水滴的密度比蒸汽的密度大得多，因此水滴的流速相对蒸汽流速缓慢。叶片高速转动时，水滴将高速冲击叶片的背部，对叶片的背部造成了冲蚀损坏，因此在末级叶片背部常采用防冲蚀处理措施。此外，在湿蒸汽区，可溶性盐垢如钠盐吸收水滴后成为了电解质，对叶片会造成电化学腐蚀。

叶片的应力状态很复杂，主要有下列几种形式。

（一）静应力

静应力主要是指叶片工作时，不随时间变化而变化的应力。叶片在运行中承受的静应力有下列几种形式：①转子转动时，由叶片的离心力产生的对叶片的拉应力；②扭叶片各个截面的重心不在一条直线上所产生的弯曲应力和扭转应力；③蒸汽流动时对叶片造成的弯曲应力；④安装时叶片偏离叶轮辐射方向而产生的弯曲应力。上述几种形式的静应力传递到叶根，还会使叶根部位产生剪切应力和压缩应力。叶片越长，转子直径越大，转速越高，叶片的拉应力就越大。

（二）激振应力

叶片在运行中受到蒸汽流力的作用，使叶片产生振动，这种力称为激振应力。根据振动的频率不同，可将激振应力分为低频激振应力和高频激振应力。

转子转动时，叶片每转一周，由于某些原因使叶片某一部位受到蒸汽流的一次作用，这样形成的作用力频率较低，称为低频激振应力。产生低频激振应力的原因有：①个别喷嘴质量不良，如残缺、加工安装偏差大、节距不一等；②隔板结构和安装不良造成隔板部分有蒸汽进入，使叶片受到周期作用力；③级前后存在抽汽口，使抽汽口周围气流异常；④未搞好转子动平衡，使转子产生的振动传递给叶片等。低频激振应力的频率是转子转速的整数倍。

喷嘴叶片出汽边具有一定的厚度，使得喷嘴叶栅出口气流的速度不匀，对叶片产生的作用力也不均匀，造成喷嘴通道中间部分高而出汽边低。叶片每经过一个喷嘴时，所受到的蒸汽流力的大小就变化一次，即受到一次激振力，这样的激振力频率较高，称为高频激振力。

叶片受到激振力的作用产生强迫振动，这是一个普遍现象，是不可避免的。一般来说，强迫振动的振幅较小，不会对叶片造成事故。但当强迫振动的频率与叶片的自振频率相同或成倍数时，就会引起共振。共振振幅较大，会使叶片很快发生断裂。如果引起共振的激振力较大，叶片可能几个小时就会发生断裂；激振力较小时，叶片运行的时间略长，可几年或长达十几年才发生断裂。因此，必须防止叶片共振的出现。

（三）叶片温度差引起的热应力

机组在起机、停机和变工况运行时，同级叶片也会产生温度差，温度差带来的热应力也会对叶片造成一定的影响。

二、汽轮机叶片用钢要求

对汽轮机叶片的用钢要求如下：

1）较高的强度、塑性和热强性能。对于工作温度≤400℃的叶片，以室温和高温力学性能为主；而对于高压汽轮机某些工作在400℃以上区域的叶片，因其允许的变形量很小，除了室温性能外，还应具有较高的持久强度和蠕变极限，持久塑性和组织稳定性好，持久缺口敏感性就低。

2）优良的耐蚀性。高温段叶片容易受到氧腐蚀，处于湿蒸汽区工作的叶片容易发生电化学腐蚀，在停机过程中，叶片也会受到化学腐蚀和电化学腐蚀。为此，处于湿蒸汽区工作的叶片多采用耐蚀性好的不锈钢制造，或采用非不锈钢予以适当的表面保护处理。

3）高的振动衰减率。振动衰减率标志着材料消除振动的能力，它影响叶片共振的安全范围。造成汽轮机叶片的断裂原因总是或多或少地与振动相联系，因此，选用减振性能好的材料，可使由于振动导致叶片断裂的可能性减少。

4）高的断裂韧度。当叶片材料具有高的断裂吸收功时，可使叶片的抗断裂能力提高，允许裂纹长度增加，有利于在检修中及时发现，避免运行中突然断裂。

5）良好的耐磨性。特别是对后几级叶片，为了防止由于水滴的冲刷磨损，要求材料耐磨性好。

6）良好的工艺性能。叶片成形工艺复杂，加工量大，约占主机总加工工时的1/3，因此，要求加工工艺性能好，有利于叶片大批量生产并降低成本。

三、汽轮机叶片常用材料介绍

火电机组最常用的叶片材料为12Cr13和20Cr13，它们属于马氏体型耐热钢，具有足够的室温和高温力学性能、良好的抗疲劳性能，以及较高的耐蚀性和减振性。12Cr13和20Cr13的区别在于后者比前者的含碳量高，因而20Cr13比12Cr13的强度高、塑韧性低。一般12Cr13用于前几级叶片，20Cr13用于后几级叶片。

虽然12Cr13和20Cr13具有许多优点，但是它们的热强性较低，当温度超过500℃时，热强性明显降低，故12Cr13常用作小于或等于475℃的叶片、围带和拉筋等部件，20Cr13可用作小于或等于450℃的低温段长叶片。

为了提高材料的热强性，在12Cr13和20Cr13的基础上添加了Mo、W、V、Nb、N等元素，形成了如12Cr12Mo、14Cr11MoV、15Cr12WMoV、22Cr12NiMoWV、18Cr12MoVNbN等强化型不锈钢。它们的热强性能有了大幅度的提高，可以在550～600℃下长期运行。这些材料可概括成13%Cr型和强化12%Cr型不锈钢。

随着超(超)临界机组的建设，叶片材料中增添了许多新的成员。一方面，超(超)临界机组的过热蒸汽温度和再热蒸汽温度达到了566℃或超过了600℃，甚至达到了650℃，为了进一步提高材料的蠕变强度和组织稳定性，在强化12%Cr型不锈钢的基础上，进一步调整化学成分，增加Mo含量，使Mo/W比值保持合适的范围，并添加Co和B，降低N含量等。另一方面，超(超)临界机组的建设使得叶片的长度和质量明显增加，尤其末级叶片的长度将会达到或超过1000mm，这样大幅度提高了叶片的离心力，使得叶片的受力状态更加复杂。因此，在叶片材料中还有沉淀硬化型马氏体不锈钢，如05Cr17Ni4Cu4Nb钢，其强度等级很高，可用于低压级长叶片和拉筋中。

四、常见汽轮机叶片的失效分析和防止措施

根据叶片的断裂机理，可将汽轮机叶片的失效分为长期疲劳损坏、短期疲劳损坏、应力腐蚀、接触疲劳损坏、腐蚀疲劳损坏和高温疲劳损坏等。

（一）长期疲劳损坏

叶片在运行过程中，承受低于叶片原始疲劳极限的应力，经过较长的时间(振动次数远大于10^7)发生的一种机械疲劳损坏，称为长期疲劳损坏。

1. 长期疲劳损坏原因

1）因叶片或叶片组存在某种高频振动而引起共振损坏，如图6-18所示。

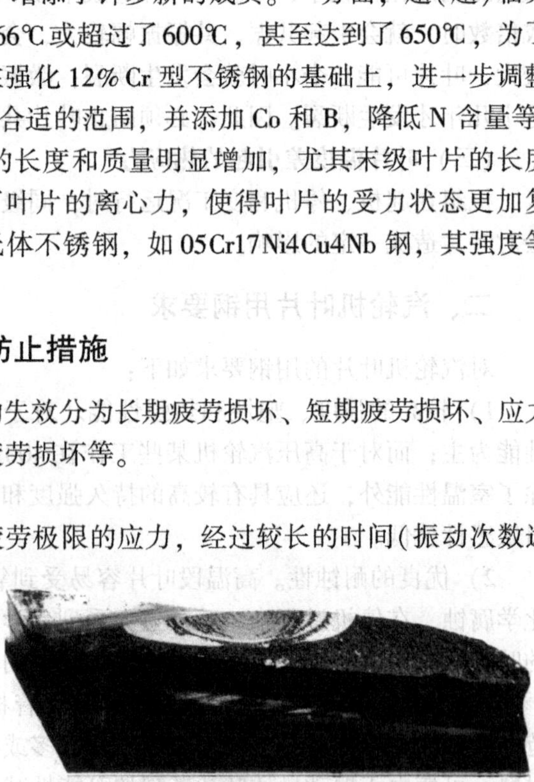

图6-18 切向共振导致长期疲劳断裂的叶片断口

2）叶片表面有缺陷，如夹杂、腐蚀点坑、划痕等，使叶片局部区域产生应力集

中，而提前发生疲劳损坏。

3）由于运行不正常，如低周波运行、超负荷运行、低负荷运行等，使某些级的叶片应力升高，导致提前破坏。

2. 长期疲劳损坏特征

（1）宏观特征　断口平整，断面呈细瓷状结构，断口贝壳纹清晰，疲劳断裂区面积一般大于静撕裂区面积。当应力水平较高时，疲劳断裂区面积会减小；反之，叶片应力水平较低，破坏时间较长的断口，疲劳断裂区面积就大一些。

因此，可从分析断口的疲劳断裂区面积的大小来推断叶片所受应力的大小。

（2）微观特征　断裂为穿晶型疲劳断裂。

3. 防止措施

防止长期疲劳损坏的措施包括消除共振、提高叶片制造质量和安装质量、改善运行条件。

（二）短期疲劳损坏

叶片在运行过程中，受到外界较大的应力或较大的激振力，导致叶片只经受较少的时间（振动次数小于 10^7）就发生断裂的一种机械疲劳损坏，称为短期疲劳损坏。

引起叶片短期疲劳损坏主要有以下两个因素，一方面是由于运行不正常，如疏水系统发生故障、汽包水位失去控制、凝汽器发生满水故障等，使水进入汽轮机内，叶片遭到水的冲击而承受较大的应力，经过较少的振动次数即很快破坏，如图 6-19 所示。另一方面是由于设计不良，安装不好，如转子不平衡而产生振动、隔板结构不佳或安装不良而导致存在较大的交变应力、喷嘴损坏而使叶片受力不均等，导致叶片存在较大的低频激振力，当低频激振力与叶片的自振频率相同时就引起共振，会很快导致叶片断裂。

图 6-19　水冲击损坏叶片的断口形貌

短期疲劳损坏断口表面粗糙，疲劳贝壳纹不明显，断面上的疲劳区面积往往小于最后断裂的静撕裂区面积，在断口的四周伴有宏观的塑性变形，经受水击的叶片断口还呈现“人”字形纹路的特征。断口的微观特征为在裂纹源及扩展区可见撕裂台阶、准解理台阶、疲劳辉纹及韧窝，最终断裂区为韧窝。

防止叶片发生短期疲劳损坏，应设法消除低频共振并防止水击的发生。

（三）应力腐蚀损坏

应力腐蚀损坏是叶片在拉伸应力和腐蚀介质的共同作用下所发生的破坏现象。即使在低的应力水平和弱的腐蚀介质中，也有应力腐蚀损坏的现象。叶片产生应力腐蚀的主要原因是材质问题。分析发现，首先是由于在晶界析出了碳化物，造成了晶界贫铬，使晶界与晶粒内造成了电位差，在电解质的作用下引起晶界腐蚀；其次是存在拉应力，叶片产生应力腐蚀的拉应力源自不正确的焊接、热处理、冷热加工工艺及外加载荷等。在拉应力和叶片材质敏感的腐蚀介质的协同作用下导致叶片损坏。

应力腐蚀断口的宏观形貌通常呈颗粒状（结晶状断口），如图 6-20 所示。用电子显微镜观察表明，裂纹是沿晶的，断面上有滑移台阶，并有细小的腐蚀坑。

防止应力腐蚀断裂的措施主要是完善叶片冷、热加工工艺，消除叶片的内应力，改善蒸汽品质，避免叶片产生共振，同时要注意停机保养。

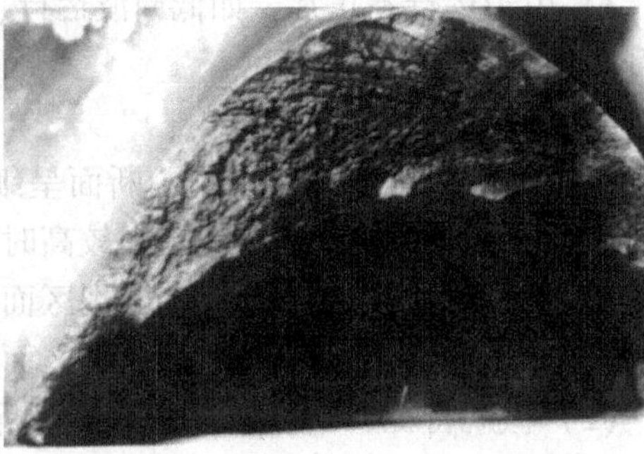

图 6-20　应力腐蚀损坏叶片的断口形貌

（四）接触疲劳失效

叶片的振动传递到叶根，会使叶根与轮缘接触部位产生微动，造成叶根接触疲劳失效。接触疲劳的特征是叶根与轮缘槽的接触面间存在因振动形成的微量往返的位移。在很高的局部压力作用下，两接触表面会产生微动，并在滑动时发生粘结，从一个表面上撕下金属，转移到另一个表面上去。在周期载荷的作用下，这些微动使叶根发生了失效。

接触疲劳失效从调节级至末级叶根，均有产生接触疲劳的可能性。相对于前面几级叶根，末级、次末级叶根的离心力、弯曲应力和扭转应力较大，因此出现接触疲劳失效的可能性就大。

从装配角度考虑，如果装配尺寸偏差超标，造成间隙过大，在应力的作用下，增加了微量位移的倾向，也容易出现接触疲劳失效。

从应力角度分析，轮缘叶根槽受力部位在拉应力的作用下出现变形，使间隙增大，加剧了接触疲劳失效的可能性。

（五）腐蚀疲劳损坏

叶片在腐蚀介质中受交变应力作用而产生的疲劳损坏称为腐蚀疲劳损坏。在交变应力作用下，叶片钝化膜破坏后形成腐蚀性空穴，不断地产生新的疲劳源，从而导致疲劳破坏。

腐蚀疲劳损坏断口具有海滩标志，存在多个疲劳源。电子显微镜下可见条纹和冰糖块状花样，腐蚀疲劳断裂断口往往具有腐蚀破坏的特征，如腐蚀坑、腐蚀产物等。

腐蚀疲劳损坏的特征介于机械疲劳和应力腐蚀之间，当交变应力较大，裂纹发展速度快时，以机械疲劳为主，其裂纹为穿晶型，断口的宏观形貌为贝壳纹花样；当交变应力较小，裂纹发展速度较慢时，以应力腐蚀为主，其裂纹主要为沿晶型，断口的宏观特征为颗粒状。

防止叶片发生腐蚀疲劳损坏的措施有改善汽水品质，提高叶片材料耐腐蚀疲劳的能力，尽量降低交变应力水平。

（六）高温疲劳损坏

由于高温蠕变和疲劳的交互作用而造成的损坏称为高温疲劳损坏。高温氧化是促使疲劳裂纹产生和扩展的重要原因。高温疲劳损坏的裂源部位由于较长时间受静应力的作用，蠕变现象明显；在裂纹扩展中，尤其是快速扩展区，疲劳断裂的作用明显。叶片在高温下长期运行后发生的高温疲劳，往往伴随有组织的变化。

高温疲劳断裂其裂纹是穿晶的，断口特征与室温下的疲劳断裂相似。有时高温疲劳断口受到严重的氧化和腐蚀，断口被一层相当厚的腐蚀产物所覆盖，不能反映出断口的宏观形貌和微观形貌。

第六节　高速转动部件和气缸用钢及其事故分析

一、汽轮发电机转子用钢及其事故分析

汽轮机的转动部分总称为转子。严格地讲，转子由主轴、叶轮、叶片及联轴器组成，但在很多场合将主轴和叶轮的组合件称为转子。汽轮机组的功率不同，转子的制造方法也不相同。一般来说，小功率机组的主轴与叶轮分开制造，而后用热套法整装成转子(套装式转子)；中等功率机组的高压段转子为整锻转子，即主轴、叶轮和其他主要部件均由一整体锻件加工而成，叶片直接装在转子的轮槽里，其余部分为套装式转子；大功率机组的高压转子为整锻转子，低压转子为焊接而成(焊接转子)。

随着高温、高压大容量机组的发展，汽轮机转子的质量和尺寸也越来越大。例如，300MW 汽轮机高压转子的直径为 1m，重约 8t；低压转子的直径为 2m，重约 27t。要制造如此巨大的工件，在冶炼、锻造、冷热加工以及运输、安装等各个环节都要求有相当高的技术水平。

(一) 汽轮发电机转子的工作条件

汽轮发电机转子承受着极大的复杂应力。汽轮发电机以转速 3000r/min 正常运行和以转速 3600r/min 超速试验时，转子本体将产生很大的离心力。由于传递转矩的需要和发生突然二相短路时，瞬时转矩可骤增 4 ~ 8 倍，转子还要承受巨大的扭应力和瞬时冲击载荷，其自重也会引起较大的交变弯曲应力，配合处还存在过盈装配压应力等。此外，在转子中心孔处及线槽区承受由几何形状所产生的附加应力。

(二) 汽轮发电机转子用钢要求

对汽轮发电机转子用钢应有以下要求：

1) 具有较高的强度(特别是屈服强度)、塑性和韧性，良好的疲劳性能和低的脆性转变温度。由于转子在运行中受力情况复杂，因此对转子锻件的纵向、切向和径向力学性能都有一定的要求。

2) 整个锻件的材料性能均匀，不允许有影响锻件性能的缩孔、疏松、气孔、裂纹和非金属杂质等缺陷存在。锻件材料的均匀性可用测量硬度的方法进行检验。

3) 转子锻件的残留应力要尽量小，且分布均匀，以防局部应力增大或产生弯曲变形。

4) 转子不仅是受力结构件，同时又是磁场回路的一部分，因此锻件应具有优良的导磁性能。

(三) 转子用钢介绍

叶轮、主轴和转子用钢是按不同的强度级别选用的，主要用钢是中碳钢(30 钢、40 钢、45 钢)和中碳珠光体耐热钢，只有制作焊接转子时，为了保证材料的焊接性才适当降低含碳量。在钢中加入一定量的合金元素如铬、镍、钼、锰等，可提高钢的淬透性，增加钢的强度，其中钼还可以减小钢的回火脆性，铬、钼、钨、钒等可提高钢的热强性能。常用转子用钢的化学成分见表 6-6。下面着重介绍常用转子用钢的性能特点。

1. 17CrMo1V 钢

该钢合金含量不高，工艺性能良好，综合力学性能较好，有较高的热强性能和低温冲击

性能，适用于大截面锻件和拼焊结构，用于工作温度 520℃以下的汽轮机低压焊接转子。17CrMo1V 钢相当于瑞士的 St560TS 钢。

表 6-6 常用转子用钢的化学成分

牌号 技术条件	化学成分（质量分数，%）									
	C	Si	Mn	S	P	Ni	Cr	Mo	V	其他
17CrMo1V 工厂标准	0.12 ~ 0.20	0.30 ~ 0.50	0.60 ~ 1.00	< 0.030	< 0.030		0.30 ~ 0.45	0.70 ~ 0.90	0.30 ~ 0.40	
35CrMoV GB/T 3077—1999	0.30 ~ 0.38	0.17 ~ 0.37	0.40 ~ 0.70	< 0.025	< 0.025	< 0.30	1.00 ~ 1.30	0.20 ~ 0.30	0.10 ~ 0.20	Cu < 0.25
30Cr1Mo1V JB/T 1265—2002	0.27 ~ 0.34	0.17 ~ 0.37	0.70 ~ 1.00	< 0.012	< 0.012	0.50	1.05 ~ 1.35	1.00 ~ 1.30	0.21 ~ 0.29	Cu < 0.15 Al < 0.010
25Cr2NiMoV 工厂标准	0.22 ~ 0.28	0.15 ~ 0.35	0.70 ~ 0.90	< 0.015	< 0.015	1.00 ~ 1.20	1.70 ~ 2.10	0.75 ~ 0.95	0.03 ~ 0.09	
30Cr2MoV JB/T 1265—2002	0.22 ~ 0.32	0.30 ~ 0.50	0.50 ~ 0.80	< 0.018	< 0.015	< 0.30	1.50 ~ 1.80	0.60 ~ 0.80	0.20 ~ 0.30	Cu < 0.20
30Cr2Ni4MoV JB/T 1265—2002	< 0.35	0.17 ~ 0.37	0.28 ~ 0.40	< 0.012	< 0.012	3.25 ~ 3.75	1.50 ~ 2.00	0.30 ~ 0.60	0.07 ~ 0.15	Cu < 0.20 Al < 0.015
20Cr3MoWV GB/T 3077—1999	0.17 ~ 0.24	0.17 ~ 0.37	0.30 ~ 0.60	< 0.025	< 0.025	< 0.30	2.60 ~ 3.00	0.35 ~ 0.50	0.70 ~ 0.90	W 0.30 ~ 0.60
33Cr3MoWV 工厂标准	0.30 ~ 0.38	0.17 ~ 0.37	0.50 ~ 0.80	< 0.030	< 0.035		2.40 ~ 3.30	0.35 ~ 0.55	0.15 ~ 0.25	W 0.30 ~ 0.50

2. 35CrMoV 钢

该钢的强度较高，淬透性也较好，焊接性能差，在生产中有时会出现冲击值不稳定的现象，其原因有多方面，如冶炼夹杂、锻造过热等。35CrMoV 钢用于制造在 520℃以下工作的转子、叶轮。

3. 30Cr1Mo1V 钢

30Cr1Mo1V 钢相当于美国的 ASTM A470 Class8 钢。该钢具有较好的热强性和淬透性，综合力学性能良好，有一定的耐腐蚀性和抗氧化性，锻造工艺性能较好，切削加工性良好，用于制造工作温度为 540℃以下的汽轮机高中压转子。

4. 25Cr2NiMoV 钢

25Cr2NiMoV 钢属于贝氏体类型钢，其综合力学性能良好，强度高，淬透性好，FATT 低。在截面尺寸为 700 ~ 800mm 时，屈服强度可达 650 ~ 700MPa，并具有较好的高温性能。该钢的冶炼、锻造及热处理工艺性能良好，用于制造大型汽轮机焊接转子。

5. 30Cr2MoV(27Cr2MoV)钢

30Cr2MoV(27Cr2MoV)钢具有较高的强度和韧性，在 500 ~ 550℃之间仍有良好的塑性，组织稳定性能较好，室温冲击韧度变化很小；但热加工工艺性能不稳定，锻造时易出现裂纹。该钢用于制造工作温度在 535℃以下的汽轮机整锻转子和叶轮，相当于俄罗斯的 P2 钢。

6. 30Cr2Ni4MoV 钢

该钢是目前国内外在大型机组中广泛采用的低压转子用钢，它的淬透性能好，强度高，在冶炼和浇注时采用真空技术除气，提高了钢的纯净度，使钢的室温冲击韧性明显提高，FATT 明显降低。该钢具有回火脆性倾向，这主要与杂质元素有关，回火脆性温度大致为 350～575℃；焊接性能差，不允许焊接。该钢用于制造大功率汽轮机低压转子、主轴等，已用于 300MW、600MW 机组低压转子。

7. 20Cr3MoWV 钢

该钢具有高的热强性能和抗松弛性能及良好的淬透性能，用于制造工作温度在 550℃以下的汽轮机转子、叶轮等。

8. 33Cr3MoWV 钢

该钢的淬透性能高，无回火脆性倾向，采用油淬及高温回火工艺后，金相组织细密均匀，性能良好。厚度大于 400mm 的锻件应严格控制锻造温度和变形量，以免因过热而影响冲击性能。该钢主要用于制造工作温度在 450℃以下、截面厚度小于 450mm 的汽轮机转子和叶轮。

（四）常见转子失效分析及其预防措施

汽轮机转子的失效形式主要是主轴的变形和断裂，以及叶轮的开裂。

1. 汽轮机主轴（转子）的变形

汽轮机主轴由于出厂时残留应力较大、运输时放置不当、新机组安装质量欠佳或试运行不当等，均可引起过量变形，使主轴发生弯曲。

汽轮机主轴的工作条件是较为恶劣的，沿轴向各部分温度由于蒸汽温度不同而不同，因而轴的各部分沿轴向就有不均匀的膨胀。汽轮机在停机冷却时，汽机腹部由于保温不好，并有抽汽管吸收热量等原因，较背部冷却快，所以主轴在冷却时温度也是上下不均匀的，并发生暂时的弹性弯曲变形。当全部冷却到室温时，主轴又由于各部分上、下温度一致而伸直。在汽轮机冷却过程中，若进行正确的停机，并进行盘车时，这种暂时的弹性弯曲变形会减至最小，并在再次正确的起动中不会造成主轴的弯曲。

若主轴的暂时弹性弯曲造成汽轮机动静部分摩擦，则会造成主轴的永久弯曲变形，严重时甚至会使轴封互相摩擦发热而烧熔，造成严重事故。

对于原来合格的主轴，在运行过程中也会发生过量塑性变形。引起过量塑性变形的主要原因如下：①停机过程中，汽轮机进水又未进行盘车，冷却不均匀产生的热应力使主轴弯曲；②运行超速，偏心质量引起的离心力过大；③起动未严格按操作规程进行；④运行中汽轮机动、静部件之间发生摩擦造成的局部膨胀等。

当主轴发生弯曲变形时需进行校直，通常称为直轴。对于小功率汽轮机碳钢转子，可采用局部加热法予以校直；对于大功率汽轮机主轴，应采用“松弛法”进行校直。松弛法直轴的实质是利用金属在高温下的应力松弛特性，即在一定的应变下，作用于构件的应力随着时间的延长而自行下降，在应力降低的同时，所产生的反向塑性变形用以抵消原始变形度，从而达到校直的目的。

2. 叶轮的变形

如果制造时尺寸误差较大或运行不当，大机组的汽轮机叶轮就会发生过量塑性变形。叶轮发生变形破坏了动平衡，运行中会产生较大的振动。

变形的叶轮也可采用松弛法校正。

3. 汽轮机主轴的断裂失效

汽轮机转子是高速转动的部件，主轴断裂会造成严重事故，必须引起高度重视。引起主轴断裂的原因主要有以下几个方面：

1）材料内部缺陷引起损坏事故。不论是整锻转子还是套装转子，其锻件尺寸较大，质量较难保证，而且检验又比较复杂。转子内部残留有冶金缺陷则是非常危险的隐患，如轴心疏松、非金属夹杂物、白点、严重偏析等缺陷都会使转子产生裂纹并导致断裂。转子中的白点或中心孔附近的密集夹杂物是断裂的源点。由材料内部缺陷引起的主轴断裂，其断口具有脆断特征，断面上有平坦白亮的白点或夹杂物密集区域，断口的微观特征是解理花样。这种断口裂纹扩展速度很快，易导致转子突然飞裂。

为了防止主轴的断裂失效，在冶金工艺方面应采取如下措施：提高钢质纯净度、对大锻件进行去氢处理、去除铸锭的缩孔、改善转子材料的断裂韧度和均匀性。

2）汽轮机运行不当造成事故。在运行中汽轮机如发生超速、落真空、进水或是油系统等发生故障，会加大叶片和叶轮的离心力，或引起严重的振动，从而导致严重的事故。运行维护不当引起调速系统失灵，也将引起严重事故。由运行原因引起转子发生低周疲劳损坏主要出现在高压转子的第一级和高压前汽封处的轴段、再热式机组的中压转子第一级和前汽封处的轴段。图6-21所示为某电厂50MW汽轮机主轴端部疲劳损坏宏观形貌，引起断裂的疲劳源有两个，如图6-22所示。

图6-21 汽轮机主轴端部疲劳损坏宏观形貌

图6-22 汽轮机主轴疲劳损坏的两个断裂源

为了防止主轴的断裂失效，在运行方面应注意以下事项：①稳定运行工况，防止蒸汽压力大幅度波动；②缓慢起停，控制转子的温度变化速度；③改进转子的结构，去除深槽或增大槽底圆角半径。

3）轴承产生油膜振荡引起事故。油膜振荡为滑动轴承支撑的转子因油膜的作用力和转子的弹性力、惯性力相耦合时引起的一种强烈振动。有时油膜振荡比不平衡离心力造成共振时的振幅还大，此时转子剧烈甩转引起主轴疲劳断裂。大型机组易出现油膜振荡。

4）套装件过盈配合不当产生事故。套装在主轴上的叶轮，由于离心力和温度的影响，会使叶轮内孔增大，以致叶轮与轴之间产生间隙，因此，叶轮和主轴之间的配合必须采取过盈配合。过盈量越大，作用在叶轮内表面的径向应力也就越大，会引起叶轮键槽处的开裂。若过盈量过小，在高速转动下的叶轮和轴之间产生松动，会在叶轮和主轴之间产生微量滑动，引起高的附加应力及异常振动而使主轴产生疲劳断裂。

5）腐蚀疲劳引起事故。腐蚀疲劳通常出现在低压转子主轴上的截面改变处或套装叶轮紧配合的边缘。金属受到腐蚀介质和交变应力或脉动应力的联合作用时，易发生腐蚀疲劳失效。

腐蚀疲劳的宏观断口具有疲劳特征，并有腐蚀现象，可见产生大量腐蚀坑和裂纹。裂纹发源于蚀坑，一般具有多个裂源，裂纹走向为沿晶和穿晶混合型，裂纹尖端较钝。

为了防止发生腐蚀疲劳现象，应采取以下措施：①增大截面突变处的曲率半径，降低局部区域的应力集中；②提高汽水品质；③定期检查轴表面的蚀坑发生和发展情况，及时对部件进行消除应力处理。

4. 叶轮开裂事故

汽轮机叶轮是大型高速转动部件之一，工作时处于复杂的应力状态。在长时运行过程中，其轴向键槽处易出现裂纹，当裂纹发展到一定深度时，将会导致整个叶轮的开裂。

若叶轮出现裂纹，将严重威胁机组的安全运行。大量叶轮裂纹分析结果表明，叶轮的裂纹易在轴键槽处产生，通常是在最后四级，特别是末级叶轮更容易产生裂纹，其工作温度范围为40～120℃。开裂叶轮的断口及开裂方式大多是脆性断裂。

造成叶轮开裂的原因是多方面的，但经研究分析，认为促使叶轮出现裂纹的主要因素有以下几个方面：

1）长期湿蒸汽引起应力腐蚀裂纹。锅炉给水中含微量的Na_2CO_3、NaOH、NaCl、Na_2SO_4等。湿蒸汽进入叶轮键槽圆角处的缝隙中凝结为水珠，然后水分又重新蒸发，这样反复进行，使缝隙中的腐蚀介质浓度达到叶轮用钢的应力腐蚀浓度。

汽轮机叶轮承受较高的离心力，叶轮内孔表面的切向应力较大。叶轮键槽圆角处的应力集中系数为2.43～3，若键槽底部圆角处有刀痕或有腐蚀斑点，应力集中系数还要高一些。因此，叶轮键槽底部圆角处的切向应力可以接近钢的屈服强度。在这样的拉应力条件下叶轮用钢容易发生应力腐蚀开裂，如图6-23、图6-24所示。

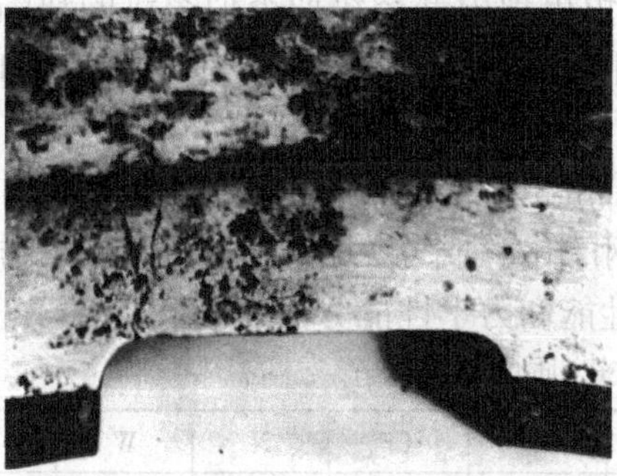

图6-23　汽轮机叶轮键槽处的应力腐蚀裂纹

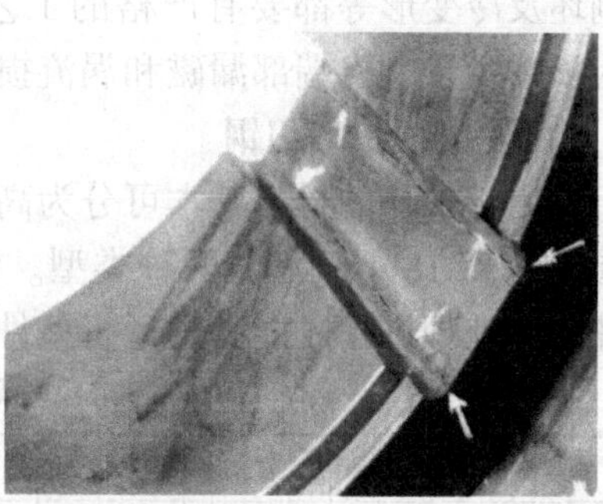

图6-24　汽轮机叶轮键槽内的应力腐蚀裂纹

应力腐蚀裂纹起源于蚀坑，断口为沿晶脆性断口，宏观裂纹有分枝，断口上有黑色腐蚀产物。裂纹端部尖锐，裂纹内壁及金属外表面的腐蚀程度通常很轻微，而裂纹端部的扩展速度很快。金相及扫描电镜观察发现，裂纹沿奥氏体晶界扩展，呈树枝状。

开裂的叶轮如未被及时发现，则会导致严重的叶轮飞裂事故。

防止叶轮发生应力腐蚀开裂通常可采取如下措施：①改进叶轮结构，降低应力集中；②改善汽水品质；③提高回火温度，降低S、P等有害杂质，以提高叶轮材料的耐应力腐蚀的能力。

2）在超速试验或机组超速时发生飞裂。当叶轮材料有缺陷时，或键槽附近已产生轴向裂纹（如末级叶轮的应力腐蚀裂纹、中压进口区轮槽里的蠕变裂纹等）时，一旦超速将很容易引起叶轮飞裂。

3）制造加工错误引起开裂。由于隔板加工尺寸错误，使隔板体与叶轮轮面之间的间隙比设计要求小。运行中叶轮严重磨损和变形，并使叶轮轮面产生网状裂纹。

二、发电机护环用钢及其事故分析

（一）护环的工作条件及其选材要求

1. 护环的工作条件

护环是一个保护发电机转子端部线圈在旋转负荷下运转的部件，通常采用以下四种方法予以固定：平行配合法、阶梯配合法、卡口式连接法和浮动配合法。护环的受力情况复杂，当汽轮发电机运行时，转速高达3000r/min，护环除了承受本身的离心力外，还承受了转子绕组端部的离心力，仅护环本身的离心力就能达到护环所受全部作用力的50%。

为了保证护环与转子同心，防止振动，采用热套方法，将护环一端紧套在转子轴身端部，另一端紧套在中心环上，因此在配合处存在过盈装配应力。有些护环为了通风冷却，常在其上开一些通风孔，因此造成应力集中。

发电机由于采用空气冷却、氢气冷却或水冷却，容易受到各种腐蚀介质的侵蚀，存在着应力腐蚀危险。

2. 护环用钢的选材要求

为了保证汽轮发电机组的长期安全运行，在使用中必须考虑护环材料的基本性能。同时，护环材料应具有较高的强度，特别是较高的屈服强度，具有尽可能高的塑性和韧性，护环的组织应当均匀，尤其是晶粒要细，要求残留应力小，而且分布均匀，以防止由于变形、应力腐蚀的发展及各种应力叠加而发生破坏事故。由于护环受力情况复杂，因此要求冶炼、热锻制坯及冷变形等都要有严格的工艺制度，以避免出现内部裂纹或类似裂纹的缺陷。此外，为了减少发电机端部漏磁和涡流损失，要求采用无磁性护环，即磁导率小于1.38H/m。

（二）发电机护环用钢

目前用于护环的材料基本可分为高锰低铬钢（18Mn-5Cr或18-5型）和高锰高铬钢（18Mn-18Cr或称为双18、18-8型）两种类型。常见护环用钢的化学成分见表6-7。奥氏体不锈钢经过特殊的热处理过程才能满足运行条件对护环电磁性能和力学性能方面的要求。

表6-7　常见护环用钢的化学成分（质量分数，%）

牌　号		C	Mn	Si	P	S	Cr	N	W	Al
50Mn18Cr5	下限	0.4	17.00	0.30	≤	≤	3.50			
	上限	0.6	19.00	0.80	0.060	0.025	6.00			
50Mn18Cr5N	下限	0.4	17.00	0.30	≤	≤	3.50	≥		
	上限	0.6	19.00	0.80	0.060	0.025	6.00	0.08		
50Mn18Cr4WN	下限	0.4	17.00	0.30	≤	≤	3.50	≥	0.70	
	上限	0.6	19.00	0.80	0.060	0.025	5.00	0.08	1.20	
1Mn18Cr18N	下限		17.50	≤0.80	≤	≤	17.50	≥		≤
	上限	≤0.12	20.00		0.050	0.015	20.00	0.47		0.030

注：表中的50Mn18Cr5、50Mn18Cr5N、50Mn18Cr4WN护环钢主要应用于200MW以下机组；1Mn18Cr18N护环钢主要应用于300MW以上机组。

18-5 型护环钢固溶处理后，屈服强度较低(340MPa)，但经过冷变形后，强度大幅度提高，可达 1350MPa。钢中加入少量的氮可提高材料的耐腐蚀能力，加入钨可起到沉淀强化作用。对于 18-18 型护环钢，降低碳含量主要是为了提高护环的韧性。碳含量的降低会引起强度的下降，因此必须添加一定的氮元素，以弥补碳含量的不足。虽然钢中含有一定的 Cr、Mn、W、N 等元素，对钢能起到合金强化作用，但护环钢的强化作用主要靠形变强化来实现。

(三) 常见护环失效分析及其预防措施

护环是起紧固作用的，失效产生开裂会造成机毁人亡的恶性事故。国内外发电机组的运行经验表明，护环失效的原因很多，但主要原因有材料问题、运行的环境条件、冷热加工或装拔护环时造成的损伤和设计因素等。护环失效的主要形式是应力腐蚀断裂失效和疲劳失效。

1. 应力腐蚀断裂失效

应力腐蚀断裂是材料在腐蚀环境和静态拉应力的同时作用下产生的破裂，是护环失效中最广泛、最严重的一种破坏形式。护环是在腐蚀介质和应力的共同作用下工作的，具备发生应力腐蚀开裂的条件。

(1) 护环应力腐蚀裂纹特征　正常的护环组织为单相奥氏体，晶内有大量的滑移线，这是形变强化后遗留的组织特征。同时在奥氏体晶界上还可见碳化物颗粒，如图 6-25 所示。发生应力腐蚀的护环，其裂纹的微观形貌根据腐蚀介质不同可分为穿晶型、沿晶型，或者沿晶和穿晶混合型。在晶内开裂常以树枝状形态发展，腐蚀介质为硝酸根时，裂纹一般是沿晶型，如图 6-26 所示；腐蚀介质为氢时，裂纹一般是穿晶型；腐蚀介质为氯离子时，一般是混合型。图 6-27 所示为树枝状形态裂纹形貌。然而实际的工况比较复杂，可能是一种介质起作用，也有可能是两种甚至几种介质同时起作用，这时，裂纹的发生和发展形式就比较复杂了，几种裂纹形貌也兼而有之。

图 6-25　正常的护环组织(100×)

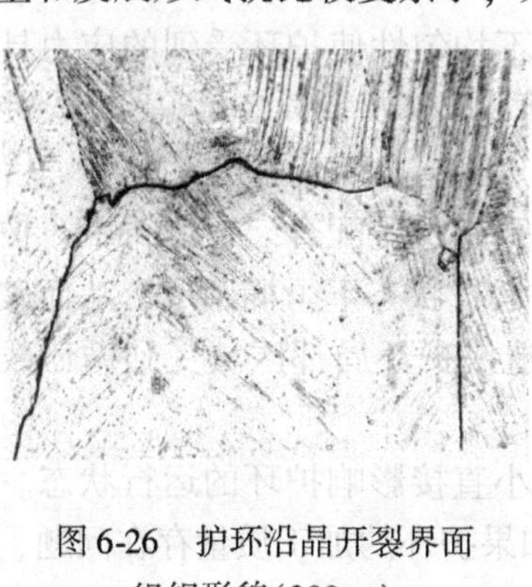

图 6-26　护环沿晶开裂界面组织形貌(200×)

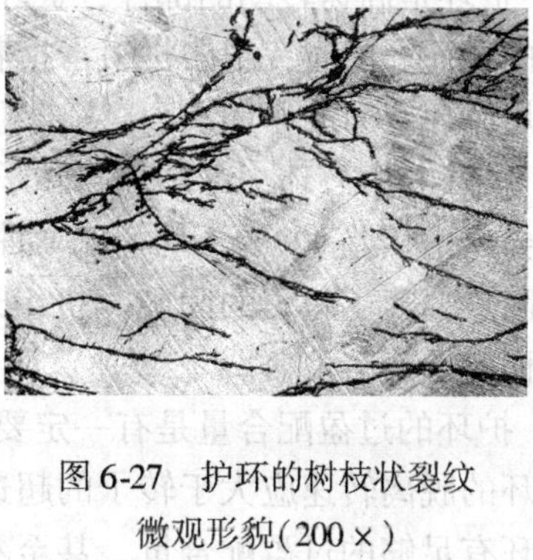

图 6-27　护环的树枝状裂纹微观形貌(200×)

护环内壁的应力明显大于外壁的应力，这是由于外壁是自由表面，内壁是配合表面。内壁存在变截面圆角，因此，应力腐蚀裂纹的位置主要发生在变截面圆角处和护环两端及中间的配合面处。这些部位不但有应力集中，而且容易发生介质浓缩，在变截面处应力会出现峰值。一般情况下，护环内壁裂纹比外壁裂纹严重。外表面因热套后也是存在应力的，因此应力腐蚀裂纹在内外表面都有可能发生，只是在服役期间护环外表面比内表面更容易检查出应力腐蚀裂纹。

发生应力腐蚀的部位还会出现腐蚀斑，但护环外表面一般涂有防腐漆，难以观察，因此需要对防腐漆进行处理。

（2）护环应力腐蚀开裂的影响因素　护环的应力腐蚀裂纹是应力和环境介质相互作用的结果，护环是一直承受着应力的，即使在停机状态下，应力也是存在的。因为护环是热套在转子和中心环上的，在关键的冷缩配合面应力值很高。

通过大量研究发现，护环在工作环境中的腐蚀介质有硝酸根离子、氯离子和氢气。在上述三种腐蚀介质中，空气中的水起到至关重要的作用，这些介质在水中形成具有腐蚀性的强酸离子。在较为潮湿库房中的备用护环也时有发生应力腐蚀断裂的现象。200MW 以下机组的护环大量使用了 18Mn-5Cr 系列钢，300MW 以上机组的护环推荐使用 18Mn-18Cr 系列钢。从实际运行结果来看，无论机组运行多长时间，18Mn-5Cr 系列钢护环普遍存在着应力腐蚀裂纹的现象。即使是存放于库房的 18Mn-5Cr 系列钢护环，也发现了应力腐蚀现象。相比之下，18Mn-18Cr 系列钢护环很少有应力腐蚀的现象。这表明 18Mn-5Cr 系列钢护环对上述三种腐蚀介质表现出极强的敏感性，而 18Mn-18Cr 系列钢护环对上述腐蚀介质的敏感性相对较低。

（3）防止护环发生应力腐蚀开裂的措施

1）降低应力集中和残留应力。在设计中设法增大配合面尺寸及过渡圆角处、键槽和凸齿处的曲率半径，降低应力集中是预防护环失效的重要措施之一。

2）采用 18Mn-18Cr 钢护环，该钢种具有优良的耐应力腐蚀能力，国内外已应用多年，迄今尚未见到这种护环发生腐蚀失效的报导。

3）对在役的 18Mn-5Cr 钢护环，建议对护环表面进行防护处理。

2. 疲劳失效

疲劳失效也是运行中的护环常见的失效形式之一，影响护环发生疲劳失效的主要原因有以下几个方面：

1）护环是高速转动的部件，护环与转子配合面的不均匀性使护环受到的应力具有周期性循环的特征。同时，很多机组承担着调峰的任务，反复起停及负载变化等，都会使护环承受着低周循环应力的作用。

2）护环与中心环、中心环与转子、护环与转子均采用过盈配合。在运行中，护环的两个端部会产生相差 90°的不均衡的弯曲应力，使护环在运行状态下呈椭圆形，从而破坏护环的过盈配合，产生一定的间隙。机组运行中的振动会造成护环局部区域受到循环载荷的作用，从而产生疲劳失效。

3）护环的过盈配合量是有一定要求的，紧力的大小直接影响护环的运行状态。也就是说，护环的脱离转速应大于转子的超速试验的转速。如果护环的加工质量存在问题，就不能保证护环有足够的过盈配合量，甚至不到额定转速时，护环的某个配合面就会产生分离。

护环与转子的过盈配合量过大，会造成护环的总应力值增加，降低护环的安全系数。配合量过小时，护环运行中转子的周期性扰动会使护环增加一个轴心推力，使护环沿轴向发生位移，进而在循环载荷的作用下产生疲劳失效。

4）中心环的过盈配合量也是很重要的。中心环与护环的过盈配合量过大时，将会增加护环的总应力，降低其安全系数；过小时，会使护环在运行中与中心环产生滑动，载荷的周期作用会导致护环疲劳失效。

悬挂式护环的中心环与转子脱离，其目的就是消除转子扰曲交变应力对护环的影响。

三、汽轮机静子用钢及其失效分析

（一）静子的工作条件

汽轮机静子(气缸、隔板、蒸汽室等)部件是在高温高压或一定的温差、压力差作用下长期工作的。气缸是汽轮机的重要部件，通常分为上、下两部分。气缸工作时受到气流的压力，这种压力在气缸的前部最大，沿轴线向后逐渐降低，因此在气缸壁上所受的力是变化的。同时，气缸内温度场分布也比较复杂，例如，气缸前后存在着温度梯度，在大功率高参数凝汽式汽轮机的中压缸中，从蒸汽入口到出口的温度差超过500℃，低压缸则在真空条件下工作，承受着外部空气的压力。

气缸形状复杂，尺寸和质量大，从而造成铸件生产上的困难。在结构上，缸壁较厚，且又厚薄不均匀，拐角多，从法兰到气缸的过渡区域截面变化很大，容易产生铸造缺陷和很大的局部应力。

（二）静子材料的选材要求

静子材料应具有以下性能：

1）足够高的室温力学性能和较好的热强性。

2）良好的抗热疲劳性能和组织稳定性，一定的抗氧化、抗蒸汽腐蚀的能力。

3）良好的铸造性能和焊接性能。

（三）汽轮机静子用钢介绍

由于气缸、隔板等所处温度和应力水平不同，因而，按其对材料性能的不同要求可选用各种铸铁(一般为灰铸铁,多用于制造低中参数汽轮机的低压缸和隔板)、碳钢(用于制造工作温度在425℃以下的汽轮机静子)和低合金耐热钢。静子用钢的热处理、性能及用途见表6-8。

表6-8 静子用钢(铸钢件)的热处理、性能及用途

牌号	热处理	持久强度/MPa		最高使用温度/℃	用途
		温度/℃	σ_{10^5}		
ZG230-450	900℃退火，650℃回火	400	149.9	400～450	阀体、气缸、隔板
ZG270-500	900℃退火或900℃正火 650℃回火			室温	轴承外壳、齿轮、水泵端盖
ZG22Mn	900℃正火，650～700℃回火			450	中压汽轮机前气缸
ZG20CrMo	890～910℃正火 650～680℃回火	510	139.2～153.9	500	阀体、气缸、隔板、蒸汽室
ZG20CrMoV	920～940℃正火 690～710℃回火	540	137.2	540	阀体、气缸、蒸汽室
ZG15Cr1Mo1V	990℃正火 720℃回火	580	92.1～124.5	570	阀体、气缸、喷嘴室

（续）

牌　　号	热 处 理	持久强度/MPa		最高使用温度/℃	用　　途
		温度/℃	σ_{105}		
ZG15Cr1Mo	960～970℃正火 (670±10)℃回火	540	89	538	阀体、气缸
ZG15Cr2Mo1	950℃正火，705℃回火	565	62	566	汽轮机内缸、阀壳、喷嘴室
ZG06Cr18Ni11Ti	1100℃正火，800℃回火	650	44.1	610	高压及超高压参数的阀件

ZG230-450在400～450℃具有一定的强度和较好的塑性和韧性，铸造和焊接性能良好。ZG270-500具有较好的塑性和强度，良好的铸造性能，焊接性尚可。ZG22Mn的强度略高于ZG270-500，且有较高的塑性和韧性，铸造性能良好，但焊接性稍差。ZG230-450主要用于制造工作温度小于450℃的气缸、隔板和阀门等。ZG270-500主要用于制造汽轮机轴承外壳、齿轮等。ZG22Mn主要用于制造工作温度小于450℃的阀件、中压汽轮机前气缸等。

ZG20CrMo是一种广泛应用的热强铸钢，有较好的组织稳定性、好的工艺性以及较高的热强性，焊接性能尚可；但当温度超过500℃时，热强性明显下降。ZG20CrMoV是在ZG20CrMo中提高了铬含量，并加入质量分数为0.2%～0.8%的钒，因此，其常温及高温力学性能均优于ZG20CrMo，但其工艺性较差，铸造时容易形成热裂纹和气孔，焊接性也较差。ZG20CrMo、ZG20CrMoV用于制造工作温度在450～500℃的气缸、隔板、阀门等。

ZG15Cr1Mo1V是一种综合力学性能比较好的热强钢，具有更高的热强性，但其铸造性能比ZG20CrMoV还差，焊接性也差，用于制造工作温度不超过570℃的汽轮机气缸、喷嘴室等。

近年来我国在标准牌号中增加了ZG15Cr1Mo、ZG15Cr2Mo1，它们分别相当于国外1.25Cr-0.5Mo钢和2.25Cr-1Mo钢。ZG15Cr1Mo有较好的塑性和韧性，铸造裂纹倾向较低，其强度和热强性能满足在538℃以下长期工作的要求，焊接性能和ZG20CrMo相似，用于制造538℃以下的高中压气缸、阀门等，美国类似的牌号有Gr.6、WC6钢。ZG15Cr2Mo1具有良好的综合性能和工艺性能，其耐腐蚀性能和抗高温氧化性能优于ZG15Cr1Mo，焊接性能尚可，用于制造在570℃以下工作的汽轮机内缸、喷嘴室等，美国类似的牌号有Gr.10、WC9钢。

（四）常见气缸失效分析和防止措施

1. 气缸的变形

若汽轮机气缸发生变形，会引起气缸水平结合面漏气，或因气缸变形而引起汽轮机中心改变。气缸发生变形会影响汽轮机的安全经济运行。气缸变形后，在检修时必须进行水平结合面的修刮和局部补焊(也可用热喷涂进行修复)，并调整汽轮机中心。

造成气缸变形的主要原因有：

1）气缸铸造时的残留应力过大。气缸铸件虽然经过消除应力退火，但有时并不能使残留应力全部消除。在气缸运行过程中会因残留应力的作用而导致气缸变形。

2）蠕变变形。高压汽轮机气缸的工作温度达到钢的蠕变温度，气缸的形状复杂，而且各部位的温度不同，因而各部位的蠕变变形程度也不同，不均匀的蠕变变形导致气缸的变形。由于蠕变变形引起的气缸变形会随着运行时间增加而增大，运行到一定时间后，气缸就会发生漏气现象。

3）汽轮机基础不良。汽轮机基础不均匀下沉导致气缸变形。

4）起停不当。起动中由于法兰温升的滞后，且下缸温差比上缸大，因而引起热应力。气缸膨胀受到法兰的阻碍，使得气缸圆柱部分水平方向的直径减少，垂直方向直径加大。气缸端部变形则相反，严重时会导致气缸水平结合面发生漏气。

5）补焊不当。气缸裂纹补焊后因补焊工艺不当，引起局部应力过高，也可导致气缸变形。

2. 汽轮机气缸的开裂

汽轮机气缸开裂主要是由热应力引起的，通常发生在气缸的进气区。裂纹最容易发生在厚的法兰、凸肩与缸壁的连接处，如图6-28所示；在温度波动较大的各调节气门气道之间也容易开裂。气缸其他部位有时也会产生裂纹，这往往和铸造缺陷有关。

图6-28　气缸开裂裂纹

气缸开裂的主要原因有：

1）蠕变疲劳交互作用。气缸的进气区域温度分布不均匀，并且波动迅速，引起快而不均匀的热应力循环。在起动和停机过程中同样会产生热应力，热应力与介质内压形成的拉应力叠加会形成复杂的应力状态。

高压机组的气缸和中压机组的气缸工作温度较高，达到钢的蠕变温度，加上热应力作用，所引起的蠕变疲劳交互作用，是气缸开裂的主要原因之一。

2）气缸材料的蠕变脆性。制造气缸用的ZG20Cr1MoV和ZG15Cr1MoV，在高温下长期使用时有较大的蠕变脆性倾向。由于铸钢材料成为脆性状态后，应力集中敏感性增加，因而在蠕变疲劳的交互作用下，容易开裂。

3）铸造缺陷及结构设计不良。气缸铸件中往往有过多的气孔、夹渣、砂眼和裂纹，使用中易造成气缸开裂。

气缸体内部加工粗糙，形状变化部位的圆角半径太小，造成严重的应力集中，促使气缸产生裂纹并不断发展，最终导致开裂。

4）补焊工艺的影响。由于焊接时材料的硬化和脆化现象，补焊后引起局部残留应力过高，往往会引起补焊后气缸开裂。

第七节　高温紧固件用钢及其事故原因分析

紧固件主要是指连接汽轮机和锅炉设备中的气缸、主气门、阀门、蒸汽管道等零件的螺栓和螺母，其作用是使上述零件紧密结合，在运行过程中不产生漏气。

一、螺栓的运行工况及受力分析

（一）螺栓的运行工况

在火电厂中，螺栓是锅炉、汽轮机和蒸汽管道上广泛使用的紧固零件。合理选用连接螺栓和螺母的金属材料是一个重要而复杂的工作。螺栓在工作时由于螺母拧紧而使其受到拉应力，从而使螺栓产生一个作用于法兰结合面的压力，使所连接的两结合面密合而不致产生漏气现象。螺栓和螺母是在高温高压下工作的，在长期运行的过程中会发生应力松弛，导致螺栓压紧力降低，甚至造成法兰结合面漏气。高温螺栓还要承受高温氧化作用。

在汽轮机运行过程中，如果没有其他意外停机事故发生，法兰密合的连续工作时间取决于螺栓的可靠性。一般要求螺栓的可靠工作时间不应小于汽轮机按计划进行大修的两次停机之间的时间。无论是制造厂或电厂，都希望这段时间越长越好。我国电厂使用的在高温下工作的紧固件，其设计寿命通常规定为 2×10^4h。

（二）螺栓运行过程中的受力分析

1. 密封应力

保证连接部件的密封性是螺栓联接的一个基本要求。在法兰的几何尺寸、结合面的加工质量、蒸汽的压力和温度等条件不变的情况下，密封应力(σ_0)取决于螺栓的拧紧力。

2. 温度应力

机组在起动和运行时，由于法兰和螺栓之间存在温差(法兰的温度比螺栓高)，以及两者材料的线膨胀系数不同，法兰的自由热膨胀量比螺栓大，螺栓就受到一个附加的拉力，该附加拉力在螺栓中引起的应力称为温度应力(σ_t)。

由于螺栓温度应力的存在，增加了法兰结合面上的压紧力，因此，最初拧紧螺栓时所需的应力不再是 σ_0，只需 $\sigma_0-\sigma_t$就够了。

3. 螺栓的热紧

在安装时受预紧力作用的螺栓，当投入运行时，在蒸汽压力的作用下，就使螺栓受力比最初预紧力有所增加。对于一般的水平法兰，螺栓拉紧力增加 5%～15%，这样冷紧时螺栓的初应力可以比 $\sigma_0-\sigma_t$再低一些。为了达到这种初应力的要求，通常需采用热紧的方法。

热紧是指先用人力将螺栓拧紧至一定程度(冷紧)，然后用专门的电加热器通过螺栓中心孔对螺栓进行加热，使螺栓受热伸长之后，再拧紧螺母。控制热紧量就可较容易地控制预紧力。

4. 松弛

如果螺栓材料为碳钢，工作温度超过300℃就需要考虑应力的松弛；合金钢材料制成的螺栓，工作温度超过350～400℃时，也需要考虑松弛带来的影响。因此，设计螺栓时应满足在两次大修的间隔内，螺栓的实际紧力仍能满足法兰的密封要求。

5. 螺栓中的应力集中

螺栓中的应力是不均匀分布的，紧力由螺栓通过螺纹逐渐传给螺母。螺栓的螺纹相当于缺口作用，若螺纹表面加工质量不好，螺纹根部圆角半径太小，在此尖锐缺口处会存在较高的应力峰，如图 6-29 所示。螺栓上存在三个应力集中部位：与螺母啮合的第一个螺纹牙底、退刀槽、螺栓头与螺杆之间的截面突变处，如图 6-30 所示。由于螺栓结构不良，即在螺栓与工作颈过渡区无圆角，故在此局部地区的第一个螺纹上会造成严重

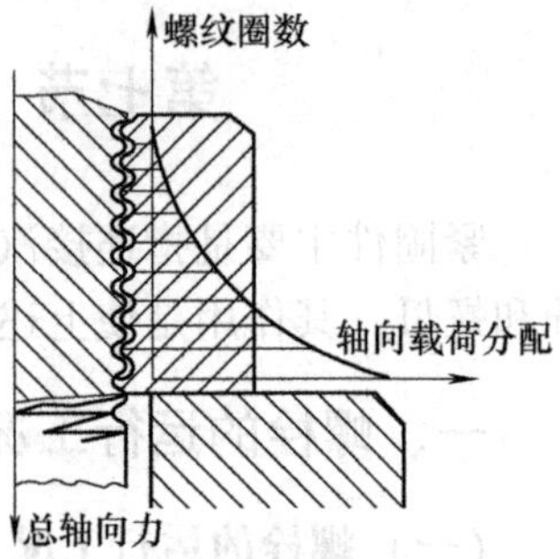

图 6-29 螺纹载荷分布示意图

的应力集中。

据资料介绍，集中在螺栓第一扣螺纹上的应力大约相当于全部载荷的50%。从国内外资料来看，大部分螺栓断裂部位发生在螺栓固定端工作颈与螺纹交界处或第一扣到第三扣螺纹之间。

材料的应力集中敏感性与材料的塑性有关，如果螺栓在高温长期使用中具有高的持久塑性，则对应力沿螺纹重新分布产生有利影响。螺栓缺口处的应力峰大于高温持久强度时，会在缺口处产生裂纹而导致断裂。

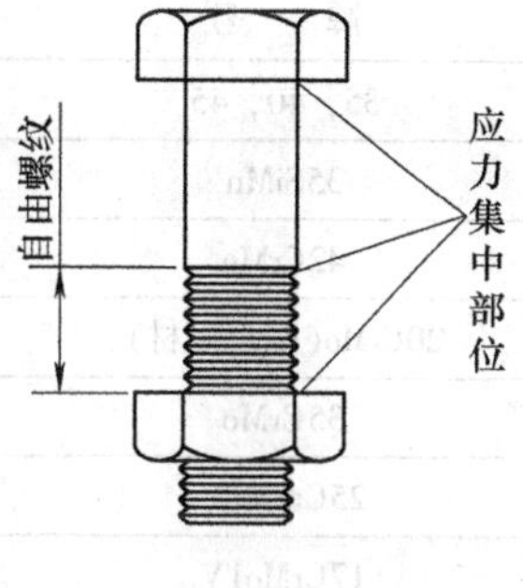

图 6-30　螺栓上的应力集中

二、螺栓的选材要求

螺栓过早断裂失效的主要原因之一是由金属材料方面的因素引起的，因此，对螺栓用钢有以下一些要求：

（1）高的抗松弛性能　高的抗松弛性能可以保证在较低的预紧力下，螺栓在一个大修期内的压紧力不低于最小密封应力。我国螺栓设计的最小密封应力为147MPa。

（2）足够高的屈服极限　为了使预紧时的螺栓不产生屈服，要求材料具有高的屈服强度。当机组起动时，法兰与螺栓的温差最大，法兰温度高于螺栓，由于法兰的膨胀，产生温度附加应力。在不正常起动时，这种温度附加应力高达100MPa以上，这时螺栓的最大应力应为预紧拉应力与最大温度附加应力之和。为了保证安全运行，最大应力不应超过材料的许用应力，因此要求螺栓材料具有高的屈服强度。

（3）高的持久塑性和低的缺口敏感性　一般认为，持久塑性大于3%～5%能防止螺栓脆性断裂。缺口敏感性低，可以减少螺纹根部应力集中处裂纹的产生。

（4）良好的抗氧化性　抗氧化性好，可防止长期运行后因螺纹氧化而发生的螺栓与螺母咬死现象。

（5）良好的加工工艺性　螺母的工作条件较螺栓好，为了防止螺纹咬死和减少磨损，选材时常采用与螺栓不同的牌号。螺母材料的强度级别应比螺栓材料低一级，硬度低20～50HBW。原则上，同一法兰的螺栓应采用相同的牌号，硬度值相近，否则应考虑不同线膨胀系数和不同抗松弛性能带来的影响。

三、螺栓用钢介绍

螺栓常用材料为中碳钢和中碳低合金钢，如35、45、35CrMo、42CrMo、25Cr2MoV、25Cr2Mo1V、20Cr1Mo1V1、20Cr1Mo1VNbTiB、20Cr1Mo1VTiB、C-422（22Cr12NiMoWV）、R-26（Ni-Cr-Co合金）、GH4145（Ni-Cr合金）。电厂螺栓常用钢材的牌号及最高使用温度见表6-9。由于螺母的工作条件比螺栓好，因此用于螺母的最高工作温度可比表6-9所列温度高30～50℃。目前大型机组的螺栓钢号有R-26（Ni-Cr-Co合金）、GH4145（Ni-Cr合金）、C-422（2Cr12NiMo1W1V）。汽轮机常用的螺栓材料的特点如下：

表 6-9 电厂螺栓常用钢材牌号及最高使用温度

牌 号	最高使用温度/℃	牌 号	最高使用温度/℃
35，40，45	400	20Cr1Mo1V1	550
35SiMn	400	20Cr1Mo1VNbTiB(推荐使用钢材)	570
42CrMo	400 ~ 413	20Cr1Mo1VTiB(推荐使用钢材)	570
20CrMo(螺母用材)	480	C-422(22Cr12NiMoWV)(推荐使用钢材)	570
35CrMo	480		
25Cr2MoV	510	2Cr12WMoVNbB(工厂标准)	590
17CrMo1V	520	R-26(Ni-Cr- Co 合金)	677
25Cr2Mo1V	550	GH4145(Ni-Cr 合金)	677

(一) 35 钢

工作温度在 400℃以下的螺栓通常采用 35(或 45)钢制造，其供货态为正火或调质，调质后的金相组织为铁素体(F) + 珠光体(P)。35 钢抗松弛性能较低，塑性和加工工艺性能较好，具有中等强度，广泛用作低参数汽轮机和低温管道的螺栓材料。

(二) 35SiMn 钢

35SiMn 钢具有良好的韧性和较高的强度，疲劳强度也较好，价格低廉，可用作工作温度在 430℃以下的螺栓材料；缺点是具有一定的过热敏感性和回火脆性倾向。

(三) 35CrMo 钢

在高温下，35CrMo 钢具有较高的持久强度和蠕变极限，抗松弛性能较好，长期运行时组织稳定，加工工艺性能较好，可用作工作温度在 480℃以下的螺栓材料和 510℃以下的螺母材料，经 850℃油冷 + 550℃回火调质处理后使用，其组织为回火索氏体。

(四) 25Cr2MoV 钢

25Cr2MoV 钢属于珠光体耐热钢，具有良好的综合力学性能，热强性较高，有较高的抗松弛性能，工艺性能较好，主要用于制作工作温度在 510℃以下的螺栓，是最广泛使用的螺栓材料之一。25Cr2MoV 钢通常在调质处理后使用，调质处理时，回火温度宜高于工作温度 100 ~ 200℃。该钢在高温长期运行中会由于热脆性而引起螺栓的断裂。一般当螺栓选择 25Cr2MoV 钢时，螺母选用 35CrMo 钢。

(五) 25Cr2Mo1V 钢

25Cr2Mo1V 钢属于中碳珠光体耐热钢，广泛用于火电厂中的管道法兰、阀门和汽轮机的气缸结合面等各种需要紧固连接的工作温度在 550℃以下的螺栓。该钢具有良好的抗氧化性、耐热性和抗松弛性，以及低的缺口敏感性和热脆性，在高温下有较高的强度、塑性和韧性。该钢可采用两种热处理制度：一种是一次正火(1040℃) + 高温回火(650 ~ 700℃)；另一种是二次正火，即第一次为 1040℃正火 + 高温回火(670 ~ 690℃)，第二次为 960℃正火 + 高温回火(670 ~ 690℃)，其组织为回火索氏体。第一次选择较高温度正火的目的是使合金元素(尤其是 V)充分溶于奥氏体中，提高合金化程度，从而提高材料的热强性和抗松弛性能；第二次较低温度正火的目的是细化晶粒，提高钢的塑性和韧性。需要注意的是，该钢对热处理较为敏感，有回火脆性倾向。25Cr2Mo1V 钢螺栓长期在高温(540℃左右)下运行，往往会发现硬度明显升高，室温冲击韧性大幅度下降，即出现脆化现象。在高温下长期运行时，该钢不仅在原奥氏体晶界上形成网状碳化物，而且也会在贝氏体的亚晶界上形成大块碳化物。随着应力增加，在这些大块状碳化物处形成微裂纹。这些微裂纹不仅在黑色网状晶界上形成，而且还能沿着贝氏体相界面形成，既能垂直穿过贝氏体，也能沿贝氏体中的铁素体平行扩展。螺栓晶界上微裂纹的出现，是导致螺栓发生脆性断裂的原因之一。当螺栓选择25Cr2Mo1V钢时，螺母选用25Cr2MoV钢。

（六）20Cr1Mo1VNbTiB钢（争气1号）**和20Cr1Mo1VTiB钢**（争气2号）

我国曾长期使用25Cr2MoV钢和25Cr2Mo1V钢作为在500～550℃温度范围内的高温螺栓材料。为了避免25Cr2Mo1V钢的高温缺口敏感性，开发了可以使用到570℃的20Cr1Mo1VNbTiB钢（争气1号）和20Cr1Mo1VTiB钢（争气2号）。这两种钢都具有比12%铬钢更好的高温性能，是我国自行研制的低合金高强度钢，除了含有Cr、Mo、V等起固溶强化和弥散强化作用的合金元素外，还含有Nb、Ti、B等细化晶粒和强化晶界的元素，因此大大减缓了高温下原子在晶界上的扩散过程，阻止了碳化物在晶界的聚集长大，抑制了晶界微观裂纹的产生和发展，从而使这两种钢的持久强度、蠕变极限、抗松弛性能、持久塑性、缺口敏感性、组织稳定性等得到大幅度改善。20Cr1Mo1VNbTiB钢和20Cr1Mo1VTiB钢主要用于制作工作温度在570℃以下的螺栓，其供货态为调质，调质的热处理工艺为淬火（1020～1040℃）+高温回火（700～740℃），回火时间不小于6h；调质后的金相组织为回火贝氏体（B）+珠光体（P）。

20Cr1Mo1VNbTiB钢和20Cr1Mo1VTiB钢在生产过程中经常出现粗晶现象。所谓粗晶，就是在低倍试验中所出现的肉眼可见的、在不同角度的光线下呈现不同色泽与光亮度的多边形颗粒斑块，也就是程度不同的混晶。晶粒粗大必然导致螺栓的力学性能特别是冲击韧性大幅度降低，是螺栓发生脆性断裂的重要原因之一。

（七）2Cr12WMoVNbB钢（工厂标准）

2Cr12WMoVNbB钢是12% Cr马氏体不锈钢的改进型钢种，因为加入了W、Mo、V、Nb、B等多种强化元素，所以比铬钼钒钢的性能优越，具有热强性高、抗松弛性能较好、缺口敏感性低、抗氧化性能高、抗应力腐蚀性能强等优点。2Cr12WMoVNbB钢广泛用作制造工作温度在590℃以下的螺栓，在超临界机组中使用较多。

（八）C-422（22Cr12NiMoWV）钢

C-422（22Cr12NiMoWV）钢为12% Cr马氏体不锈耐热钢的改良型，主要用于制作汽轮机高温螺栓。C-422的热处理工艺为淬火（1050℃）+回火（700℃），在600℃以下长期时效过程中主要沉淀相是$M_{23}C_6$。C-422用作汽轮机气缸中的分面螺栓，在正常的工作条件下基本上不发生应力腐蚀，而且对缺口也不敏感。

（九）R-26 Ni-Cr-Co型高温合金

R（Refractory）-26合金具有很高的蠕变和持久强度，抗松弛和抗氧化能力强，主要用作工作温度在677℃以下的高中压内缸螺栓。R-26合金具有可使内缸法兰尺寸缩小、起动热应力低和保持内缸气密时间长等优点。

四、螺栓失效分析

近年来，在大型机组中曾多次发生螺栓断裂事故，对机组的经济性和安全性都造成了一定的影响。机组在长期运行过程中，高温螺栓要承受蠕变、疲劳及其交互作用的影响，机组的起停，气缸温差、振动，螺栓装配过程中不同的装配工艺及螺栓的制造质量等均对螺栓的使用寿命产生重要影响。

从高温螺栓失效分析发现，高温螺栓的失效机理主要包括螺纹咬死、螺栓材料的热脆失效、疲劳断裂、蠕变断裂、中心孔烧伤和应力腐蚀断裂。

(一) 螺纹咬死

螺纹咬死是指螺栓和螺母的螺纹之间被卡住，用通常的松紧方法不能转动螺母，如用过大的扭矩硬扳就会造成螺纹拉毛，甚至螺栓断裂。螺纹咬死是高温螺栓失效的最普遍现象。

螺纹咬死主要是由于螺栓和螺母在高温下长期运行，挤压螺纹表面形成坚硬的氧化皮。松螺母时，氧化皮被挤破，造成螺纹拉毛而卡涩。当氧化皮填满螺纹间隙时，就会咬死。螺纹加工质量差、表面粗糙和螺纹间隙过小也是螺纹咬死的常见原因。若检修工艺不当(螺纹有毛刺、破裂的氧化皮未去除、螺纹处进入硬的杂质或堆积的黑铅粉过多)，也会引起卡涩。如强行拧紧螺母，经长期运行后则会发生螺纹咬死；采用加热法紧固时，由于螺纹部分温度过高而螺纹胀住，也会造成螺纹咬死。

为了防止螺纹咬死，在紧固螺栓时，应采用润滑剂，将螺纹研磨抛光，增大螺纹螺距和中径间隙；检修中应对已用过的螺栓和螺母螺纹进行清理或研磨；螺纹处的黑铅粉或二硫化钼粉末不宜涂得过厚，应用压缩空气吹去多余的粉末；热紧时采用功率大的加热器，加热限于螺杆处，缩短加热时间。螺栓选材时应选用抗氧化能力较强的材料，如强化的12% Cr型钢。

(二) 螺栓材料的热脆失效

高温螺栓经过高温长期运行，材料的常温(200℃以下)冲击韧性和塑性下降的现象称为热脆性。而在工作温度，冲击韧度仍保持较高水平。由螺栓热脆性引起的失效在螺栓断裂事故中占的比重最大。螺栓的热脆性主要发生在低合金 Cr-Mo-V 钢中。

低合金 Cr-Mo-V 螺栓钢热脆性的本质是回火脆性。在长期高温运行过程中，铁素体中的磷等杂质逐渐向原奥氏体晶界偏聚，同时伴随着富钼的 M_6C 型碳化物在原奥氏体晶界形成，导致材料韧性降低。低合金 Cr-Mo-V 钢的热脆性的程度与原始组织类型有关，具有位向排列的回火贝氏体组织热脆性明显。晶粒越粗、硬度越高，则热脆倾向越明显。珠光体 + 铁素体组织基本没有热脆倾向。

发生热脆失效的螺栓断口比较粗糙，呈结晶颗粒状。有的断口可分为两部分：一部分属于旧的裂纹，其表面已有严重的锈斑，并且无金属光泽；另一部分是新的断口，它具有金属光泽，为结晶状断口。这种现象说明螺栓在断裂前已有裂纹存在，它是裂纹发展到一定大小后发生的断裂。低合金 Cr-Mo-V 钢的热脆性的金相组织特征是沿原奥氏体晶界呈现黑色的网状，黑色晶界越严重则脆性越明显；热脆性螺栓的裂纹走向往往是沿晶的，如图 6-31 和图 6-32 所示。发生脆性断裂的螺栓，其室温冲击韧度值一般很低，仅有(5 ~ 32) J/cm²。采用较低的奥氏体化温度对降低低合金 Cr-Mo-V 钢的

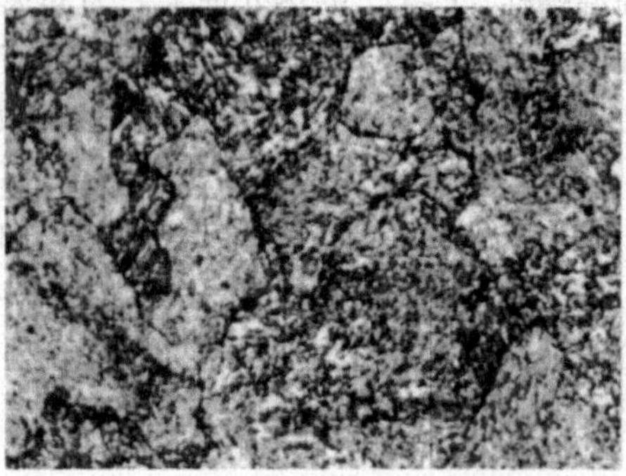

图 6-31　脆断后的显微组织(200×)

热脆敏感性有益，用热处理方法恢复已经出现脆化现象的螺栓的韧性也有实际效果。

（三）疲劳断裂

螺栓的疲劳断裂一般都产生在螺栓承受最大载荷螺扣的最大应力面上或其内部某个缺陷处。螺栓的疲劳是循环拉伸载荷的不断作用所致，这时螺栓受到比较小的预紧力和交变工作载荷的作用。在长期受到预紧力和交变工作载荷的双重载荷情况下，螺栓在小于它们额定抗拉强度的应力作用下也会发生失效。疲劳寿命取决于加载应力循环的次数和振幅。

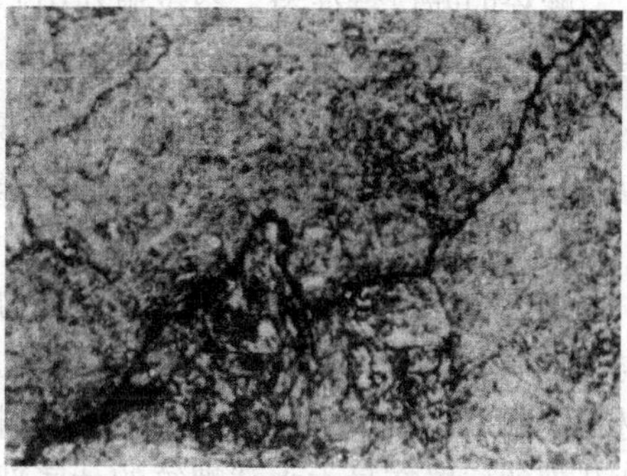

图 6-32　脆断裂纹处的显微组织（500×）

螺栓的疲劳破坏最常见的位置包括连接处（即第一受载螺纹）、齿根圆角、螺纹及螺纹终止处。由于制造厂已通过开发更好的材料和生产方法提高了疲劳强度，因此螺纹就变成了高温螺栓的最薄弱的点，也是目前疲劳破坏中最高比例的损坏之处。螺栓疲劳断裂的断口可分为疲劳源区、疲劳裂纹扩展区和最终断裂区，如图 6-33 所示。

对于参与调峰频繁起停的机组，低周疲劳也是导致高温螺栓开裂乃至失效的重要因素之一。在机组的起停过程中，螺栓与气缸之间会产生较大的温差，如果螺栓的线膨胀系数相当于甚至低于内缸材料的线膨胀系数，则在螺栓中会产生较大的热应力。在一些情况下，螺栓的热应力可接近螺栓的预紧应力；正常运行中的上下缸温差也会产生额外的温差应力。因此，在起停频繁的机组中，低周疲劳损伤的影响将显著增大。

防止螺栓疲劳断裂可采取以下措施：降低紧力偏差和预紧力、采用柔性螺栓、增加螺栓长度及加套筒、采用圆弧螺纹牙底。

图 6-33　高温螺栓的疲劳断裂断口

（四）蠕变断裂

所有高温螺栓在长期运行中均会发生长度伸长的蠕变现象。螺栓的蠕变包括三部分：螺纹的弯曲和剪切型蠕变、螺栓螺杆部的均匀伸长、螺纹牙底的缺口蠕变行为，其中螺纹牙底的蠕变危害性最大。蠕变裂纹均产生于螺母支承面邻近的第一圈螺纹根部。由于正常载荷偏心的影响，螺纹根部靠近蒸汽侧对蠕变损伤最敏感。蠕变断裂的过程是，首先在晶界上形成蠕变空洞，然后蠕变空洞逐渐聚集形成微裂纹，微裂纹不断扩展，形成宏观裂纹。带蠕变裂纹的螺栓往往在装卸时被扭断。

蠕变断裂的螺栓断口均可分为新旧两部分，旧断口颜色逐渐由深变浅，为沿晶断口；新断口是最终断裂区，不是蠕变断裂。

为了防止螺栓发生蠕变断裂，在安装检修过程中应严格限制第一次紧固时的初应力，第二次紧固时的初应力应小于第一次，以保证螺栓加工的表面粗糙度，适当提高螺栓的持久强度。紧力偏高是螺栓蠕变损伤加快的重要原因，应在保证气密性的条件下，尽量降低预紧力和紧力偏差。

（五）中心孔烧伤

装拆螺栓时，用氧-乙炔火焰加热中心孔，使孔壁局部超温造成损伤，有的出现淬硬组织，严重时孔壁过烧，甚至熔化，孔壁产生网状裂纹，晶粒粗大，晶界氧化。

螺栓的断口特征为：裂纹源在中心孔处，中心孔的旧裂纹区氧化严重，断口外圆圈为瞬断区，往往断面较新。

防止中心孔热损伤的方法是禁止使用氧-乙炔火焰加热螺栓。用电加热器加热螺栓时，应防止电加热器和孔壁短路而烧伤孔壁材料。

（六）应力腐蚀断裂

高温螺栓断裂的另一个原因是应力腐蚀，发生应力腐蚀的螺栓一般在表面形成腐蚀坑。腐蚀介质和应力的交互作用加速裂纹的产生和扩展，裂纹扩展的速率由螺栓上所受的应力和材料的断裂韧度来决定。当剩下的材料性能不能承受施加的应力时，就会发生断裂。应力腐蚀开裂的位置在最大承载螺纹的牙底部。应力腐蚀断裂的特征是沿晶断裂。

导致高温螺栓发生应力腐蚀断裂的主要因素有：①在运行状态，由于熔盐沉积在螺栓表面而引起高温应力腐蚀；②高压内缸泄漏，汽水在缝隙处凝结，使螺栓产生应力腐蚀。另外在停机状态，由于汽水凝聚在螺栓表面会引起常温应力腐蚀。

第八节 电厂凝汽器管的选材

一、凝汽器的工作条件

凝汽器的主要功能是将汽轮机排汽凝结成为锅炉给水用的凝结水，同时在汽轮机排汽口处建立和维持所要求的背压(真空)状态。

汽轮机排气由排气口进入凝汽器，在凝汽器中被冷却介质所冷却。比体积较大的蒸汽将凝结成水，并在汽轮机排气缸和凝结器蒸汽空间形成真空。按照凝汽方式的不同，凝汽器分为混合式和表面式两种，目前的超高压大型机组都采用表面式。

二、凝汽器用钢要求

凝汽器外壳和水室材料一般采用碳钢和合金钢钢板。当水质为腐蚀性较强的海水时，应选择耐海水腐蚀钢板或采取防腐蚀措施。

凝汽器管板材料大多采用碳钢板。对腐蚀性较强的海水，可选用 HSn62-1 板或与冷却管材质相同的管板材料。

选择冷却管材料时应考虑以下因素：

（一）水中悬浮物和含砂量

H68A 管材：适用于悬浮物和含砂量小于 100mg/L 的冷却管；

HSn70-1A 管材：适用于悬浮物和含砂量小于 300mg/L 的冷却管；

HA177-2A 管材：适用于悬浮物和含砂量小于 50mg/L 的冷却管；

B30 管材：适用于悬浮物和含砂量小于 500 ~1000mg/L(短期可大于 1000mg/L)的冷却管。

在采用硫酸亚铁处理时，H68A 和 HSn70-1A 管的悬浮物允许含量可提高到 500 ~ 1000mg/L。

（二）水质污染程度

凝汽器冷却管一般适用于下述清洁程度的水中：硫离子(S^{2-})含量小于 0.02mg/L；氨

(NH_3)含量小于1mg/L；溶解氧(O_2)含量小于4mg/L；化学耗氧量COD小于4mg/L。

(三) 管内最低流速的限定

为了防止水中悬浮物在管内沉积，黄铜管的冷却水在管内的最低流速一般不应低于1m/s，白铜管则一般不应低于1.4m/s。

三、凝汽器常用金属材料

凝汽器常用金属材料见表6-10。火电厂采用铜合金管，耐海水腐蚀性能差，特别是含硫化物和受大量泥砂污染的海水，凝汽器的腐蚀、泄漏极为严重，使用寿命只有1~3年，有的甚至使用不到两个月便发生泄漏。硫酸亚铁成膜处理是提高铜合金管耐蚀性能的手段。H68A和HSn70-1管在采用硫酸亚铁成膜处理后，允许的悬浮物含量可提高到500~1000mg/L。HSn70-1管允许的溶解固形物含量可提高到1500mg/L，氯离子含量可提高到200mg/L。在选用凝汽器铜合金管时，对空抽区布置在中间部位的凝汽器以及空抽区铜管已有氨蚀的凝汽器，其真空区宜采用BFe10—1—1、BFe30—1—1或不锈钢管。

钛管对硫化物、氯化物和氨具有较好的耐蚀性，耐冲刷腐蚀性也较强，在海水甚至在受硫化物污染的海水中，在水速高达20m/s和含砂量达40g/L的条件下，均具有优良的耐蚀性。同时，钛在海水中的抗应力腐蚀和抗腐蚀疲劳性能也很好。钛的这些优异的耐腐蚀性是铜合金所无法相比的。采用海水或咸水冷却的凝汽器宜使用钛管；受污染的海水、悬浮物含量高或污染严重的水也应使用钛管。钛是一种理想的火电厂凝汽器管材，其使用寿命可达30年以上。

表6-10　凝汽器常用金属材料

名　　称	牌号及技术条件	用　　途	备　　注
黄铜管	H68A(GB8890)	热交换管束	用于淡水冷却
锡黄铜管	HSn70-1(GB8890) HSn70-1A(YB716)	热交换管束	用于淡水冷却
铝黄铜管	HA177-2(GB8890) HA177-2A(YB716)	热交换管束	用于海水冷却
白铜管	B30(YB716) BFe30-1-1(GB8890) BFe10-1-1(GB8890)	热交换管束	用于要求高耐蚀部分
钛管	TA1或TA2(GB3625)	热交换管束	耐蚀性最好，成本高
不锈钢管	TP304，TP321	热交换管束	耐蚀性很好
板材	Q235A(GB3274)	管板、盖板、水室、壳体、侧板等	
	钛板(TA2或TA3)	管板	
	不锈钢板(06Cr18Ni11Ti)	防护板等	

对于确认水质会长期遭受污染或有恶化趋势，而又无法改善的工作环境，可选择适合水质条件的不锈钢管。对不锈钢TP304、TP316和TP317等，推荐在相应的含[Cl^-]量小于

200mg/L、1000mg/L和小于5000mg/L的水质中使用。常用不锈钢凝汽器管适用水质的参考标准见表6-11。

表6-11 常用不锈钢凝汽器管适用水质的参考标准

$[Cl^-]$(mg/L)	美国	德国	$[Cl^-]$(mg/L)	美国	德国
<200	TP304、TP304L、TP430		<2000		2CrNiMo17122
			<5000	TP317、TP317L	
<500		X5CrNi1810	<10000		X1CrNiMoCu25205
<1000	TP316、TP316L		海水	AL、6X、AL-6XN	

不锈钢管作冷却管材的显著特点是抗汽侧带水滴气流的冲击侵蚀、抗冷却水中硫化氢的腐蚀。因此，早在20世纪40年代美国就在凝汽器管束外缘及空冷区冷却管选材中采用不锈钢管，随后在法国、德国等西欧国家的凝汽器中也应用不锈钢管。我国在1995年以前，由于不锈钢材料昂贵及薄壁管生产工艺不过关等原因，淡水冷却凝汽器一直未采用不锈钢管。近年来随着不锈钢价格的大幅度下降，焊接薄壁管的生产工艺日趋成熟，为薄壁不锈钢管在凝汽器中的应用开辟了广阔前景。不锈钢管能耐污染水质腐蚀，延长了使用寿命，是解决铜合金管不耐污染水质腐蚀的一种有效手段。

使用铜合金时，应特别注意过低流速和过高流速的影响。流速过低会造成悬浮物等在铜合金管内的沉积，易引起铜合金管的沉积物下腐蚀；流速过高会造成铜合金管的冲刷腐蚀。采用钛管或不锈钢管时，应保证足够的流速，并采取完善的加氯处理、胶球清洗等措施，以保证所需的清洁度。

复习思考题

1. 锅炉受热面管子选材有哪些要求？
2. 什么是超温？超温有何危害性？
3. 长时超温为什么会引起爆管？其爆管原因、爆破口特征、显微组织变化及性能变化怎样？
4. 短时间超温运行也会引起爆管吗？其爆口的宏观特征、金相显微组织特点及爆管原因是什么？
5. 为什么说材质不良也会引起爆管？
6. 锅炉过热器和水冷壁管子发生氢腐蚀是怎么回事？
7. 应力腐蚀也会引起汽轮机叶片的断裂吗？
8. 什么是汽轮机叶片的长期疲劳损坏？其危害和特征是什么？
9. 什么是汽轮机叶片的短期疲劳损坏？其危害和特征是什么？
10. 什么是汽轮机叶片的接触疲劳损坏？其危害和特征是什么？
11. 汽轮机转子用钢有哪些要求？主要选用什么钢？
12. 螺栓主要选用什么材料？易产生何种形式的破坏？如何防止？
13. 为什么叶轮的键槽底部圆角处容易产生裂纹？
14. 电厂凝汽器管常选用哪些材料？

第七章 综合实训

第一节 材料的力学性能检验

金属材料的力学性能是设计和选用材料的主要依据，也是控制材料质量的重要参数。金属材料的力学性能指标通常包括强度、塑性、硬度、冲击韧度、疲劳强度、蠕变极限和持久强度极限等。

金属材料的力学性能一般是通过试验测定的，常用的金属力学试验方法有拉伸试验、压缩试验、弯曲试验、扭转试验、剪切试验、冲击试验、硬度试验、蠕变试验、应力松弛试验、疲劳试验、断裂韧度试验、磨损试验、工艺试验及复合应力试验等。

一、金属拉伸试验

金属拉伸试验是用静拉伸力对试样轴向进行拉伸，一般拉至断裂，通过测量所施加的拉应力和相应的伸长量之间的关系来测定材料的力学性能指标。金属拉伸试验是测定金属材料静态强度和塑性指标最普遍的试验方法。

金属拉伸试验按 GB/T 228—2002《金属材料　室温拉伸试验方法》进行，常用金属材料拉伸试验机如图 7-1 所示。

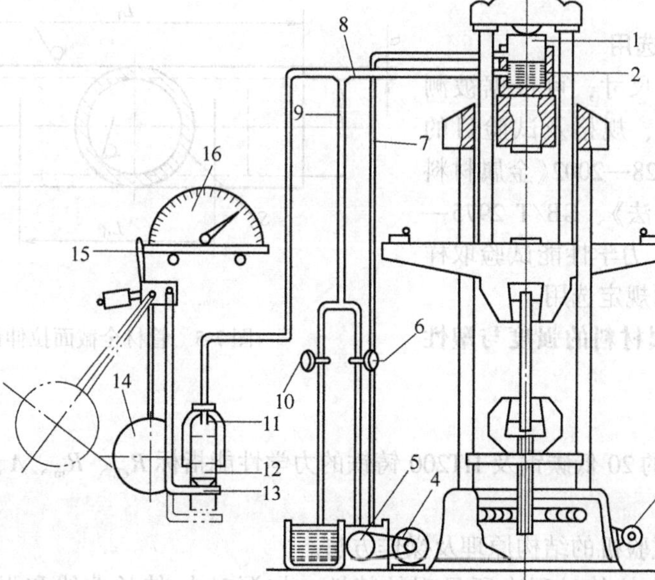

图 7-1　金属材料拉伸试验机

1—大活塞　2—工作液压缸　3—下夹头电动机　4—电动机　5—液压泵　6—送油阀　7—渗油回油管　8—测力油管　9—送油管　10—回油阀　11—测力液压缸　12—测力活塞　13—测力拉杆　14—摆锤　15—推杆　16—测力盘

（一）金属拉伸试样

1. 拉伸试样的分类

1）按试样的原始标距长度 L_0与直径 d_0或横截面积 S_0的关系，拉伸试样可分为比例试样和定标距试样两种；比例试样又分为常用短比例试样、长比例试样、特殊情况下使用的比例试样和脆性材料用比例试样，定标距试样按有关标准或双方协议规定执行。

2）按试样的横截面形状，拉伸试样可分为圆形（见图 7-2）、矩形（见图 7-3）和异形（见图 7-4 和图 7-5）三种。

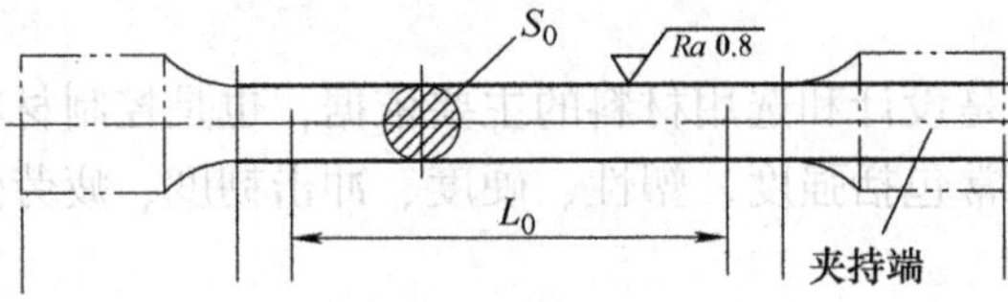

图 7-2 圆形拉伸试样

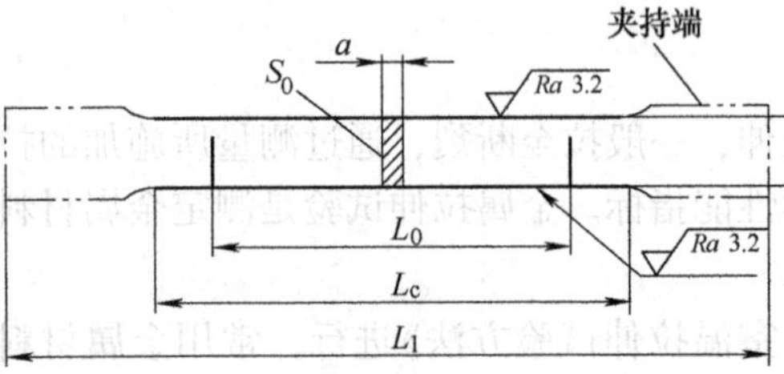

图 7-3 矩形拉伸试样

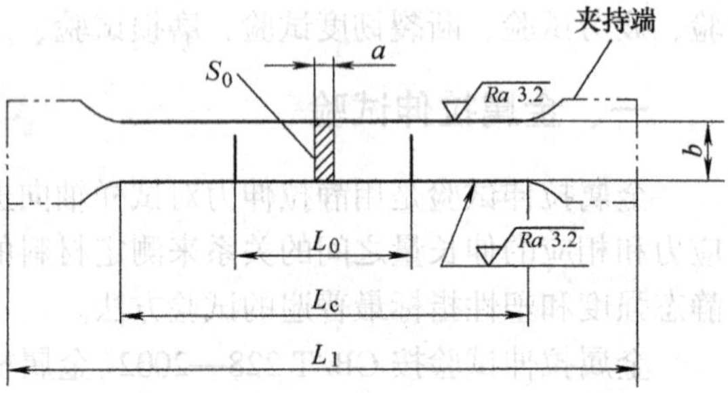

图 7-4 管材纵向弧形拉伸试样

2. 拉伸试样的选用

试样的形状和尺寸，可根据被测试金属产品的品种、规格及试验目的的不同，按 GB/T 228—2002《金属材料 室温拉伸试验方法》、GB/T 2975—1998《钢及钢产品 力学性能试验取样位置及试样制备》的规定选用。

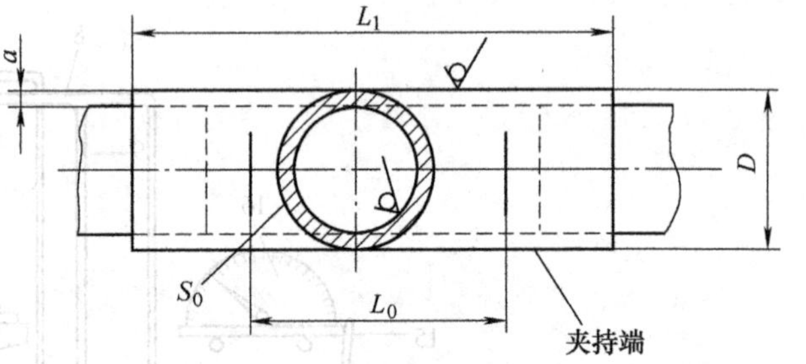

图 7-5 管材全截面拉伸试样

（二）测量金属材料的强度与塑性指标（操作训练）

1. 试验题目

测量退火状态的 20 低碳钢及 HT200 铸铁的力学性能指标 R_{eL}、R_m、A、Z。

2. 试验目的

1）了解拉伸试验机的结构原理及操作方法。

2）观察材料在拉伸过程中所呈现的特性，加深对力-伸长曲线和强度、塑性指标的理解。熟悉屈服强度 R_{eL}、抗拉强度 R_m、断后伸长率 A 和断面收缩率 Z 的测量操作步骤。

3. 试验设备和试样的选择

1）万能材料试验机一台。用以作拉伸、压缩、剪切和弯曲试验的试验机称为万能材料试验机。试验机的型号较多，但所有试验机都包括加力和测力两个主要部分。加力部分是使试样受力的装置，有机械式和液压式两种；测力部分是将试样受力情况显示在表盘上的机构。万能材料试验机除了作拉伸试验外还可作压缩、剪切和弯曲等试验，目前常用的是液压-摆锤针盘式万能材料试验机。

在试验机上有装夹装置和绘图装置，装夹装置用来支承和夹持试样，绘图部分可以自动绘出变形与载荷曲线。在图 7-1 所示的万能试验机构造示意图中，右边为加力部分，左边为测力部分。

2）试样的选择。本试验采用退火状态的 20 低碳钢及 HT200 铸铁的圆形试样各 1 根，试样的形状、尺寸以及截取部位、切取方法等依据 GB/T 228—2002《金属材料　室温拉伸试验方法》标准规定。本试验采用图 7-6 所示的长试样，$L_0=10d_0$。式中，L_0为拉断前试样的原始标距长度，d_0为试样原始直径；L_1为拉断后的试样长度，d_1为试样拉断后在缩颈处的最小直径。

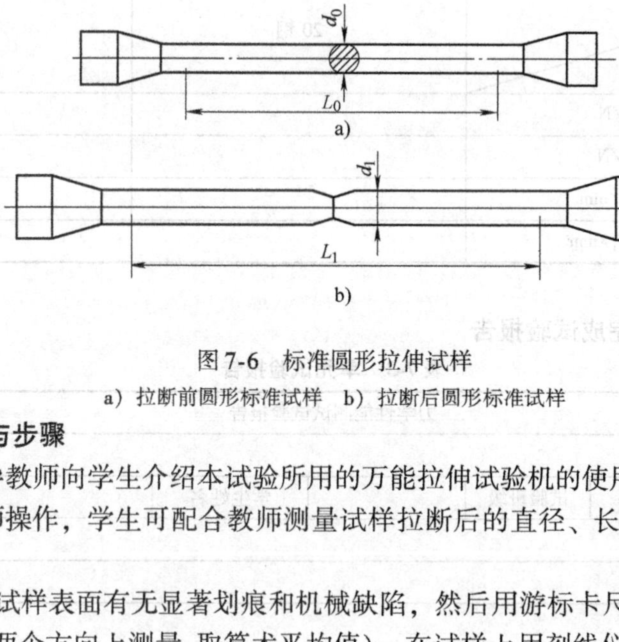

图 7-6　标准圆形拉伸试样

a）拉断前圆形标准试样　b）拉断后圆形标准试样

4. 试验方法与步骤

试验前由指导教师向学生介绍本试验所用的万能拉伸试验机的使用方法及注意事项。拉伸试验由指导教师操作，学生可配合教师测量试样拉断后的直径、长度等尺寸并分析力-伸长曲线。

1）首先检查试样表面有无显著划痕和机械缺陷，然后用游标卡尺测量试样的原始直径 d_0(在互相垂直的两个方向上测量,取算术平均值)。在试样上用刻线仪标出原始标距长度 L_0 ($L_0=5d_0$或 $L_0=10d_0$)，计算出截面积 S_0，并在表 7-1 中记录下测量数据。

表 7-1　拉伸试样原始数据记录表

试样材料 / 试样尺寸	20 钢	HT200
L_0		
d_0		
S_0		

2）装夹好试样，调整好记录仪器，接通电源，打开送油阀，试样开始被拉伸。注意观察试样在拉伸过程中的变形情况及测力盘指针的转动情况。随着试样的慢慢伸长，测力盘指针徐徐转动。当转到某一位置时，试样虽在继续伸长，但测力盘指针却来回摆动或几乎不动(绘图纸图样上出现平台或锯齿形)，此时指针所指示的拉伸力即为屈服力 F_s，表明材料已产生“屈服”现象。随后，测力盘指针又继续上升，试样继续伸长。当测力盘指针上升到一定数值，不再上升并开始返转时，试样上出现“缩颈”现象，最后在缩颈处断裂，记录下最大拉伸力 F_b值。

5. 测量与计算

试验机停止工作后，取下拉断试样，将断裂的两半试样对接起来，测量试样断裂后的标距长度 L_1和在缩颈处的最小直径 d_1(在互相垂直的两个方向上测量，取算术平均值)，将测量数据记入表 7-2 中。根据测量数据，进行力学性能指标计算。

1）计算 20 钢的 R_{eL}、R_m、A、Z。

2）计算 HT200 的 R_m。

表 7-2 拉伸试样断后数据记录表

试样尺寸 \ 试样材料	20 钢	HT200
屈服拉伸力 F_s/N		
最大拉伸力 F_b/N		
断后标距长度 L_1/mm		
缩颈处最小直径 d_1/mm		

6. 按表 7-3 格式完成试验报告

表 7-3 单元试验报告

<table>
<tr><td colspan="8">力学性能测试试验报告</td></tr>
<tr><td>试验题目</td><td colspan="7"></td></tr>
<tr><td>试验日期</td><td></td><td>试验班级</td><td></td><td>学生姓名</td><td></td><td>指导教师</td><td></td></tr>
<tr><td>试验目的</td><td colspan="7"></td></tr>
<tr><td>试验原理</td><td colspan="7"></td></tr>
<tr><td>试验设备</td><td colspan="7"></td></tr>
<tr><td>试验样品</td><td colspan="7"></td></tr>
<tr><td>试验步骤</td><td colspan="7"></td></tr>
<tr><td>试验记录</td><td colspan="7"></td></tr>
<tr><td>试验结果</td><td colspan="7"></td></tr>
<tr><td>试验误差分析</td><td colspan="7"></td></tr>
</table>

二、金属硬度试验

硬度试验是测量金属材料表面局部受到外加载荷作用时，产生局部塑性变形的抗力指标。因硬度试验简便易行，对零件基本无损伤，因此作为金属材料性能检测的主要手段，在生产和科研中得到十分广泛的应用。

常见的硬度试验方法有布氏硬度法(主要用于原材料检验)、洛氏硬度法(主要用于热处理后的产品检验)、维氏硬度法(主要用于薄板材料及材料表层的硬度测定)、显微硬度法(主要用于测定金属材料的显微组织及各组成相的硬度)及里氏硬度法(主要用于生产检验和在役部件的检验)等。本试验项目介绍生产上最常用的里氏硬度试验法。

(一) 试验项目

金属材料里氏硬度检测(操作训练)。

(二) 试验目的

了解里氏硬度的测量原理及里氏硬度计的主要结构并熟悉操作方法。

(三) 试验原理

里氏硬度的概念及测量原理(见第一章第二节)。

(四) 试验样品

20G、12Cr1MoV、P91、TP304H 无缝钢管试样各一个。

(五) 试验设备

里氏硬度计两台。里氏硬度计由两大主要部分组成，即主机、打印机和冲击装置。图 7-7 所示为时代 HLN—11 型里氏硬度计，其冲击装置的构造如图 7-8 所示。

(六) 试验过程

(1) 被测表面预处理　被测表面过于粗糙会引起测量误差，因此，试样的被测表面必须露出金属光泽，并且平整、光滑、不得有油污，试样表面不能有磁性。

(2) 硬度计的使用方法　液晶屏的分区功能如图 7-9 所示。

1) 启动。先将冲击装置导线插头插入冲击装置插口，按下电源开关，此时电源接通，液晶屏全屏显示 2s 后，示值显示区右起三位数显示“000”；测试次数显示“0”；其余项恢复显示上次关机前的状态。如果需要的测试参数与当前状态相符时，便可进行测试，否则应通过键盘重新设置。

2) 设置测试参数。

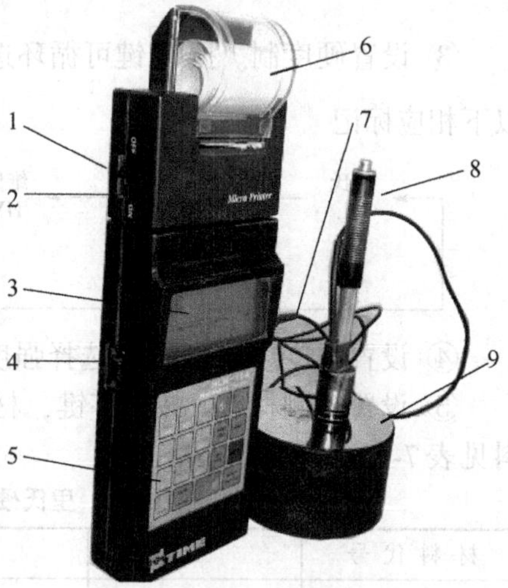

图 7-7　HLH—11 型里氏硬度计

1—打印开关　2—打印机　3—液晶屏幕　4—电源开关　5—键盘　6—打印机盒盖　7—冲击装置插口　8—冲击装置　9—试样

① 设置测试日期。按 [SET DATE] 键，然后按数字键，依次输入年、月、日，年、月、日均以两位数字显示。每次输入正确后按一次 [ENTER AVERAGE] 键。若输入有误，可按 [DELETE] 键删除，然后重新输入。注意每按一次可删除一个数字。

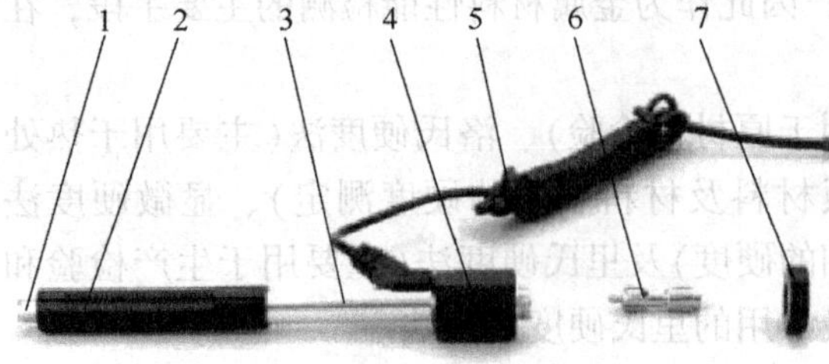

图 7-8　硬度计的冲击装置

1—释放按钮　2—加载套　3—导管　4—线圈部件
5—导线　6—冲击体　7—支承环

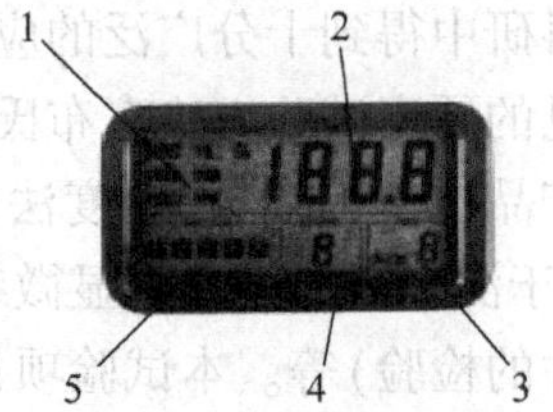

图 7-9　液晶屏分区功能示意图

1—硬度制显示区　2—示值显示区
3—测试次数显示区　4—材料代号
显示区　5—冲击方向显示区

② 设置冲击方向。根据测试时冲击装置冲击时的实际方向设置此参数。按 IMPACT DIRECTION 键，可循环选择五个冲击方向。设置的参数在冲击方向显示区会显示以下相应标记

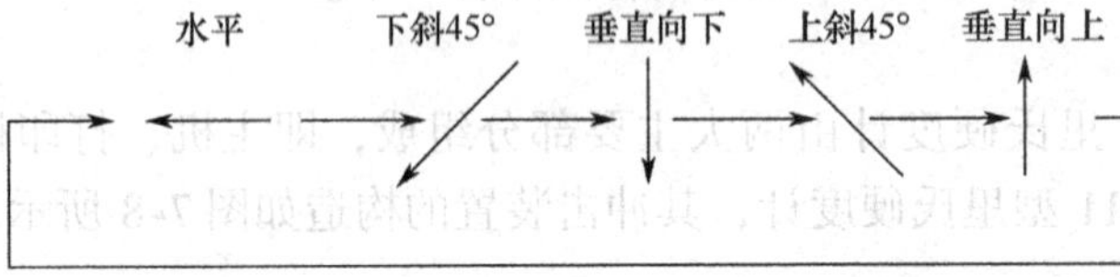

③ 设置硬度制。按 H 键可循环选择六种硬度制。设置的参数在硬度制显示区会显示出以下相应标记

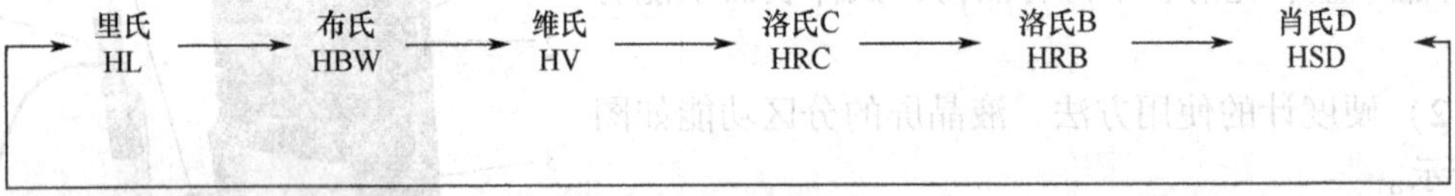

④ 设置强度。按 σ_b 键可选择强度，设置的参数在硬度制显示区会显示出相应标记。

⑤ 设置被测材料。按数字键，材料代号显示区会显示所按数字，数字所代表的被测材料见表 7-4。

表 7-4　里氏硬度计键盘数字与所代表材料对照表

材 料 代 号	1	2	3	4	5
测硬度	钢和铸钢 STEEL	合金工具钢 CWT · ST	铸造铝合金 C · AlVM	灰铸铁 GC · IRON	球墨铸铁 NC · IRON
测强度	碳钢 C	铬钢 Cr	铬钒钢 CrV	铬镍钢 CrNi	铬钼钢 CrM

材 料 代 号	6	7	8	9
测硬度	白口铸铁 WP · IRON	铜锌合金 BRASS	铜锡合金 BRONZE	纯铜 COPPER
测强度	铬镍硅钢 CrNiSi	铬锰硅钢 CrMnSi	超高强度钢 SSST	不锈钢 SST

3）测试。测试前如有必要可首先使用标准试块对仪器进行校验。校验方法如下：

① 加载。向下推动加载套，使冲击体被锁住，如图7-10a所示。

② 定位。将冲击装置下部的支承环压紧在被测表面上，两次测试点距离应大于或等于3mm，如图7-10b所示。

③ 起动。按动冲击装置上部的释放按钮，进行测试，此时要求被测工件、冲击装置及操作者均应稳定，并且作用力方向应通过冲击装置轴线，如图7-10c所示。

a) b) c)

图7-10 里氏硬度计操作方法示意图

每次测试结束后，示值显示区便显示出该次测试的硬度值或强度值，同时测试次数增一。若测试值显示"E"表示超出换算范围，则本次测试无效。测试次数显示区显示的数字不变。

4）显示本组平均值。通常，测试值应是3～5次或更多次测试的平均值，但每组测试次数不能超过九次，否则，前九次测试值不予保留。试验时依次记录下每次所测的不同硬度制的硬度值，然后按 [ENTER AVERAGE] 键，示值显示区便会显示出本组测试的硬度或强度的平均值，同时在测试次数显示区的左下角出现"Ave"提示符号，记下本次平均值之后，本次测试结束，再按 [ENTER AVERAGE] 键，将开始下一组的测试。

5）检查测试结果。按 [DELETE] 键，可查看前一次的测试结果，按 [ENTER AVERAGE] 键，可查看后一次的测试结果。偏差太大的测试值可在按 [DELETE] 键的同时按 [0 START] 键，将其删除，则该次测试值不打印且不参与平均值计算。

（七）按表7-3格式完成试验报告

第二节 金相试样的制备

金相分析是研究材料内部组织和缺陷的主要方法之一，它在材料研究中占有重要的地位。利用金相显微镜将试样放大100～1500倍来研究材料内部组织的方法称为金相显微分析法，它是研究金属材料微观结构最基本的一种实验技术。显微分析可以研究材料内部的组织与其化学成分的关系；可以确定各类材料经不同加工及热处理后的显微组织；可以判别材料质量的优劣，如金属材料中的氧化物、硫化物等各种非金属夹杂物在显微组织中的大小、数量、分布情况及晶粒度的大小等。

在生产与科研中，金相显微分析是研究材料内部组织的重要手段。其原理为，通过金相显微镜，利用材料表面不同凹凸面对光线反射程度的差别来显示显微组织状态。因此，为了清楚地显示出组织细节，要求磨面无变形层、曳尾和划痕等，还要保护好试样的边缘。制样程序通常包括取样、镶样、磨光、抛光、腐蚀等几道工序。为了避免出现“伪组织”而导致错误的判断，需要掌握正确的制样方法。

一、金相试样制备的一般过程

（一）取样

显微试样的选取应根据研究和检测目的，取其最具有代表性的部位。此外，还应考虑被测材料或零件的特点、工艺过程及热处理过程。例如，对于铸件，由于存在偏析现象，应从表面层到中心等典型区域分别取样，以便分析缺陷及非金属夹杂物由表及里的分布情况；对于轧制和锻造材料，应同时截取横向及纵向检验面，以便分析材料在沿加工方向和垂直加工方向截面上显微组织的差别；而对热处理后的显微组织，一般采用横向截面。

对于不同性质的材料，试样截取的方法各有所异，但应遵循一个共同的原则，即应保证被观察的截面不产生组织变化。对软材料，可以用锯、车、刨等方法；对硬而脆的材料，可用锤击的方法；对极硬的材料，可用砂轮切片机或电火花机和线切割机；在大工件上取样，可用氧气切割等。

试样的尺寸以便于握持、易于磨制为准，一般为直径 $\phi(12\sim15)$ mm × 15mm 的圆柱体，或高度（边长）15mm × 15mm × 15mm 的正方体，如图 7-11 所示。对形状特殊或尺寸细小的试样，应进行镶嵌或机械夹持。

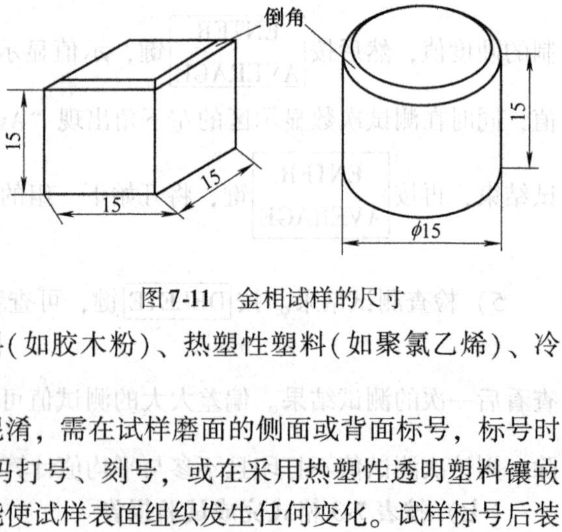

图 7-11 金相试样的尺寸

（二）镶嵌

镶样的方法有很多，如低熔点合金镶嵌、电木粉或塑料镶嵌和机械夹持等。目前一般是采用塑料镶嵌，镶嵌材料有热固性塑料（如胶木粉）、热塑性塑料（如聚氯乙烯）、冷凝性塑料（环氧树脂加固化剂）等。

当同时制备多个金相试样时，容易发生混淆，需在试样磨面的侧面或背面标号，标号时力求简单，能互相区别即可。一般使用钢字码打号、刻号，或在采用热塑性透明塑料镶嵌时，放入标签。无论用何种方法标记，都不能使试样表面组织发生任何变化。试样标号后装入试样袋，试样袋应记录试样名称、材料标号、工艺、送验单位、检验目的、内容以及检验结果等项目。当试样无法标号时，则可在试样袋上按其形状特征画出简图，以示区别。

（三）磨制

磨制是为了得到平整的磨面，为抛光作准备，一般分为粗磨和细磨两步。图 7-12 所示为试样经过切割加工及四道磨光工序后，表面变形层的厚度变化示意图。图中 A、B、C 均为变形层，越往里，变形量越小，D 为未受损伤的组织。磨光过程中要注意防止金属过分发热。

1. 粗磨

粗磨的目的是为了整平试样，并磨成合适的外形。粗磨一般在砂轮机上进行，对很软的材料，可用锉刀锉平。使用砂轮机粗磨时，必须注意接触压力不可过大，若压力过大，可能使砂轮碎裂造成人身和设备事故，同时极易使磨面温度升高引起组织变化，并且使磨痕加深，金属扰乱层增厚，给细磨抛光带来困难。粗磨时需冷却试样，防止试样受热而引起组织变化。粗磨后需将试样和双手清洗干净，以防将粗砂粒带到细磨用的砂纸上，造成难以消除的深磨痕。

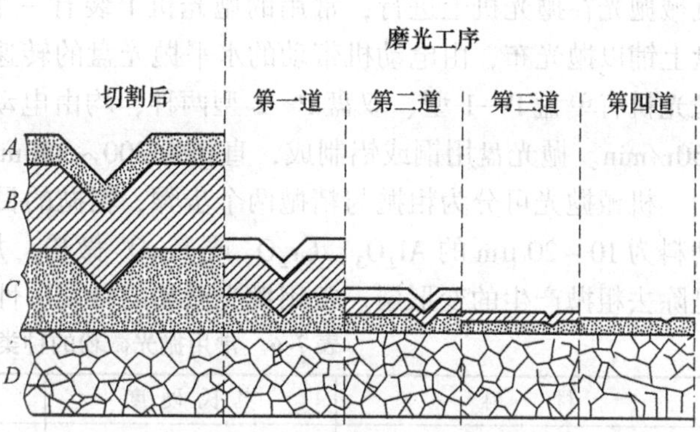

图 7-12 试样表面磨痕变化示意图

2. 细磨

细磨的目的是消除粗磨时留下的较深的磨痕，为下一个工序——抛光做准备。常规的细磨有手工磨光和机械磨光两种方法，手工磨光是用手握持试样，在金相砂纸上单方向推移磨制，拉回时提起试样，使之脱离砂纸；细磨时可以用水作为润滑剂。我国金相砂纸按粗细分为 01 号、02 号、03 号、04 号、05 号等几种，见表 7-5。细磨时，依次从粗到细研磨，即从 01 号磨至 05 号，每次换下一道砂纸之前，必须先用水洗去样品和手上的砂粒，以免把粗砂粒带到下一级的细砂纸上去。同时要将试样的磨制方向调转 90°，即本道磨制方向与上一道磨痕方向垂直，以便观察上一道磨痕是否全部消除。

为了加快磨制速度，减轻劳动强度，可在转盘上贴有水砂纸的预磨机上进行机械磨光。水砂纸按粗细有 200 ~ 900 号，磨制时由 200 号开始，逐次磨到 900 号砂纸，磨制时要不断加水冷却。每换一道砂纸，必须用水将试样冲洗干净，并将磨制方向调换 90°。

表 7-5 金相砂纸的规格

磨料微粉粒度号	砂纸代号	尺寸范围/μm	磨料微粉粒度号	砂纸代号	尺寸范围/μm
280	1	~40	1400(M3.5 或 W3.5)	07	3.5 ~ 3.0
320(M40 或 W40)	0	40 ~ 28	1600(M3 或 W3)	08	3.0 ~ 2.5
400(M28 或 W28)	01	28 ~ 20	1800(M2.5 或 W2.5)	09	2.5 ~ 2.0
500(M20 或 W20)	02	20 ~ 14	2000(M2 或 W2)	010	2.0 ~ 1.5
600(M14 或 W14)	03	14 ~ 10	2500(M1.5 或 W1.5)	—	1.5 ~ 1.0
800(M10 或 W10)	04	10 ~ 7	3000(M1 或 W1)	—	1.0 ~ 0.5
1000(M7 或 W7)	05	7 ~ 5	3500(M0.5 或 W0.5)	—	0.5 ~ 更细
1200(M5 或 W5)	06	5 ~ 3.5			

（四）抛光

抛光的目的是除去细磨后留下的细微磨痕，使试样表面成为光滑无痕的镜面。常用的抛光方法有机械抛光、电解抛光和化学抛光。

1. 机械抛光

机械抛光的原理是利用抛光微粉的磨削和滚压作用，把金相试样表面抛成光滑的磨面。

机械抛光在抛光机上进行，常用的抛光机上装有一个或多个电动盘（直径为200～250mm），盘上铺以抛光布，由电动机带动的水平抛光盘的转速一般为300～500r/min。目前国产金相抛光机有单盘P—1型、双盘P—2型两种，均由电动机（0.18kW）带动抛光盘旋转，转速为350r/min。抛光盘用铜或铝制成，直径为200～250mm。

机械抛光可分为粗抛与精抛两个步骤，粗抛的目的是尽快除去磨光时的变形层，常用的磨料为10～20 μm的Al_2O_3、Cr_2O_3或Fe_2O_3微粉，加水配成悬浮液后使用；而精抛的目的是除去粗抛产生的变形层。常用抛光微粉的种类、性能及用途见表7-6。

表7-6 常用抛光微粉的种类、性能及用途

材料	莫氏硬度	特点	适用范围
氧化铝 Al_2O_3（刚玉，包括人造刚玉）	9	白色透明，外形呈多角形	通用于粗抛、精抛
氧化镁 MgO	5.5～6.0	白色，颗粒细而均匀，外形尖锐	铝镁及其合金、非金属夹杂物等的精抛光
氧化铬 Cr_2O_3	9	绿色，硬度较高	淬火后的合金钢、高速钢及钛合金等
氧化铁 Fe_2O_3	6	红色，硬度稍低	较软金属、光学零件
碳化硅 SiC（金刚砂）	9.5	绿色，颗粒较粗	粗抛光
金刚石粉（膏）	10	颗粒尖锐、锋利	各种材料的粗、精抛光

抛光时应将试样的磨面均匀、平整地压在旋转的抛光盘上，并将试样从抛光盘中心至边缘往返移动。压力不宜过大，抛光时间也不宜过长，一般情况下抛光3～5min即可。抛光时需向抛光盘上不断地滴注抛光液，以产生磨削和润滑作用。当磨痕全部消除而呈现镜面时，停止抛光。用净水把试样冲洗干净，再用软布或棉花拭干，或用风筒吹干，然后进行浸蚀。

2. 电解抛光

将试样放入装有电解溶液的槽中，试样作为阳极，用不锈钢或铅板作阴极，接通电源后，利用电化学整平作用获得平整表面的过程称为电解抛光。电解抛光可避免机械抛光时表面层金属的形变或流动，从而能真实地显示金相组织。该法适用于有色金属及硬度低、塑性大的金属，但不适用于偏析严重的金属、铸件及化学成分不均匀的试样。

电解抛光的优点是材料不产生形变及流动，时间短，重现性好，同时可用同一设备进行随后的电解浸蚀；缺点是边缘区域因选择性浸蚀而产生圆角，易在夹杂相周围形成凹坑。值得注意的是，不同材料所用的电解抛光液和电解浸蚀液的成分和操作条件是不同的，见表7-7。只有正确选择合适的电解液及其操作工艺，才能获得好的抛光效果。

表7-7 常用电解抛光液和电解浸蚀液的成分及操作条件

成分	使用方法及注意事项	用途
冰醋酸 10mL 过氧酸 10mL	<20℃使用，抛光2min以上。配制时过氧酸缓慢加入冰醋酸中	适用于钢和铸铁
冰醋酸 775mL 铬酸酐 75g 铬酸钠 150g	<30℃使用，抛光10min以上	适用于钢和铸铁

（续）

成　分	使用方法及注意事项	用　途
三氧化铬　10g 水　100mL	电解浸蚀，30～90s	显示除铁素体晶界外的其他组织
磷酸　90mL 酒精　10mL	10～20V，20～60s	显示铜及其合金
过氧酸　20mL 酒　精　80mL	<40℃使用，5～15s	适用于钢铁及有色金属等
硫酸　10mL 甲醇　90mL	先加甲醇后加硫酸	适用于耐热合金等
磷酸　88mL 硫酸　12mL 铬酐　6g	70～90℃使用，1～1.5min	铝

3. 化学抛光

化学抛光是简单地将试样浸入一合适的抛光液中，依靠化学溶剂对不均匀表面产生选择性溶解来获得光亮的抛光面。这种方法操作简单，成本低廉，缺点是夹杂物易被浸蚀掉，且抛光面平整度较差，只能用于低倍常规检验。

化学抛光介质即化学抛光溶液属于混合酸溶液类型，为了增加粘性薄膜的活性，加速抛光过程，常加入适量双氧水。常用化学抛光液的成分及操作条件见表7-8。

表7-8　常用化学抛光液的成分及操作条件

成　分	工作条件	用　途
氢氟酸70mL，硝酸30mL，蒸馏水300mL	60℃	钢铁通用
磷酸70mL，醋酸(36%)12mL，蒸馏水15mL	100～120℃，2～6min	铝及其合金
铬酸22%，醋酸1.5%，硫酸2.5%，蒸馏水74%(体积分数)	2min后浸入10% KOH溶液中10s	锌及其合金
磷酸50mL，醋酸28mL，硝酸22mL	室温约1min	铜及其合金
双氧水100mL，氢氟酸14mL，蒸馏水100mL	室温	碳钢及合金钢
盐酸30%，硫酸0%，四氯化碳5.5%，蒸馏水24.5%(体积分数)	70～80℃	不锈钢

（五）腐蚀(或称“浸蚀”)

经抛光后的试样磨面，如果直接放在显微镜下观察时，所能看到的只是一片光亮，除了某些夹杂物或石墨外，无法辨别出各种组织的组成物及其形态特征。因此，必须使用浸蚀剂对试样表面进行“浸蚀”，才能清楚地显示出显微组织。常用的腐蚀方法有化学腐蚀和电解腐蚀两种。

1. 化学腐蚀

化学腐蚀是将抛光好的样品磨光面在化学腐蚀剂中浸蚀一定时间，从而显示出其试样的组织形貌。

纯金属及单相合金的腐蚀是一个化学溶解的过程，由于晶界上原子排列不规则，具有较高的自由能，所以晶界易受腐蚀而呈凹沟，使组织显示出来，在显微镜下可以看到多边形的晶粒。若腐蚀较深，则由于各晶粒位向不同，不同的晶面溶解速率不同，在垂直光线照射下，可看到明暗不同的晶粒。图 7-13 所示为纯金属或单相合金的化学腐蚀示意图。

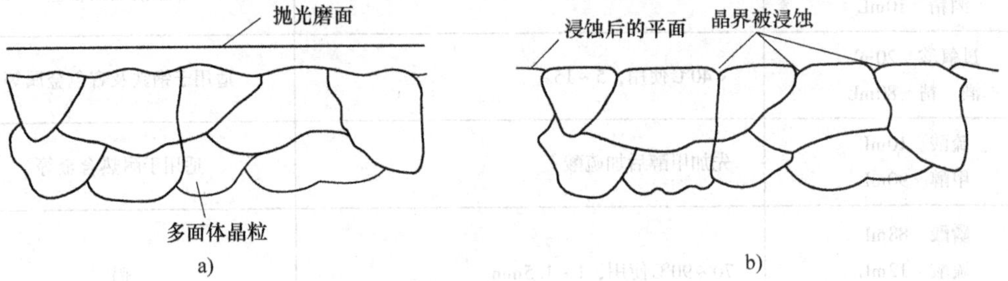

图 7-13 纯金属或单相合金的化学腐蚀示意图

a) 腐蚀前 b) 腐蚀后

两相合金的腐蚀主要是一个电化学腐蚀过程。两个组成相具有不同的电极电位，在腐蚀剂中，形成极多微小的局部电池，具有较高负电位的一相成为阳极，被溶入电解液中而逐渐凹下去；具有较高正电位的另一相为阴极，保持原来的平面高度。多相合金的腐蚀也是一个电化学的溶解过程，在腐蚀过程中腐蚀剂对各个相有不同程度的溶解，因而在显微镜下可清楚地显示出合金的不同相。

化学腐蚀方法是显示金相组织最常用的方法，其操作方法是：将已抛光好的试样用水冲洗干净，或用酒精擦掉表面残留的脏物，然后将试样磨面浸入腐蚀剂中，用竹夹或木夹夹住棉花球，沾取腐蚀剂在试样磨面上擦拭，抛光的磨面即逐渐失去光泽；待试样腐蚀合适后马上用水冲洗干净，用滤纸吸干或用吹风机吹干试样磨面，即可放在显微镜下观察。试样腐蚀的深浅程度要根据试样的材料、组织和显微分析的目的来确定，同时还应与观察者所需要的显微镜的放大率有关，高倍观察时腐蚀稍浅一些，而低倍观察则应腐蚀较深一些。

常用化学腐蚀剂的名称、成分及用途见表 7-9。

表 7-9 常用化学腐蚀剂的名称、成分及用途

名 称	成分(配比)	用 途
硝酸酒精溶液	硝酸(1.42) 1~5mL，甲醇(乙醇)100mL	可染黑 P，显现 F 相界、M 及 M 回火产物的组织，用于碳钢、低合金钢和铸铁
苦味酸溶液	苦味酸(结晶)4g，甲醇 100mL	
过硫酸铵溶液	过硫酸铵 10g，水 90g	可染黑铁素体，显现铜、黄铜、锡青铜等合金
硝酸盐酸甘油溶液	硝酸(1.42)10mL，甘油 30mL，盐酸(1.19)20~30mL	显现淬火状态下的高铬钢、A 高锰钢
王水	盐酸: 硝酸 = 3: 1	显现不锈钢和不锈合金的组织
苦味酸水饱和溶液	苦味酸，水(用稀苛性钠中和)	50℃下浸蚀，显示高锰钢组织

（续）

名　　称	成分(配比)	用　　途
苦味酸钠碱性溶液	苦味酸2g，苛性钠25g，水100mL（85℃）	显现Fe_3C(黑)，Cr、W的碳化物不变色
氯化铜氨水溶液	氨水(0.88)90mL 氯化铜10g	显现铜、黄铜、锡青铜和铝青铜等，黄铜的β相被染黑；也可用来显现宏观组织
氯化铁水溶液	① 氯化铁10g，盐酸25mL，水100mL ② 氯化铁5g，盐酸10mL，水100mL	
氨水与双氧水溶液	氨水(0.88)5mL，双氧水(3%)2～5mL，水5mL	显现铜、青铜组织，须在新配制的情况下用
氢氟酸水溶液	氢氟酸(48%)0.5mL，水99.5mL，	显现硬铝及铝基铸造合金组织
苛性钠水溶液	苛性钠1～10g，水99～90g	
混合酸	氢氟酸(浓)1mL，盐酸(1.19)1.5mL，硝酸(1.42)2.5mL，水95mL	显现硬铝组织
三P试剂	铁氰化钾10g，亚铁氰化钾1g，氢氧化钾30g，蒸馏水100g	FeB为深褐色，Fe_2B为黄色。 60℃下浸蚀15s；20℃下浸蚀10～15s
苦味酸浸蚀剂(碱)	苦味酸5g，氢氧化钠25g，水100g	30s后FeB为蓝色，Fe_2B为黄色，时间短时，FeB为棕色，Fe_2B为淡黄色
苦味酸溶液	苦味酸(含35%水)5g，洗涤剂0.8g，新洁尔灭30d，水100mL	60～70℃下浸蚀30s，多次抛光浸蚀，显示A晶粒
冰醋酸溶液	冰醋酸:水=3:7	显现铅-锌合金
氯化铜的氨水溶液	氨水(0.88)90mL 氯化铜10g	显现铬-镍锌合金
亚温淬火浸蚀剂	1%的偏重亚硫酸钠水溶液：4%的苦味酸钠酒精溶液=1:1	稍加热，F呈黑色，M不变，用新鲜液
氯化铁盐酸水溶液	氯化铁5g，盐酸50mL，水100mL	显示不锈钢组织

2. 电解腐蚀

电解腐蚀所用的设备与电解抛光相同，只是工作电压和工作电流比电解抛光时小。由于各相之间和晶粒与晶界之间的电位不同，在微弱电流的作用下各相的腐蚀程度也不同，因而显示出组织。此法适用于耐腐蚀性能强、难以用化学腐蚀法腐蚀的材料。若试样制备好后需要长期保存，则需要在腐蚀过的试样观察面上涂上一层极薄的保护膜，常用的有火棉胶或指甲油等。

二、金相试样制备的操作练习

（一）实验目的

通过实际操作演练，熟练掌握金相试样制备的取样、磨光、抛光、浸蚀等步骤，制备符合要求的金相试样。

(二) 实验样品

火电厂用20钢块状试样。

(三) 实验要求

现场制作20钢金相试样，并按表7-10格式完成实验报告。

表7-10 单元实验报告

<table>
<tr><td colspan="8">金相试样制备实验报告</td></tr>
<tr><td>实验题目</td><td colspan="7"></td></tr>
<tr><td>实验日期</td><td></td><td>实验班级</td><td></td><td>学生姓名</td><td></td><td>指导教师</td><td></td></tr>
<tr><td>实验目的</td><td colspan="7"></td></tr>
<tr><td>实验原理</td><td colspan="7"></td></tr>
<tr><td>实验样品</td><td colspan="7"></td></tr>
<tr><td rowspan="9">实验记录与实验结果</td><td colspan="3">金相试样制作步骤</td><td colspan="2">型号及类型</td><td colspan="2">备注</td></tr>
<tr><td colspan="3"></td><td colspan="2"></td><td colspan="2"></td></tr>
<tr><td colspan="3"></td><td colspan="2"></td><td colspan="2"></td></tr>
<tr><td colspan="3"></td><td colspan="2"></td><td colspan="2"></td></tr>
<tr><td colspan="3"></td><td colspan="2"></td><td colspan="2"></td></tr>
<tr><td colspan="3"></td><td colspan="2"></td><td colspan="2"></td></tr>
<tr><td colspan="3"></td><td colspan="2"></td><td colspan="2"></td></tr>
<tr><td colspan="3"></td><td colspan="2"></td><td colspan="2"></td></tr>
<tr><td colspan="7">注意各步骤操作时间对最终金相试样质量的影响。</td></tr>
<tr><td>问题与讨论</td><td colspan="7">金相试样在制备过程中易出现哪些缺陷？操作过程中应如何避免？</td></tr>
</table>

第三节 金相显微镜的使用及金相组织观察

在现代金相显微分析中，使用的主要仪器有光学显微镜和电子显微镜两大类。光学金相显微镜用于鉴别和分析各种材料内部的组织。原材料的检验、铸造、压力加工、热处理等一系列生产过程的质量检测与控制需要使用金相显微镜。新材料、新技术的开发以及跟踪世界高科技前沿的研究工作也需要使用金相显微镜。因此，金相显微镜是材料领域生产与研究中分析金相组织的重要工具。

一、金相显微镜的基本理论知识

(一) 金相显微镜的成像原理

放大镜是最简单的一种光学仪器，它实际上是一块会聚透镜(凸透镜)，利用它可以将物体放大。

显微镜不像放大镜那样由单个透镜组成，而是由两级特定透镜所组成。靠近被观察物体的透镜叫做物镜，而靠近眼睛的透镜叫做目镜。借助物镜与目镜的两次放大，就能将物体放大到很高的倍数(约2000倍)。图7-14所示为在显微镜中得到放大物像的光学原理图。

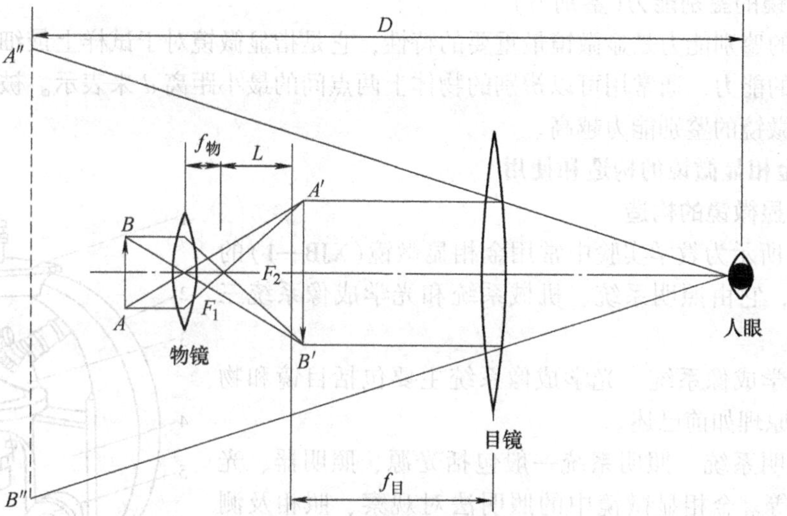

图 7-14 显微镜光学原理图

被观察的物体 AB 放在物镜之前距其焦距略远一些的位置，由物体反射的光线穿过物镜，经折射后得到一个放大的倒立实像 $A'B'$，目镜再将实像 $A'B'$ 放大成正立虚像 $A''B''$，这就是我们在显微镜下研究实物时所观察到的经过二次放大后的物像。

在设计显微镜时，让物镜放大后形成的实像 $A'B'$ 位于目镜的焦距 $f_{目}$ 之内，并使最终的虚像 $A''B''$ 在距眼睛 250mm 处成像，这时观察者看得最清晰。

（二）显微镜的质量

显微镜的质量主要取决于透镜的质量、放大倍数和鉴别能力。

1. 透镜的质量

（1）物镜　物镜是由若干个透镜组合而成的一个透镜组。组合使用的目的是为了克服单个透镜的成像缺陷，提高物镜的光学质量。显微镜的放大作用主要取决于物镜，物镜质量的好坏直接影响显微镜的映像质量，它是决定显微镜的分辨率和成像清晰程度的主要部件，所以对物镜的校正是很重要的。

（2）目镜　目镜也是显微镜的主要组成部分，它的主要作用是将由物镜放大所得的实像再次放大，从而在明视距离处形成一个清晰的虚像，因此它的质量将最终影响到物像的质量。

2. 显微镜的放大倍数及其选择

显微镜包括两组透镜——物镜和目镜。显微镜的放大倍数主要通过物镜来保证，物镜的最高放大倍数可达 100 倍，目镜的放大倍数可达 25 倍。

放大倍数用符号“×”表示，例如，物镜的放大倍数为 25×，目镜的放大倍数为10×，则显微镜的放大倍数为 25×10 = 250×。放大倍数均分别标注在物镜与目镜的镜筒上。

在使用显微镜观察物体时，应根据其组织的粗细情况选择适当的放大倍数，以细节部分观察得清晰为准，盲目追求过高的放大倍数会带来许多缺陷。因为放大倍数与透镜的焦距有关，放大倍数越大，焦距必须越小，同时所看到物体的区域也就越小。

3. 显微镜的鉴别能力(鉴别力)

显微镜的鉴别能力是显微镜最重要的特性，它是指显微镜对于试样上最细微部分所能获得清晰映像的能力，通常用可以辨别的物体上两点间的最小距离 d 来表示。被分辨的距离越短，表示显微镜的鉴别能力越高。

(三) 金相显微镜的构造和使用

1. 金相显微镜的构造

图 7-15 所示为教学实验中常用金相显微镜(XJB—1)的结构示意图，它由照明系统、机械系统和光学成像系统三大部分组成。

(1) 光学成像系统　光学成像系统主要包括目镜和物镜，其成像原理如前已述。

(2) 照明系统　照明系统一般包括光源、照明器、光阑、滤色片等。金相显微镜中的照明法对观察、照相及测定结果质量具有重要影响。正确的照明法不能降低亮度和分辨率，进行照明时不能有光斑和不均匀。

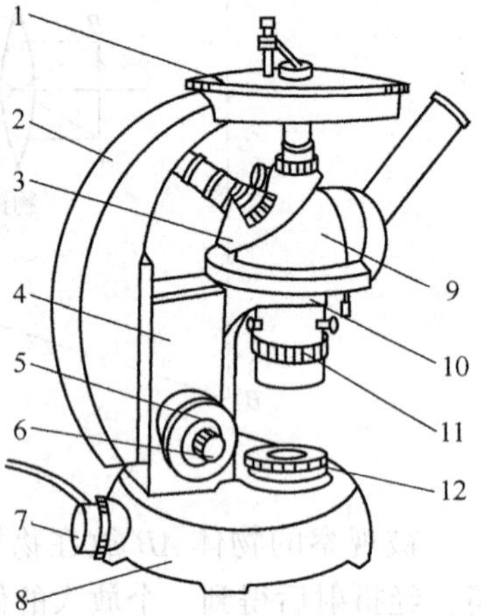

图 7-15　XJB—1 型金相显微镜外形结构图

1—载物台　2—镜臂　3—物镜转换器　4—微动座　5—粗动调焦手轮　6—微动调焦手轮　7—照明装置　8—底座　9—碗头组　10—平台托架　11—视场光阑　12—孔径光阑

金相显微镜的照明系统应满足下列基本要求：首先，光源要有足够的照明亮度，以保证金相试样上被观察的整个视场范围内得到足够强的、均匀的照明；其次，应有可调节的孔径光阑，一来可控制试样上的物点进入物镜成像，二来可调节光束孔径角的大小，以适应不同物镜数值孔径的要求，充分发挥物镜的分辨能力；再次，应有可调节的视场光阑，可控制试样表面被照明区域的大小，以适应不同目镜、物镜组合时有不同的显微视场的要求，并同时拦截系统中有害的杂散光。

各组件的要求、结构(类型)及作用分述如下：

1) 光源。对光源的要求是强度要高，亮度要均匀、稳定，发热程度不宜过高，在光源周围要有吸热和散热装置，光源位置(上、下、前、后、左、右)和光的强度可调节。金相显微镜的光源一般置于镜体侧面，与主光轴成直角相交。

2) 光阑。在金相显微镜的光路系统中，一般装有两个光阑，靠近光源的称为孔径光阑，另一个称为视场光阑。光阑的作用是改善映像质量，控制通过系统的光通过量和拦截系统中有害的杂散光等。

① 孔径光阑。孔径光阑可调节入射光束的粗细，缩小孔径光阑可减小球差和轴外像差，使映像清晰，但会使物镜的分辨能力降低。理论上合适的孔径光阑大小应以光束刚刚充满物镜后透镜为准。实际观察时无法检查后透镜光线充满的情况，按经验可取下目镜直接观察筒内灯丝映像面积占整个筒面积的 1/2 ~ 3/4 时为适宜的孔径光阑。

② 视场光阑。视场光阑在孔径光阑后面，其所在位置为经光学系统后成像于金相磨面上。因此，调节视场光阑可改变视域的大小，而不影响物镜的分辨率。缩小视场光阑可减少镜筒内的反射光和眩光，提高映像衬度，观察时宜将视场光阑调节到与目镜内视域同样大小。有时为了集中观察试样上的某一细微组织，会将视场光阑缩小到刚好能包围这一部分以

提高观察效果，摄影时则以调节到画面尺寸为限。

3）滤色片。滤色片的作用是允许白色光波中一定波长的光通过，吸收其他波长的光。滤色片是金相摄影时一种重要的辅助工具，用以得到优良的金相照片。使用滤色片的主要目的是：①增加映像衬度，或提高某些彩色组织细微部分在黑白摄影时的分辨率；②校正残余像差；③得到较短波长的单色光以提高分辨率。

(3) 机械系统 金相显微镜的机械系统主要包括调焦装置和物镜转换装置。

1）粗动调焦装置。粗动手轮安装在镜体齿轮箱的两侧，位置以适合观察者手臂支撑于工作桌上操作为宜。手轮传动内部的齿轮使支承载物台的弯臂作上下升降。在粗动手轮的一侧，附设有制动环，用以紧固调焦正确后的载物台位置，使其不易因受到偶然振动而变动，尤为用于显微照相时的必要有效装置。如需紧固载物台不动，可将制动环按右螺旋方向旋紧，如需再调节粗动手轮，则必须先将此环以反方向旋松，否则易损坏机件。

2）微动调焦装置。微动手轮与粗动手轮同轴，用于使显微镜本体沿着滑轨缓慢移动。左侧的手轮上刻有分度，每分格表示微动升降 0.002mm。机体齿轮箱刻有两条白线，贴连支架上有一条白线，用以表示微动升降的极限范围。当微动手轮旋到极限位置时，微动手轮就自动被限制住，此时，应该倒转旋动使用，否则将会损坏机件。

3）物镜转换器。它是快速更换物镜的装置。转换器呈球面形，上有三个螺孔符合互换性，可安装不同放大倍数的物镜。旋动转换器可使各物镜镜头进入光路，与不同的目镜搭配使用，可获得各种放大倍数。当转换各物镜到光轴上时，能显著感觉到定位器定位。

2. 金相显微镜的使用方法、注意事项和维护

(1) 使用说明

1）将光源插头接上电源变压器，然后将变压器接上户内 220V 电源即可使用。照明系统在出厂前已经经过校正。

2）每次更换灯泡时，必须将灯座反复调校。灯泡插上灯座后，在孔径光阑上面放上滤色玻璃，然后将灯座转动及前后调节，以使光源均匀明亮地照射于滤色玻璃上。灯泡调节正确后，将灯座的偏心环转动一个角度，以便将灯座紧固于底盘内。灯座及偏心环上有红点楞，如卸出时，只要将红点相对即可。

3）观察前原则上要装上各个物镜。在装上或卸下物镜时，需把载物台升起，以免碰触透镜。如选用某种放大倍率，可参照总倍率表来选择目镜和物镜。

4）试样放上载物台时，使被观察表面面向镜头放置在载物台当中，如果是小试样，可用弹簧压片把它压紧。

5）使用低倍物镜观察调焦时，注意避免镜头与试样撞击，可从侧面注视接物镜，将载物台尽量下移，直至镜头几乎与试样接触（但切不可接触），再从目镜中观察。此时应先用粗调节手轮调节至初见物像，再改用细调节手轮调节至物像十分清楚为止，切不可用力过猛，以免损坏镜头，影响物像观察。当使用高倍物镜观察或使用油浸系物镜时，必须先注意极限标线，务必使支架上的标线保持在齿轮箱外面两标线的中间，使微动留有适当的升降余量。当转动粗动手轮时，要小心地将载物台缓缓下降，当目镜视野里刚刚出现物像轮廓后，立即改用微动手轮作正确调焦至物像最清晰为止。

6）使用油浸系物镜前，将载物台升起，用一支光滑洁净小棒蘸上一滴杉木油，滴在物镜的前透镜上，这时要避免小棒碰压透镜，即不宜滴上过多的油，否则会弄伤或弄脏透镜。

7）为了配合各种不同数值孔径的物镜，设置了大小可调的孔径光阑和视场光阑，其目的是为了获得良好的物像和显微摄影衬度。当使用某一数值孔径的物镜时，先对试样正确调焦，之后可调节视场光阑，这时从目镜视场里可看到视野被逐渐遮蔽，然后再缓缓调节使光阑孔张开，至遮蔽部分恰到视场出现时为止，它的作用是把试样的视野范围之外的光源遮去，以消除表面反射的漫射散光。为了配合使用不同的物镜和适应不同类型试样的亮度，要求设置大小可调的孔径光阑。转动孔径光阑套圈，使物像达到清晰明亮，轮廓分明。在光阑上刻有分度，表示孔径尺寸。

（2）使用注意事项

1）操作时必须特别谨慎，不能有任何剧烈的动作，不允许自行拆卸光学系统。

2）严禁用手指直接接触显微镜镜头的玻璃部分和试样磨面。若镜头上落有灰尘，会影响显微镜的清晰度与分辨率。此时，应先用洗耳球吹去灰尘和砂粒，再用镜头纸或毛刷轻轻擦拭，以免直接擦试时划花镜头玻璃，影响使用效果。

3）切勿将显微镜的灯泡（6～8V）插头直接插在220V的电源插座上，应当插在变压器上，否则会立即烧坏灯泡。观察结束后应及时关闭电源。

4）在旋转粗调（或微调）手轮时动作要慢，碰到某种阻碍时应立即停止操作，报告指导教师查找原因，不得用力强行转动，否则会损坏机件。

（3）仪器维护　为了使仪器在正常使用条件下保持它的有效性能，除了必须使用恰当外，还必须注意加强维护保养。

1）仪器应放在空气流通和较干燥的地方，避免过冷过热和接触腐蚀性气体，不能与化学用品（干燥剂除外）同时放于同一地方。使用后宜用罩子遮盖并抹擦干净。不用时，要及时移走试样（玻片），用擦镜纸擦拭镜头，并将镜头转成八字式，同时下降镜筒固定，以免物镜镜头与集光器上的透镜相击而受损。再将显微镜放入木箱内，放置在干燥、通风处。在可能的条件下，最好每隔一定的时间，选择天气好的日子，将仪器和附件从木箱中取出，一起放在室内宽敞、干燥、空气流通的地方，作两至三小时的室内晾晒。在高温天气作业完毕后，应注意存放地点的温度，如温差悬殊，用毕后即收藏会在仪器上面产生湿气，容易使仪器发潮损坏。

2）使用后应给目镜斜管盖上防尘盖，如没有防尘盖亦应套上目镜，以免灰尘落入斜管内，影响镜座光具的清洁。

3）不宜随便拆卸和揩抹光学系统内部的半反射镜。除此之外，如透镜或玻璃表面不慎接触油污尘垢，可用细洁亚麻布或洁净脱脂棉花，蘸少许二甲苯拭除（但不能用酒精，以免浸入透镜内层影响质量），由镜头中心向外旋转擦拭，并用擦镜纸或软绸布轻轻拭净，否则易于脱胶，或因模糊而影响检测效果。如只是粘上灰尘，可用橡皮小吹风球把灰尘吹掉（不可用口吹），也可用软毛笔或细木棒卷上棉花，将灰尘轻轻擦拭除掉。镜头表面镀有一层蓝色透光膜，不要误作污物擦拭，禁止用金属工具来代替棉签进行擦拭。

4）使用油浸系物镜后，必须立即采用上述方法把油垢除去，抹擦干净，抹擦时应特别小心，特别注意不能按压镜面，否则容易使透镜脱离镜座。

5）仪器长期使用后，粗动滑板部分及载物台滑动部分可能出现油脂不足或干涸现象，此时应及时添加润滑油脂。粗（微）动机构宜用流动性油脂，载物台滑动部分宜用有适当粘度的（但注意不能含有酸性）油脂。

6）非不得已不应随便拆卸齿轮箱内部。如损坏时，必须请有经验的人修理，以免损坏机件。

二、碳钢的平衡组织和热处理组织

利用金相显微镜观察金属的组织和缺陷的方法，称为显微分析法，其所看到的组织称为显微组织。本实验要求利用金相显微镜对常见钢铁平衡组织进行观察和识别。

（一）碳钢和白口铸铁的平衡组织

1. 碳钢的平衡组织

平衡组织一般是指合金在极为缓慢冷却的条件下(退火状态)所得到的组织。铁碳合金在平衡状态下的显微组织可根据 Fe-Fe_3C 相图来分析(详见第二章第四节)。

从相图可知，所有碳钢和白口铸铁在室温时的显微组织均由铁素体(F)和渗碳体(Fe_3C)组成。但是，由于碳质量分数的不同及结晶条件的差别，铁素体和渗碳体的相对数量、形态、分布和混合情况均不一样，因而呈现各种不同特征的组织组成物。各种铁碳合金在室温下的显微组织见表7-11。

表7-11　各种铁碳合金在室温下的显微组织

合金分类		含碳量(质量分数,%)	显微组织
工业纯铁		<0.0218	铁素体
碳钢	亚共析钢	0.0218～0.77	铁素体+珠光体
	共析钢	0.77	珠光体
	过共析钢	0.77～2.11	珠光体+二次渗碳体
白口铸铁	亚共晶白口铸铁	2.11～4.3	珠光体+二次渗碳体+莱氏体
	共晶白口铸铁	4.3	莱氏体
	过共晶白口铸铁	4.3～6.69	一次渗碳体+莱氏体

2. 各种组成相或组织组成物的特征

（1）奥氏体(A)　碳溶解于 γ-Fe 中的间隙固溶体称为奥氏体。钢中的高温奥氏体组织呈多边形晶粒，晶粒内部往往会出现平行的孪晶带，这是由于在加热和冷却过程中所产生的热应力使奥氏体发生塑性变形所致。

（2）铁素体(F)　碳溶解于 α-Fe 中的间隙固溶体称为铁素体。经3%～5%硝酸酒精溶液浸蚀后，铁素体呈白色的多边形晶粒，黑色网是晶粒边界。重浸蚀后晶粒呈现明暗不同的颜色，这是由于各晶粒的位向不同，显示出各晶粒具有不同的耐蚀性。

（3）渗碳体(Fe_3C)　渗碳体是铁和碳的一种化合物。在铁碳合金中，当碳含量超过其溶解度时，多余的碳就以 Fe_3C 形式出现。渗碳体的耐腐蚀能力较强，经3%～5%硝酸酒精溶液浸蚀后呈白亮色。Fe_3C_{I} 直接从液体中析出，呈粗大条状分布在莱氏体中。Fe_3C_{II} 由奥氏体中析出，由于量少而沿奥氏体晶界析出，随后奥氏体变成珠光体，故 Fe_3C_{II} 呈网状分布在珠光体的边界上。

（4）珠光体(P)　珠光体是铁素体和渗碳体两相的机械混合组织。经3%～5%硝酸酒精溶液浸蚀后，在低的倍数下观察，其中的铁素体与渗碳体无法分辨，呈现黑色乌云状；在中等倍数下观察，片状珠光体中的铁素体呈白亮色，而渗碳体呈黑色条纹状，这是因为在片状珠光体中铁素体片较宽。当放大倍数很高时，铁素体和渗碳体片状形态都能真实地反映出来。渗碳体和铁素体都保持成平面，由于前者不易被浸蚀，故凸出于铁素体之外，但在两者接界处，由于浸蚀时的电化学作用较剧烈而产生凹陷，在直射光照射下光线被散射，而呈黑色。

(5) 莱氏体(L_d)　莱氏体是一个两相共晶组织，室温下所观察的莱氏体组织是渗碳体和珠光体的机械混合物。渗碳体中包括共晶 Fe_3C 和 $Fe_3C_{Ⅱ}$，但由于连在一起而分辨不开，经3%~5%硝酸酒精溶液浸蚀后，L_d的组织特征是在白亮色 Fe_3C 基体上分布着许多黑色点状或条状的珠光体。

莱氏体和珠光体的不同在于前者是在渗碳体的基体上分布着珠光体，而后者是在铁素体基体上分布着渗碳体。

(二) 碳钢热处理后的组织与性能

碳钢经退火、正火后可得到平衡或接近平衡的组织，经淬火后得到的是不平衡组织。因此，研究热处理的组织时，要参考奥氏体等温转变图(详见第三章第二节)。

共析钢奥氏体采用炉冷慢冷时，应得到100%的珠光体；采用空冷时，得到的是较细珠光体，即索氏体或托氏体；采用较快冷却速度的油冷时，得到的是托氏体和马氏体；冷速继续增大(相当于水冷)时，很大的过冷度使奥氏体骤冷到马氏体转变开始点(*Ms*)，瞬时转变成马氏体。

亚共析钢的奥氏体等温转变图与共析钢相比，在珠光体转变开始前多出一条铁素体析出线。当钢缓慢冷却时(炉冷)，得到的组织为接近平衡状态的铁素体加珠光体；随着冷速的逐渐增加(空冷)，奥氏体的过冷程度增大，生成的先共析铁素体量减少，并主要沿晶界分布；同时珠光体量增多，含碳量下降，组织变得更细，对应的组织将分别为铁素体 + 珠光体、铁素体 + 索氏体、铁素体 + 托氏体。当冷却速度继续增大(油冷)时，只析出很少量的网状铁素体和托氏体(有时可见到少量的贝氏体)，奥氏体则主要转变为马氏体。当冷速超过临界冷速时，钢全部转变为马氏体组织。

过共析钢的转变与亚共析钢相似，不同之处是亚共析钢先析出的是铁素体，而过共析钢先析出的是渗碳体。

常用钢不同热处理工艺后的组织见表7-12。

表7-12　常用钢热处理后的组织

材　料	状　态	浸　蚀　剂	显微组织(参照金相图谱)
T10	球化退火	4%硝酸酒精	P(粒状) + $Fe_3C_{Ⅱ}$(粒状)
45钢	淬火		M
45钢	调质		$S_{回}$
T12(T10)	淬火		M + A′
T12(T10)	淬火后低温回头		$M_{回}$ + $Fe_3C_{Ⅱ}$ + A′
20钢	淬火		M板条
20钢	正火		F + P

（三）碳的质量分数对碳钢淬火后硬度的影响

在正常淬火条件下，钢中碳的质量分数越高，淬火后的硬度也越高。但碳的质量分数大于0.8%的钢，淬火后硬度增加不明显。

一般低碳钢淬火后，硬度在40HRC左右；中碳钢淬火后，硬度可达50～62HRC；高碳钢淬火后，硬度高达62～65HRC。

以45钢为例，它在正常热处理后的组织与性能见表7-13。

表7-13 45钢正常热处理后的组织与机械性能特点

<table>
<tr><th colspan="2">热处理方法</th><th colspan="2">冷却速度</th><th>组织</th><th>力学性能特点</th></tr>
<tr><td colspan="2">退火</td><td>炉冷</td><td rowspan="4">冷速递增↓</td><td>铁素体+珠光体</td><td rowspan="4">强度、硬度随冷却速度增大而递增</td></tr>
<tr><td colspan="2">正火</td><td>空冷</td><td>铁素体+细珠光体</td></tr>
<tr><td colspan="2">淬火</td><td>油冷</td><td>屈氏体+马氏体+残留奥氏体①</td></tr>
<tr><td colspan="2">淬火</td><td>水冷</td><td>马氏体+残留奥氏体</td></tr>
<tr><td rowspan="3">回火②</td><td>低温</td><td colspan="2"></td><td>回火马氏体+残留奥氏体</td><td>保持高强度，脆性比淬火时稳定</td></tr>
<tr><td>中温</td><td colspan="2"></td><td>回火托氏体</td><td>具有高的弹性及较好的韧性</td></tr>
<tr><td>高温</td><td colspan="2"></td><td>回火索氏体</td><td>具有较好的力学性能</td></tr>
</table>

① 可能还有少量先共析铁素体及贝氏体。

② 回火前的组织为淬火马氏体及少量残留奥氏体。

三、应用金相显微镜观察碳钢的平衡组织和热处理组织操作训练

（1）实验目的　熟练操作金相显微镜，准确分辨各种碳钢平衡组织和热处理组织。

（2）实验试样　碳钢的平衡组织金相标准试样、碳钢的常见热处理金相标准试样。

（3）实验要求

1）能够结合所学知识，熟练操作金相显微镜，对常见平衡组织试样进行金相组织观察及组织的识别。

2）对钢的各种热处理后金相试样进行组织观察，并根据组织和性能的对应关系判断热处理后钢的性能变化趋势，掌握不同组织状态下的力学性能特点。

3）根据实验结果完成表7-14所示的实验报告。

表7-14 单元实验报告

<table>
<tr><th colspan="8">金相显微组织观察实验报告</th></tr>
<tr><td>实验题目</td><td colspan="7"></td></tr>
<tr><td>实验日期</td><td></td><td>实验班级</td><td></td><td>学生姓名</td><td></td><td>指导教师</td><td></td></tr>
<tr><td>实验目的</td><td colspan="7"></td></tr>
<tr><td>实验原理</td><td colspan="7"></td></tr>
<tr><td>实验样品</td><td colspan="7"></td></tr>
</table>

（续）

金相显微组织观察实验报告				
	实验样品		组织特征描述	显微镜放大倍数
	材质	热处理状态		
实验记录 与实验结果				
	1. 注意不同显微镜放大倍数下的组织形态 2. 注意区别同种钢采用不同热处理方式的组织变化特征 3. 根据热处理后的组织变化判断性能的变化趋势			
问题与讨论	铁素体与渗碳体有哪几种形态？并简述渗碳体形态对合金性能的影响			

第四节　高温运行材料的组织监督——典型材料的球化(老化)评级

金属材料在长期高温和应力作用下发生显微组织的变化统称为老化，组织老化导致强度下降等材料性能的变化，最终会使部件由于强度不足而失效。组织老化的特征可由碳化物相的一系列变化来表征，主要表现为组织形态改变、相成分改变、碳化物粗化和相结构改变等。珠光体钢主要表现为珠光体中的碳化物相在使用中逐渐变为球状，称为球化现象。非珠光体钢表现为晶内和晶界碳化物分布形态的变化，即晶粒位向逐渐消失，碳化物粗化并沿晶界聚集长大等。

伴随球化(老化)现象的发生，材料的力学性能也发生变化，碳化物的形态发生球化现象是部件材料老化的重要特征，也是评判部件使用状态的重要依据。长期以来，对材料球化(老化)程度的评定被广泛地用作电站部件使用可靠性的评定判据之一。

一、球化(老化)评级实验的操作方法及评级要点

(一) 球化(老化)评级实验样品的制备

1. 取样方法

从需要检验的部件上切取的试样，应包括检验部位的整个壁厚截面。对于壁厚较大的部件，允许制成若干试样，但应包含整个检验截面。试样的切割应注意冷却，防止发生组织变化。火焰切割的试样应将热影响区完全去除。

2. 试样的平整与磨光

(1) 平整　一般宜在砂轮机上进行，应注意冷却。

（2）磨光 手工磨制与机械磨制均可。

3. 抛光与浸蚀

（1）抛光 宜采用机械抛光法。

（2）浸蚀 碳钢和低合金钢采用3%~5%的硝酸酒精溶液浸蚀，高合金钢用三氯化铁盐酸水溶液浸蚀。

金相试样制备方法详见DL/T 884—2004《火电厂金相检验与评定技术导则》的规定。

（二）球化（老化）评级方法及评级要点

1. 用标准图谱对比的方法

对20G、15CrMo、12Cr1MoV等珠光体钢材料，其球化评定可采用相关电力行业标准DL/T 674—1999《火电厂用20号钢珠光体球化评级标准》、DL/T 787—2001《火力发电厂用15CrMo钢珠光体球化评级标准》、DL/T 773—2001《火电厂用12Cr1MoV钢球化评级标准》规定的放大倍数和标准图谱进行评级。对非珠光体钢可参照DL/T 884—2004《火电厂金相检验与评定技术导则》进行评级。

2. 球化（老化）级别的评定

从原始状态到严重球化（老化），球化（老化）级别分为五级。电厂常用材质不同球化级别的组织特征见表7-15至表7-17，珠光体钢的球化评级标准图谱参照相应钢种的评级标准，非珠光体钢的老化评级图谱参照图7-16。

表7-15 20钢珠光体球化组织特征

球化名称	球化级别	组织特征
未球化（原始状态）	1	珠光体区域中的碳化物呈片状
倾向性球化	2	珠光体区域中的碳化物开始分散，珠光体形态明显
轻度球化	3	珠光体区域中的碳化物已分散，并逐渐向晶界扩散，珠光体形态尚明显
中度球化	4	珠光体区域中的碳化物已明显分散，并向晶界聚集，珠光体形态尚保留
完全球化	5	珠光体形态消失，晶界及铁素体基体上的球状碳化物已逐渐长大

表7-16 12Cr1MoV钢球化组织特征

球化名称	球化级别	组织特征
未球化（原始态）	1	聚集形态的珠光体（贝氏体），珠光体（贝氏体）中的碳化物并非全部为片层状，有灰色块状区域存在
轻度球化	2	聚集形态的珠光体（贝氏体）区域已开始分散，其组成仍然较为致密，珠光体（贝氏体）保持原有的区域形态
中度球化	3	珠光体（贝氏体）区域内的碳化物已显著分散，碳化物已全部成为小球状，但仍保持原有的区域形态
完全球化	4	大部分碳化物已分布在铁素体晶界上，仅有极少量的珠光体（贝氏体）区域的痕迹
严重球化	5	珠光体（贝氏体）区域形态已完全消失，碳化物粒子在铁素体晶界上分布，出现双晶界现象

表 7-17　非珠光体钢老化组织特征老化评级示意图参考(图 7-16)

老化程度	老化级别	组 织 特 征
未老化(原始态)	1	晶内析出大量细小弥散碳化物粒子，运行初期逐渐增多，晶界则较干净，贝氏体(马氏体)位向完整清晰
轻度老化	2	晶内碳化物粒子数量减少，且开始逐渐粗化，晶界出现单个细小碳化物，贝氏体(马氏体)位向开始分散
中度老化	3	晶内碳化物粒子数量进一步减少，尺寸粗化。晶界碳化物粒子增多，沿与应力垂直方向有方向性分布倾向，尺寸粗化，贝氏体(马氏体)位向明显
完全老化	4	晶内碳化物粒子数量减少，尺寸粗化，晶界碳化物沿与应力垂直方向呈链状分布，贝氏体(马氏体)位向已严重分散，出现大于 0.5μm 的孔洞
严重老化	5	贝氏体(马氏体)位向严重分散，晶界变粗，出现双晶界现象，晶粒破碎，出现再结晶现象，出现链状孔洞

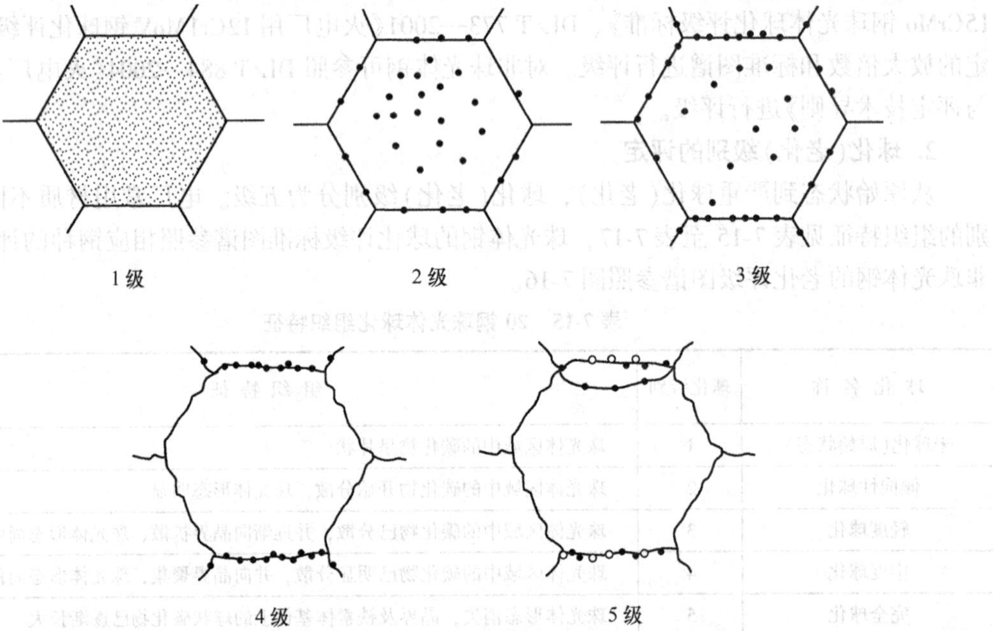

图 7-16　非珠光体钢综合考虑晶内和晶界变化的老化评级示意图

3. 球化(老化)评级注意事项

1）评定时，应首先在显微镜下将试样作全面观察，选择具有代表性的视场与本标准评级图谱进行比较，在同一检查面上所选择的视场数应不少于三个。

2）若所观察到的球化级别介于两个级别之间，允许用半级来表示，如 1.5 级、2.5 级等。

3）在试样观察中，若发现有球化不均匀现象，如属个别现象，应以占优势(即相同级别的视场面积大于等于 90% 时)的球化级别作为评定结果；若不均匀现象较为普遍，则以球化程度严重的球化级别作为评定结果，并以文字表述不均匀性。

二、典型材料的球化(老化)评级训练

(一) 20G 钢球化评级

1. 实验目的

了解碳钢在高温运行条件下碳化物球化的一般规律及显微组织变化特征，熟悉 DL/T

674—1999《火电厂用20号钢球化评级标准》。

2. 实验样品

采用某电厂低温过热器管经过不同运行时间后在检修过程中所取试样的金相组织照片，试样编号为*A*～*F*，材质为20G，如图7-17～图7-22所示。

3. 实验要求

依据DL/T 674—1999《火电厂用20号钢球化评级标准》对试样球化程度进行评级，假设试样的运行温度和压力保持恒定，对*A*～*F*试样的运行时间进行排序，并按表7-18格式完成实验报告。

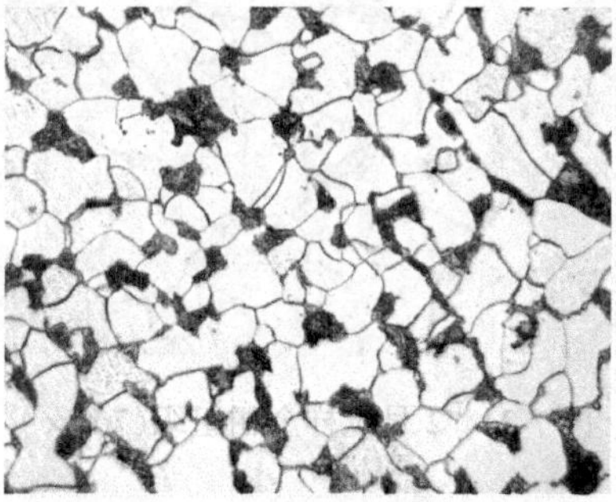

图7-17　*A*试样金相组织(500×)

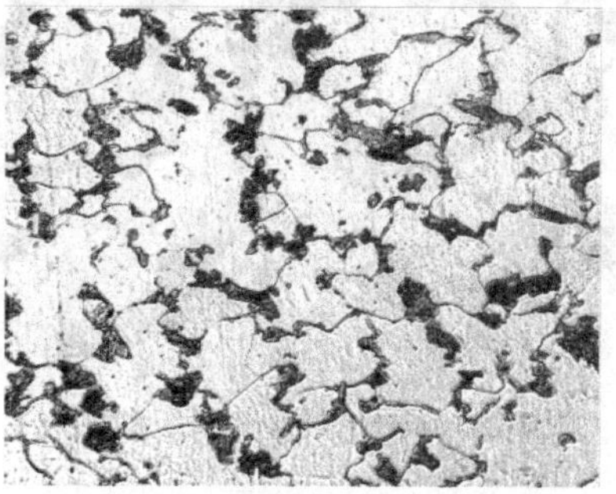

图7-18　*B*试样金相组织(500×)

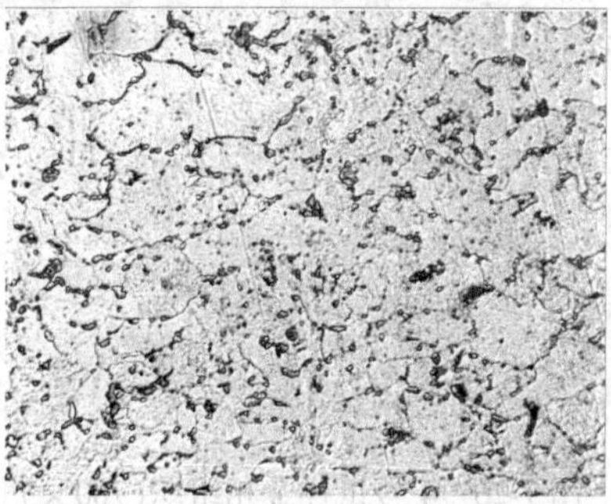

图7-19　*C*试样金相组织(500×)

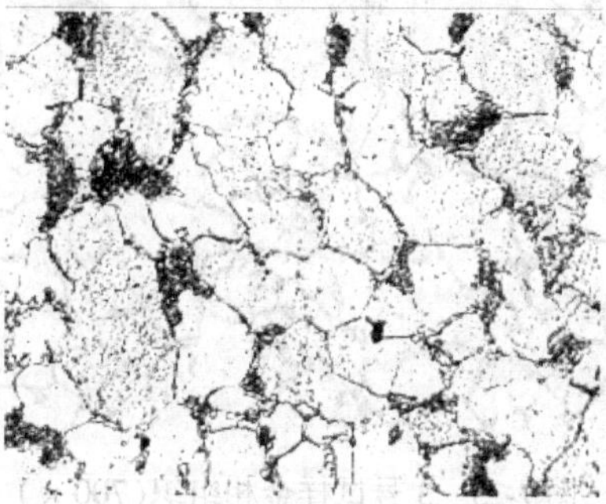

图7-20　*D*试样金相组织(500×)

图7-21　*E*试样金相组织(500×)

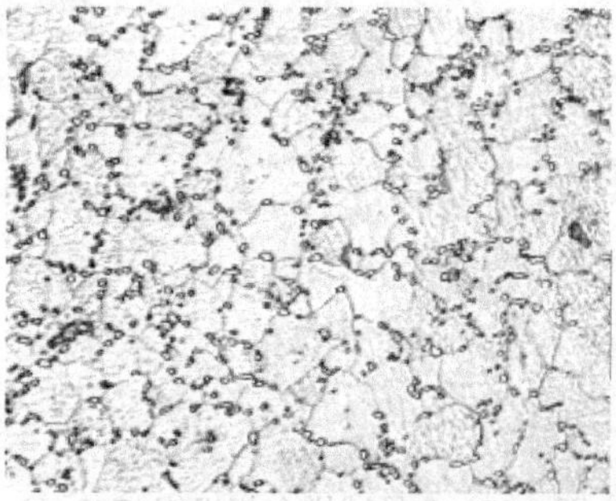

图7-22　*F*试样金相组织(500×)

(二) 12Cr1MoV钢球化评级训练

1. 实验目的

了解12Cr1MoV钢在高温运行条件下碳化物球化的一般规律及显微组织变化特征，熟悉

DL/T 773—2001《火电厂用12Cr1MoV钢球化评级标准》。

2. 实验样品

采用某电厂高温过热器管经过不同运行时间后在检修过程中所取试样的金相组织照片，试样编号为1～6，材质为12Cr1MoV，如图7-23～图7-28所示。

图7-23 1号试样金相组织(700×)

图7-24 2号试样金相组织(700×)

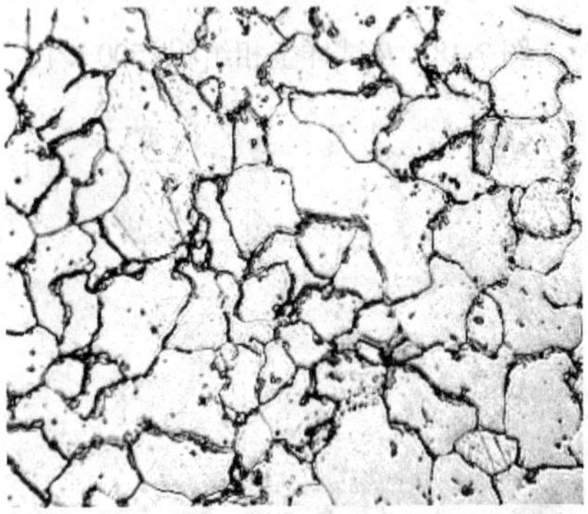

图7-25 3号试样金相组织(700×)

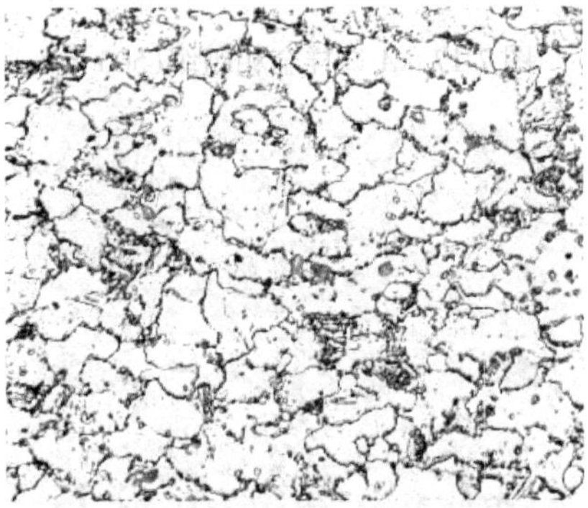

图7-26 4号试样金相组织(700×)

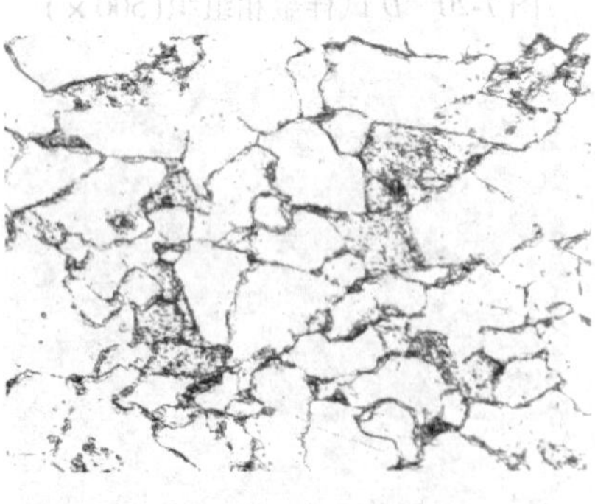

图7-27 5号试样金相组织(700×)

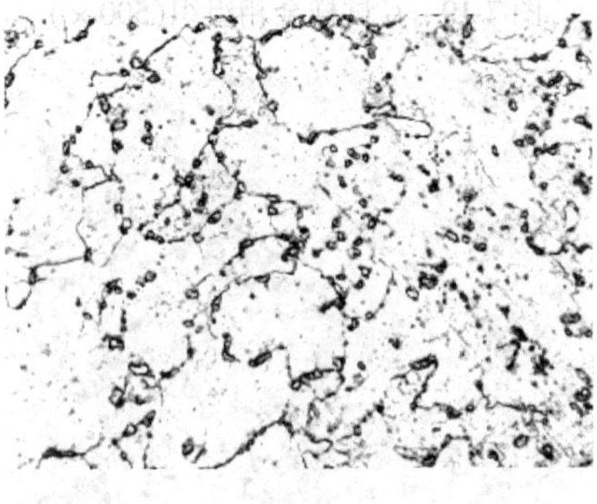

图7-28 6号试样金相组织(700×)

3. 实验要求

依据DL/T 773—2001《火电厂用12Cr1MoV钢球化评级标准》对试样球化程度进行评级，假设试样的运行温度和压力保持恒定，对1～6试样的运行时间进行排序，并按表7-18格式完成实验报告。

（三）非珠光体钢(102钢)老化评级训练

1. 实验目的

了解非珠光体钢在高温运行条件下组织老化的一般规律及碳化物形态变化特征，熟悉DL/T 884—2004《火电厂金相检验与评定技术导则》。

2. 实验样品

采用某电厂高温过热器管经过不同运行时间后在检修过程中所取试样的金相组织照片，试样编号为1~6，材质为102钢，如图7-29~图7-34所示。

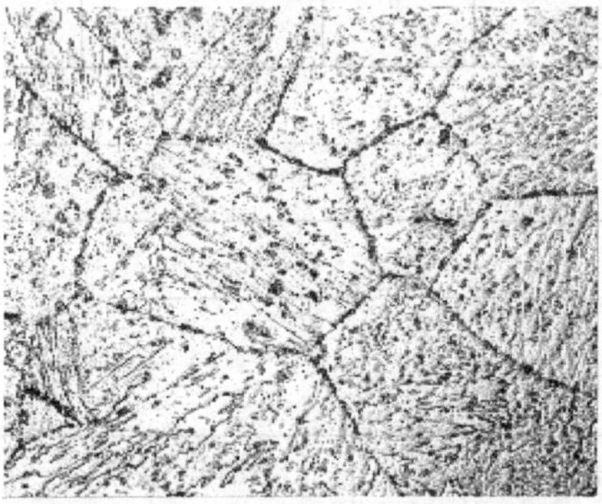

图7-29 1号试样金相组织(500×)

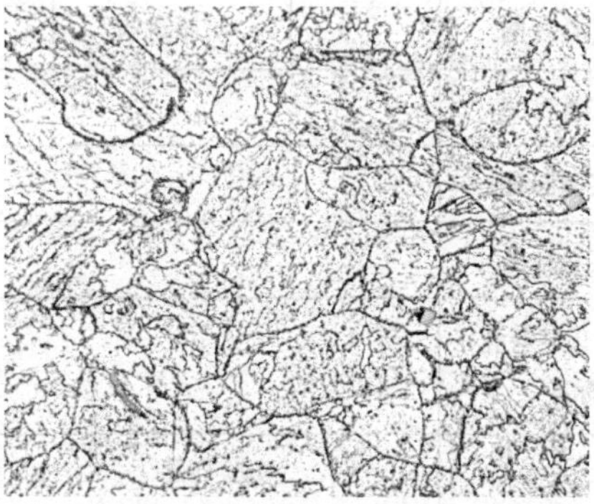

图7-30 2号试样金相组织(500×)

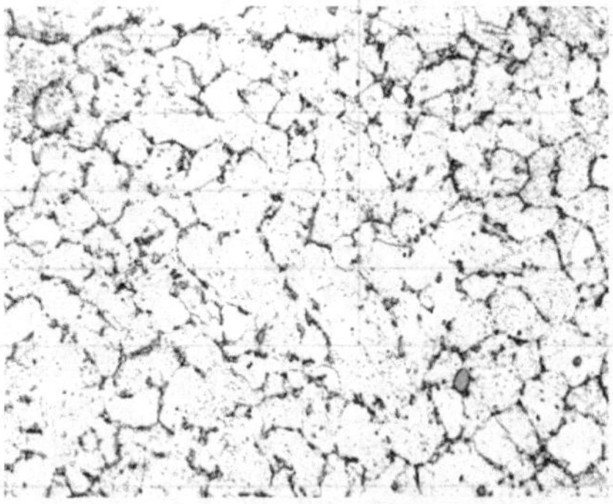

图7-31 3号试样金相组织(500×)

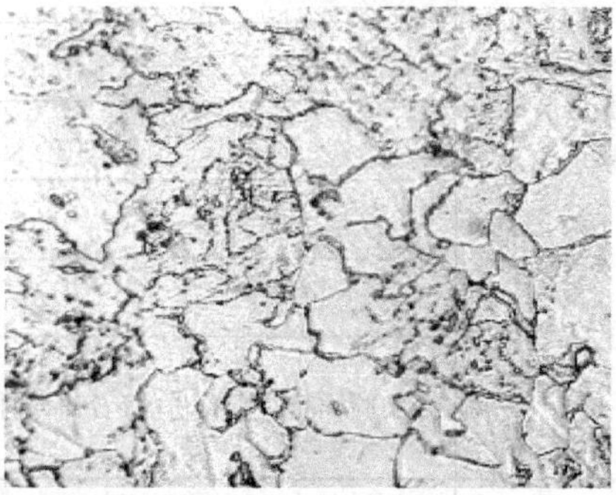

图7-32 4号试样金相组织(500×)

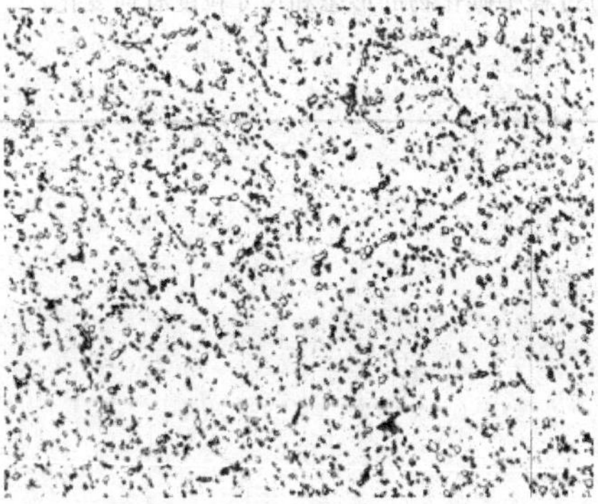

图7-33 5号试样金相组织(500×)

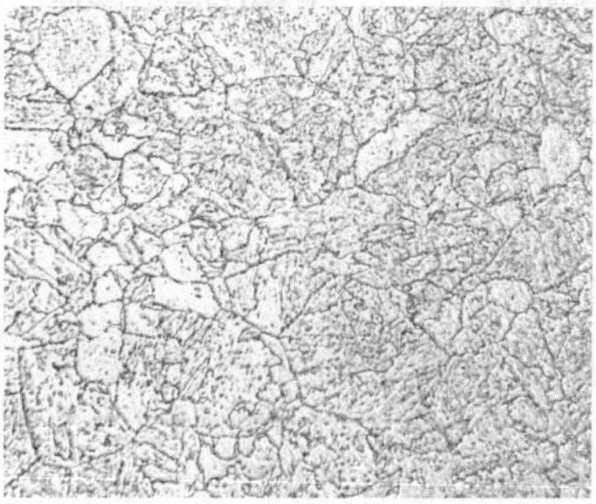

图7-34 6号试样金相组织(500×)

3. 实验要求

依据 DL/T 884—2004《火电厂金相检验与评定技术导则》对试样老化程度进行评级，假设试样的运行温度和压力保持恒定，请对 1 ~6 试样的运行时间进行排序，并按表 7-18 格式完成实验报告。

表 7-18 单元实验报告

<table>
<tr><th colspan="9">球化(老化)评级实验报告</th></tr>
<tr><td>实验题目</td><td colspan="8"></td></tr>
<tr><td>实验日期</td><td></td><td>实验班级</td><td></td><td>学生姓名</td><td></td><td>指导教师</td><td colspan="2"></td></tr>
<tr><td>实验目的</td><td colspan="8"></td></tr>
<tr><td>实验原理</td><td colspan="8"></td></tr>
<tr><td>实验样品</td><td colspan="8"></td></tr>
<tr><td>球化(老化)评级标准</td><td colspan="8"></td></tr>
<tr><td rowspan="8">实验记录与实验结果</td><td colspan="3">实验样品</td><td colspan="3">球化(老化)级别</td><td colspan="2">备注</td></tr>
<tr><td colspan="3"></td><td colspan="3"></td><td colspan="2"></td></tr>
<tr><td colspan="3"></td><td colspan="3"></td><td colspan="2"></td></tr>
<tr><td colspan="3"></td><td colspan="3"></td><td colspan="2"></td></tr>
<tr><td colspan="3"></td><td colspan="3"></td><td colspan="2"></td></tr>
<tr><td colspan="3"></td><td colspan="3"></td><td colspan="2"></td></tr>
<tr><td colspan="3"></td><td colspan="3"></td><td colspan="2"></td></tr>
<tr><td colspan="8">实验样品对应管材的运行时间排序：</td></tr>
<tr><td>问题与讨论</td><td colspan="8">材料在高温运行条件下，发生球化(老化)过程中碳化物的形态和尺寸粒度有何变化？</td></tr>
</table>

参 考 文 献

[1] 宋琳生．电厂金属材料[M].3 版．北京：中国电力出版社，2006.

[2] 崔朝英．火电厂金属材料[M]. 2 版．北京：中国电力出版社，2010.

[3] 凌爱林．金属学与热处理[M]. 北京：机械工业出版社，2008.

[4] 廖景娱．金属构件失效分析[M]. 北京：化学工业出版社，2009.

[5] 丁建生．金属学与热处理[M]. 北京：机械工业出版社，2004.

[6] 崔忠圻．金属学与热处理[M].2 版．北京：机械工业出版社，2007.

[7] 丁仁亮．金属材料及热处理[M].4 版．北京：机械工业出版社，2009.

[8] 彭广威．金属材料及热处理[M]. 北京：机械工业出版社，2010.

[9] 王悦祥，任汉恩．金属材料及热处理[M]. 北京：冶金工业出版社，2010.

[10] 刘尚慈．火力发电厂金属断裂与失效分析[M]. 北京：水利电力出版社，1992.

[11] 蒋玉琴．电厂金属使用技术问答[M]. 北京：中国水利水电出版社，2000.

[12] 张磊，廉根宽．电站锅炉四管泄漏分析与治理[M]. 北京：中国水利水电出版社，2009.

[13] 王吉会，姜晓霞，李诗卓．黄铜脱锌腐蚀机理的研究进展[J]. 材料研究学报，1999，13(1)：128.

[14] 宋云京，石文华．电厂冷油器铜管腐蚀失效分析[J]. 金属热处理，2005(1)：87-88.

[15] 电力工业部电站金属材料标准化委员会．DL/T 551—1994 低合金耐热钢蠕变孔洞检验技术工艺导则[S]. 北京：中国标准出版社，1994.

[16] 中华人民共和国国家发展和改革委员会．DL/T 884—2004 火电厂金相检验与评定技术导则[S]. 北京：中国电力出版社．

[17] 赵钦新，朱丽慧．超临界锅炉耐热钢研究[M]. 北京：机械工业出版社，2010.

[18] Emad EL-KASHIF，Kentaro ASAKUSA，Koji SHIBATA. Effects of Nitrogen in 9Cr-3W-3Co Ferritic Heat Resistant Steels Containing Boro[J]. ISIJ International，2002，42(12)：1468-1470.

[19] 朱全利．锅炉设备系统及运行[M]. 北京：中国电力出版社，2010.

[20] 姜求志，王金瑞．火力发电厂金属材料手册[M]. 北京：中国电力出版社，2001.

[21] 蔡文河，严苏星．电站重要金属部件的失效及其监督[M]. 北京：中国电力出版社，2009.

[22] 赵永宁，邱玉堂．火力发电厂金属监督[M]. 北京：中国电力出版社，2007.

[23] 中华人民共和国国家经济贸易委员会．DL/T 674—1999 火电厂用 20 号钢珠光体球化评级标准[S]. 北京：中国电力出版社．

[24] 中华人民共和国国家经济贸易委员会．DL/T 773—2001 火电厂用 12Cr1MoV 钢球化评级标准[S]. 北京:中国电力出版社．